Maschinenbau für Elektrotechniker

Teil 2

Von Prof. Dipl.-Ing. Dr. Hans G. Steger, Linz

Mit 313 Bildern und Tabellen, 101 Beispielen
und Versuchen sowie 123 Aufgaben

1991

B. G. Teubner Stuttgart

Hölder-Pichler-Tempsky Wien

CIP-Titelaufnahme der Deutschen Bibliothek

Steger, Hans G.:
Maschinenbau für Elektrotechniker / von Hans G. Steger. –
Stuttgart : Teubner ; Wien : Hölder-Pichler-Tempsky.
Teil 2 (1991)

ISBN 978-3-519-06735-1   ISBN 978-3-322-92776-7 (eBook)
DOI 10.1007/978-3-322-92776-7

Mit Bescheid des Bundesministeriums für Unterricht und Kunst vom 25. Oktober 1990,
GZ 42.222/1 I/9/90, als für den Unterrichtsgebrauch an Höheren technischen und
gewerblichen Lehranstalten, Fachrichtungen Elektrotechnik, für den II. Jahrgang im
Unterrichtsgegenstand Grundlagen des Maschinenbaus mit Konstruktionsübungen geeignet erklärt.

Schulbuch-Nr. 2772

Gesamtherstellung: Passavia Druckerei GmbH Passau
Umschlaggestaltung: Peter Pfitz, Stuttgart

Vorwort

In den ersten Semestern haben sich die Schüler mit dem Technischen Zeichnen und den Grundregeln des Konstruierens beschäftigt. Dieses Buch ermöglicht es ihnen, das zu Konstruierende auch zu berechnen. Dazu behandelt es die Mechanik in ihrem Grundaufbau, also die Statik, Reibung, Leistung usw., verbunden mit Elementen wie Schrauben, Federn und Lagern. Band 3 wird die Kinetik, Festigkeitslehre und Hydromechanik bringen.

Meinen Dank für die Überlassung von Textteilen und Bildern aus den Büchern „Technische Mechanik" Teil 1 bis 3 spreche ich hiermit meinen Kollegen DI E. Glauninger und DI J. Sieghart aus. Besondere Hilfe hatte ich bei der Durcharbeitung des Textes und der Aufgaben von meinem Schüler J. Schnabler, wofür ich ihm herzlich danke.

Den Kollegen und Schülern bin ich dankbar für Hinweise auf Fehler und Kritik zur Weiterentwicklung des Buches.

Linz, Herbst 1990   Hans G. Steger

Decker, Maschinenelemente (Hanser, München): Bild **6**.26
Klein, Einführung in die DIN-Normen (B.G.Teubner, Stuttgart): Bild **6**.29
Köhler/Rögnitz, Maschinenteile (B.G.Teubner, Stuttgart): Bild **6**.31, **6**.32, **6**.34 bis **6**.43, **6**.45
Kugelfischer AG, Schweinfurt: Bild **6**.2
Steyr-Daimler-Puch AG, Steyr: Bild **6**.10 bis **6**.13

Alle anderen Bilder wurden dem Verlagsarchiv entnommen

Inhaltsverzeichnis

1 Mechanik der starren Körper (Statik)

1.1 Aufgabe und Einteilung der Mechanik

Die Mechanik ist ein Teilgebiet der Physik. Sie ist aufgeteilt in die Lehre von den Kräften und ihren Wirkungen. Aus der Physik und aus eigenen Beobachtungen wissen wir, daß Kräfte zweifach wirken können:

- als Ursache von Formänderungen, d. h. die Gestalt eines Körpers verändernd;
- als Ursache von Bewegungsänderung, d. h. den Betrag und/oder die Richtung der Körpergeschwindigkeit ändernd.

Man kann die Mechanik in zwei Hauptgebiete einteilen: in die Dynamik und die Kinematik.

Die Dynamik ist die Lehre von den Kraftwirkungen an Körpern. Sie gliedert sich in Statik und Kinetik.

Statik ist die Lehre vom Gleichgewicht der Kräfte. Die betrachteten Körper sind in Ruhe. Die gleichen Grundgesetze gelten für Körper mit konstanter geradliniger Bewegung.

Kinetik ist die Lehre von der Bewegung der Körper unter Berücksichtigung der Kräfte.

Die Kinematik betrachtet die Bewegungsvorgänge ohne Berücksichtigung der verursachenden Kräfte.

Beispiel 1.1 „Reinigung einer Bus-Frontscheibe bei Regen." Zuerst wird mit den Regeln der Kinematik die Teilaufgabe gelöst, einen möglichst großen Fensterflächenanteil vom Wasserbefall zu reinigen. Dann folgt mit den Regeln der Kinetik die Dimensionierung des Antriebs und der Wischerelemente.

Zweckmäßig ist auch die Einteilung der Mechanik nach den Aggregatzuständen der Materie. Danach unterscheiden wir:

- Mechanik der starren Körper,
- Mechanik der deformierbaren (verformbaren) festen Körper,
- Mechanik der flüssigen Körper (Fluide),
- Mechanik der gasförmigen Körper.

Als starren Körper bezeichnet man einen idealisierten Körper, der seine Form auch unter Krafteinwirkung nicht ändert (wohl aber seinen Bewegungszustand). Wenn auch die realen Körper dieser Idealisierung nicht entsprechen, können wir die Vereinfachung doch für die Lösung vieler Probleme mit hinreichender Genauigkeit heranziehen. Bei Federn, Gummiauflagen, Kunststoffelementen und Stahlkonstruktionen ist die auftretende Deformation jedoch nicht mehr zu vernachlässigen. Die Frage, ob sich ein Körper elastisch oder plastisch verhält, lösen wir mit Hilfe der Elastizitäts- bzw. Plastizitätstheorie. Die einfachsten Ergebnisse der Elastizitätstheorie liefert uns die Festigkeitslehre.

In diesem Buch betrachten wir feste Körper. Bei Formänderungen sollen sie sich elastisch verhalten, also die Formänderung nach Wegfall der wirkenden Kräfte (zumindest weitestgehend) rückgängig machen.

1.2 Grundbegriffe

Aus dem täglichen Leben wissen wir, daß es z. B. einer Muskelanspannung bedarf, um einen Körper in Bewegung zu setzen oder aus der Bewegung heraus zum Stillstand zu bringen. Eine Kraft ändert aber auch die Bewegungsrichtung eines Körpers, wenn die Richtung der Kraft nicht mit der Bewegungsrichtung des Körpers übereinstimmt.

Kraft kann also definiert werden als Ursache einer Formänderung und/oder Bewegungsänderung. Sie ist eine gerichtete Größe (Vektor), die durch drei Bestimmungsstücke eindeutig gegeben ist: durch

- **Betrag** (Zahlenwert und Einheit),
- **Wirkungslinie** (eine Gerade, die die momentane Lage der Kraft im Raum oder in der Ebene angibt),
- **Richtungssinn** (zeigt eine der beiden möglichen Kraftrichtungen an).

Die Definition der Kraft gilt z. B. auch für einen frei fallenden Körper. Wir können beobachten, daß seine Bewegung schneller wird. Ursache ist die (Erd-)Anziehungskraft, auch Schwerkraft genannt.

Einheit der Kraft ist 1 Newton (N) oder ein dezimales Mehrfaches davon: Kilonewton (kN) bzw. Dekanewton (daN).

Angriffspunkt und Wirkungslinie. Die Stelle, an der die Kraft auf den Körper eingeleitet wird, nennt man Angriffspunkt. Ist auch der Kraftvektor bekannt, erhalten wir die durch den Angriffspunkt gehende Wirkungslinie der Kraft. Der Angriffspunkt bedeutet eine Vereinfachung. Genaugenommen gibt es keine Einzelkräfte, die an einem Punkt angreifen, sondern können Kräfte nur auf (wenn auch noch so kleinen) Flächen wirken. Auch hier gilt jedoch, daß uns die Vereinfachung richtige Ergebnisse liefert, die wir durch Beobachtung prüfen können.

Wesentlich ist, daß die Kraft im allgemeinen ein linienflüchtiger **gebundener** Vektor ist. Dies bedeutet, daß die Kraft entlang ihrer Wirkungslinie verschoben werden kann, ohne daß sich die Wirkung auf den starren Körper ändert. Mit anderen Worten: Der Angriffspunkt hat für die Lösung mechanischer Probleme nur selten Bedeutung; es spielt meist keine Rolle, ob wir ihn kennen oder nicht (ausgenommen bei Stabilitätsproblemen, z. B. Standsicherheit).

Richtungssinn. Um die Wirkung einer Kraft berechnen zu können, brauchen wir ihren Richtungssinn, den uns der Vektor mit seiner Pfeilspitze angibt (**1.1**).

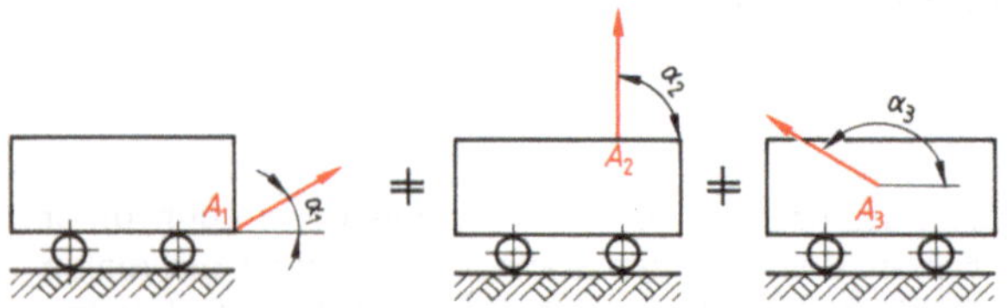

1.1 Gleich große Kräfte mit verschiedenen Angriffspunkten und Richtungen

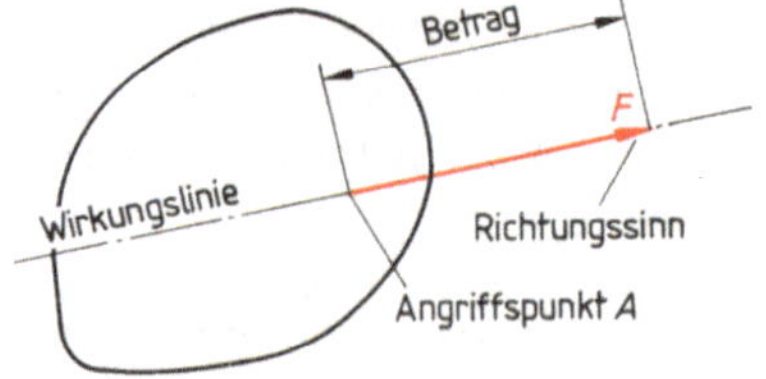

1.2 Darstellung der Kraft
$|\vec{F}| = F = 50\ \text{N}$
($m_F = 25\ \text{N/cm}_z$)

Die Darstellung der Kraftwirkung auf einen Körper zeigt Bild **1.2**. Die Kraft hat das Formelzeichen F (engl. force) und als Vektor einen Pfeil darüber ($\vec{F}$). Der Maßstab m nimmt im Index Bezug auf die dargestellte Größe. Der Kräftemaßstab wird daher mit m_F angegeben.

Auflager. Positionen, an denen ein Körper aufliegt, heißen Auflager und erhalten üblicherweise den Index A, B, C ... (Index G bleibt der Gewichtskraft vorbehalten).

Kraft

- ist die Ursache für Form- und/oder Bewegungsänderungen.
- ist eine durch Betrag, Wirkungslinie und Richtungssinn definierte gerichtete Größe (Vektor).
- kann betragsmäßig mittels eines Maßstabs (m_F) grafisch dargestellt werden.

Gleichgewichtsbedingungen. Die Kraft F bewirkt eine Verschiebung und als Kraftmoment M eine Verdrehung des Körpers. Anders gesagt: Verschiebt sich ein Körper, wirkt eine Kraft F; dreht er sich, wirkt ein Kraftmoment M. Verschiebt und verdreht er sich, wirken F und M. Wenn sich ein Körper nicht bewegt, sondern im Zustand der Ruhe bleibt, befinden sich die auf ihn wirkenden Kräfte und Momente im Gleichgewicht.

Ein Körper ist im Gleichgewicht, wenn die Summe (Σ) der auf ihn einwirkenden Kräfte und Momente gleich Null ist.

Axiom. Wie wir aus der Physik wissen, können wir nicht alle Vorgänge beweisen. Man stellt deshalb gewisse Grundaussagen (Axiome) an den Anfang einer Theorie und nimmt sie als richtig an, ohne daß ein Beweis möglich ist. Für uns sind die von Isaac Newton (1643–1727) aufgestellten Trägheits-, Verschiebungs-, Parallelogramm- und Reaktionsaxiome von besonderer Bedeutung, weil sich fast alle Verfahren der Mechanik auf sie zurückführen lassen.

Trägheitsaxiom. Jeder Körper beharrt im Zustand der Ruhe oder der gleichförmigen geraden Bewegung, solange er nicht durch einwirkende Kräfte gezwungen wird, diesen Zustand zu ändern.

Verschiebungsaxiom. Zwei Kräfte, die den gleichen Betrag, die gleiche Wirkungslinie und den gleichen Richtungssinn, jedoch verschiedene Angriffspunkte haben, üben auf einen starren Körper die gleiche Wirkung aus; d. h., sie sind gleichwertig.
Bedeutung: Der Kraftvektor darf längs der Wirkungslinie verschoben werden – er ist linienflüchtig (**1.3**).

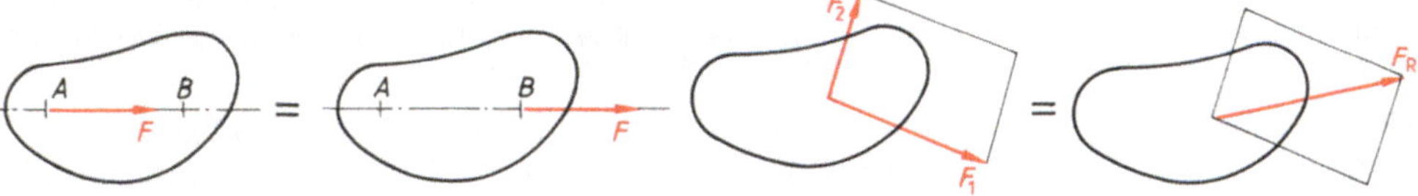

1.3 Verschiebungsaxiom   1.4 Parallelogrammaxiom

Parallelogrammaxiom. Die Wirkung zweier Kräfte mit gemeinsamem Angriffspunkt ist gleichwertig der Wirkung einer einzigen Kraft, deren Vektor sich als Diagonale des mit den Vektoren der Einzelkräfte gebildeten Parallelogramms ergibt (**1.4**, Resultierende; s. Abschn. 1.4.1).

Bedeutung: Die geometrische Addition zweier Kraftkomponenten ergibt Größe und zugleich Richtungssinn ihrer Gesamtkraft (Resultierende).

Reaktionsaxiom. Wird von einem Körper auf einen zweiten eine Kraft ausgeübt (actio), bedingt dies, daß der zweite Körper auf den ersten ebenfalls eine Kraft ausübt (reactio), die mit der ersten Kraft in Betrag und Wirkungslinie übereinstimmt, jedoch entgegengesetzt gerichtet ist. Man spricht von actio = reactio (Ursache = Wirkung, **1.5**).

Bedeutung: Kräfte treten stets paarweise entgegengesetzt auf, wobei sie jedoch an verschiedenen Körpern angreifen.

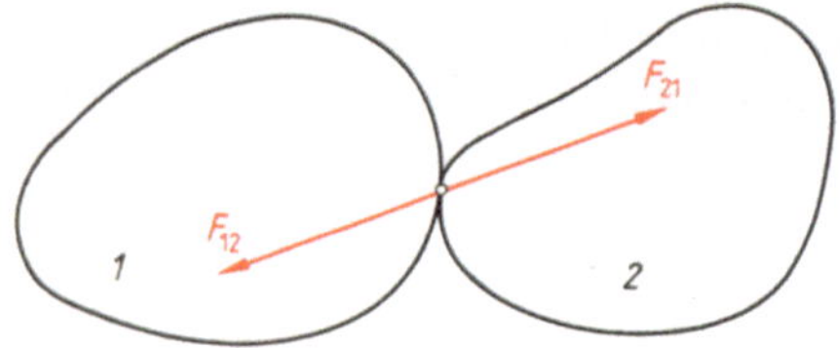

1.5
Reaktionsaxiom
Körper *1* übt auf Körper *2* die Kraft F_{21} aus
Körper *2* übt auf Körper *1* die Kraft F_{12} aus
$|F_{12}| = |F_{21}|$

1.3 Freimachen von Bauteilen

Um Probleme mit den Regeln der Mechanik zu lösen, müssen wir alle Kräfte kennen, die auf einen Körper als mechanisches System wirken. Dazu betrachten wir das mechanische System isoliert von seiner Umgebung, entfernen also alle Unterlagen, Stützen und andere von außen einwirkende Körper. Statt dessen tragen wir mit Hilfe des Reaktionsaxioms alle auf das betrachtete System von den Nachbarkörpern einwirkenden Kräfte in einen Lageplan ein, soweit sie uns ganz oder in Teilen bekannt sind (z. B. Angriffspunkt, Wirkungslinie, Richtungssinn).

Um einen Körper kräftefrei zu machen, zeichnet man einen Lageplan, trennt das mechanische System von allen auf dieses wirkenden Körpern und ersetzt deren Wirkung durch Kräfte.

Auch die Gewichtskraft ist eine äußere Kraft – der Körper „besitzt" sie nicht, sondern sie wirkt auf den Körper. In Größe, Richtung und Richtungssinn ist die Gewichtskraft einfach festzulegen. Sie wirkt immer in Richtung Erdmittelpunkt (lotrecht „nach unten"), und ihre Größe ist stets Masse m mal Erdbeschleunigung g. Ihre Wirkungslinie geht durch den Schwerpunkt des Körpers.

$F_G = m \cdot g$	m	g	F_G	Gl. (1.1)
	kg	$\dfrac{m}{s^2}$	$\dfrac{kgm}{s^2} = N$	

Erst nach dem Freimachen im Lageplan lassen sich die unbekannten oder nicht vollständig bekannten Kräfte ermitteln.

Auflagerkraft. Beim Anbringen der äußeren Kräfte ist zu unterscheiden, ob sie von der Belastung her auf den Körper wirken oder ob es sich um Auflagerreaktionen handelt. Auflagerkräfte oder -reaktionen werden von anderen Körpern an den Berührungsstellen auf das Kraftsystem ausgeübt. In diesem Fall stellen wir zuerst fest, wieviel Auflagerreaktionen auftreten – ob es ein-, zwei- oder dreiwertige Auflager sind.

Einwertige Auflager (Loslager) entstehen durch eine Berührung oder verschiebliche Gelenkverbindung. Sie sind in mehreren Richtungen, mit Ausnahme einer, beweglich (**1.6**). Die Kraftrichtung steht senkrecht auf der Berührungsebene (**1.7**). Um nicht stets den gesamten Körper in allen Einzelheiten zeichnen zu müssen, wählt man ein Symbol für die Auflager (**1.8**). Die beiden parallelen Striche des Symbols zeigen an, daß das Loslager in dieser Richtung beweglich ist.

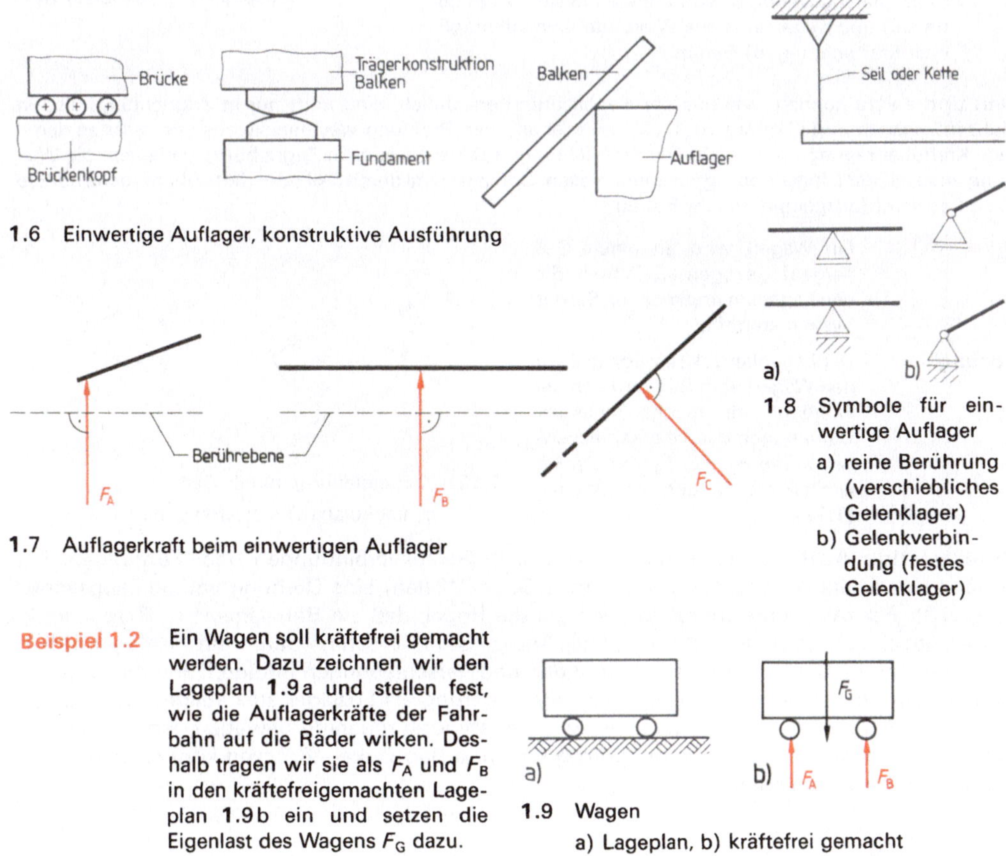

1.6 Einwertige Auflager, konstruktive Ausführung

1.8 Symbole für einwertige Auflager

a) reine Berührung (verschiebliches Gelenklager)

b) Gelenkverbindung (festes Gelenklager)

1.7 Auflagerkraft beim einwertigen Auflager

1.9 Wagen
a) Lageplan, b) kräftefrei gemacht

Die Kraftrichtung ist auch bei der Pendelstütze, dem Seil und der Kette eindeutig bestimmt.

Die Pendelstütze ist ein Konstruktionselement, an dem nur zwei äußere Kräfte angreifen. Sie dient als Verbindung und ist beidseitig gelenkig mit dem anderen Konstruktionsteil verbunden. Eine äußerst kleine axiale Verschiebung ist möglich, doch müssen die beiden wirksamen Kräfte auf einer gemeinsamen Wirkungslinie liegen (**1.10**) – sonst heben sie sich nicht in ihrer Wirkung auf. Der hydraulische Zylinder eines Frontladers ist z. B. eine Pendelstütze (**1.11**).

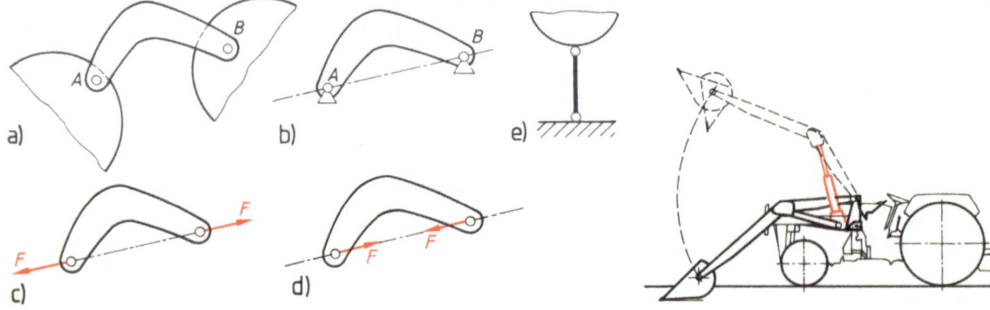

1.10 Pendelstütze

a) im Gleichgewicht, b) von anderen Systemteilen befreit, c) und d) gemeinsame Wirkungslinien mit möglicher Kraftrichtung, e) Symbol

1.11 Hydraulikzylinder, Beispiel einer Pendelstütze

Seil und Kette können, wie aus der Beobachtung ersichtlich, eine Kraft nur in Zugrichtung, also in Achsenlängsrichtung übertragen (**1.12**). In jeder anderen Richtung weichen sie aus und machen damit eine Kraftübertragung unmöglich. Die Kraftrichtung muß darum stets in Zugrichtung verlaufen, die Wirkungslinie mit der Längsrichtung zusammenfallen. Damit ist jede durch Seil oder Kette übertragene äußere Kraft bestimmt (ausgenommen ihr Betrag).

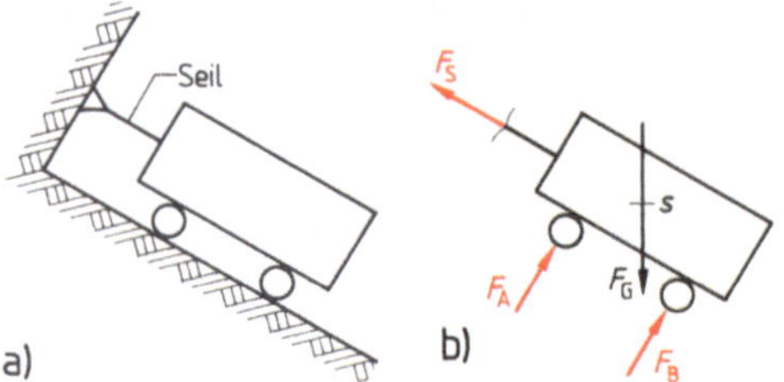

Beispiel 1.3 Ein Wagen wird an einem Seil bergauf gezogen. Zeichnen Sie den Lageplan und machen Sie das System kräftefrei.

Lösung Der Lageplan **1.12**a zeigt, daß wir den Wagen vom Seil und von der Fahrbahn frei machen müssen. Dafür tragen wir die entsprechenden Kräfte F_S, F_A, F_B und die Gewichtskraft F_G des Wagens ein (**1.12**b).

1.12 Krafteinleitung mittels Seil

a) Lageplan, b) kräftefrei gemacht

Zweiwertige Auflager (Festlager) sind feste Gelenkverbindungen oder Führungen. Sie lassen keine axiale Verschiebung, sondern (z. B. bei Wellen) eine Drehung um die Längsachse zu (**1.13**). Für zahlreiche Konstruktionen gilt die Regel, daß ein Bauelement (z. B. rotierende Welle) gegen axiales Auswandern aus der Anlage bzw. Maschine durch ein Festlager örtlich fixiert werden muß. Um Wärmeausdehnungen und Verschiebungen infolge Durchbiegung des Bauelements zu ermöglichen, wird die zweite Lagerung als Loslager ausgebildet. Das Bauteil kann sich also an der einen Lagerstelle zwar ungehindert rotierend bewegen, jedoch nicht in Längsrichtung verschieben. Das gilt analog für starre Bauwerke – Brücken können sich nur in Längsrichtung verschieben.

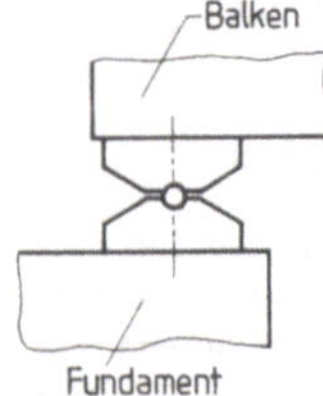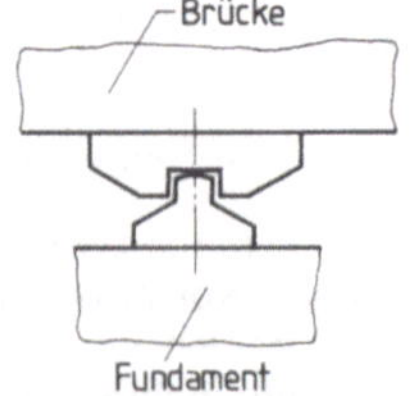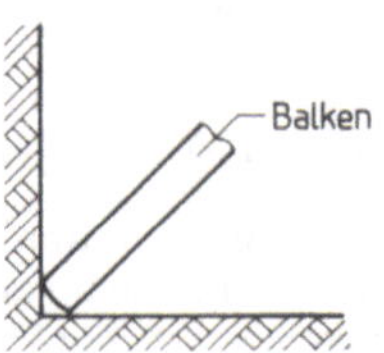

1.13 Zweiwertige Auflager, konstruktive Ausführung

Beim Kräftefreimachen sind hier zwei Kraftrichtungen einzutragen: Die eine steht normal auf der Berührebene, die zweite liegt in der Berührebene selbst (1.14). Statt dieser beiden Richtungen kann man auch die beiden Richtungen eines kartesischen Koordinatensystems wählen. Jedoch müssen bei der Auflagerstelle nicht zwei Kraftrichtungen auftreten; es können auch eine Kraftrichtung und ein Moment sein (Moment s. Abschn. 1.4.3). Wie später gezeigt wird, lassen sich die beiden Teilkräfte zu einer Resultierenden zusammenfassen. Auch beim Festlager verwendet man Symbole (1.15).

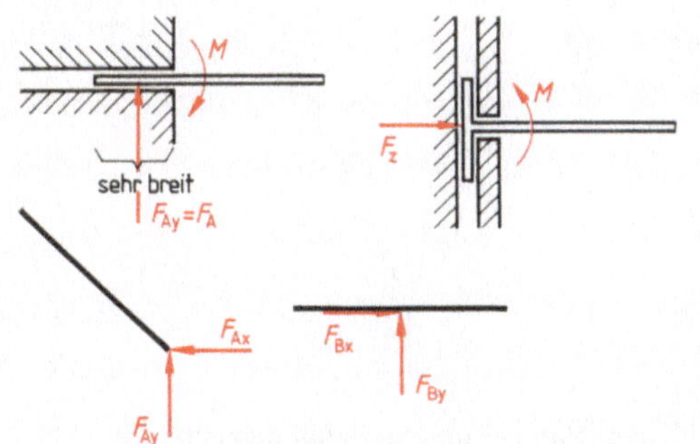

1.14 Auflagerkräfte im zweiwertigen Auflager

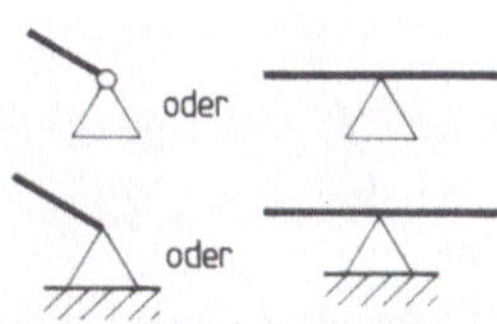

1.15 Symbole für zweiwertige Auflager

Beispiel 1.4 Bei einer Stahlkonstruktion kragt ein Teil des Stahlträgers über das Festlager hinaus. Auf den Träger wirken die beiden Kräfte F_1 und F_2 (1.16a). Zur Bestimmung der Auflagerkräfte sind die Auflager kräftefrei zu machen.

Lösung Das einwertige Auflager erhält als Ersatzkraft senkrecht zur Berührebene die Kraft F_A, das zweiwertige senkrecht zur Berührebene F_{By} und in der Berührebene F_{Bx}. Die Indizes x und y kommen vom gewählten Koordinatensystem, die Indizes A, B, von der gewählten Lagerbezeichnung her.

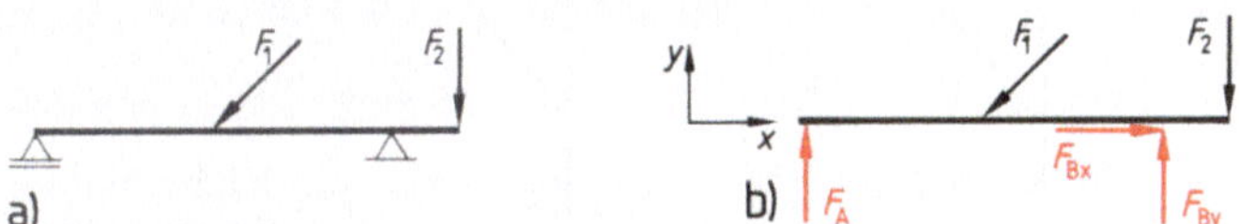

1.16 Auflagerkräfte eines Trägers a) Lageplan, b) kräftefrei gemacht

Dreiwertige Auflager. Wird ein Träger oder anderer Bauteil an einer Seite in die Wand eingemauert oder angeschweißt, hat er keine Bewegungsmöglichkeit mehr (feste Einspannung). An der Einspannstelle kann außer den beiden beim Festlager gezeigten Auflagerreaktionen noch ein Einspannmoment übertragen werden. Damit sind drei Stützreaktionen wirksam. Die konstruktive Ausführung, die Symbole und die für das Kräftefreimachen erforderlichen Eintragungen zeigen die Bilder 1.17 und 1.18.

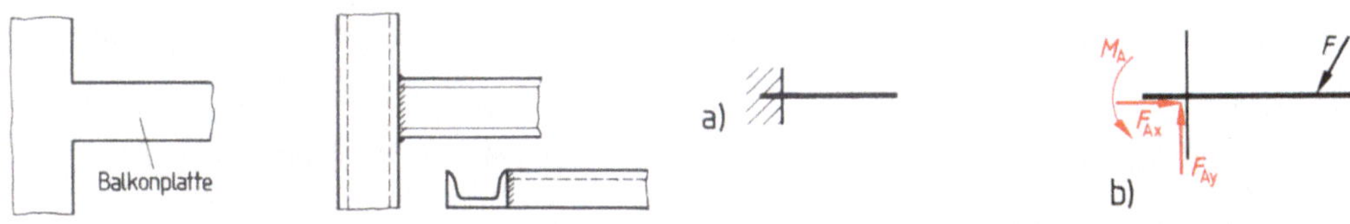

1.17 Dreiwertige Auflager, konstruktive Ausführung

1.18 Dreiwertige Auflager
a) Symbol, b) Auflagerreaktionen

13

Eine Leiter ist nach dem Lageplan **1.19**a aufgestellt. Sie ist im Punkt *A* festgestellt und liegt an Punkt *B* auf einer Mauer auf. Zum Freimachen müssen wir das feste Auflager auf dem Erdboden in Punkt *A* sowie die Stütze in Punkt *B* entfernen und durch die Kräfte F_{Ax}, F_{Ay} und F_B ersetzen. Hinzu kommt die Gewichtskraft F_G. Damit ist das System kräftefrei gemacht.

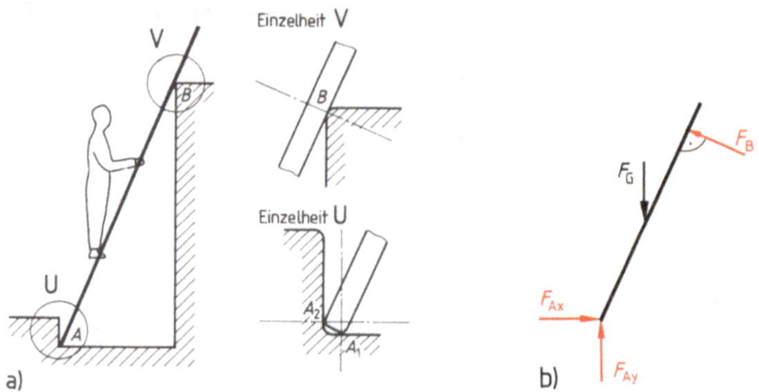

1.19   Angelehnte Leiter mit Details im Lageplan (a) und kräftefrei gemacht (b)

Ein Wandkran ist nach Bild **1.20**a im oberen und unteren Ende drehbar gelagert. Er trägt eine Last. Um den Schwenkarm frei zu machen, bringen wir an seinem System die Kräfte an. Dazu zeichnen wir in Punkt *A* die Auflagerkraft F_A, in *B* die Komponenten F_{Bx} und F_{By} ein. Hinzu kommt die Lastkraft F_G. Das Auflager *A* ist konstruktiv als einwertiges Lager ausgeführt, Auflager *B* als zweiwertiges.

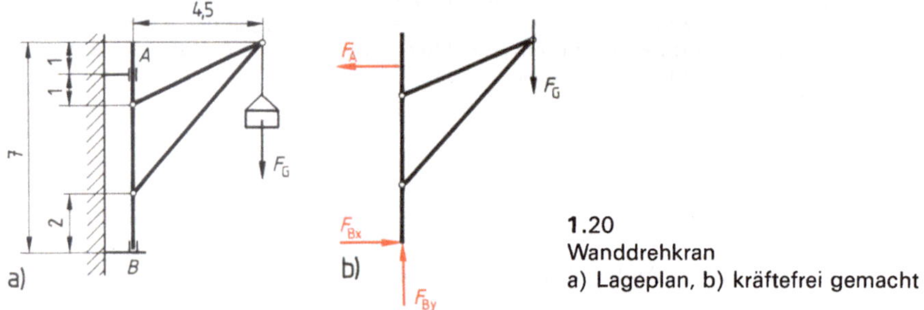

Beim Kräftefreimachen spielt der gewählte Richtungssinn der A u f l a g e r kräfte keine Rolle; die Richtung ist frei wählbar. Wie wir sehen werden, liefert uns die grafische Lösung die tatsächliche Richtung, während die analytische Lösung den Richtungssinn durch das Vorzeichen angibt. Bei „ − " ist die gewählte Richtung entgegengesetzt zur tatsächlichen, bei „ + " stimmt sie mit der tatsächlichen überein.

Einwertiges Auflager (Loslager): Der gelagerte Bauteil kann in axialer Richtung verschoben werden (eine Auflagerreaktion). Zusätzlich ist eine Drehung um die Längsachse möglich (z. B. bei Wellen).

Zweiwertiges Auflager (Festlager): Von den drei möglichen Auflagerreaktionen (F_x, F_y, M) kann die k o n s t r u k t i v e Ausführung nur zwei aufnehmen (zwei Auflagerreaktionen).

Dreiwertiges Auflager: Der Bauteil ist fest eingespannt (drei Auflagerreaktionen).

Kräfte wirken nicht nur im Innern eines Körpers, sondern auch zwischen einzelnen Teilen, also innerhalb eines mechanischen Systems. Nach dem Reaktionsaxiom sind sie jeweils paarweise gegeneinander gerichtet. Bei der Lösung mechanischer Aufgaben bleiben sie unberücksichtigt. Wir können also ein größeres System aus mehreren Körpern auch teilweise zusammenfassen (Systemgrenzen eintragen) und tragen beim Kräftefreimachen dann nur die auf die verbleibenden Körper wirksamen äußeren Kräfte in den Lageplan ein. (Sollen dagegen aus besonderen Gründen alle auf einen Einzelkörper wirkenden Kräfte erfaßt werden, ist der Einzelkörper aus dem System herauszulösen und kräftefrei zu machen.)

Wir wollen das Kräftefreimachen üben.

Beispiel 1.7   (1.21) Eine Last wird mit zwei Seilen am Kranhaken befestigt und hochgehoben. Der Lageplan zeigt die Situation. Wir können nun den Kranhaken selbst kräftefrei machen. Das bedeutet, daß hier die beiden Seilkräfte F_{S1} und F_{S2} wirken. Der H a k e n ist auch an einem Seil befestigt, also wirkt auf ihn noch die Kraft F_{S3}. (Das Eigengewicht des Hakens wollen wir hier vernachlässigen.) Die S e i l e können vom Haken und von der Last befreit werden. An ihre Stelle treten wiederum die Kräfte F_{S1} und F_{S2}. Beide Kräfte wirken an den Seilenden in entgegengesetzter Richtung, sind aber gleich groß. (Sonst würde das Seil seine relative Lage zwischen dem Haken und der Last verändern.) Wir sehen, daß aus Symmetriegründen $F_{S1} = F_{S2}$ ist. Die L a s t, befreit vom Seil, erfordert an Stelle der Seile die Seilkräfte F_{S1} und F_{S2}. Außerdem wirkt im Schwerpunkt der Last die Gewichtskraft F_G.

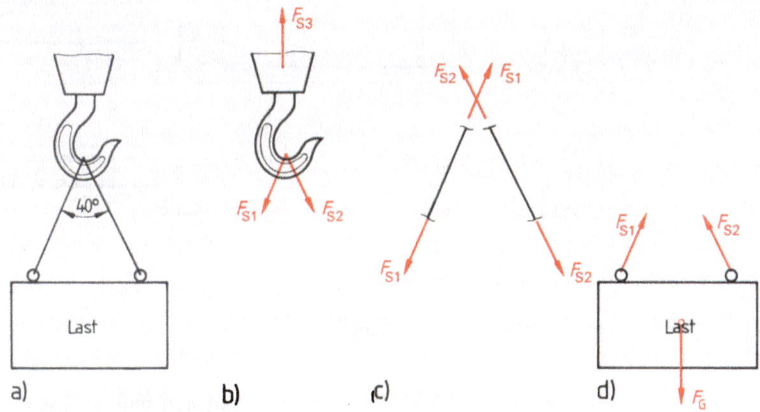

1.21   Last am Kranhaken

a) Lageplan, b) Haken, c) Seil, d) Last kräftefrei gemacht

Beispiel 1.8   (1.22) Prismenführung einer Werkzeugmaschine. Wenn wir das Bett einer Maschine entfernen, sind die Auflagerkräfte F_1 und F_2 vom Bett her normal auf die Berührungsfläche anzubringen. Außerdem wirkt auf den Schlitten das Eigengewicht F_G, dessen

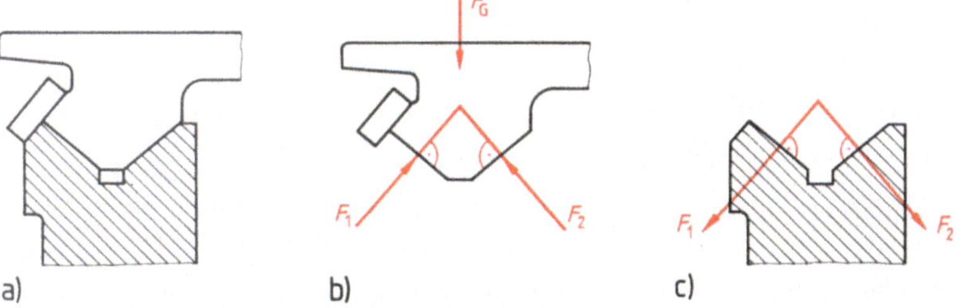

1.22   Prismenführung einer Werkzeugmaschine

Beispiel 1.8
Fortsetzung

Wirkungslinie durch den Schwerpunkt des Schlittens hindurchläuft. Umgekehrt ist nun auf das Maschinenbett die Kraftwirkung vom Schlitten gegeben. Auch hier ist die Kraftübertragung im Sinn eines einwertigen Lagers nur normal auf das Bett möglich. F_1 und F_2 haben die gleiche Größe wie vorhin, nur sind sie umgekehrt gerichtet.

Beispiel 1.9

(1.23) Eine Baumaschine schleppt einen Sattelzug ab. Wenn wir hier die drei Systeme trennen wollen, erhalten wir die Baumaschine, das Seil und den Sattelschlepper. Bei der Baumaschine ergibt sich durch den Schwerpunkt verlaufend die Gewichtskraft F_{GB}. Dann wirkt die Seilkraft bzw. statt des Seiles müssen wir die Ersatzkraft F_S anbringen. Nachdem wir auch die Unterlage entfernt haben, ist es hier erforderlich, für die vom Boden her auf die Baumaschinen wirkenden Kräfte F_B in unseren kräftefrei gemachten Lageplan einzutragen. Am Seil wirken wieder in beide Richtungen die gleich großen Kräfte F_S. Der Sattelzug hat auf jedem Rad bzw. Räderpaar eine unterschiedliche Auflagerkraft, die senkrecht auf den Reifen steht (F_{R1} bis F_{R5}). Ferner wirken die Ersatzkraft für das Seil – das wir ja entfernt haben, um den Sattelzug allein systemmäßig zu betrachten –, die Gewichtskraft der Zugmaschine F_{GZ} und die Gewichtskraft des Sattelaufliegers F_{GS}. Die beiden letzten Kräfte gehen wieder durch die jeweiligen Schwerpunkte. (Die Reibungskräfte haben wir hier vernachlässigt; s. Abschn. 2.)

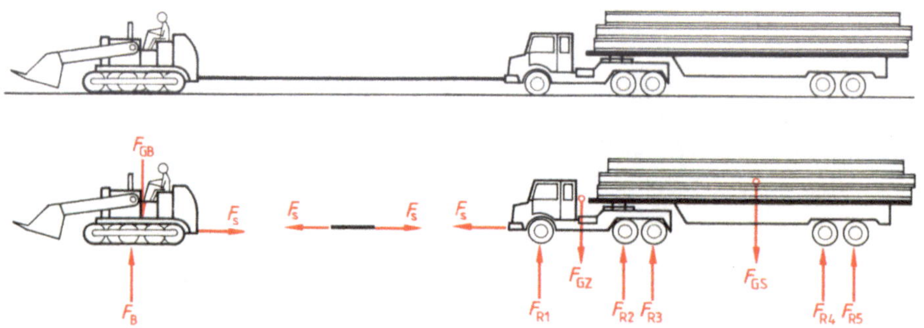

1.23 Abschleppen eines Sattelzugs

Beispiel 1.10

(1.24) Wenn wir das Rad kräftefrei machen, ergibt sich senkrecht von der Unterlage her auf jedes Rad die entsprechende Auflagerkraft F_A bzw. F_B. Vom System her wirken die Gewichtskraft des Radfahrers und die Gewichtskraft des Fahrrads. Beide zusammen wollen wir mit F_G bezeichnen und im gemeinsamen Schwerpunkt wirken lassen (Reibung vernachlässigt).

1.24 Radfahrer

(1.25) Eine mit Sand gefüllte Scheibtruhe (Schubkarre) wird von einem Bauarbeiter angehoben. Kräftefrei gemacht bedeutet dies: Senkrecht durch den Radaufstandspunkt wirkt die **Auflagerkraft** F_A (sie würde auf den Boden an derselben Stelle, aber in entgegengesetzter Richtung wirken), außerdem im Schwerpunkt der **Scheibtruhe** samt Füllung die Gewichtskraft F_G und von den Händen des Bauarbeiters an beiden **Griffen** jeweils die halbe Kraft, die der Bauarbeiter aufbringen muß, um die Scheibtruhe zu halten. Infolge der Symmetrie der Scheibtruhe können wir uns auch hier die beiden Kräftehälften vereint vorstellen, ohne daß wir das System verfälschen würden. Wir können also so tun, als habe die Scheibtruhe nur einen Handgriff und als wirke auf ihr die Summe der beiden Armkräfte F ($F = 2 \cdot F/2$).

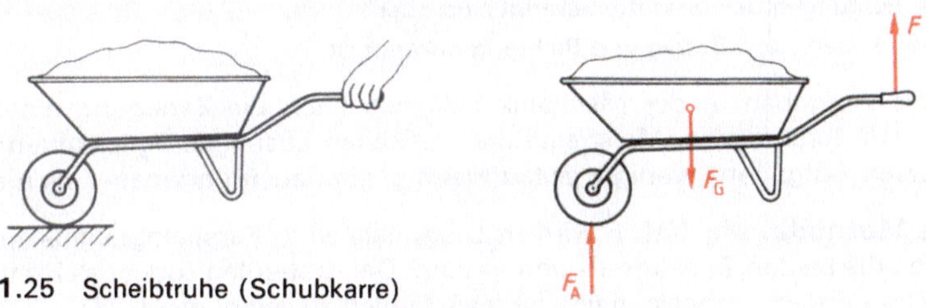

1.25 Scheibtruhe (Schubkarre)

Ein Getriebemotor ist mit 4 Schrauben an einem Profilrahmen befestigt (**1.26 a**). Wenn wir den Motor von seiner Unterlage trennen, erhalten wir 3 Systeme (Profilrahmen, 4 Schrauben, E-Motor) und müssen anstelle der Schraubenkräfte die Ersatzkräfte F_{S1} bis F_{S4} anbringen (**1.26 b**).

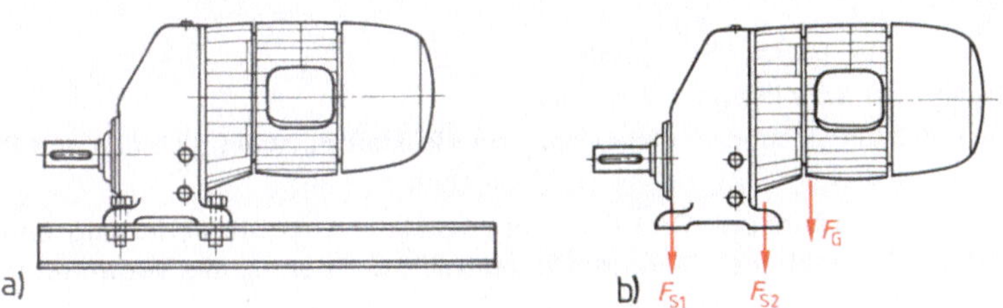

1.26 a) E-Motor auf dem Profilrahmen befestigt, b) kräftefrei gemacht

(1.27) Der gezeichnete Träger einer Brückenkonstruktion kann für unsere Berechnungszwecke symbolmäßig durch eine gerade Linie ersetzt werden. Die Auflager sind je nach konstruktiver Ausführung ein- bzw. zweiwertig. Damit ergibt sich das gezeichnete kräftefrei gemachte Bild.

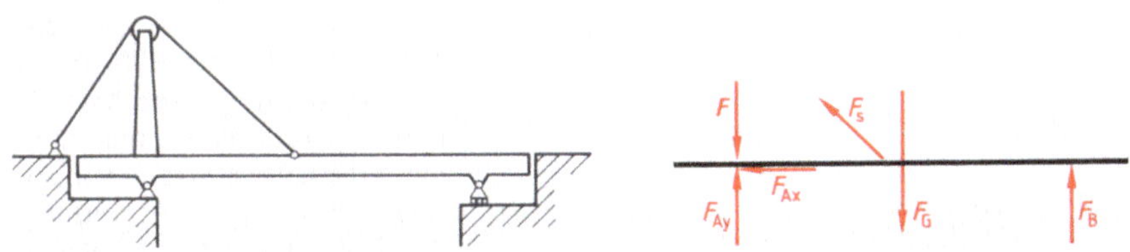

1.27 Träger einer Brückenkonstruktion

1.4 Zerlegen und Zusammensetzen von Kräften

1.4.1 Komponenten einer Kraft und ihre Resultierende

Wirken zwei Kräfte auf der gleichen Wirkungslinie, lassen sie sich algebraisch addieren bzw. subtrahieren. Bei verschiedenen Wirkungslinien müssen wir sie unter Berücksichtigung ihrer Beträge, Wirkungslinien und Richtungssinne geometrisch addieren bzw. subtrahieren.

Zerlegen. Eine gegebene Kraft können wir in z w e i Teilkräfte zerlegen,

– wenn die Richtungen der Teilkräfte bekannt sind oder

– wenn eine Teilkraft nach Betrag und Richtung bekannt ist.

Wie fast alle Aufgaben in der Mechanik läßt sich auch die Zerlegung einer Kraft grafisch oder analytisch durchführen. Meist sind die grafischen Lösungsmöglichkeiten (besonders bei komplizierteren Aufgaben) weniger zeitaufwendig, aber auch ungenauer als die analytischen.

Grafische Methode. Die Kraft $\vec{F}$ wird als Diagonale eines Parallelogramms aufgefaßt, dessen Seitenlängen die beiden Teilkräfte $\vec{F}_1$ und $\vec{F}_2$ sind. Der Kräfteplan (oder das Kräftepolygon), wie die Darstellung dieses Kraftecks heißt, ist maßstäblich zu zeichnen (**1.28**).

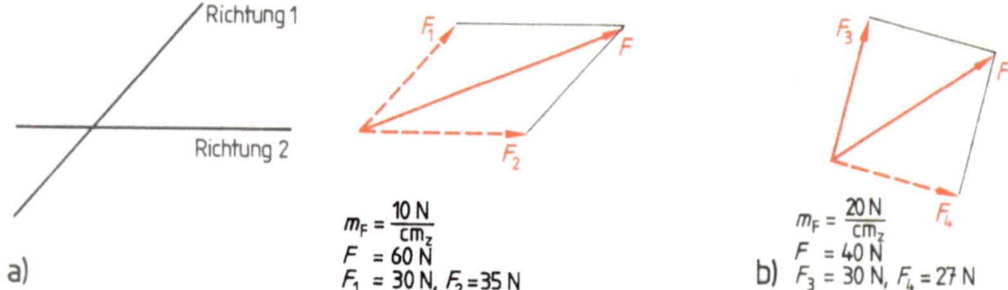

1.28 Zerlegen einer Kraft in zwei Richtungen

     a) zwei Richtungen sind vorgegeben, b) eine Teilkraft F_3 ist mit Richtung und Betrag bekannt

Culmannsches Verfahren (Carl Culmann, 1821–1881). Die Zerlegung einer Kraft in d r e i Komponenten mit gegebenen Wirkungslinien heißt Culmannsches Verfahren und ist nur möglich,

– wenn sich die Wirkungslinien der Komponenten nicht alle in einem Punkt schneiden oder

– wenn sich die Wirkungslinien zweier Komponenten und die zu zerlegende Kraft nicht in einem Punkt schneiden.

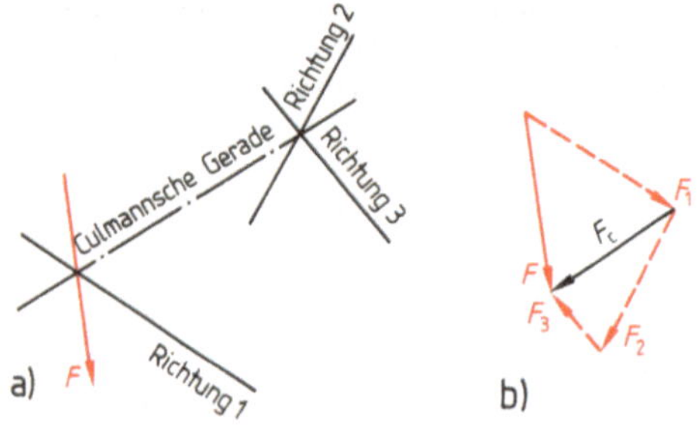

1.29 Zerlegen einer Kraft in drei Richtungen mittels Culmannschem Verfahren

     a) Lageplan, b) Kräfteplan

Nach Bild **1.29** werden je zwei Wirkungslinien zum Schnitt gebracht und die Schnittpunkte durch die Culmannsche Gerade verbunden. Im Kräfteplan dient die Parallele zur Culmannschen Geraden als Hilfskraft. Zunächst zerlegen wir die gegebene Kraft $\vec{F}$ in die Komponente $\vec{F}_1$ und die Culmannsche Hilfskraft $\vec{F}_C$, dann die Culmannsche Hilfskraft in zwei weitere Komponenten $\vec{F}_2$ und $\vec{F}_3$. So ergibt sich das Krafteck aus den drei Komponenten $\vec{F}_1$, $\vec{F}_2$ und $\vec{F}_3$.

Schon hier zeigt sich als eine Grundregel des Kräfteplans, daß der Durchlaufsinn der Komponenten entgegengesetzt zur zerlegten Kraft verläuft.

Ein geschlossener Kräfteplan zeigt Gleichgewicht an.

Bei der rechnerischen Methode zerlegt man die in der Ebene liegende Kraft $\vec{F}$ in zwei aufeinander senkrechte Richtungen, entwickelt also ein kartesisches Koordinatensystem, das uns aus der Mathematik her bekannt ist (1.30). Mit Hilfe der Trigonometrie lassen sich die beiden Komponenten ermitteln.

$$F_x = F \cdot \cos\alpha \qquad F_y = F \cdot \sin\alpha$$

$$F_{ix} = F_i \cdot \cos\alpha_i \qquad F_{iy} = F_i \cdot \sin\alpha_i$$

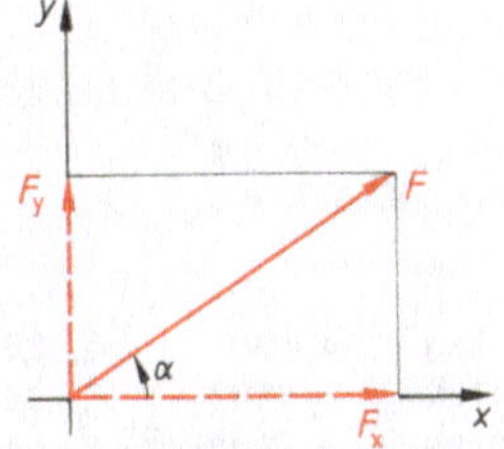

1.30 Zerlegen einer Kraft in ihre x- und y-Komponenten

Resultierende. Betrachten wir das Ergebnis, können wir ohne Kenntnis des Vorausgehenden nicht sagen, ob zuerst die beiden vektorialen Komponenten $\vec{F}_{ix}$ und $\vec{F}_{iy}$ vorhanden waren oder die Einzelkraft $\vec{F}$. Mit der gleichen Methode können wir nämlich aus mehreren Einzelkräften auch die Gesamtkraft bilden. Sie heißt Resultierende.

Die Wirkung der Resultierenden auf den Körper ist gleich der Wirkung sämtlicher Einzelkräfte (Parallelogrammaxiom, s. Abschn. 1.2).

Grafisches Zusammensetzen. Sind mehrere Kräfte zu einer Resultierenden zusammenzusetzen, schließen wir aus dem Lageplan 1.31 a durch Parallelverschieben der Wirkungslinien unter Beachtung der maßstäblichen Größe einen Kraftvektor algebraisch an den anderen an zum Kräfteplan 1.31 b. An die Pfeilspitze der einen Kraft wird also die nächste Kraft so angereiht, daß der Durchlaufsinn gleich bleibt. Man nennt dieses Verfahren v e k t o r i e l l e A d d i t i o n. Aus der Zeichnung ist nun maßstäblich die Größe der Resultierenden $\vec{F}_R$ ablesbar. Ihr Richtungssinn ist ebenfalls dem Kräfteplan zu entnehmen und ergibt sich als Verbindung zwischen Beginn der ersten Teilkraft $\vec{F}_1$ bis Ende (Pfeil) des letzten Kraftvektors $\vec{F}_4$. Der Durchlaufsinn ist jedoch dem Richtungssinn der Resultierenden entgegengesetzt.

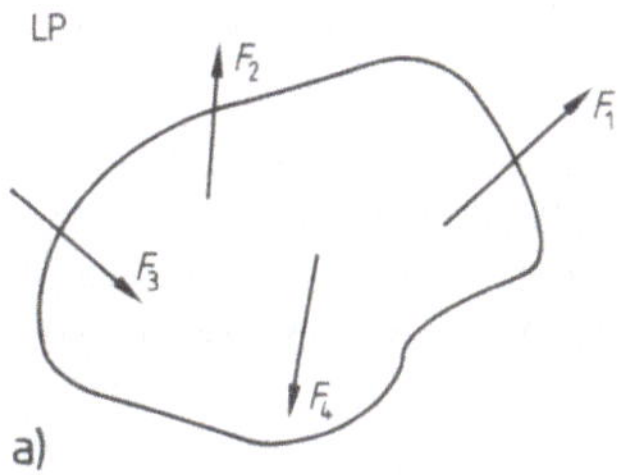

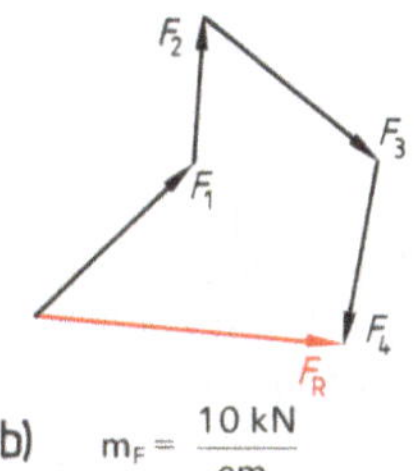

$$m_F = \frac{10\,\text{kN}}{\text{cm}}$$

1.31 Grafische Methode zum Ermitteln der Resultierenden

$F_1 = 30$ kN, $F_2 = 20$ kN, $F_3 = 30$ kN, $F_4 = 25$ kN

a) Lageplan, b) Kräfteplan

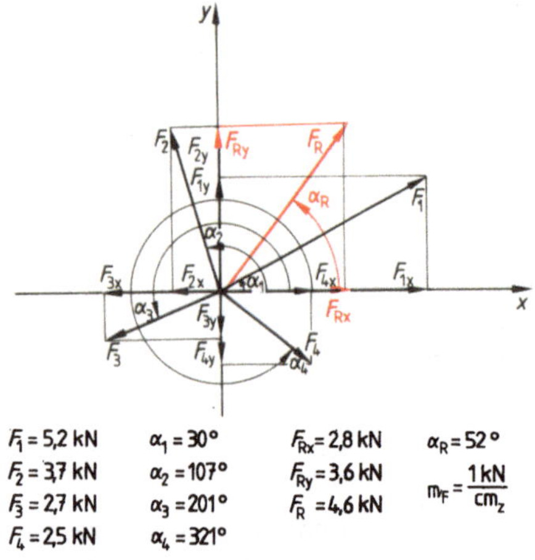

$F_1 = 5{,}2$ kN $\alpha_1 = 30°$ $F_{Rx} = 2{,}8$ kN $\alpha_R = 52°$

$F_2 = 3{,}7$ kN $\alpha_2 = 107°$ $F_{Ry} = 3{,}6$ kN

$F_3 = 2{,}7$ kN $\alpha_3 = 201°$ $F_R = 4{,}6$ kN $m_F = \dfrac{1\,\text{kN}}{\text{cm}_z}$

$F_4 = 2{,}5$ kN $\alpha_4 = 321°$

1.32   Analytische Methode zum Ermitteln der Resultierenden

Fassen wir dies zusammen, erhalten wir die Berechnungsformeln

$$F_{Rx} = \sum_{i=1}^{n} F_{ix} \qquad F_{Ry} = \sum_{i=1}^{n} F_{iy} \qquad F_R = \sqrt{F_{Rx}^2 + F_{Ry}^2} \qquad\qquad \text{Gl. } (1.2) \text{ bis } (1.4)$$

Beim rechnerischen Zusammensetzen von Kräften wird der gemeinsame Angriffspunkt der Teilkräfte zum Ursprung eines rechtwinkligen Koordinatensystems gewählt. Jede Teilkraft wird wie in Bild **1**.30 in ihre x- und y-Komponente zerlegt. Durch Aufsummieren aller Teilkomponenten findet man die Resultierenden in x- und y-Richtung. Diese beiden Teilresultierenden ergeben durch geometrische Addition die tatsächliche Resultierende, die wir in den Lageplan übertragen (**1**.32).

$$\vec{F}_{Rx} = \vec{F}_{1x} + \vec{F}_{2x} + \vec{F}_{3x} + \vec{F}_{4x} =$$
$$F_1 \cdot \cos\alpha_1 + F_2 \cdot \cos\alpha_2 + F_3 \cdot \cos\alpha_3 + F_4 \cdot \cos\alpha_4$$
$$\vec{F}_{Ry} = \vec{F}_{1y} + \vec{F}_{2y} + \vec{F}_{3y} + \vec{F}_{4y} =$$
$$F_1 \cdot \sin\alpha_1 + F_2 \cdot \sin\alpha_2 + F_3 \cdot \sin\alpha_3 + F_4 \cdot \sin\alpha_4$$

F_{Rx}, F_{Ry} und F_R sind hier Vektoren. Sie können wegen der einheitlichen Richtung als S k a l a r e unter Berücksichtigung des Vorzeichens verwendet werden. Skalare geben die Beträge der Vektoren an und werden ohne Pfeil geschrieben: $|\vec{F}_R| = \pm F_R$. Je nachdem, ob die Kraft in die positive oder negative Richtung der Koordinatenachse weist, haben Skalare positive oder negative Vorzeichen.

Damit erfassen wir den Zweck der Statik, unbekannte Kräfte oder Kraftteile zu ermitteln (kräftefrei machen) und die Wirkung eines Kraftsystems auf einen Bauteil zu berechnen (Resultierende).

Kräftesysteme. Wir unterscheiden zentrale und allgemeine Kräftesysteme. Bei den zentralen schneiden sich die Wirkungslinien aller Kräfte in einem Punkt – der Körper kann nur verschoben werden. Bei den allgemeinen Kräftesystemen haben die Wirkungslinien der Kräfte mehrere Schnittpunkte miteinander. Dadurch kann ein Körper verschoben und/oder gedreht werden.

1.4.2 Ebenes zentrales Kräftesystem

Greifen an einem Körper mehrere Kräfte an, die alle in einer Ebene liegen und deren Wirkungslinien sich in einem Punkt schneiden (Verschiebungsaxiom), handelt es sich um ein ebenes zentrales Kräftesystem. Um die Wirkung seiner einzelnen Kräfte auf den Körper zu erfassen, bilden wir durch vektorielle Addition der Kräfte ihre Resultierende. Dies können wir wieder grafisch oder rechnerisch durchführen.

Bei der grafischen Methode zeichnen wir den kräftefrei gemachten Lageplan, wobei wir die Gegebenheiten im Detail oder als Symbol erfassen, jedenfalls maßstäblich auftragen. Dann bilden wir den Kräfteplan. Die Richtung der Kräfte übernehmen wir durch Parallelverschieben aus dem Lageplan. Die Beträge werden maßstäblich unter Beachtung des Richtungssinns aufgetragen.

Um die Resultierende mehrerer an einem Körper wirksamen Kräfte zu finden, hat die Reihenfolge der vektoriellen Addition keine Bedeutung. Entscheidend ist, daß der Richtungssinn beibehalten wird. Die Resultierende $\vec{F}_R$ bildet stets die Schlußlinie des Kraftecks (1.33). Ihr Richtungssinn ist dem Durchlauf des Kraftecks entgegengesetzt. Übertragen wird die Resultierende in den Lageplan, indem wir ihre Wirkungslinie durch den Schnittpunkt der Wirkungslinien der einzelnen Kräfte hindurchlegen.

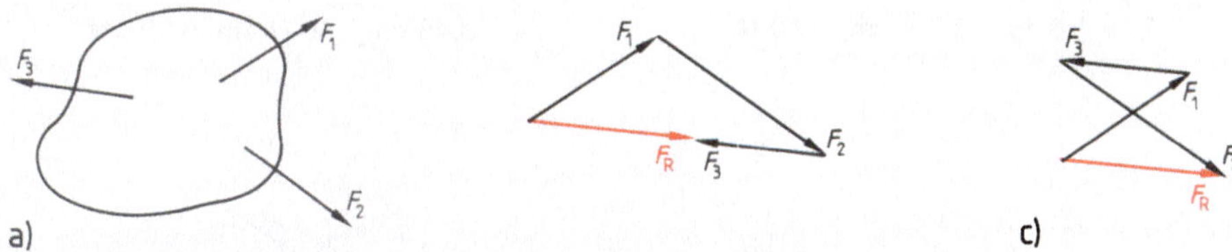

1.33 Grafisches Ermitteln der Resultierenden im ebenen zentralen Kräftesystem
       a) Lageplan, b) Kräfteplan im Umfahrungssinn rechts, c) Kräfteplan im Umfahrungssinn links

Es ist auch möglich, fortgesetzte Teilresultierende aus jeweils zwei Kräften zu bilden, bis sich die Gesamtresultierende ergibt.

> Beim ebenen zentralen Kräftesystem liegen die Kräfte in einer Ebene, und ihre Wirkungslinien schneiden sich in einem Punkt. Das System ist im statischen Gleichgewicht, wenn die Resultierende gleich Null ist.

Die mathematische Lösung faßt die Einzelkräfte (Komponenten) zu Teilresultierenden zusammen. Auch hier gilt die Gleichgewichtsbedingung

> Ein ebenes zentrales Kräftesystem ist im Gleichgewicht, wenn die Summen seiner x- und y-Komponenten gleich Null sind.
>
> $$F_R = 0 \qquad F_{Rx} = 0 \qquad F_{Ry} = 0 \qquad\qquad \text{Gl. (1.5)}$$

Der einen Vektor-Gleichgewichtsbedingung entsprechen beim Kräftezerlegen in Komponenten zwei skalare Gleichgewichtsbedingungen:

$$\vec{F}_R = \sum_{i=1}^{n} \vec{F}_i = 0 \quad\Longleftarrow\quad \begin{cases} F_{Rx} = \displaystyle\sum_{i=1}^{n} F_{ix} = 0 \\[2mm] F_{Ry} = \displaystyle\sum_{i=1}^{n} F_{iy} = 0 \end{cases}$$

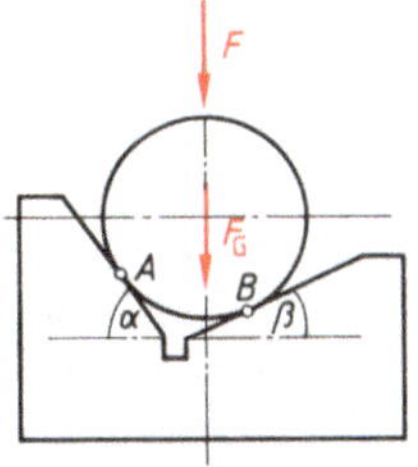

1.34 Lageplan einer Kugel in Prismenführung

Beispiel 1.14 Eine Kugel ist in einer Prismenführung gelagert (1.34). Gesucht werden die Stützkräfte an den Berührungsstellen A und B. Gegeben: Eigenlast $F_G = 80$ N, Außenkraft $F = 130$ N, $\alpha = 54°$, $\beta = 25°$.

Unabhängig vom Lösungsweg zeichnen wir zuerst stets den Lageplan und machen darin den Körper (hier die Kugel) kräftefrei (**1.35**a).

Für den Kräfteplan wählen wir den Maßstab $m_F = 50$ N/cm$_z$ und zeichnen das Krafteck. Zunächst tragen wir maßstäblich die Gewichtskraft $\vec{F}_G$ und die äußere Kraft $\vec{F}$ durch Parallelverschieben aus dem Lageplan auf. Da keine Resultierende auftreten darf (sonst besteht kein statisches Gleichgewicht), wird mit Hilfe der Richtungen aus dem Lageplan für die Auflagerkräfte $\vec{F}_A$ und $\vec{F}_B$ der Kräfteplan geschlossen (**1.35**b; ein geschlossener Kräfteplan kennzeichnet Gleichgewicht). Unter Berücksichtigung des Maßstabs ermitteln wir aus dem Kräfteplan die Größe der Auflager und ihren Richtungssinn. Wir erhalten

$$F_A = 1{,}8 \text{ cm}_z \cdot 50 \text{ N/cm}_z = \mathbf{90 \text{ N}} \qquad\qquad F_B = 3{,}46 \text{ cm}_z \cdot 50 \text{ N/cm}_z = \mathbf{173 \text{ N}}$$

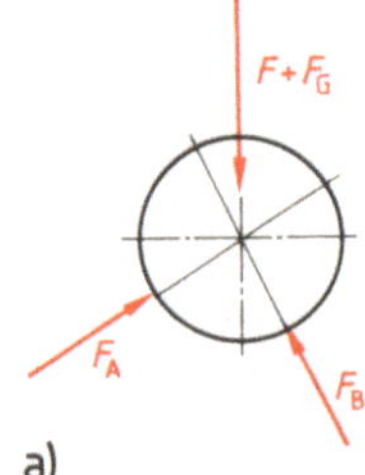

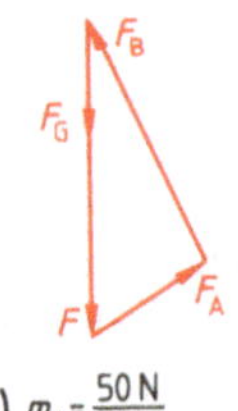

1.35 Grafische Lösung
    a) Lageplan, kräftefrei gemacht
    b) Kräfteplan

1.36 Analytische Lösung

Nachdem wir den Lageplan (**1.35**a) gezeichnet haben, tragen wir in ein rechtwinkliges Koordinatensystem unmaßstäblich die einzelnen Kräfte und Auflagerreaktionskräfte ein (**1.36**). Dabei verschieben wir die Kräfte nach dem Verschiebungsaxiom so, daß sie jeweils am Schnittpunkt angreifen. Die Winkel ergeben sich mit $\alpha_A = 90° - 54° = 36°$, $\alpha_B = 90° + 25° = 115°$, $\alpha_F = 270°$.

Mit Hilfe der Trigonometrie bilden wir die jeweiligen x- und y-Komponenten (vektorielle Komponenten F_{ix} und F_{iy}) und summieren in x- und y-Richtung. Da statisches Gleichgewicht herrschen muß, ergibt sich aus den Ausgangsformeln

$$\Sigma F_{ix} = 0: F_{Ax} + F_{Bx} + (F + F_G)_x = 0 \qquad\qquad \Sigma F_{iy} = 0: F_{Ay} + F_{By} + (F + F_G)_y = 0$$

$$F_A \cdot \cos\alpha_A + F_B \cdot \cos\alpha_B + (F + F_G)\cos\alpha_F = 0$$
$$F_A \cdot \sin\alpha_A + F_B \cdot \sin\alpha_B + (F + F_G)\sin\alpha_F = 0$$

mit den eingesetzten Größen

$$F_A \cdot \cos 36° + F_B \cdot \cos 115° + 210 \text{ N} \cdot \cos 270° = 0 \qquad\qquad \cos 270° = 0$$
$$F_A \cdot \sin 36° + F_B \cdot \sin 115° + 210 \text{ N} \cdot \sin 270° = 0 \qquad\qquad \sin 270° = -1$$
$$F_A \cdot \cos 36° + F_B \cdot \cos 115° = 0$$
$$F_A \cdot \sin 36° + F_B \cdot \sin 115° - 210 \text{ N} = 0.$$

Die trigonometrischen Zusammenhänge liefern uns die richtigen Vorzeichen:
$$F_A = -F_B \frac{\cos 115°}{\cos 36°}$$

$$-F_B \frac{\cos 115°}{\cos 36°} \sin 36° + F_B \cdot \sin 115° - 210 \text{ N} = 0 \qquad\qquad \frac{\sin 36°}{\cos 36°} = \tan 36°$$

$$-F_B \cdot \cos 115° \cdot \tan 36° + F_B \cdot \sin 115° - 210 \text{ N} = 0$$
$$F_B(-\cos 115° \cdot \tan 36° + \sin 115°) = 210 \text{ N}$$
$$F_B(\tan 115° - \tan 36°)\cos 115° = 210 \text{ N} \qquad\qquad \tan 115° \cdot \cos 115° = \sin 115°$$

$$F_B = 210 \text{ N} \frac{1}{(\tan 115° - \tan 36°)\cos 115°} = \mathbf{173 \text{ N}} \qquad F_A = -173 \text{ N} \frac{\cos 115°}{\cos 36°} = \mathbf{90 \text{ N}}$$

Im gewählten Koordinatensystem sind nur die Winkellagen und der Richtungssinn der einzelnen Vektoren annähernd richtig einzutragen. Der Betrag, also die gezeichnete Länge, der Kraftvektoren ist hier ohne Bedeutung.

Beispiel 1.15 Der Wanddrehkran **1**.37 soll eine Last mit der Masse $m = 1427$ kg tragen. Wie groß sind die Auflagerkräfte in den Lagern A und B sowie der Winkel α?

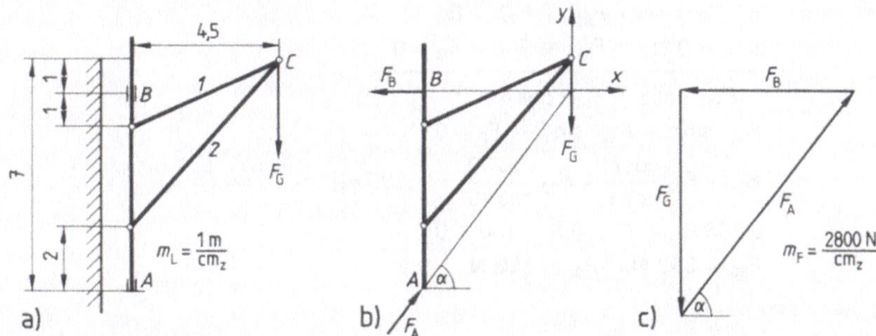

1.37 Wanddrehkran

a) technische Skizze, b) Lageplan, kräftefrei gemacht, c) Kräfteplan

Grafische Lösung Wir zeichnen den maßstäblichen Lageplan **1**.37b und anschließend den Kräfteplan **1**.37c. Daraus entnehmen wir die Auflagerkräfte und erhalten nach Umrechnen aus dem Maßstab $F_A = 6{,}3\ \mathrm{cm_z} \cdot 2800\ \mathrm{N/cm_z} = 17\,640$ N, wirksam unter dem Winkel $\alpha = 53°$, und $F_B = 3{,}8\ \mathrm{cm_z} \cdot 2800\ \mathrm{N/cm_z} = 10\,640$ N.

Analytische Lösung Da es sich hier um ein ebenes zentrales System handelt (**1**.37a), legen wir in den Schnittpunkt der Wirkungslinien von Auflagerkräften und Gewichtskraft ein Koordinatensystem (x, y). Die gewählte positive Betrachtungsrichtung wollen wir durch Anfügen von Pfeilen an die Gleichgewichtsbedingungen kennzeichnen. So erhalten wir:

$$\Sigma F_{ix} = 0 \rightarrow: \ -F_B + F_A \cdot \cos\alpha = 0$$

$$\Sigma F_{iy} = 0 \uparrow: \ -F_G + F_A \cdot \sin\alpha = 0$$

Mit α aus der Zeichnung $= 53°$, $F_G = m \cdot g = 1427$ kg $\cdot\ 9{,}81$ m/s$^2 = 14\,000$ N ergibt sich:

$$F_A = \frac{F_G}{\sin\alpha} = \frac{14 \cdot 10^3\ \mathrm{N}}{\sin 53°} = \mathbf{17\,530\ N}$$

$$F_B = F_A \cdot \cos\alpha = 17\,530\ \mathrm{N} \cdot \cos 53° = \mathbf{10\,550\ N}$$

Bei den folgenden Beispielen wollen wir wegen der Übersichtlichkeit die Einheiten im Rechengang weglassen. Bei den Ergebnissen sind sie wesentlich und müssen stets geschrieben werden. Es ist empfehlenswert, neben den Zahlenrechnungen immer wieder die Einheiten zu überprüfen, denn nur im kg-m-s-System führen die angegebenen Gleichungen und Formeln zum richtigen Ergebnis. In einigen Beispielen wurden zur Übung bewußt uneinheitliche Größen gewählt.

Beispiel 1.16 Ein Körper mit $F_G = 400$ N wird nach Bild **1**.38a durch zwei Seile gehalten. Wie groß sind die Seilkräfte?

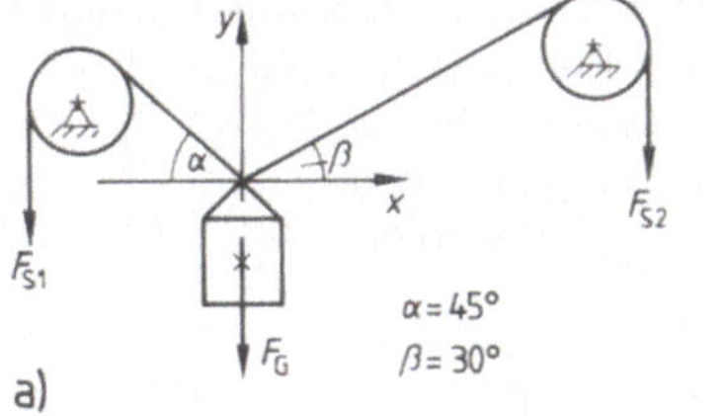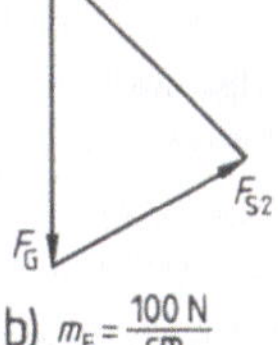

1.38 Körper an zwei Seilen a) Lageplan, b) Kräfteplan

Grafische Lösung	Die Gewichtskraft des Körpers wird als Resultierende der beiden Seilkräfte aufgefaßt. Sie wird beim Zeichnen des Kräfteplans in die beiden Teilkräfte zerlegt (**1.38**b). Wir lesen das Ergebnis ab: $F_{S1} = 360\,N$, $F_{S2} = 300\,N$.
Analytische Lösung	Der Ursprung des Koordinatensystems wird festgelegt. Die Gleichgewichtsbedingungen liefern F_{S1} und F_{S2}.

$$\Sigma F_{ix} = 0 \rightarrow: \quad -F_{S1x} + F_{S2x} = 0$$
$$\Sigma F_{iy} = 0 \uparrow: \qquad F_{S1y} + F_{S2y} - F_G = 0$$

$$-F_{S1} \cdot \cos\alpha + F_{S2} \cdot \cos\beta = 0$$
$$F_{S1} \cdot \sin\alpha + F_{S2} \cdot \sin\beta - F_G = 0$$
$$F_{S1} = F_{S2}\frac{\cos\beta}{\cos\alpha} = F_{S2}\frac{\cos 30°}{\cos 45°} = 1{,}225\,F_{S2}$$
$$0{,}866\,F_{S2} + F_{S2} \cdot 0{,}5 - 400 = 0$$
$$F_{S2} = \mathbf{293\,N}, \quad F_{S1} = \mathbf{359\,N}$$

1.4.3 Ebenes allgemeines Kräftesystem

Statisches Moment $\vec{M}$. Liegen die Kräfte in einer Ebene, doch schneiden sich ihre Wirkungslinien nicht in einem Punkt, wird auf den Körper auch eine Drehwirkung ausgeübt. Im Koordinatensystem wird deshalb zumindest e i n e Kraft nicht durch den Schnittpunkt laufen (in der Regel sind es mehrere). Diese Beziehung zwischen einer Kraft und einem beliebigen Bezugspunkt heißt statisches Moment.

Der Betrag des statischen Moments M ist gleich dem Produkt aus der Kraft F und dem Normalabstand (Hebelarm) l vom Bezugspunkt (**1.39**).

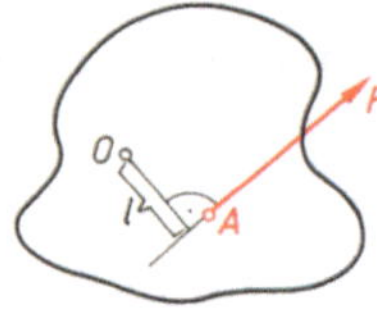

$$|M| = F \cdot l$$

M	F	l
Nm	N	m

Gl. (1.6)

1.39 Statisches Moment M

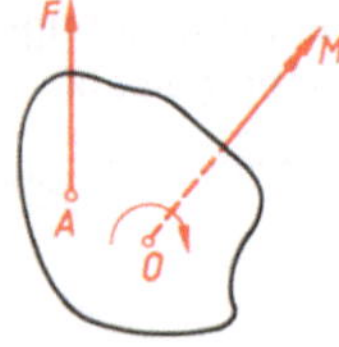

1.40 Darstellung des statischen Moments als Vektor

Das statische Moment ist ein Vektor, es ist das äußere Produkt zweier Vektoren. Im Gegensatz zu dem an die Wirkungslinie gebundenen, also linienflüchtigen Kraftvektor ist M ein f r e i e r Vektor. Er darf parallel zu sich selbst beliebig verschoben werden. Dargestellt wird M in Zeichnungen durch einen Drehpfeil oder einen Vektor mit zwei Pfeilspitzen (**1.40**). Üblicherweise verwendet man das Rechtssystem. Dies bedeutet: blickt man so auf den Körper, daß ihn die Momentenwirkung im Uhrzeigersinn verdrehen möchte, weist die Doppelpfeilspitze in Blickrichtung.

Satz vom (statischen) Moment. Treten mehrere Kräfte auf, haben alle einen unterschiedlichen Normalabstand. Damit kann man das r e s u l t i e r e n d e M o m e n t bilden, indem man den

Betrag des resultierenden Moments gleich der algebraischen Summe aller Einzelmomente setzt (**1.41**). So ergibt sich der Satz vom statischen Moment:

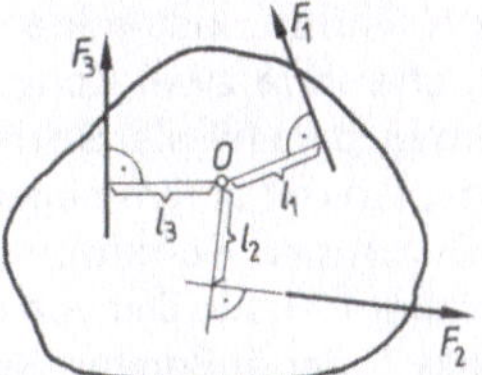

1.41 Momentenwirkung mehrerer Kräfte um einen Punkt

> Die Summe der (statischen) Momente aller Teilkräfte eines ebenen Kräftesystems ist – bei gleichem Drehpunkt – gleich dem statischen Moment der Resultierenden dieses Kräftesystems.
>
> $$M_R = M_1 + M_2 + M_3 \cdots = \sum_{i=1}^{n} M_i \qquad \text{Gl. (1.7)}$$

Culmannsches Verfahren. Liegen maximal 4 Kräfte vor, die im statischen Gleichgewicht stehen, können wir die Lösung mit Hilfe des Culmannschen Verfahrens finden.

Beispiel 1.17 Nach Bild **1.42** a sollen die Auflagerkräfte an den Rädern und die Seilkraft am Wagen ermittelt werden. Gegeben ist die Masse des Wagens $m = 500$ kg. $(F_G = m \cdot g = 4905$ N$)$
Gesucht: F_A, F_B, F_S. $\alpha = 16°$

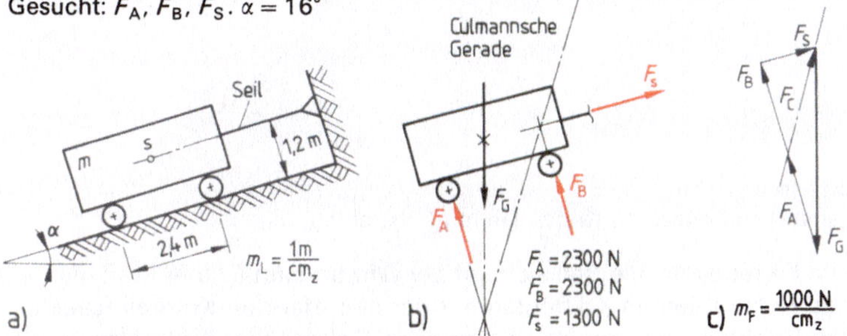

1.42 Wagen am Hang

a) Lageplan, b) Lageplan, kräftefrei gemacht, c) Kräfteplan (Culmannsches Schnittverfahren)

Lösung Nach Zeichnen des Lageplans und Kräftefreimachen bringt man einerseits die beiden Wirkungslinien der Auflagerkraft F_B und der Seilkraft F_S zum Schnitt, andererseits die Wirkungslinien der Gewichtskraft F_G und der Auflagerkraft F_A. Die Verbindung der beiden Schnittpunkte ist die Culmannsche Hilfsgerade (**1.42** b).

Nun wird der Kräfteplan gezeichnet. Die maßstäblich gezeichnete Gewichtskraft F_G des Wagens steht im statischen Gleichgewicht mit der Auflagerkraft F_A und der Culmannschen Hilfskraft F_C, deren Richtungen bekannt sind. In der Folge wird die Culmannsche Hilfskraft F_C als Resultierende der Auflagerkraft F_B und Seilkraft F_S angesehen (**1.42** c). Das Krafteck ist in sich geschlossen; es gilt $\Sigma F_i = 0$. Damit können maßstäblich die Auflagerkräfte und die Seilkraft aus dem Kräfteplan entnommen werden. Wir lesen ab: $F_A = \mathbf{2300}$ **N**, $F_B = \mathbf{2300}$ **N**, $F_S = \mathbf{1300}$ **N**. (Genaue Werte: $F_A = F_B = 2357$ N, $F_S = 1352$ N.)

Seileckverfahren. Im Beispiel 1.17 konnten wir die angreifenden Kräfte auf Systeme aus zwei Kräften und schließlich eine Resultierende zurückführen. Sind die Kräfte jedoch parallel oder annähernd parallel, ist das Culmannsche Verfahren nicht anwendbar. Hier hilft das Seileckverfahren.

Wieder beginnt man mit einem maßstäblichen Lageplan (**1.43** a) und erhält durch das Parallelverschieben der Kräfte den Kräfteplan **1.43** b mit Größe und Richtung der Resultierenden F_R. Um auch ihre Lage zu bestimmen, wählt man einen beliebigen Pol P und verbindet im Kräfteplan die Anknüpfungspunkte durch die **Polstrahlen** 0 bis 4 mit ihm. Auf diese Weise werden die 4 Kräfte in je zwei Komponenten zerlegt: F_1 in 0 und 1, F_2 in 1 und 2 usw. Die Polstrahlen werden parallel als **Seilstrahlen** in den Lageplan verschoben. Dabei beginnt man links im Lageplan mit einem beliebigen Punkt I auf der Wirkungslinie von F_1 mit den Polstrahlen 0 und 1. Durch den Schnittpunkt des Seilstrahls 1 mit der Wirkungslinie von F_2 zeichnet man den Seilstrahl 2 usw. Der von den Seilstrahlen gebildete Linienzug heißt Seileck. Durch den Schnittpunkt S der äußersten Seilstrahlen 0 und 4 verläuft die Resultierende. Die Wirkungslinie wird durch Parallelverschieben aus dem Kräfteplan in den Lageplan lagemäßig richtig eingetragen.

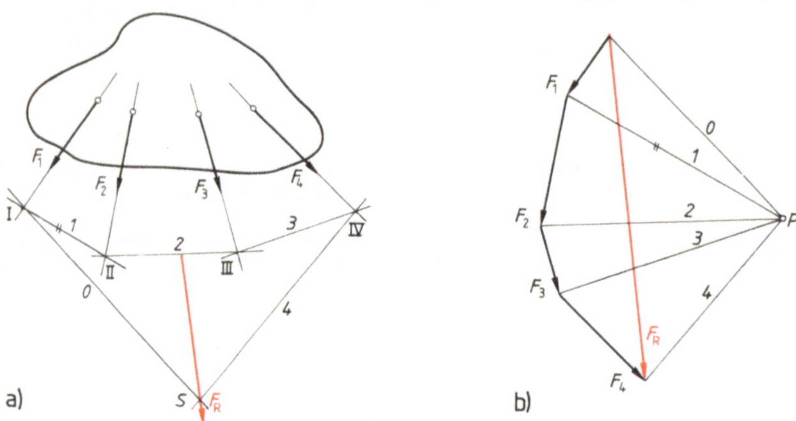

1.43 Seileckverfahren
a) Lageplan mit Seileck, b) Kräfteplan mit Polstrahlen

Kontrolle. Im Lageplan schneiden sich auf der Wirkungslinie einer Kraft die Seilstrahlen, deren entsprechende Polstrahlen im Kräfteplan mit der betreffenden Kraft ein Dreieck bilden (z. B. 2, 3 mit F_3). Den Punkten im Lageplan entsprechen Dreiecke im Kräfteplan.

Beispiel 1.18 Gegeben ist ein Balken, belastet mit drei Kräften $F_1 = 300$ N, $F_2 = 500$ N, $F_3 = 600$ N (**1.44a**). Wie groß ist die Resultierende dieser Kräfte? Welche Lage hat sie?

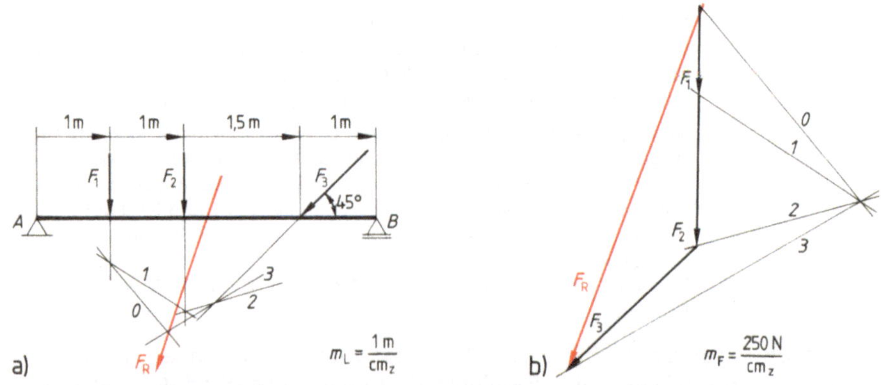

1.44 Balken mit zwei Stützen, belastet mit drei Kräften

Grafische Lösung Im maßstäblichen Kräfteplan reihen wir die Kräfte aneinander und zeichnen die Resultierende. Ihre Größe lesen wir ab und erhalten unter Berücksichtigung des Maßstabs $F_R = 1300$ N (**1.44b**). Die Lage der Resultierenden im maßstäblichen Lageplan **1.44a** ergibt sich durch Parallelverschieben aus dem Kräfteplan in den Schnittpunkt des ersten Seilstrahls 0 und letzten Seilstrahls 3.

Kräftepaar. Ein Kräftepaar besteht aus zwei parallelen Kräften gleichen Betrags, aber entgegengesetzten Richtungssinns (1.45). Es läßt sich nicht auf eine Einzelkraft reduzieren, hat also keine Resultierende. Während eine Einzelkraft das Bestreben hat, den Körper zu verschieben, übt das Kräftepaar eine Drehwirkung aus, ein Moment. Nach Bild 1.45 ergibt sich

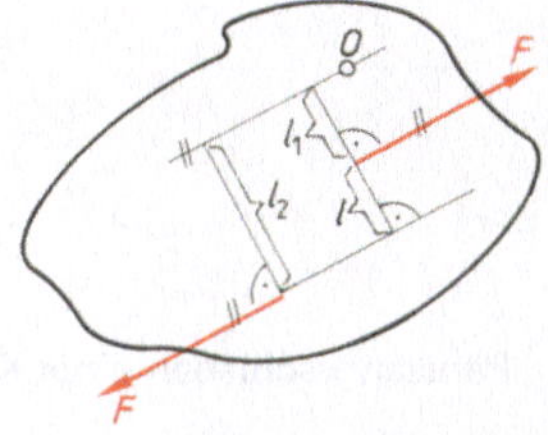

$$M = F \cdot l_2 - F \cdot l_1 = F(l_2 - l_1)$$

$$M = \pm F \cdot l$$

1.45 Wirkung des Kräftepaars

Diese Formel ist uns beim statischen Moment schon begegnet. Als positive Drehrichtung kann die Momentenwirkung der Kraft im oder entgegen dem Uhrzeigersinn gewählt werden. Wir wollen sie hier im Uhrzeigersinn wählen. Damit wird das von F mit dem Abstand l_2 wirksame Moment positiv, jenes von F mit dem Abstand l_1 negativ in die Gleichung aufgenommen. Da der positive Drehsinn frei wählbar ist, ergibt sich als allgemeines Ergebnis $\pm F \cdot l$.

Das Kräftepaar übt also ein Moment aus, das von der Lage des Bezugspunkts unabhängig ist (1.46). Der Betrag des statischen Moments ist gleich dem Produkt aus dem Betrag einer Kraft und dem Abstand der Wirkungslinien beider Kräfte. Der Drehsinn wird durch das Vorzeichen angegeben.

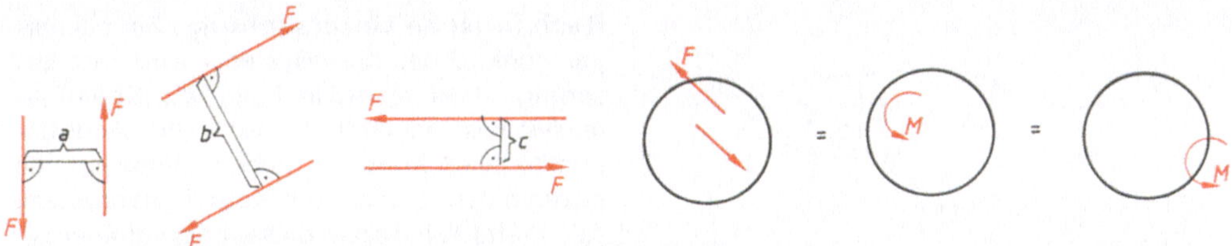

1.46 Verschiedene Lagen von Kräftepaaren

Man kann jeden beliebigen Punkt auf dem Körper auswählen – es wird sich als Ergebnis immer das Moment mit gleicher Größe ergeben, z. B.:

$$M = F \cdot l \quad \text{bzw.} \quad M = F \cdot a, \ M = F \cdot b, \ M = F \cdot c \tag{1.46}$$

Das Moment eines Kräftepaars ist maßstäblich gleich dem Flächeninhalt des aus den Kräften gebildeten Parallelogramms. Mehrere in der gleichen Ebene wirksame Kräftepaare lassen sich zu einem resultierenden Moment zusammensetzen.

> Das resultierende Moment ist gleich der algebraischen Summe der Momente der einzelnen Kräftepaare.

Wir haben gesehen, daß ein Kräftepaar stets ein Moment auf den Körper ausübt, unabhängig davon, welchen Punkt des Körpers man als Drehpunkt wählt. Diese Wirkung des Kräftepaars nutzen wir zur Überlegung, was geschieht, wenn man eine auf einen Körper einwirkende Kraft parallel zu sich verschiebt.

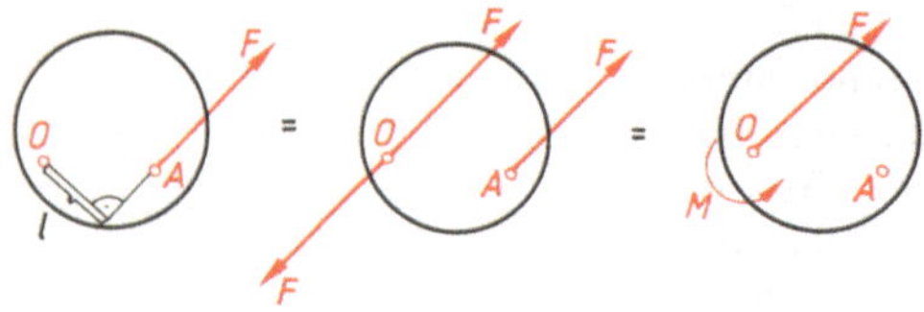

1.47 Parallelverschieben einer Kraft

Versatzmoment. Wie Bild **1**.47 zeigt, können wir neben der auf einen Körper wirkenden Kraft an einer beliebigen Stelle (in der Regel der Schwerpunkt, s. Abschn. 1.5) zwei gleich große entgegenwirkende Kräfte anbringen. Durch die sich gegenseitig aufhebenden Kräfte verändert sich die Situation am Körper nicht. Doch bildet die vorher bereits bestehende Kraft mit der entgegengesetzt gerichteten, neu hinzugekommenen ein Kräftepaar. Das Kräftepaar ergibt ein Moment, so daß wir als Ergebnis festhalten können:

> Jede an einen Körper angreifende Kraft F darf parallel zu sich selbst an einen beliebigen anderen Punkt verschoben werden, wenn man gleichzeitig ein Kräftepaar hinzufügt, dessen Moment gleich dem Moment der ursprünglichen Kraft in bezug auf den neuen Punkt ist.
>
> Das Moment des hinzugefügten Kräftepaars heißt Versatzmoment.

Das Versatzmoment brauchen wir beim Berechnen eines ebenen allgemeinen Kräftesystems.

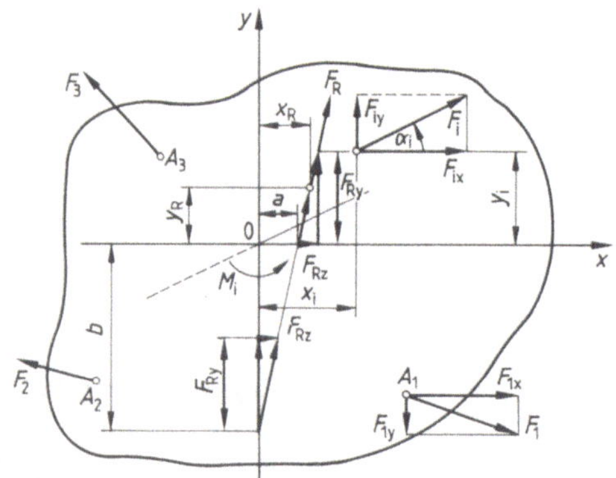

1.48 Rechnerische Lösung eines ebenen allgemeinen Kräftesystems

Rechnerische Untersuchung. Ein beliebiger Punkt 0 des Kräftesystems wird zum Ursprung eines rechtwinkligen x-y-Koordinatensystems gewählt (**1**.48). Die Angriffspunkte aller Kräfte F_i haben allgemein die Koordinaten x_i und y_i im Koordinatensystem. Alle Kräfte F_i haben in diesem Koordinatensystem die rechtwinkligen Komponenten F_{ix} und F_{iy}, jede Teilkraft wird parallel zu sich selbst vom Angriffspunkt in den Ursprung 0 des Koordinatensystems verschoben und um das Versatzmoment M_i ergänzt.

$$M_i = F_{iy} \cdot x_i \pm F_{ix} \cdot y_i \qquad \text{Gl. (1.8)}$$

Alle nach dem Ursprung verschobenen Kräfte und alle Versatzmomente ergeben aufsummiert die Resultierende F_R und das resultierende Moment M_R.

$$M_R = \sum M_i \qquad M_i = \sum_{i=1}^{n} (F_{iy} \cdot x_i \pm F_{ix} \cdot y_i)$$
$$M_R = F_{Ry} \cdot x_R \pm F_{Rx} \cdot y_R \qquad \text{Gl. (1.9) bis (1.11)}$$

Die resultierende Kraft F_R kann auf ihrer Wirkungslinie beliebig verschoben werden. Daher ist eine ihrer Koordinatenwerte x_R oder y_R noch frei wählbar. Die Wirkungslinie der Resultierenden F_R schneidet die Koordinatenabschnitte a und b auf den Koordinatenachsen ab.

Sonderfälle. Beim Zusammensetzen von F_R und M_R können drei Sonderfälle auftreten.

- $F_R \neq 0$; $M_R = 0$ Die Resultierende F_R geht durch den Ursprung des Koordinatensystems. Es entsteht eine reine Verschiebung in Richtung F_R.
- $F_R = 0$; $M_R \neq 0$ Alle Kräfte zusammen haben auf den Körper eine Drehwirkung. Es entsteht eine reine Verdrehung (Rotation) in Richtung M_R.
- $F_R = 0$; $M_R = 0$ Es herrscht statisches Gleichgewicht.

Neben den uns bereits bekannten Bauelementen Pendelstütze, Kette und Seil gibt es weitere Konstruktionselemente, wie Stäbe, Scheiben und Balken.

Stäbe sind Bauteile, die nur in Richtung ihrer Achse durch Längskräfte auf Zug oder Druck beansprucht werden können. Entsprechend unterscheidet man Zug- und Druckstäbe. Beim Einsatz von Stäben ist also die Wirkungslinie der Kraft bekannt, jedoch nicht die Kraftrichtung, d. h. der Richtungssinn. Der Zugstab könnte gegebenenfalls auch durch ein Seil ersetzt werden. Stäbe sind nach der hier verwendeten Definition stets beidseitig gelenkig gelagert. Auch hier ist eine symbolmäßige Darstellung zweckmäßig. Wenn man die Stäbe an ihren Enden kräftefrei macht und das tieferstehende Symbol verwendet, haben die Zugstäbe stets die Pfeilrichtung vom Knoten weg und Druckstäbe zum Knoten hin (**1.49**).

Tabelle **1.49** **Stäbe**

	Stabenden freigemacht	Stab freigemacht	Symbol
Zugstab	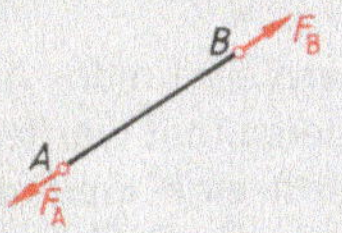	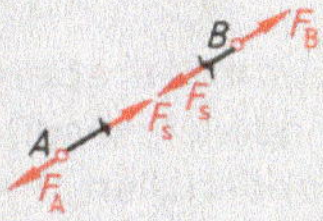	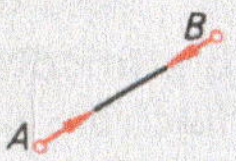
Druckstab	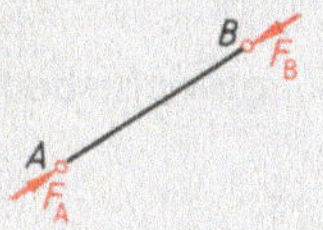	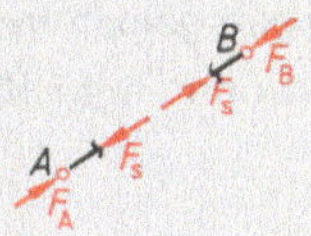	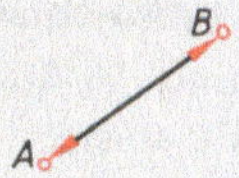

Als Balken werden die meisten übrigen Bauteile bezeichnet. Zum Unterschied von Seil und Stab sowie Pendelstütze können sie Kräfte auch quer, nicht nur längs ihrer Achse übernehmen. Sie sind **biegesteif**, können also an jeder Stelle ein Biegemoment übertragen. Die Achse des Balkens ist dabei der geometrische Ort aller Schwerpunkte der aufeinanderfolgenden Balkenquerschnitte. Die Achse eines unbelasteten Balkens kann gerade oder gekrümmt sein. Wir verwenden auch hier ein Symbol, wobei die einzelne geometrische Ausformung des Konstruktionselements unberücksichtigt bleibt. Nur die Achse des Balkens wird als Symbol übernommen. Bei den folgenden Beispielen nehmen wir die Kräfte stets so eingeleitet an, daß sie in der Ebene der Balkenachse liegen und diese schneiden.

1.4.4   Gleichgewichtsbedingungen der Statik

Wir haben gesehen, daß beim allgemeinen ebenen Kräftesystem auch Momente auf den Konstruktionsteil (Körper) einwirken. Genügten beim ebenen zentralen Kräftesystem die beiden Gleichgewichtsbedingungen $\Sigma F_{ix} = 0$ und $\Sigma F_{iy} = 0$, ist nun beim ebenen allgemeinen Kräftesystem noch die dritte Bedingung erforderlich, nämlich

$$+\circlearrowleft \Sigma M_i = 0 \quad \text{bzw.} \quad M_R = 0. \tag{Gl. (1.12)}$$

> Ein allgemeines ebenes Kräftesystem steht im Gleichgewicht, wenn die algebraische
> Summe der Kräftekomponenten in zwei beliebigen, zueinander senkrechten Richtungen
> und die algebraische Summe der statischen Momente aller Kräfte in bezug auf einen
> beliebigen Punkt der Ebene gleich Null sind.
>
> $$\Sigma F_{ix} = 0 \qquad \Sigma F_{iy} = 0 \qquad +\!\!\circlearrowleft \Sigma M_i = 0$$

Als äußerlich statisch bestimmtes ebenes System bezeichnet man einen Körper, der so
gelagert ist, daß nur drei unbekannte Auflagerreaktionen angreifen. Nach unserer Auflagerdefinition in Abschn. 1.3 ist eine mit einem Fest- und einem Loslager gelagerte Welle statisch bestimmt.
Im Loslager gibt es (da es sich um ein einwertiges Lager handelt) nur eine Kraftkomponente
normal zur Tangentialebene der Berührstelle, im Festlager sind zwei Komponenten vorhanden
(eine normal, die andere in der Ebene liegend). Mit den drei obengenannten Gleichgewichtsbedingungen erhalten wir drei Gleichungen zur Lösung.

Beispiel 1.19 Ein in eine Mauer eingemauerter, herauskragender Träger darf an seinem freien Ende
nicht nochmals unterstützt werden. An der Befestigungsstelle befindet sich ein dreiwertiges Lager. Damit sind bereits drei Lagerreaktionen unbekannt, und die vierte Unbekannte
wäre durch die drei Gleichungen der Gleichgewichtsbedingungen nicht ermittelbar.

Im äußerlich statisch unbestimmten ebenen System sind mehr Auflagerreaktionen unbekannt, als durch die drei Gleichgewichtsbedingungen berechnet werden können. Die Lösung
lernen wir später kennen. In Sonderfällen, nämlich wenn eine weitere Bedingung aus der
konstruktiven Lösung heraus bekannt ist, können auch statisch unbestimmte Systeme mit unseren drei Gleichgewichtsbedingungen gelöst werden.

Zur Bestimmung der Auflagerreaktionen mit Hilfe der Gleichgewichtsbedingungen bringen wir
noch einige Beispiele.

Beispiel 1.20 Ein Balken auf zwei Stützen ist durch die Kräfte $F_1 = 400\ \text{N}$ und $F_2 = 600\ \text{N}$ belastet.
$a = 200\ \text{mm}$, $b = 300\ \text{mm}$, $l = 800\ \text{mm}$ (**1**.50 a). Die Auflagerkräfte F_A und F_B sollen
grafisch und rechnerisch ermittelt werden.

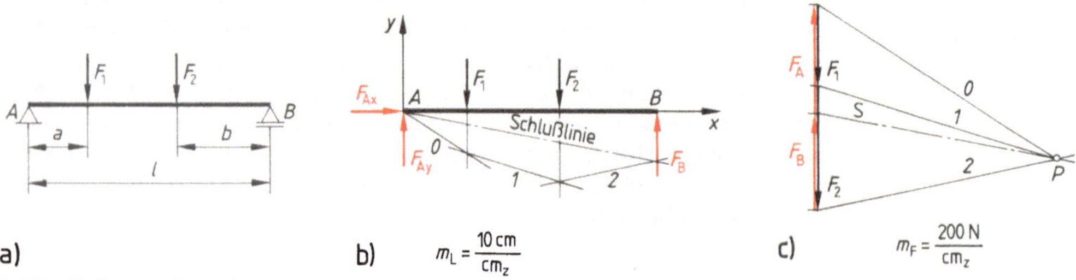

1.50 Balken auf zwei Stützen

  a) symbolmäßige Darstellung, b) Lageplan, kräftefrei gemacht, Seileck, c) Kräfteplan

Grafische
Lösung Wir zeichnen den Lageplan und machen das System kräftefrei (**1**.50 b). Außer den
äußeren Kräften F_1 und F_2 wirken auch die Auflagerkräfte auf den Balken. Diese erhalten
wir aus dem Kräfteplan **1**.50 c mit Hilfe der Schlußlinie. Da das System im statischen
Gleichgewicht steht, muß der Kräfteplan geschlossen sein ($F_R = 0$). **F_A = 525 N**,
F_B = 475 N.

Analytische Lösung

Wir zeichnen den kräftefrei gemachten Lageplan 1.50 b. Durch den Ansatz der drei Gleichgewichtsbedingungen erhalten wir:

① $\Sigma F_{ix} = 0 \rightarrow:\ F_{Ax} = 0$ (das zweiwertige Lager wird nur einwertig beansprucht)

② $\Sigma F_{iy} = 0\uparrow:\ F_{Ay} + F_B - F_1 - F_2 = 0$

③ $\Sigma M_A = 0\circlearrowright:\ F_B \cdot l - F_2(l - b) - F_1 \cdot a = 0$

aus ③ folgt

$$F_B \cdot l = F_2(l - b) + F_1 \cdot a$$

$$F_B = \frac{F_2(l - b) + F_1 \cdot a}{l} = \frac{600\,\text{N} \cdot 500\,\text{mm} + 400\,\text{N} \cdot 200\,\text{mm}}{800\,\text{mm}}$$

$$F_B = \frac{380\,000\,\text{Nmm}}{800\,\text{mm}} = \mathbf{475\,N}$$

$$F_{Ay} = F_A = F_1 + F_2 - F_B = 400\,\text{N} + 600\,\text{N} - 475\,\text{N} = \mathbf{525\,N}$$

Die erste Gleichgewichtsbedingung $\sum\limits_{i=1}^{n} F_{ix} = 0$ bzw. $F_{Ax} = 0$ läßt erkennen, daß keine horizontale Auflagerreaktion bzw. Komponente in Richtung x entsteht. Treten nur vertikale Belastungskräfte auf, entstehen auch nur vertikale Stützreaktionen.

Beispiel 1.21   Ein Balken auf zwei Stützen (Krag- oder Freiträger) ist nach Bild 1.51 belastet. Er kragt über ein Auflager aus. Geg.: $F_1 = 600\,\text{N}$, $F_2 = 300\,\text{N}$, $l = 600\,\text{mm}$, $a = 200\,\text{mm}$, $b = 300\,\text{mm}$; ges. F_A und F_B

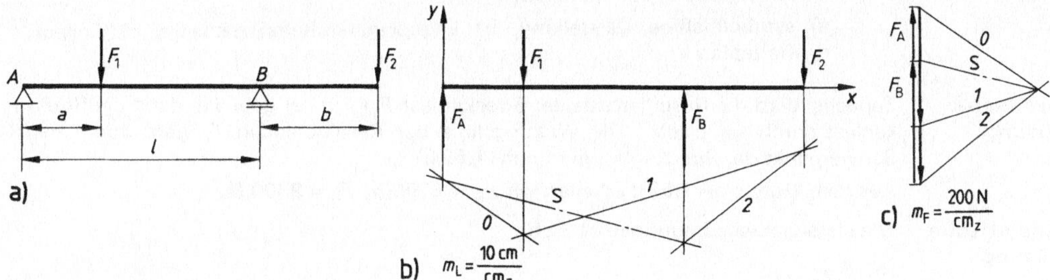

1.51   Kragträger

a) symbolmäßige Darstellung, b) Lageplan, kräftefrei gemacht, c) Kräfteplan

Achten Sie auf die richtige Schnittstelle Seilstrahl/Wirkungslinie der Kraft!

Grafische Lösung

$F_A = \mathbf{250\,N}$, $F_B = \mathbf{650\,N}$

Analytische Lösung

Gleichgewichtsbedingungen

① $\sum\limits_{i=1}^{n} F_{ix} = 0 \rightarrow$ keine Kraftwirkung in x-Richtung

② $\sum\limits_{i=1}^{n} F_{iy} = 0\uparrow:$ $F_A + F_B - F_1 - F_2 = 0$

③ $\sum\limits_{i=1}^{n} M_{i(A)} = 0\circlearrowright:\ F_B \cdot l - F_1 \cdot a - F_2(l + b) = 0$

$$F_B = \frac{F_1 \cdot a + F_2(l + b)}{l} = \frac{600 \cdot 200 + 300 \cdot 900}{600} = \mathbf{650\,N}$$

$$F_A = F_1 + F_2 - F_B = 600\,\text{N} + 300\,\text{N} - 650\,\text{N} = \mathbf{250\,N}$$

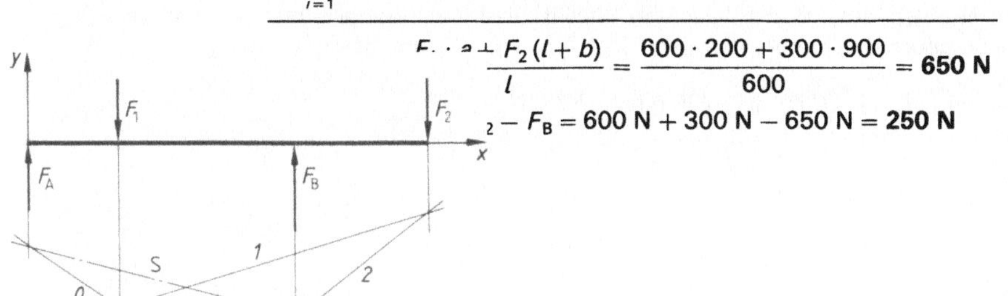

 Ein Balken ist mit einer Streckenlast $q = 20$ N/mm belastet (**1.52a**). $l = 700$ mm, $a = 400$ mm. Gesucht werden die Größen der Auflagekräfte.

Die Streckenlast zeichnen wir als Gleichlast, wie dies z. B. einer Schneeauflage bei gleichmäßiger Verteilung entspricht. Auch das Eigengewicht eines Trägers kann als Streckenlast aufgefaßt werden.

$$F_q = q \cdot a = 20 \cdot 400 = 8000 \text{ N}$$

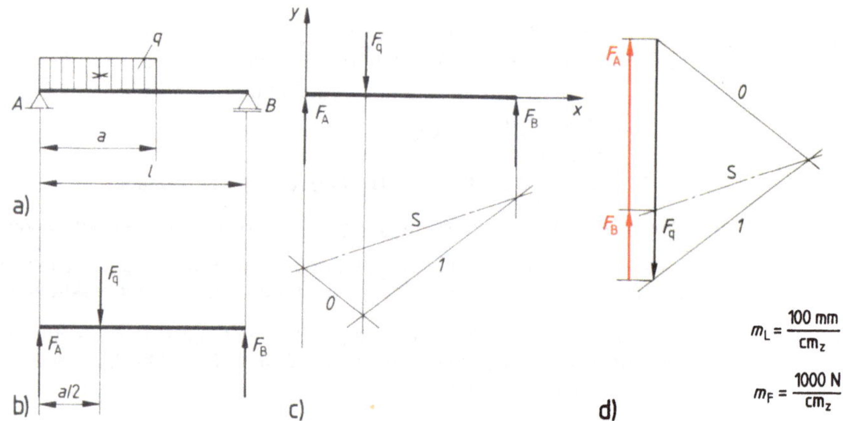

1.52 Balken mit Streckenlast. Die Ersatzkraft für die Streckenlast wird in deren Schwerpunkt angreifend angenommen

a) symbolmäßige Darstellung, b) Lageplan, kräftefrei gemacht, c) Seileck, d) Kräfteplan

Grafische Lösung Zunächst wird die Resultierende der Streckenlast $F_q\,(= q \cdot a)$ gebildet, dann die Streckenlast durch sie ersetzt. Die Wirkungslinie der Resultierenden F_q geht durch den Schwerpunkt der Streckenlast hindurch (**1.52b**).

Aus dem Kräfteplan **1.52d** erhalten wir $F_A = \textbf{5700 N}$, $F_B = \textbf{2300 N}$.

Analytische Lösung Gleichgewichtsbedingungen (**1.52b**)

① $\displaystyle\sum_{i=1}^{n} F_{ix} = 0 \rightarrow$

② $\displaystyle\sum_{i=1}^{n} F_{iy} = 0\uparrow: \quad F_A + F_B - F_q = 0$

③ $\displaystyle\sum_{i=1}^{n} M_{i(A)} = 0 \circlearrowright: F_B \cdot l - F_q \cdot \dfrac{a}{2} = 0$

aus ③ $F_B = \dfrac{F_q \cdot a}{2l} = 8000 \cdot \dfrac{400}{1400} = \textbf{2286 N}$

aus ② $F_A = F_q - F_B$

$$F_A = F_q \left(1 - \frac{a}{2l}\right) = F_q \frac{2l - a}{2l} = 8000 \cdot \frac{1000}{1400} = \textbf{5714 N}$$

Anmerkung: Die Resultierende der Streckenlast darf nur zum Berechnen der Auflagergrößen herangezogen werden, nicht für die Berechnung der Schnittgrößen (s. Abschn. 1.6).

 Ein Konstruktionselement (Balken) ist mit einer dreieckförmigen Streckenlast belastet (**1.53**; dies entspricht z. B. der Belastung eines Bauteils mit Flüssigkeiten oder durch den vom Wind gepreßten Schnee). $q_{max} = 200$ N/cm, $l = 700$ mm; ges.: F_A und F_B.

$$F_q = \frac{1}{2} \cdot q_{max} \cdot l = \frac{1}{2} \cdot 20 \text{ N/mm} \cdot 700 \text{ mm} = 7000 \text{ N}$$

$F_A = 4700\ \text{N},\ F_B = 2300\ \text{N}$

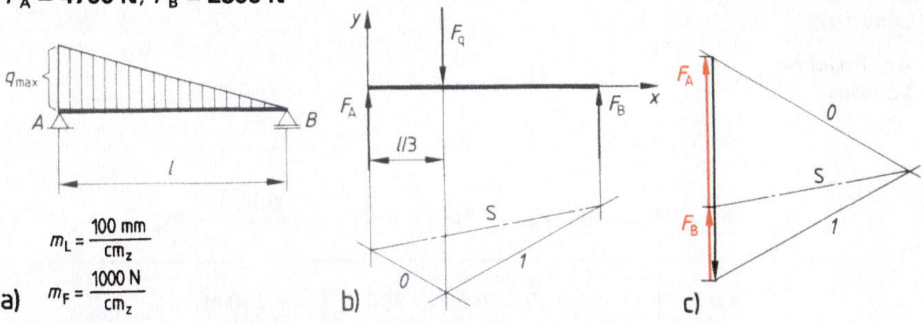

1.53 Balken mit dreieckförmiger Streckenlast. Die Ersatzkraft wird im Schwerpunkt der Streckenlast ($l/3$) angebracht

a) Lageplan, b) Lageplan mit eingezeichneter Ersatzkraft, kräftefrei gemacht mit Seileck, c) Kräfteplan

Analytische Lösung

Gleichgewichtsbedingungen

① $\sum\limits_{i=1}^{n} F_{ix} = 0 \rightarrow$: liefert keinen Betrag, weil auf den Balken nur die lotrechte F_q wirkt

② $\sum\limits_{i=1}^{n} F_{iy} = 0\uparrow$: $F_A + F_B - F_q = 0$

③ $\sum\limits_{i=1}^{n} M_{i(B)} = 0\circlearrowright$: $-F_A \cdot l + F_q \cdot \dfrac{2}{3}l = 0$

aus ③ $F_A = \dfrac{2}{3}F_q = \dfrac{2}{3} \cdot 7000 = \mathbf{4667\ N}$

aus ② $F_B = F_q - F_A = 7000 - 4667\ \text{N} = \mathbf{2333\ N}$

Beispiel 1.24   Ein Träger ist mit Kräften von verschiedenster Art und Richtung belastet (1.54): $F_1 = 600\ \text{N}$, $F_2 = 300\ \text{N}$, $q = 15\ \text{N/cm}$, $l = 600\ \text{mm}$, $l_1 = 200\ \text{mm}$, $l_2 = 300\ \text{mm}$, $a = 200\ \text{mm}$, $b = 300\ \text{mm}$, $c = 100\ \text{mm}$, $\alpha = 60°$.

Gesucht werden die Auflagerkräfte F_A und F_B sowie der Winkel α_A.

$F_q = q \cdot (b + c) = 15\ \text{N/cm} \cdot 40\ \text{cm} = 600\ \text{N}$

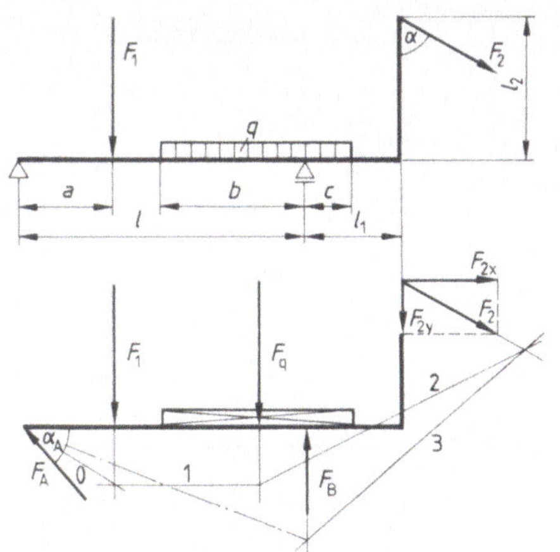

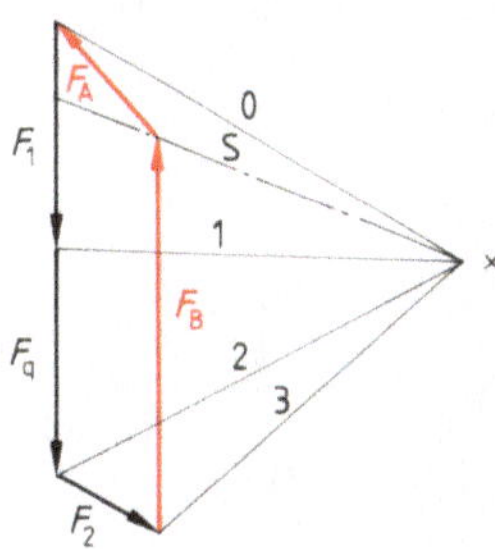

1.54 Träger mit Kräften verschiedenster Art und Richtung

Der erste (oder letzte) Seilstrahl muß durch das zweiwertige Lager hindurchgehen, weil nur diese Stelle der Wirkungslinie der Auflagerkraft bekannt ist

| **Grafische Lösung** | $F_A = 410 \text{ N}, \ F_B = 1030 \text{ N}, \ \alpha = 51°$ |

Analytische Lösung

① $\displaystyle\sum_{i=1}^{n} F_{ix} = 0 \rightarrow: \quad F_{2x} - F_{Ax} = 0$

② $\displaystyle\sum_{i=1}^{n} F_{iy} = 0 \uparrow: \quad -F_1 - F_q - F_{2y} + F_{Ay} + F_B = 0$

③ $\displaystyle\sum_{i=1}^{n} M_{i(A)} = 0 \circlearrowleft: \quad F_B \cdot l - F_1 \cdot a - F_q\left(l + c - \frac{b+c}{2}\right) - F_{2x} \cdot l_2 - F_{2y}(l + l_1) = 0$

---

aus ① $F_{Ax} = F_{2x} = F_2 \cdot \sin 60° = 300 \cdot \dfrac{1}{2}\sqrt{3} = \mathbf{260 \ N}$

aus ③ $F_B = \dfrac{1}{l}\left[F_1 a + F_q \cdot \left(l + c - \dfrac{b+c}{2}\right) + F_2 \cdot \sin 60° \cdot l_2 + F_2 \cdot \cos 60° \cdot (l + l_1)\right]$

$$F_B = \frac{1}{60}\left[600 \cdot 20 + 600\left(60 + 10 - \frac{30 + 10}{2}\right) + \right.$$
$$\left. + 300 \cdot \frac{1}{2}\sqrt{3} \cdot 30 + 300 \cdot \frac{1}{2} \cdot (60 + 20)\right] = \mathbf{1030 \ N}$$

aus ② $F_{Ay} = F_1 + F_q + F_{2y} - F_B = 600 + 600 + 150 - 1030 = \mathbf{320 \ N}$

$$F_A = \sqrt{F_{Ax}^2 + F_{Ay}^2} = \sqrt{260^2 + 320^2} = \mathbf{412 \ N}$$

$$\tan \alpha_A = \frac{F_{Ay}}{F_{Ax}} = \frac{320}{260} = 1{,}2307 \quad \alpha_A = \mathbf{50{,}9°}$$

Aufgaben zu Abschnitt 1.1 bis 1.4

1. bis 12. Gesucht sind analytisch und grafisch die Größen und Richtungen der Auflagerreaktionen zu den Bildern **1.55** bis **1.66**.

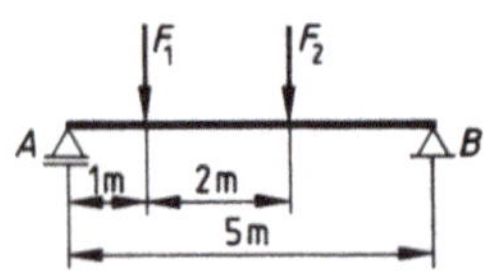

1.55 $F_1 = 3000 \text{ N}$
      $F_2 = 2000 \text{ N}$

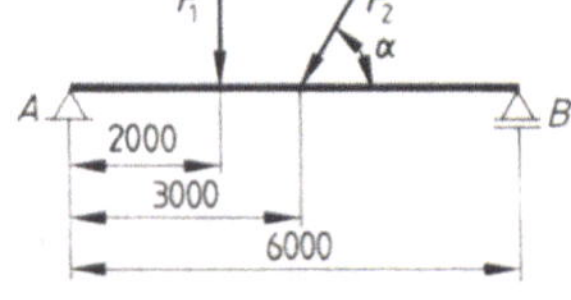

1.57 $F_1 = 2000 \text{ N}$
      $F_2 = 1600 \text{ N}$
      $\alpha \ = 60°$

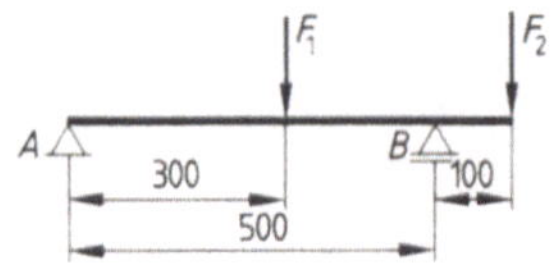

1.56 $F_1 = 4 \text{ kN}$
      $F_2 = 1 \text{ kN}$

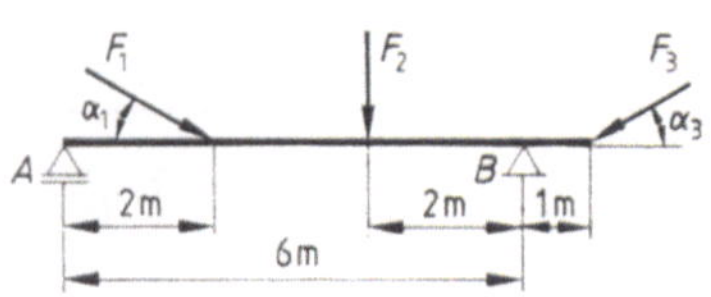

1.58 $F_1 = 6000 \text{ N} \quad \alpha_1 = 30°$
      $F_2 = 2800 \text{ N} \quad \alpha_3 = 30°$
      $F_3 = 4700 \text{ N}$

34

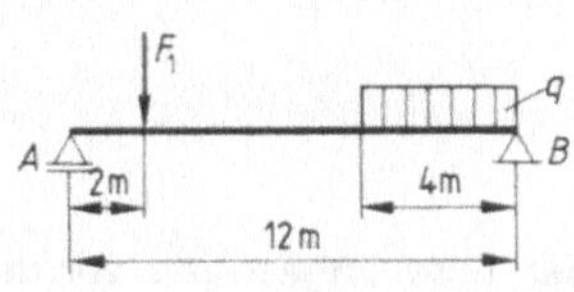

1.59 $F_1 = \quad 3\text{ kN}$
$q = 800\text{ N/m}$

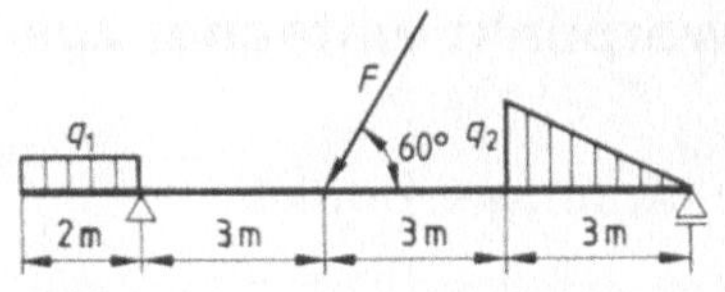

1.63 geg.: $F = 4000\text{ N}$
$q_1 = \quad 20\text{ N/cm}$
$q_2 = \quad 50\text{ N/cm}$

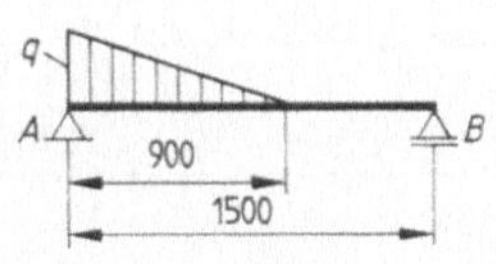

1.60 $q = 12\text{ N/cm}$

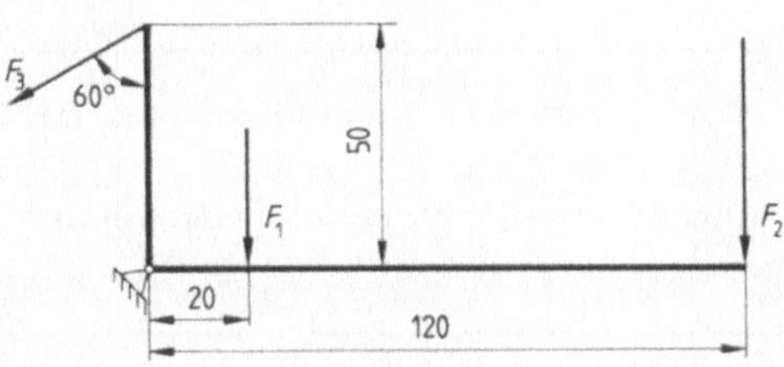

1.64 geg.: $F_1 = \quad 3\,200\text{ N}$
$F_2 = \quad 4\,300\text{ N}$
$F_3 = 13\,500\text{ N}$

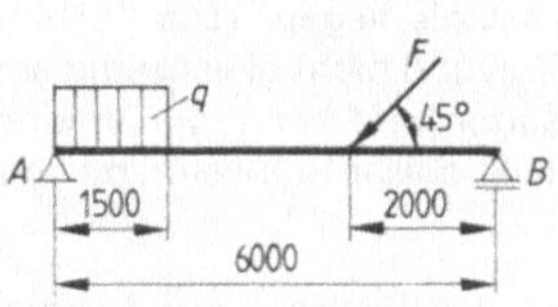

1.61 $q = \quad 3\text{ N/mm}$
$F = 1700\text{ N}$

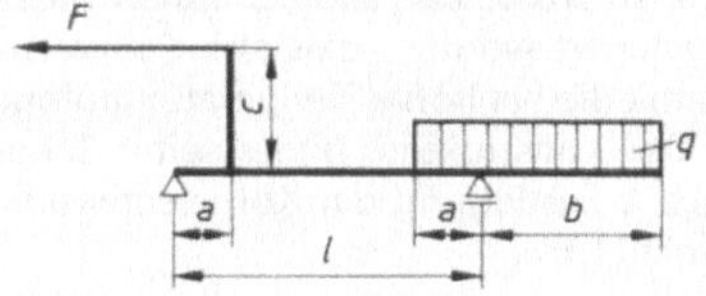

1.65 geg.: $F = 3000\text{ N}$ $\qquad a = 100\text{ mm}$
$q = \quad 60\text{ N/cm}$ $\quad b = 300\text{ mm}$
$l = \quad 500\text{ mm}$ $\quad c = 200\text{ mm}$

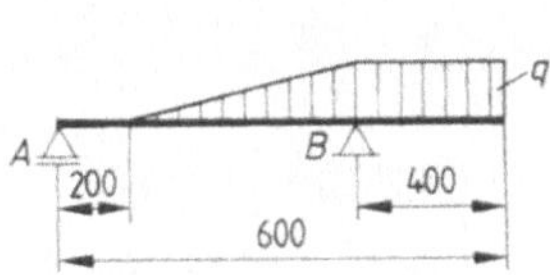

1.62 $q = 40\text{ N/mm}$

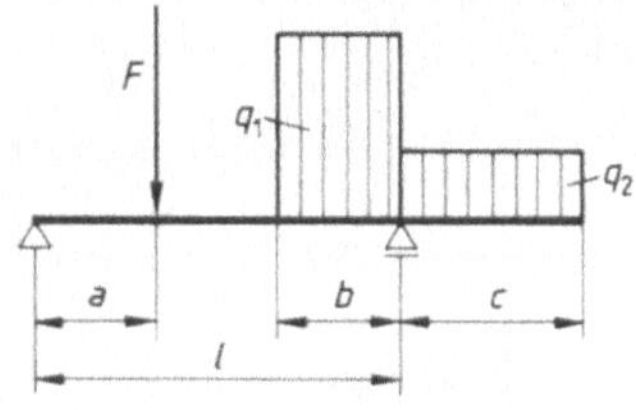

1.66 geg.: $F = 300\text{ N}$ $\qquad a = 200\text{ mm}$
$q_1 = \quad 90\text{ N/cm}$ $\quad b = 200\text{ mm}$
$q_2 = \quad 60\text{ N/cm}$ $\quad c = 300\text{ mm}$
$l = 600\text{ mm}$

1.5 Schwerpunkt einfacher zusammengesetzter Gebilde

1.5.1 Körperschwerpunkt

Ein Körper besteht aus Masseteilchen, die vom Schwerefeld der Erde angezogen werden (Gewichts- oder Schwerkraft). Die Wirkungslinien dieser Teilgewichtskräfte sind als parallel anzusehen. Ihre Resultierende geht durch den Schwerpunkt S. Hängt man einen Körper in seinem Schwerpunkt auf oder lagert man ihn darin, bleibt er in jeder beliebigen Lage in Ruhe.

> Der Schwerpunkt S eines Körpers ist der Schnittpunkt aller Wirkungslinien seiner Gewichtskraft F_G.
>
> Jede Gerade durch den Schwerpunkt ist eine Schwerlinie, jede Ebene durch den Schwerpunkt eine Schwerebene.

Bei einem homogenen Körper hängt die Lage des Schwerpunkts nicht vom Werkstoff, sondern nur von der Gestalt des Körpers ab. Der Schwerpunkt ist mithin ein geometrischer Punkt.

Die Definition des Schwerpunkts nutzt man bei seiner experimentellen Bestimmung. So müssen z.B. bei der Konstruktion der Laufschaufeln eines Strahltriebwerks die verwölbten Schaufelprofile so übereinander gelagert werden, daß alle Schwerpunkte auf einer radialen Linie liegen. (Die Fliehkraft beansprucht damit die bei hoher Temperatur laufenden Schaufeln nur auf Zug und nicht gleichzeitig auch auf Biegung.) Der Konstrukteur bildet seine Schaufelschnitte z.B. aus Karton und hängt sie an einem Faden zweimal zur Festlegung der Körperschwerlinien auf. Der Schnittpunkt dieser Schwerlinien liefert den Schwerpunkt (**1.**67).

Die rechnerische Schwerpunktermittlung geschieht nach dem Satz vom statischen Moment (Summe der statischen Momente der Teilkräfte = statisches Moment der Resultierenden). Die zweimalige Anwendung liefert zwei Schwerlinien, deren Schnittpunkt der Schwerpunkt selbst ist. Zweckmäßigerweise wird man als Richtungen der Schwerlinien Parallelen zu den freigewählten rechtwinkligen Koordinatenachsen wählen. Grundsätzlich können jedoch beliebige Richtungen gewählt werden.

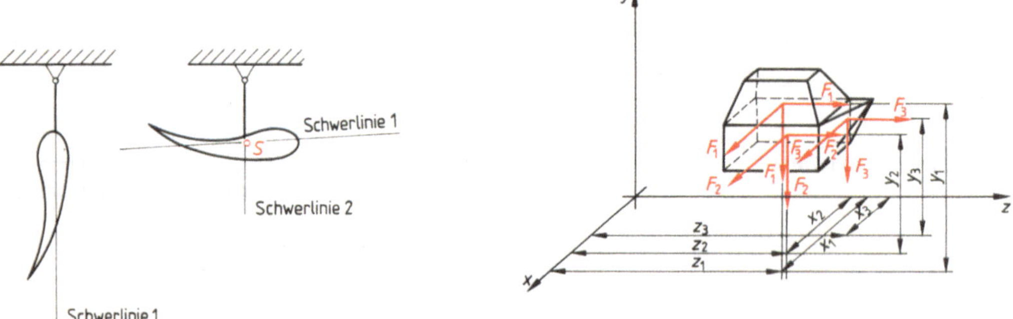

1.67 Experimentelle Bestimmung des Schwerpunkts

1.68 Rechnerische Ermittlung des Schwerpunkts eines Körpers

Beispiel 1.25 Gegeben ist ein Körper nach Bild **1.**68. Gesucht werden die Schwerpunktkoordinaten x_S, y_S, z_S in bezug zum gezeichneten Koordinatensystem.

Statisches Moment um die z-Achse

$$M_z = F_G \cdot x_S = F_1 \cdot x_1 + F_2 \cdot x_2 + \cdots F_i \cdot x_i + \cdots F_n \cdot x_n$$

oder allgemein:

$$x_S = \frac{\sum\limits_{i=1}^{n}(F_i \cdot x_i)}{\sum\limits_{i=1}^{n} F_i} = \frac{\sum\limits_{i=1}^{n}(F_i \cdot x_i)}{F_G} \qquad \begin{array}{c|c|c} x_i & x_S & F_i \\ \hline cm & cm & N \end{array} \qquad \text{Gl. (1.13)}$$

aber auch $M_z = F_G \cdot y_s = F_1 \cdot y_1 + F_2 \cdot y_2 + \cdots F_i y_i + \cdots F_n \cdot y_n$

$$y_S = \frac{\sum\limits_{i=1}^{n}(F_i \cdot y_i)}{\sum\limits_{i=1}^{n} F_i} \qquad\qquad\qquad \text{Gl. (1.14)}$$

Statisches Moment um die y-Achse analog

$$M_y = F_G \cdot x_S = F_1 \cdot x_1 + F_2 \cdot x_2 + \cdots F_i x_i + \cdots F_n \cdot x_n$$

$$x_S = \frac{\sum\limits_{i=1}^{n}(F_i x_i)}{\sum\limits_{i=1}^{n} F_i}$$

$$M_y = F_G \cdot z_S = F_1 \cdot z_1 + F_2 \cdot z_2 + \cdots F_i z_i + \cdots F_n \cdot z_n$$

$$z_S = \frac{\sum\limits_{i=1}^{n}(F_i \cdot z_i)}{\sum\limits_{i=1}^{n} F_i} \qquad\qquad\qquad \text{Gl. (1.15)}$$

Statisches Moment um die x-Achse

$$M_x = F_G \cdot z_S = F_1 \cdot z_1 + F_2 \cdot z_2 + \cdots F_i z_i + \cdots F_n \cdot z_n$$

$$z_S = \frac{\sum\limits_{i=1}^{n}(F_i \cdot z_i)}{\sum\limits_{i=1}^{n} F_i}$$

$$M_x = F_G \cdot y_S = F_1 \cdot y_1 + F_2 \cdot y_2 + \cdots F_i \cdot y_i + \cdots F_n \cdot y_n$$

$$y_S = \frac{\sum\limits_{i=1}^{n}(F_i y_i)}{\sum\limits_{i=1}^{n} F_i}$$

F_G wurde in den Gleichungen stets als Resultierende $\left(\sum\limits_{i=1}^{n} F_i\right)$ betrachtet. Gleichzeitig kann F_G aber auch durch $m \cdot g$ ersetzt werden. Da wir die Erdbeschleunigung g als Konstante vor die Summation setzen und dann kürzen, können wir den Schwerpunkt auch aus den Massen ermitteln.

1.5.2 Flächenschwerpunkt

Rechnerische Ermittlung. Man denkt sich die Fläche gleichmäßig mit Masse bedeckt, z. B.
Blech mit konstanter Dicke. Die Gewichtskräfte sind dann den Flächeninhalten proportional
(1.69).

$$F_\mathrm{G} = \sum_{i=1}^{n} F_\mathrm{i} = m \cdot g = V \cdot \varrho \cdot g \ \text{(Volumen} \cdot \text{Dichte} \cdot \text{Erdbeschleunigung)} = A s \varrho\, g$$

$$F_\mathrm{i} = A_\mathrm{i} s \varrho\, g \qquad\qquad\qquad \text{Gl. (1.16)}$$

Das statische Moment um eine (beliebige) Achse ist dann

$$A s \varrho\, g x_\mathrm{s} = \sum_{i=1}^{n} (A_\mathrm{i} s \varrho\, g x_\mathrm{i}) = s \varrho\, g \sum_{i=1}^{n} (A_\mathrm{i} \cdot x_\mathrm{i}).$$

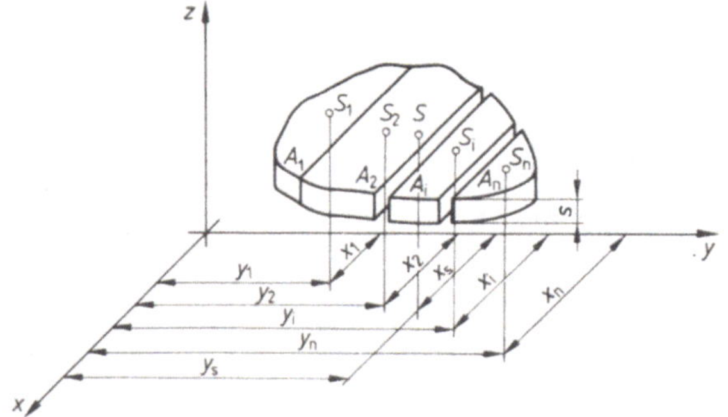

1.69
Rechnerische Ermittlung des
Schwerpunkts einer Fläche

$$x_\mathrm{S} = \frac{\displaystyle\sum_{i=1}^{n} (A_\mathrm{i} x_\mathrm{i})}{\displaystyle\sum_{i=1}^{n} A_\mathrm{i}} = \frac{\displaystyle\sum_{i=1}^{n} (A_\mathrm{i} x_\mathrm{i})}{A} \qquad \text{analog } y_\mathrm{s} = \frac{\displaystyle\sum_{i=1}^{n} (A_\mathrm{i} \cdot y_\mathrm{i})}{\displaystyle\sum_{i=1}^{n} A_\mathrm{i}} \qquad\qquad \text{Gl. (1.17) und (1.18)}$$

A_i = Teilfläche
A = Gesamtfläche
s = Dicke (des Bleches)
ϱ = Dichte (griech. rho)
$x_\mathrm{i}, y_\mathrm{i}$ = Schwerpunktskoordinaten der Teilfläche
$x_\mathrm{s}, y_\mathrm{s}$ = Schwerpunktskoordinaten der Gesamtfläche

Der Gesamtschwerpunkt zweier Körper liegt auf der Verbindungsstrecke der beiden Einzelschwerpunkte und teilt diese im umgekehrten Verhältnis ihrer Gewichtskräfte.

Jede Symmetrielinie (Achse) bzw. jede Symmetrieebene eines homogenen Körpers ist
zugleich Schwerlinie bzw. Schwerebene.

  Gesucht werden die Schwerpunktskoordinaten x_s und y_s des Rechtecks 1.70.

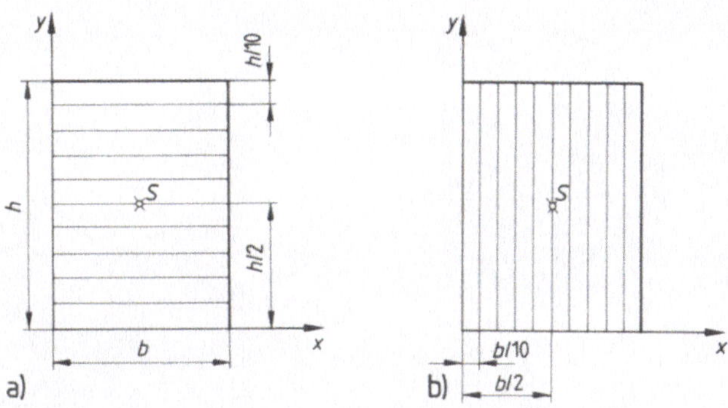

1.70 Rechnerische Ermittlung des Schwerpunkts eines Rechtecks

Lösung Wir legen das Rechteck in den ersten Quadranten eines rechtwinkligen Koordinatensystems und zerlegen es in 10 Flächenstreifen gleicher Höhe (1.70a). Dann ist

$$y_s = \frac{\sum\limits_{i=1}^{n} (A_i\, y_i)}{\sum\limits_{i=1}^{n} A_i} = \frac{b\,\dfrac{h}{10}\,(0{,}95 \cdot h + 0{,}85\,h + 0{,}75\,h + 0{,}65\,h + \cdots 0{,}05\,h)}{10 \cdot \dfrac{h}{10} \cdot b}$$

$$y_s = \frac{b\,h^2\,5}{10 \cdot h \cdot b} = \frac{h}{2}$$

Nun zerlegen wir das Rechteck in 10 gleiche Flächenstreifen gleicher Breite (1.70b) und erhalten

$$x_s = \frac{\sum\limits_{i=1}^{n} (A_i\, x_i)}{\sum\limits_{i=1}^{n} A_i} = \frac{\dfrac{b}{10} \cdot h\,(0{,}05\,b + 0{,}15\,b + 0{,}25\,b + \cdots 0{,}95\,b)}{10 \cdot \dfrac{b}{10} \cdot h}$$

$$x_s = \frac{b^2\,h \cdot 5}{10 \cdot b \cdot h} = \frac{b}{2}\,.$$

Je mehr Teilflächen man bildet, um so „richtiger" wird die Annahme, der Schwerpunkt der Teilflächen liegt in ihrer Mitte.

Die Schwerpunkte einfacher Flächen zeigt Tabelle 1.71.

Den Schwerpunkt zusammengesetzter Flächen findet man durch Ansatz des statischen Moments. Die gesamte Fläche wird in einfache geometrische Flächen unterteilt, deren Schwerpunktslage bekannt ist (s. Tab. 1.71). Zweckmäßigerweise legt man die gesamte Fläche wieder in den ersten Quadranten eines kartesischen Koordinatensystems. Nicht vorhandene Flächenteile werden berücksichtigt, indem man den Momentenansatz hierfür mit negativen Vorzeichen versieht. Grundsätzlich könnten die Koordinatenachsen willkürlich gewählt werden, jedoch ist die Drehrichtung der Momente bei der Vorzeichengebung zu beachten. Wenn man dann nicht vorhandene Flächenteile zu berücksichtigen hat, ist die Vorzeichengebung schwieriger.

Aus den Abmessungen berechnet man die Teilflächen, ihre Schwerpunktabstände x von der y-Achse und y von der x-Achse sowie die Gesamtfläche.

Tabelle 1.66   Schwerpunkte einfacher Flächen

Dreieck	Trapez
$y_s = \dfrac{h}{3}$	$y_s = \dfrac{h(a+2b)}{3(a+b)}$

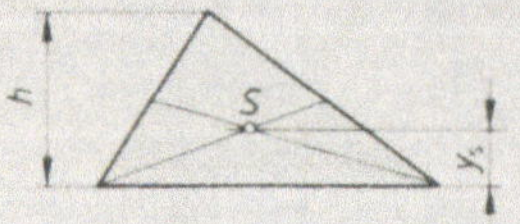

Kreisausschnitt $x_s = \dfrac{2}{3}\, r\, \dfrac{\sin\alpha}{\hat{\alpha}}$

Halbkreis $x_s = \dfrac{4 \cdot r}{3\pi} \sim 0{,}424\, r$

Viertelkreis $x_s = \dfrac{4 \cdot |\bar{2} \cdot r}{3 \cdot \pi} \sim 0{,}6\, r$

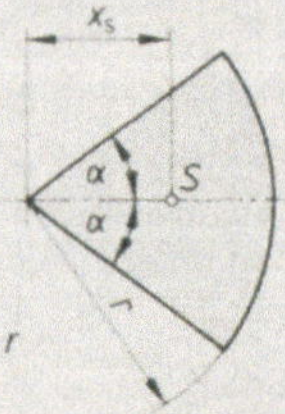

Kreisabschnitt

$$x_s = \dfrac{2}{3}\, r \cdot \dfrac{\sin^3\alpha}{\hat{\alpha} - \sin\alpha \cdot \cos\alpha}$$

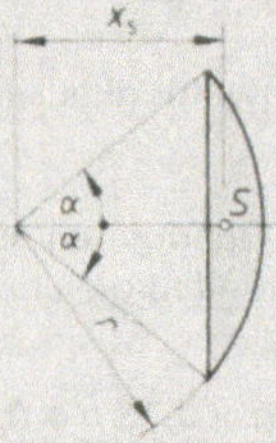

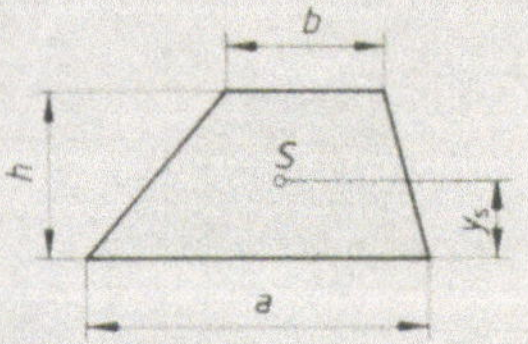

Kreisringausschnitt

$$x_s = \dfrac{2}{3} \cdot \dfrac{r_a^3 - r_i^3}{r_a^2 - r_i^2} \cdot \dfrac{\sin\alpha}{\hat{\alpha}}$$

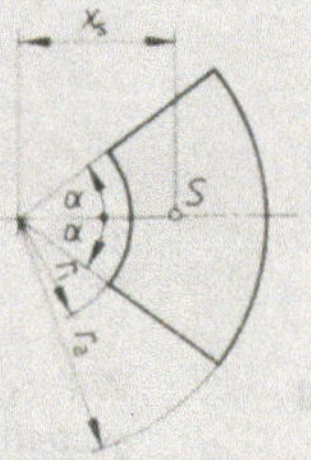

Parabelfläche

$$x_s = \dfrac{3}{8}\, b \qquad y_s = \dfrac{3}{5}\, h$$

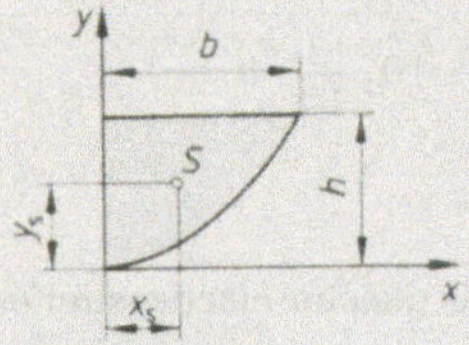

Parabelfläche

$$x_s = \dfrac{3}{4}\, b \qquad y_s = \dfrac{3}{10}\, h$$

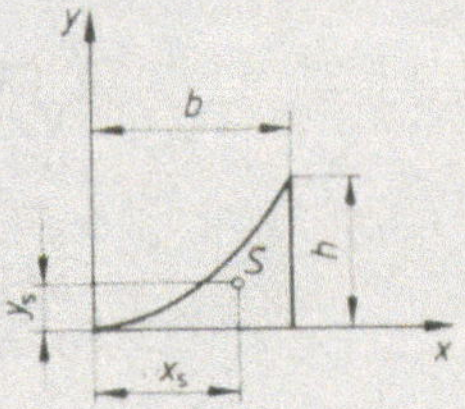

Beispiel 1.27   Gesucht wird der Schwerpunkt der zusammengesetzten Fläche **1.67**a.

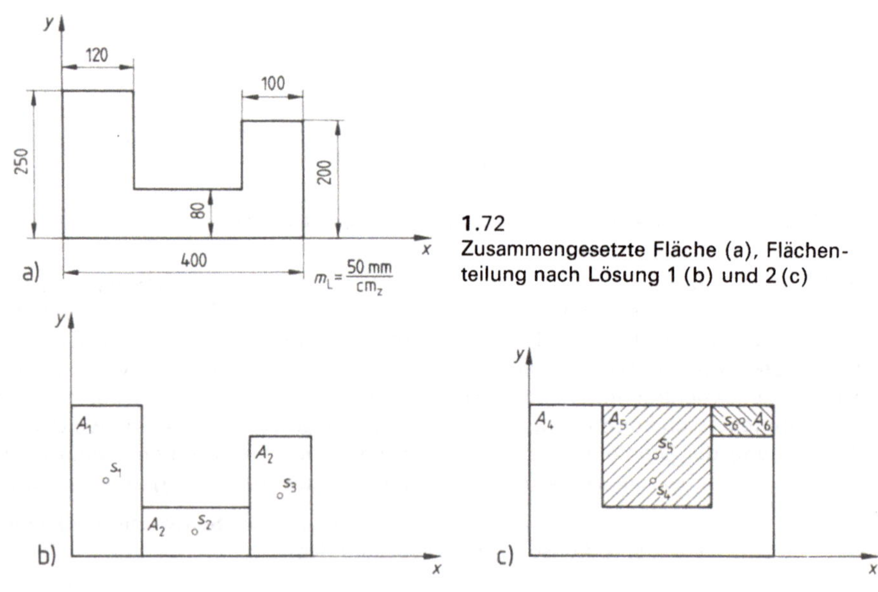

1.72
Zusammengesetzte Fläche (a), Flächen-
teilung nach Lösung 1 (b) und 2 (c)

Lösung 1   (1.72 b).

$$A_1 = 25 \cdot 12 \quad = 300\ \text{cm}^2 \qquad x_1 = 6\ \text{cm} \qquad y_1 = 12{,}5\ \text{cm}$$
$$A_2 = 18 \cdot 8 \quad = 144\ \text{cm}^2 \qquad x_2 = 21\ \text{cm} \qquad y_2 = 4\ \text{cm}$$
$$A_3 = 20 \cdot 10 \quad = 200\ \text{cm}^2 \qquad x_3 = 35\ \text{cm} \qquad y_3 = 10\ \text{cm}$$

$$A = A_1 + A_2 + A_3 \quad = 644\ \text{cm}^2$$

Mit Hilfe der Gl. (1.17) erhalten wir

$$x_s = \frac{A_1 x_1 + A_2 x_2 + A_3 x_3}{A}$$

$$x_s = \frac{300\ \text{cm}^2 \cdot 6\ \text{cm} + 144\ \text{cm}^2 \cdot 21\ \text{cm} + 200\ \text{cm}^2 \cdot 35\ \text{cm}}{644\ \text{cm}^2} = \mathbf{18{,}36\ cm}.$$

Gl. (1.18) liefert uns

$$y_s = \frac{A_1 y_1 + A_2 y_2 + A_3 y_3}{A}$$

$$y_s = \frac{300\ \text{cm}^2 \cdot 12{,}5\ \text{cm} + 144\ \text{cm}^2 \cdot 4\ \text{cm} + 200\ \text{cm}^2 \cdot 10\ \text{cm}}{644\ \text{cm}^2} = \mathbf{9{,}82\ cm}.$$

Lösung 2   (1.72 c).

$$A_4 = 40 \cdot 25 \quad = 1000\ \text{cm}^2 \qquad x_4 = 20\ \text{cm} \qquad y_4 = 12{,}5\ \text{cm}$$
$$A_5 = 18 \cdot 17 \quad = 306\ \text{cm}^2 \qquad x_5 = 21\ \text{cm} \qquad y_5 = 16{,}5\ \text{cm}$$
$$A_6 = 10 \cdot 5 \quad = 50\ \text{cm}^2 \qquad x_6 = 35\ \text{cm} \qquad y_6 = 22{,}5\ \text{cm}$$

$$A = A_4 - A_5 - A_6 \quad = 644\ \text{cm}^2$$

Man kann auch vorerst eine größere Fläche als die tatsächliche annehmen und von ihr überzählige Flächenteile abziehen. Dies geschieht, indem diese Anteile in den Gleichungen (1.17) und (1.18) mit negativen Vorzeichen versehen werden.

$$x_s = \frac{A_4 x_4 - A_5 x_5 - A_6 x_6}{A} = \frac{1000 \cdot 20 - 306 \cdot 21 - 50 \cdot 35}{644} = \mathbf{18{,}36\ cm}$$

$$y_s = \frac{A_4 y_4 - A_5 y_5 - A_6 y_6}{A} = \frac{1000 \cdot 12{,}5 - 306 \cdot 16{,}5 - 50 \cdot 22{,}5}{644} = \mathbf{9{,}82\ cm}$$

Beispiel 1.28   Gesucht wird der Schwerpunkt des Papierdrachens 1.73.

Lösung   Da Symmetrieachsen stets Schwerlinien sind, legt man zweckmäßigerweise eine Achse (x-Achse) in die Symmetrieachse. Damit entfällt die Berechnung des y_s-Abstands. Die Rechnung vereinfacht sich weiter, wenn man die zweite Achse (y-Achse) durch den Schwerpunkt einer Teilfläche legt.

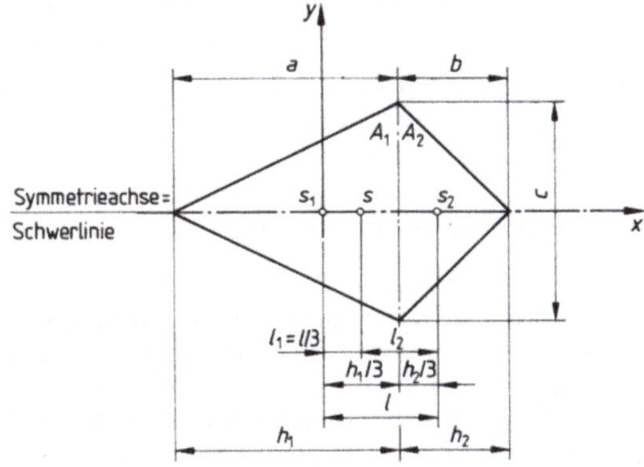

1.73
Zusammengesetzte Fläche aus zwei Dreiecken (Drachen)

$a = 6$ dm, $b = 3$ dm, $c = 6$ dm

$$A_1 = \frac{1}{2} \cdot a \cdot c = \frac{1}{2} \cdot 6 \cdot 6 = 18 \ \text{dm}^2 \qquad x_1 = 0$$

$$A_2 = \frac{1}{2} \cdot b \cdot c = \frac{1}{2} \cdot 3 \cdot 6 = \ 9 \ \text{dm}^2 \qquad x_2 = 3 \ \text{dm}$$

$$A = A_1 + A_2 \qquad\qquad = 27 \ \text{dm}^2$$

$$A \cdot x_s = A_1 \cdot x_1 + A_2 \cdot x_2 \qquad x_s = \frac{A_2 \cdot x_2}{A} = \frac{9 \ \text{dm}^2 \cdot 3 \ \text{dm}}{27 \ \text{dm}^2} = \textbf{1 dm}$$

Mit dem Merksatz von S. 38 läßt sich der Schwerpunkt auch so finden:

$$l = \frac{h_1}{3} + \frac{h_2}{3} = \frac{a}{3} + \frac{b}{3} = \frac{6}{3} + \frac{3}{3} = 3 \ \text{dm} \qquad A_1 : A_2 = l_2 : l_1 = (l - l_1) : l_1 \qquad l = l_1 + l_2$$

$$A_1 \cdot l_1 = A_2 \cdot l - A_2 \cdot l_1 \qquad (A_1 + A_2) \cdot l_1 = A_2 \cdot l$$

$$l_1 = \frac{A_2 \cdot l}{A_1 + A_2} = \frac{9 \cdot 3}{18 + 9} = \textbf{1 dm} \left(= \frac{l}{3} \right)$$

Beispiel 1.29 Gesucht wird der Schwerpunkt eines aus Normwalzprofilen zusammengesetzter Konstruktionselements (**1.**74).

Lösung Zweckmäßigerweise geht man bei umfangreichen zusammengesetzten Flächen schrittweise in Tabellenform vor. Tabelle zur analytischen Lösung:

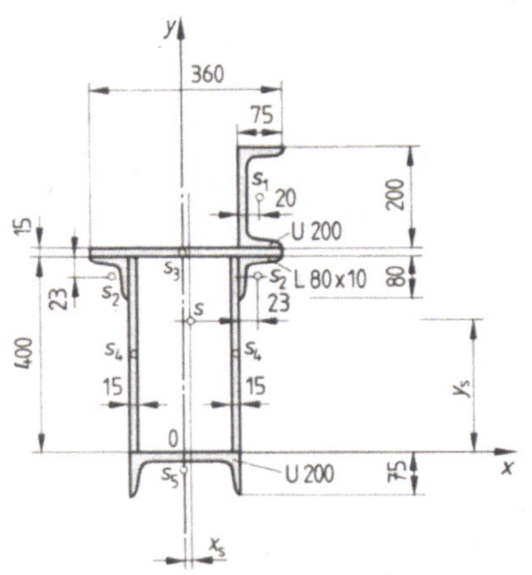

i	x_i mm	y_i mm	A_i mm^2	n	$x_i A_i$	$y_i A_i$
1	125,1	515	3 220	1	402 822	1 658 300
2	±123,4	376,6	1 510	2	0	1 137 332
3	0	407,5	5 400	1	0	2 200 500
4	± 92,5	200	6 000	2	0	2 400 000
5	0	−20,1	3 220	1	0	−64 722
			$\Sigma = 26\,860$		$\Sigma = 402\,822$	$\Sigma = 7\,331\,410$

$$x_s = \frac{\sum\limits_{i=1}^{5} (A_i x_i)}{\sum\limits_{i=1}^{5} A_i} = \frac{402\,822}{26\,860} = \textbf{15 mm}$$

$$y_s = \frac{\sum\limits_{i=1}^{5} (A_i y_i)}{\sum\limits_{i=1}^{5} A_i} = \frac{7\,331\,410}{26\,860} = \textbf{273 mm}$$

1.74 Konstruktionselement aus Normprofilen, konstruktive Anordnung

Grafische Ermittlung

Schwerpunkt des Dreiecks (1.75). Man konstruiert die Seitensymmetrale und zieht eine Gerade zur gegenüberliegenden Ecke des Dreiecks. Diese Gerade bildet eine Schwerlinie. Bei einer zweiten Seite verfährt man ebenso und erhält mit dem Schnittpunkt der beiden Schwerlinien den Schwerpunkt. Dieser liegt auf $h/3$.

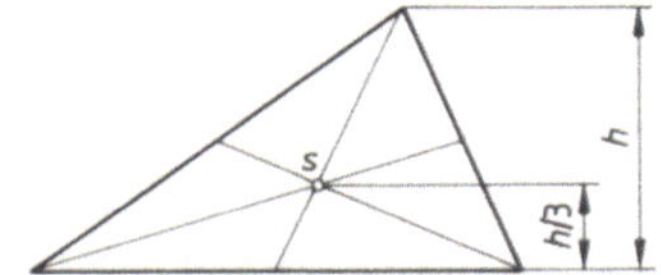

1.75 Grafische Schwerpunktermittlung beim Dreieck

Schwerpunkt des Trapezes (**1.**76). Zunächst konstruieren wir die Streckensymmetrale der beiden parallelen Seiten und verbinden die gefundenen Punkte durch eine Gerade. An den beiden parallelen Seiten tragen wir die jeweils gegenüberliegende Seite rechts (oder links) und links (oder rechts) auf. Diese Punkte verbinden wir mit einer Geraden. Sie schneidet die zuvor ermittelte Gerade im Schwerpunkt.

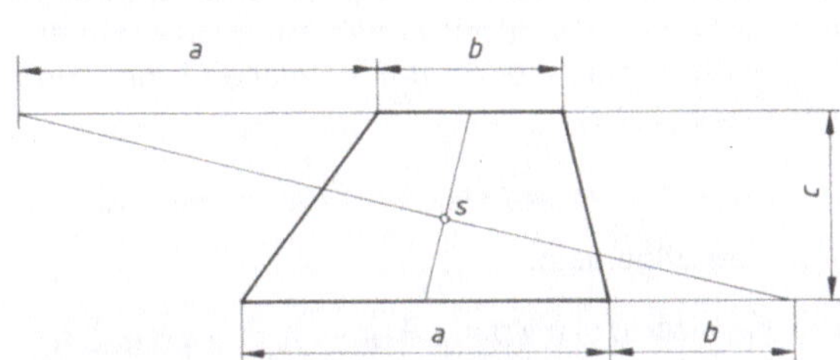

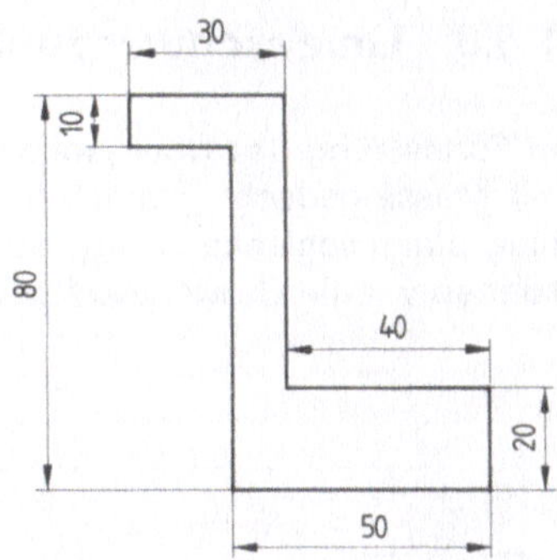

1.76 Grafische Ermittlung des Schwerpunkts eines Trapezes

1.77 Z-Profil aus Aluminium

Schwerpunkt zusammengesetzter Flächen (1.77). Wie bei der rechnerischen Lösung wird der Satz vom statischen Moment (hier in Form des Seileckverfahrens) herangezogen. Wir bestimmen die **Lage** der Resultierenden. Der Schnittpunkt zweier Wirkungslinien von Resultierenden ergibt den Schwerpunkt. Die gewählten Richtungen müssen hierbei nicht rechtwinklig aufeinander sein. Ihre Lage ist beliebig wählbar.

Beispiel 1.30   Gesucht wird der Schwerpunkt für das Z-Profil **1.77**.

Lösung   Bei der Suche nach dem Schwerpunkt nutzen wir die Überlegungen des rechnerischen Verfahrens und tragen bei der Bildung des Kraftecks maßstäblich die Flächen auf. Zweckmäßigerweise ist das gewählte (und nicht erforderliche, x–y-)Koordinatensystem rechtwinklig (**1.78**).

Die gesamte Fläche wird in einfache Flächen untergliedert, deren Schwerpunktslage wir kennen. So erhalten wir:

$A_1 = 3\ \text{cm}^2 \qquad x_s = \mathbf{0{,}95\ cm}$

$A_2 = 5\ \text{cm}^2 \qquad y_s = \mathbf{2{,}00\ cm}$

$A_3 = 10\ \text{cm}^2$

Zur Kontrolle sei hier auch die analytische Lösung angegeben.

$A = 18\ \text{cm}^2 \qquad x_1 = -1\ \text{cm} \qquad y_1 = 6{,}5\ \text{cm}$
$\phantom{A = 18\ \text{cm}^2 \qquad} x_2 = 0\ \text{cm} \qquad y_2 = 3{,}5\ \text{cm}$
$\phantom{A = 18\ \text{cm}^2 \qquad} x_3 = 2\ \text{cm} \qquad y_3 = 0\ \text{cm}$

$$A \cdot x_s = A_1 x_1 + A_2 x_2 + A_3 x_3$$

$$x_s = \frac{A_1 x_1 + A_3 x_3}{A} = \frac{-3\ \text{cm}^3 + 20\ \text{cm}^3}{18\ \text{cm}^2} = \mathbf{0{,}94\ cm}$$

$$A \cdot y_s = A_1 y_1 + A_2 y_2 + A_3 y_3$$

$$y_s = \frac{A_1 y_1 + A_2 y_2}{A} = \frac{19{,}5\ \text{cm}^3 + 17{,}5\ \text{cm}^3}{18\ \text{cm}^2} = \mathbf{2{,}06\ cm}$$

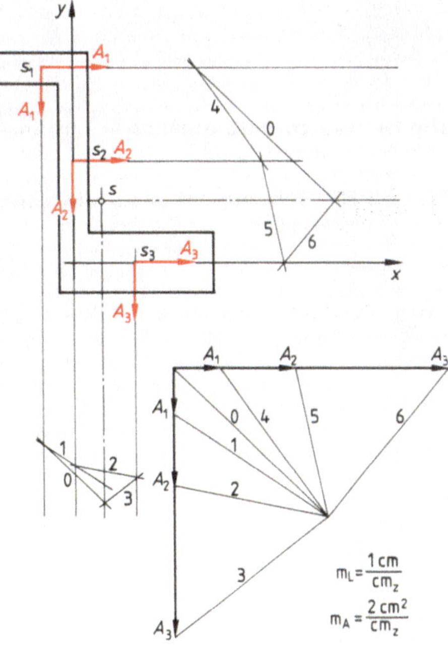

1.78 Z-Profil, grafische Schwerpunktermittlung

Die grafische Ermittlung des Flächenschwerpunkts mit dem Seileckverfahren kann analog für Körper und Linien angewendet werden. Wesentlich ist dabei, daß die Körper, Flächen bzw. Linien homogene Struktur aufweisen.

1.5.3 Linienschwerpunkt

In Fortsetzung des Übergangs vom Körper zur Fläche denkt man sich eine Linie gleichmäßig mit Masse bedeckt (materielle Linie). Zum Beispiel einen Draht mit konstantem Querschnitt bzw. einen schlanken Stab mit konstantem Querschnitt. Zur Bildung der statischen Momente können wir die Gewichtskräfte durch Längen ersetzen (1.79).

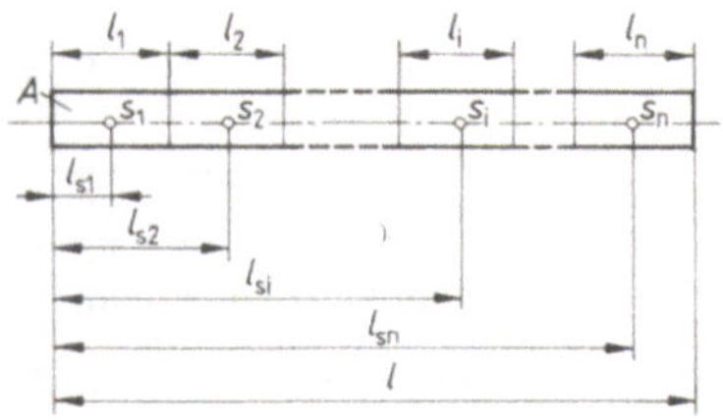

1.79　Linienschwerpunkt

$$F_G \cdot l_S = F_1 l_{S1} + F_2 l_{S2} + \cdots F_i l_{Si} + \cdots F_n \cdot l_{Sn}$$

oder allgemein:

$$F_G = m \cdot g = \varrho V g = \varrho A l g = \sum_{i=1}^{n} F_i = \varrho A g \sum_{i=1}^{n} l_i$$

denn $F_i = \varrho A g l_i$

$$\varrho A l g l_S = \varrho A g (l_1 l_{S1} + l_2 l_{S2} + \cdots l_i l_{Si} + \cdots l_n l_{Sn})$$
$$l \cdot l_S = l_1 l_{S1} + l_2 l_{S2} + \cdots l_i l_{Si} + \cdots l_n l_{Sn}$$

$$l_S = \frac{\sum_{i=1}^{n} (l_i l_{Si})}{\sum_{i=1}^{n} l_i} = \frac{\sum_{i=1}^{n} (l_i l_{Si})}{l} \qquad \text{(Gl. 1.19)}$$

Die Schwerpunkte einfacher Linien zeigt Tabelle **1**.80.

Tabelle **1**.80　**Schwerpunktslage einfacher Linien**

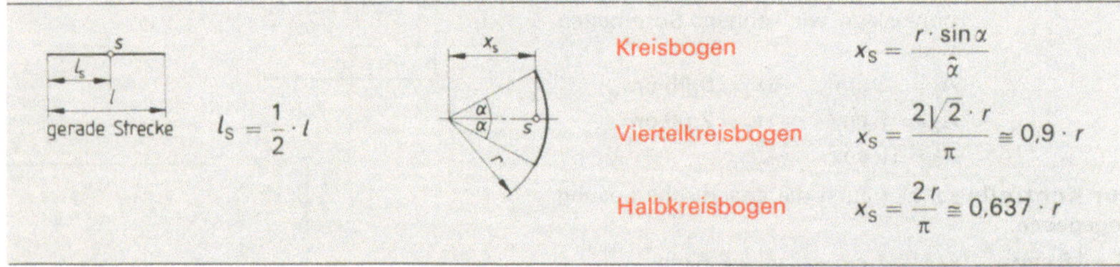

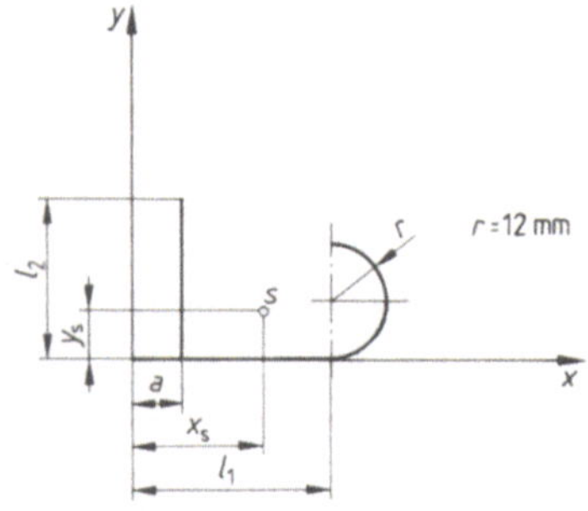

1.81　Rechnerische Ermittlung des Schwerpunkts eines Linienzugs

Bei zusammengesetzten Linien wird der gesamte Linienzug in einfache geometrische Linien unterteilt, deren Schwerpunktslage bekannt ist (s. Tab. 1.80).

In der Praxis ist die Kenntnis des Linienschwerpunkts z. B. für die örtlich richtige Einleitung der Stanzkraft bei (Linien-)Schnittwerkzeugen von Bedeutung.

Beispiel 1.31　Gesucht wird der Schwerpunkt des Linienzugs 1.81. $l_1 = 40$ mm, $l_2 = 32$ mm, $a = 10$ mm

44

Lösung

$$l_1 \qquad\qquad\qquad = 40 \ \text{mm}$$
$$l_2 \qquad\qquad\qquad = 32 \ \text{mm}$$
$$l_3 = r\pi = 12 \cdot \pi \quad = 37{,}7 \ \text{mm}$$

$$l = l_1 + l_2 + l_3 \qquad = 109{,}7 \ \text{mm}$$

$$x_1 = \tfrac{1}{2} l_1 = 20 \ \text{mm} \qquad\qquad y_1 = 0$$

$$x_2 = a = 10 \ \text{mm} \qquad\qquad y_2 = \tfrac{1}{2} l_2 = 16 \ \text{mm}$$

$$x_3 = l_1 + 0{,}637\,r = 47{,}6 \ \text{mm} \qquad\qquad y_3 = r = 12 \ \text{mm}$$

$$l\,x_S = l_1 x_1 + l_2 x_2 + l_3 x_3$$

$$x_S = \frac{l_1 x_1 + l_2 x_2 + l_3 x_3}{l} = \frac{40 \cdot 20 + 32 \cdot 10 + 37{,}7 \cdot 47{,}6}{109{,}7} = \mathbf{26{,}6 \ mm}$$

$$l\,y_S = l_1 y_1 + l_2 y_2 + l_3 y_3$$

$$y_S = \frac{l_1 y_1 + l_1 y_2 + l_3 y_3}{l} = \frac{32 \cdot 16 + 37{,}7 \cdot 12}{109{,}7} = \mathbf{8{,}8 \ mm}$$

1.5.4 Standsicherheit, Gleichgewichtslage

Die Standsicherheit oder Sicherheit v gegen Kippen hängt mit der Art des Gleichgewichts zusammen. Man unterscheidet stabiles, labiles und indifferentes Gleichgewicht.

Stabiles Gleichgewicht herrscht, wenn bei einer Lageänderung der Schwerpunkt des Körpers gehoben wird. Dabei entsteht ein **rückstellendes Moment**, das den Körper in seine Ausgangslage zurückfallen läßt (**1.**82).

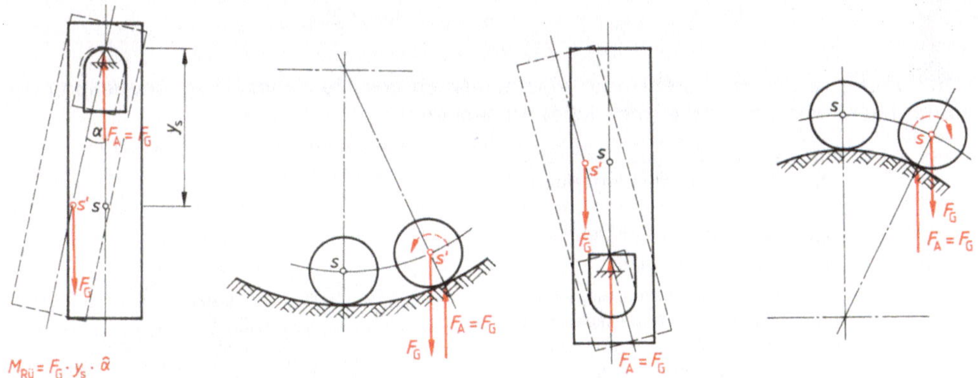

1.82   Stabiles Gleichgewicht   **1.**83   Labiles Gleichgewicht

Labiles Gleichgewicht liegt vor, wenn bei einer Lageänderung der Schwerpunkt des Körpers gesenkt wird. Dabei entsteht ein Moment, das die Vergrößerung der Lageänderung begünstigt (**1.**83).

Indifferentes Gleichgewicht herrscht, wenn bei einer Lageänderung der Schwerpunkt des Körpers weder gehoben noch gesenkt wird. Der Körper bleibt in seiner Lage, die potentielle Energie verändert sich nicht (**1.**84).

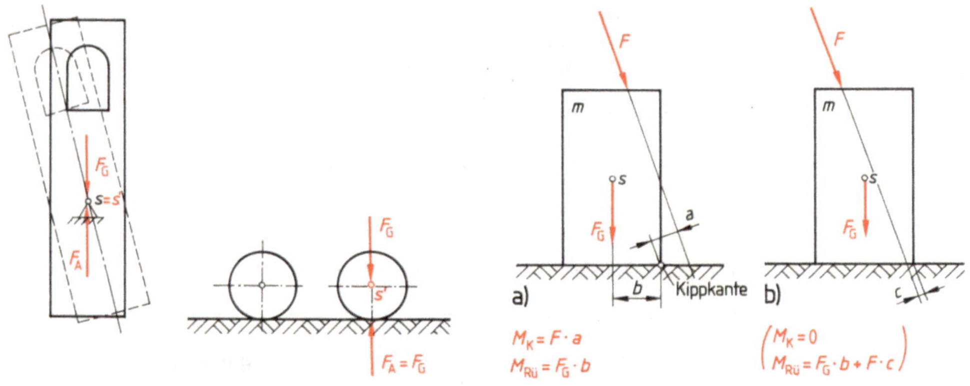

1.84 Indifferentes Gleichgewicht   **1.85** Standsicherheit

Versuch 1.1   Wir stellen einen Holzquader auf eine ebene Unterlage und lassen an einer Seite eine Kraft F wirken (**1.85**a). Der Quader bleibt in seiner ursprünglichen Lage. Vergrößern wir die Kraft, beginnt der Körper plötzlich um eine Kante (Kippkante) zu kippen.

Versuch 1.2   Wir verändern den Angriffspunkt der Kraft nach Bild **1.85**b und erkennen, daß auch eine noch so große Kraft den Quader nicht zum Kippen bringt.

Bedenken wir, daß die einzelnen Kräfte die Resultierenden mehrerer Kräfte sein können, ergibt sich als Folgerung:

Ein Körper ist standsicher, wenn die Summe der rückstellenden Momente ($\Sigma M_\mathrm{Rü}$) größer ist als die Summe der Kippmomente (ΣM_K).

$$\text{Standsicherheit } v_\mathrm{S} = \frac{\Sigma M_\mathrm{Rü}}{\Sigma M_\mathrm{K}} > 1$$

v_S	$M_\mathrm{Rü}$	M_K
–	Nm	Nm

Gl. (1.20)

Die Zuordnung zu den Rückstell- oder Kippmomenten geschieht durch Lagebeurteilung der Wirkungslinien in bezug auf die (mögliche) Kippkante.

Beispiel 1.32   Ein geländegängiges Fahrzeug fährt durch einen steil ansteigenden Wald (**1.86**).

geg.: $m = 1200$ kg, $a = 800$ mm, $b = 1500$ mm, $c = 2400$ mm

ges.: Bei welchem Neigungswinkel α soll das Anzeigeinstrument am Armaturenbrett den „roten" Bereich anzeigen, wenn die Standsicherheit $v_\mathrm{S} = 1{,}2$ gegen Kippen beträgt?

Lösung

$$v_\mathrm{S} = \frac{\Sigma M_\mathrm{Rü}}{\Sigma M_\mathrm{K}} = \frac{m \cdot g \cdot (c - b) \cos\alpha}{m \cdot g \cdot a \cdot \sin\alpha}$$

$$v_\mathrm{S} = \frac{(2400 \text{ mm} - 1500 \text{ mm}) \cos\alpha}{800 \text{ mm} \cdot \sin\alpha} = 1{,}2$$

$$\tan\alpha = \frac{900 \text{ mm}}{800 \text{ mm} \cdot 1{,}2} = 0{,}94 \rightarrow \alpha = \mathbf{43°}$$

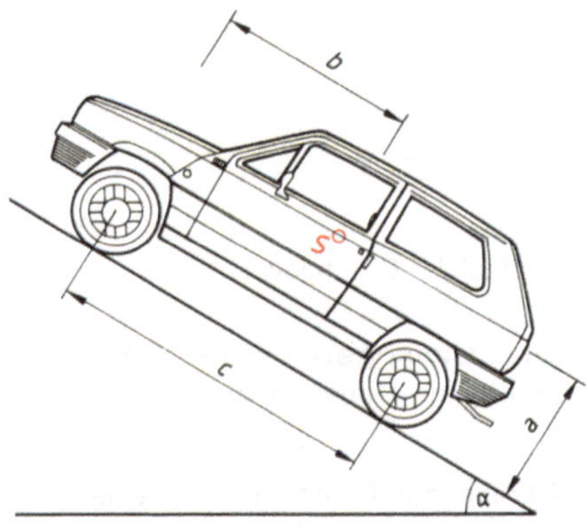

1.86 Fahrzeug im Gelände

Folgerung   Für die Steigfähigkeit eines Fahrzeugs mit Bezug auf das mögliche Kippen ist nicht das Fahrzeuggewicht von Bedeutung, sondern der Radstand und die Lage des Schwerpunkts.

Beispiel 1.33   Eine Werkzeugmaschine ist für den Schiffstransport in einem kistenähnlichen Verschlag verpackt (**1.87**). Welche Querneigung darf beim Transport zum Schiff maximal auftreten, damit gerade kein Kippen auftritt? Die Kiste ist auf der Transportfläche nicht verankert, aber gegen Verrutschen durch Holzklötze gesichert. Die wirksame Reibung zwischen Holzklötzen und Kiste ist zu vernachlässigen.

Lösung   Kippen tritt auf, wenn die Wirkungslinie der Gewichtskraft kein rückstellendes Moment gegenüber der Kippkante erzeugt. Also:

$$\tan\alpha = \frac{\dfrac{a}{2}}{\dfrac{h}{2}} = \frac{2000}{4500} = 0{,}444 \qquad \alpha \geq \mathbf{24°}$$

Achtung   Das Fahrzeug kippt bei den gegebenen Abmessungen, wenn das Gewicht der Werkzeugmaschine und der Kiste deutlich größer als jenes des Lkw ist, schon vorher!

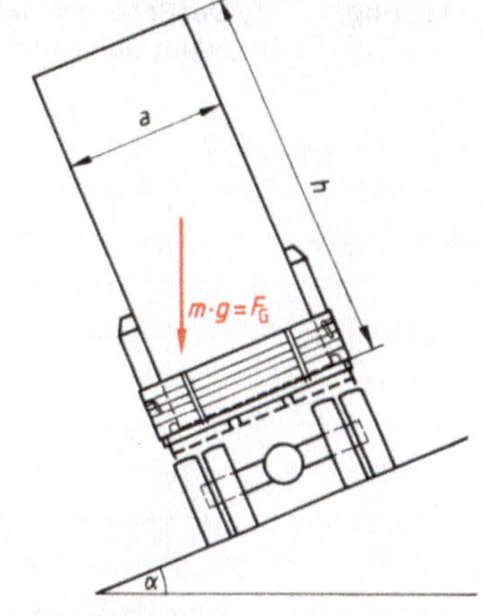

1.87 Beladener Lkw bei Querneigung

Kiste: $h = 4500$ mm, $a = 2000$ mm

1.5.5 Pappus-Guldinsche Regeln

Oberfläche einer Drehfläche. Dreht sich eine ebene Kurve um eine in ihrer Ebene liegende Achse y (Drehachse), beschreibt sie eine **Drehfläche** (Rotationsfläche). Jeder Punkt der Kurve beschreibt dabei einen Kreisbogen (**1.88**). Daraus ergibt sich die Pappus-Guldinsche Oberflächenregel (Pappus von Alexandria, ~300; Paul Habakuk Guldin, 1577–1643).

Die Oberfläche A einer Drehfläche ist gleich dem Produkt aus der Länge l des erzeugenden Kurvenstücks und dem Weg seines Schwerpunkts S.

$$A = 2\pi\, x_S\, l$$

A	x_S	l
m²	m	m

Gl. (1.21)

Diese Gleichung läßt sich leicht herleiten. Nach Bild **1.88** erzeugt ein Linienstück Δl bei Drehung eine Teilfläche $\Delta A = \Delta l \cdot \pi \cdot 2\,x$. Die Summe dieser Teilflächen ergibt die gesamte Oberfläche

$$A = \Sigma\,\Delta A = \Sigma\,(\Delta l \cdot 2 \cdot \pi x) = 2\pi\,\Sigma\,(\Delta l \cdot x).$$

Aus Gl. (1.19) ist bekannt, daß $\Sigma\,(\Delta l\, x)$ gleich $l x_S$ ist. Da sich hiermit schnell die Oberfläche eines Drehkörpers (-fläche, Rotationsfläche) ermitteln läßt, kann auch der Schwerpunkt einer beliebigen Kurve festgelegt werden, wenn man die Größe der Rotationsfläche und die Länge des rotierenden Kurvenstücks kennt.

$$x_S = \frac{A}{2\pi l}$$

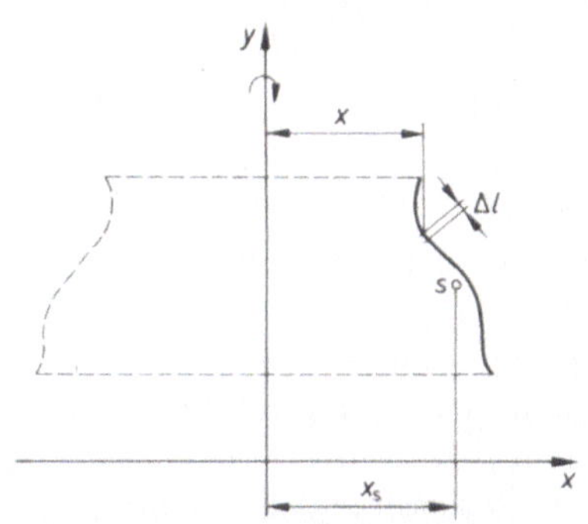

1.88 Oberfläche einer Drehfläche

 Ein Viertelkreisbogen rotiert um die y-Achse (**1.89**). Wie groß ist die Oberfläche des entstehenden Rotationskörpers?

Lösung Der Schwerpunktsabstand des Viertelkreises ist nach Tab. **1.71** $x_S = 0,9\,r$. Als Oberfläche ergibt sich somit

$$A = 2\pi \cdot x_S l = 2\pi \cdot 0,9\,r \cdot 2r\hat{\alpha} = 4\pi \cdot 0,9\,r^2 \frac{\pi}{4} = 0,9\pi^2 \cdot r^2 = \mathbf{79,9\ cm^2}.$$

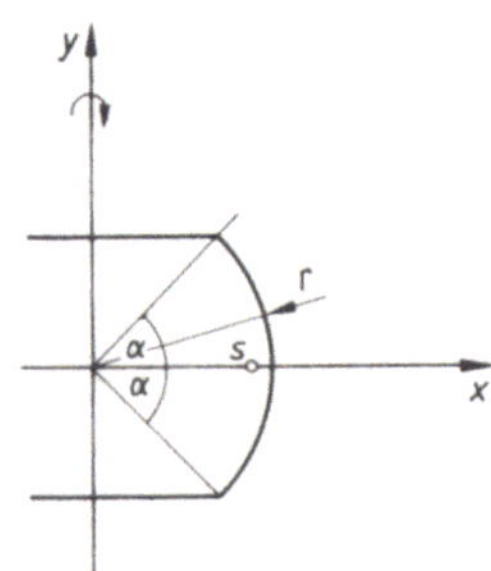

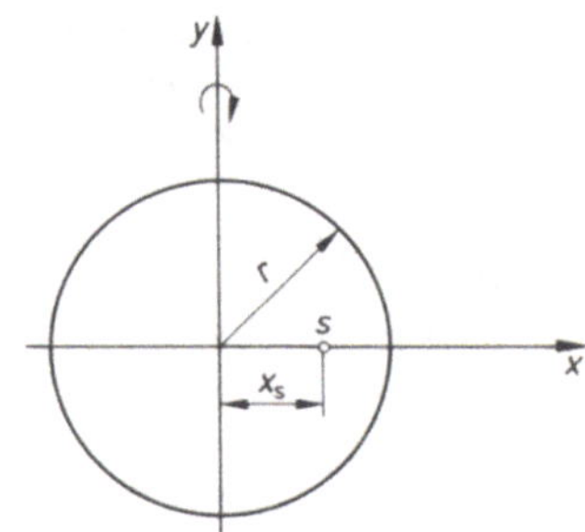

1.89   Rotierender Viertelkreisbogen
$\alpha = 45°$, $r = 3$ cm

1.90   Schwerpunkt eines Halbkreises
mit $r = 3$ cm

 Gesucht wird der Schwerpunkt des Halbkreises **1.90**.

Lösung Die Oberfläche einer Kugel beträgt $A = 4\pi \cdot r^2$, also

$$2\pi \cdot x_S l = 4\pi \cdot r^2$$
$$x_S r \cdot \pi = 2r^2$$
$$x_S = \frac{2r}{\pi} \cong 0,637\,r = 0,637 \cdot 3 = \mathbf{1,911\ cm}.$$

Volumen einer Drehfläche. Dreht sich eine ebene Fläche A um eine in ihrer Ebene liegende nicht schneidende Achse y, beschreibt sie einen **Drehkörper**. Jeder Punkt der Fläche beschreibt dabei einen Kreisbogen (**1.91**). Damit erhalten wir das Pappus-Guldinsche Volumengesetz.

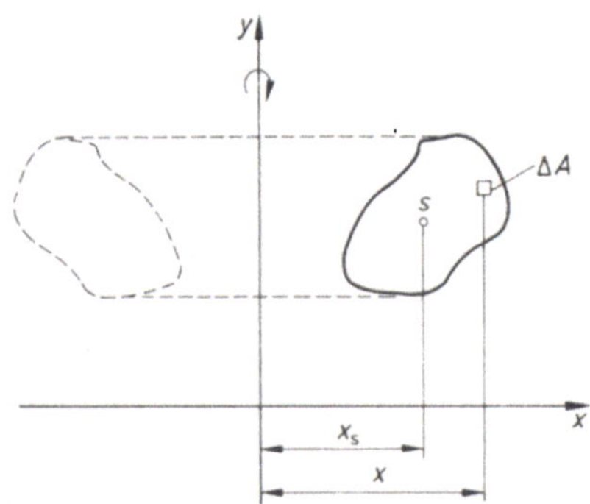

1.91   Volumen einer Drehfläche

Das Volumen V eines Drehkörpers ist gleich dem Produkt aus der erzeugenden Fläche A und dem Weg ihres Schwerpunkts.

$$V = 2\pi x_S A$$

V	x_S	A
m^3	m	m^2

Gl. (1.22)

Die Herleitung ist ähnlich wie zur Oberflächenregel. Nach Bild **1.91** erzeugt eine Teilfläche ΔA bei Drehung ein Ringvolumen $\Delta V = \Delta A \cdot 2\pi x$. Die Summe dieser Teilvolumina ergibt das gesamte Volumen

$$V = \Sigma \Delta V = \Sigma (\Delta A \cdot 2\pi x) = 2\pi \Sigma (\Delta A x).$$

Aus Gl. (1.17) ist bekannt, daß $\Sigma (\Delta A x)$ gleich $A \cdot x_S$ ist.

Bei bekanntem Volumen und der es erzeugenden Fläche eines Drehkörpers läßt sich der Schwerpunkt dieser Fläche ermitteln:

$$x_{\mathrm{S}} = \frac{V}{2\pi A}$$

Beispiel 1.36 Gesucht wird die Masse des Kunststoff-O-Rings 1.92 ($\varrho = 1{,}01$ g/cm^3).

Lösung
$$m = V \cdot \varrho = 2\pi \cdot x_{\mathrm{S}} \cdot A\varrho = 2\pi \cdot Rr^2 \cdot \pi\varrho =$$
$$= 2\pi \cdot 4 \cdot 1{,}1^2 \pi \cdot 1{,}01 = \mathbf{96{,}5\ g}$$

Mit Hilfe der beiden Pappus-Guldinschen Regeln können wir auch Volumen oder Oberflächen von **Teilen eines Drehkörpers** ermitteln. Führt die erzeugende Kurve oder Fläche keine Rotation von 360° um die y-Achse aus, sondern nur um den Winkel α, sind die Gleichungen (1.21) und (1.22) mit dem Wert $\alpha°/360°$ zu multiplizieren.

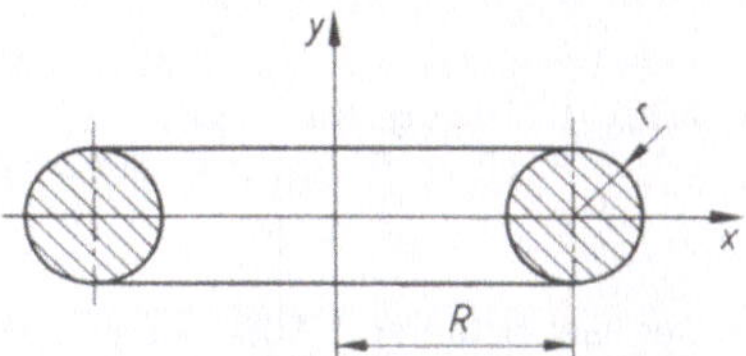

1.92 Dichtungsring mit $R = 40$ mm, $r = 11$ mm

Aufgaben zu Abschnitt 1.5

1. bis 7. Gesucht werden grafisch und analytisch die Schwerpunktskoordinaten der Flächen **1.93** bis **1.99**.

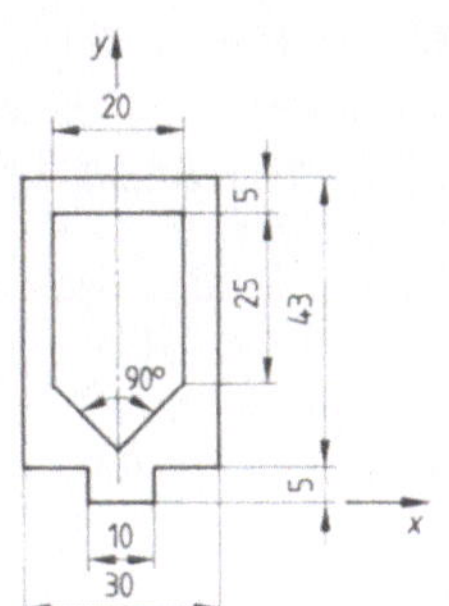

1.93 Kastenprofil

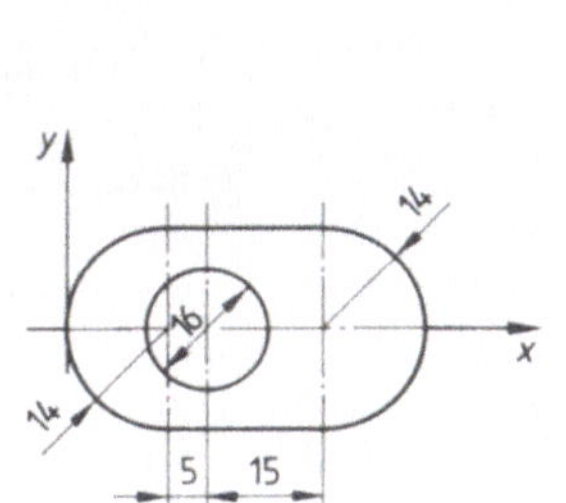

1.94 Leistenprofil

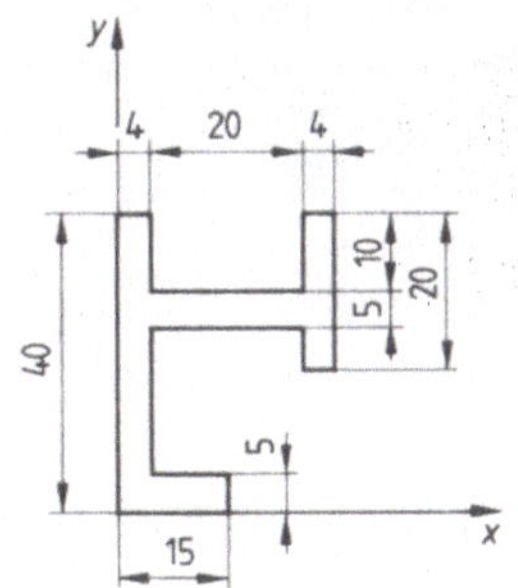

1.95 Dichtleistenprofil

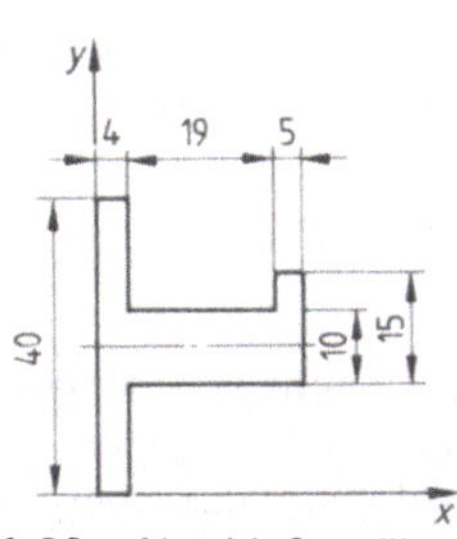

1.96 Abschlußprofil

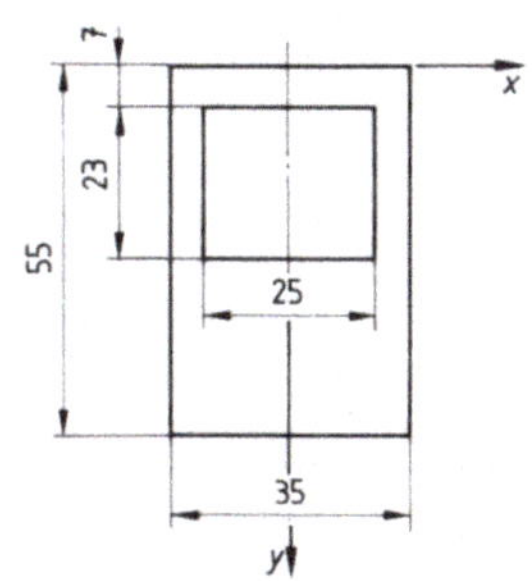

1.97 Konstruktionsprofil

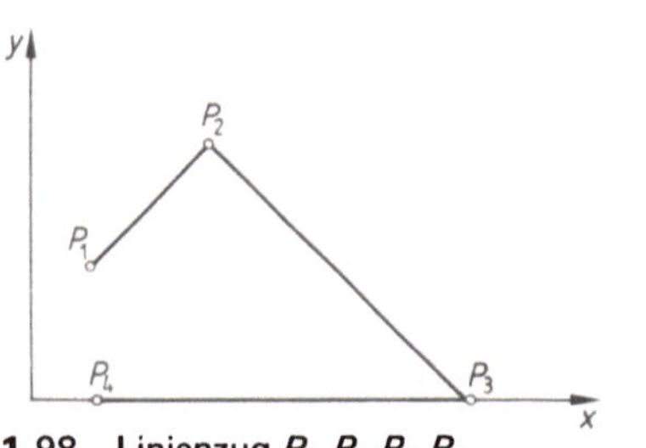

1.98 Linienzug $P_1\,P_2\,P_3\,P_4$
$P_1\,(2,4)$; $P_2\,(6,8)$; $P_3\,(14,0)$; $P_4\,(2,0)$

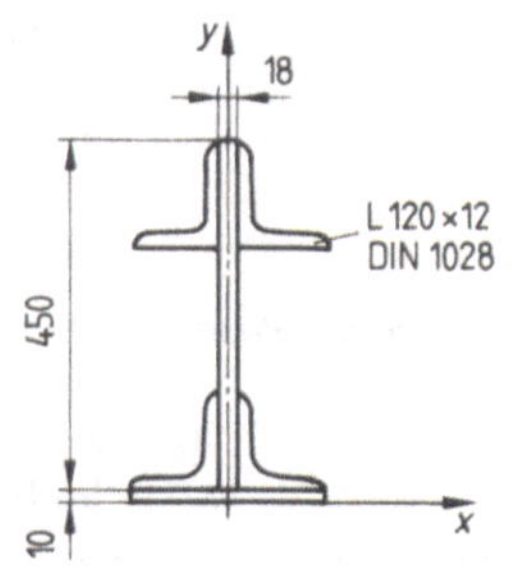

1.99 Fachwerkquerschnitt

8. Der Gabelstapler **1.100** mit der Masse $m_1 =$ 600 kg hebt bei voll ausgefahrenem Hubmast $m = 700$ kg. Wie groß ist die Standsicherheit v_S gegen Kippen? ($a = 600$ mm, $b = 750$ mm, $c = 2000$ mm)

9. Gesucht wird das Volumen (Schweißdrahtverbrauch) der beiden Schweißnähte **1.101**.

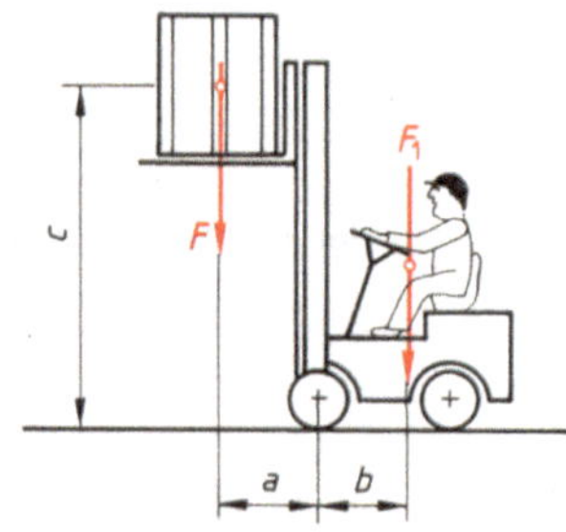

1.100 Gabelstapler

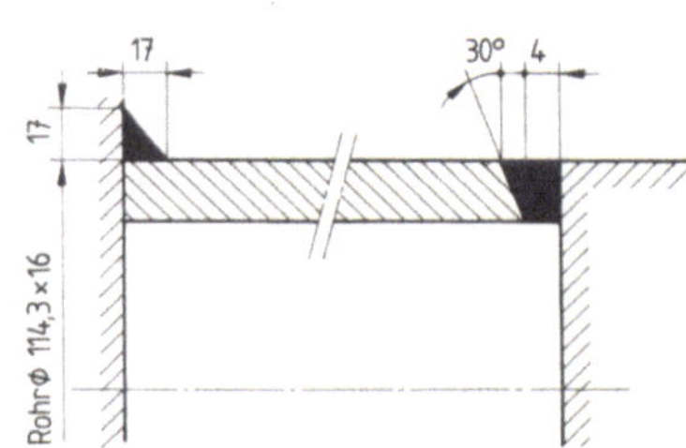

1.101 Schweißnähte einer Rohrverbindung

1.6 Schnittgrößen in Balken und Stäben

In den Abschnitten 1.3 und 1.4 haben wir Methoden kennengelernt, um die Auflagerreaktionen der durch äußere Kräfte belasteten Bauteile zu bestimmen. Zur Bemessung von Bauteilen muß man aber auch die inneren Kräfte und ihre Verteilung über den Querschnitt kennen. Dies ist Aufgabe der Festigkeitslehre (s. Abschn. 3). Die dazu nötigen resultierenden Größen (Schnittgrößen) der inneren Kräfte und Momente wollen wir in diesem Abschnitt mit der Schnittmethode bestimmen. Dabei beschränken wir uns auf die in der Technik häufig vorkommenden Balken und Stäbe.

Stäbe sind Bauteile, die nur in Richtung ihrer Achse durch Längskräfte auf Zug oder Druck beansprucht werden können (s. a. Abschn. 1.4.3).

Balken sind Bauteile, die sowohl längs als auch quer zu ihrer Achse beansprucht werden können. Sie sind biegesteif und können außer Längskräften auch Momente übertragen (z. B. Träger, Wellen, Achsen, jedoch keine Seile). Die Balkenachse kann gerade oder gekrümmt, der Balkenquerschnitt über die Balkenlänge konstant oder veränderlich sein.

50

1.6.1 Schnittgrößen

Der Querschnitt eines Bauteils hat meist mehrere, verschieden gerichtete innere Kräfte und Momente zu übertragen: Längs-, Querkräfte, Biege-, Drehmomente.

Normalkraft. Beim Beanspruchen eines Stabes auf Zug bzw. Druck wirkt im beliebig geschnittenen Stab eine innere Kraft, die Normal- oder Längskraft F_L, senkrecht zur Schnittfläche in Richtung der Stabachse (**1.102**). Bei Druckbeanspruchung ist die Richtung der Längskraft umgekehrt wie bei Zugbeanspruchung.

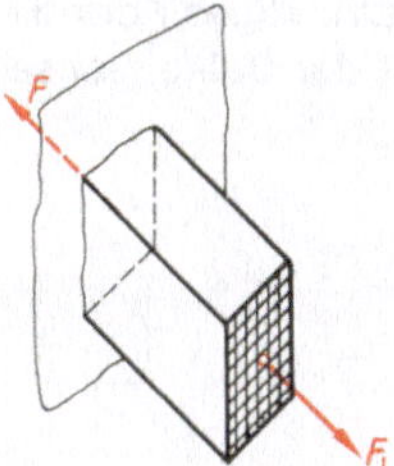

1.102   Normal- oder Längskraft im Balken

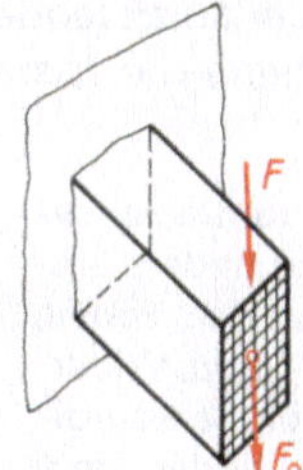

1.103   Querkraft im Balken

Querkraft. Eine senkrecht auf die Balkenachse wirkende Kraft F verursacht in der Querschnittsfläche eine in der Schnittebene liegende Querkraft F_Q (**1.103**).

Biegemoment. Ein am Kragträger angreifendes Biegemoment M_b muß von der Schnittfläche des Balkens übertragen werden (**1.104**).

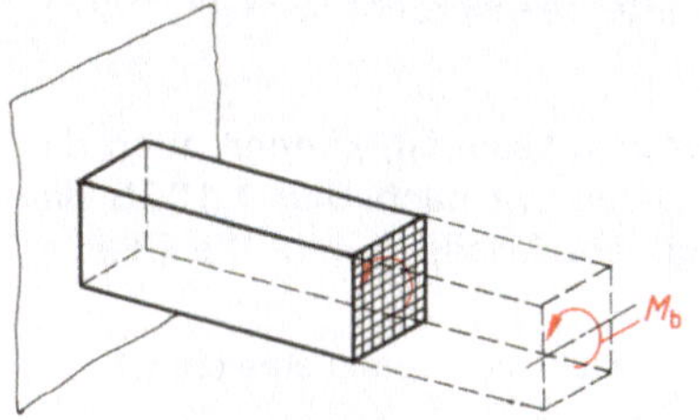

1.104   Biegemoment im Balken

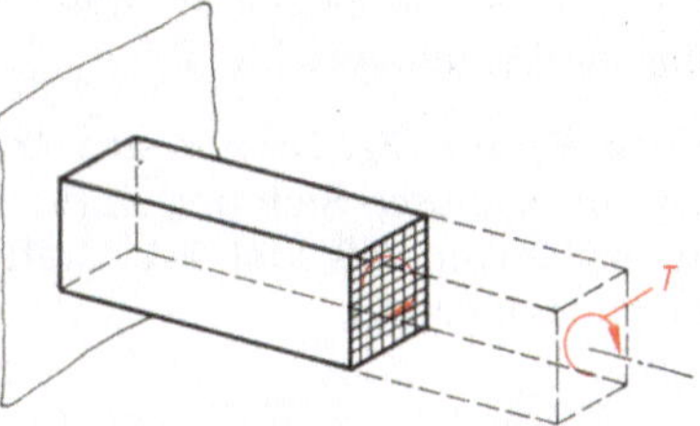

1.105   Torsionsmoment im Balken

Torsionsmoment. Wird ein Stab auf Verdrehung beansprucht, muß auch das Torsionsmoment T von der Schnittfläche des Balkens übertragen werden (**1.105**).

Diese inneren Kräfte und Momente (Längskraft F_L, Querkraft F_Q, Biegemoment M_b, Torsionsmoment T) heißen Schnittgrößen oder Schnittreaktionen. Sie können einzeln oder zusammen auftreten.

Betrachten wir zunächst die Balken mit gerader Achse, mit über die Balkenlänge gleichbleibendem Querschnitt und Belastungen in einer Ebene (Lastebene), durch die außerdem die Balkenachse geht.

1.6.2 Schnittverfahren

Zum Bestimmen der inneren Kräfte am Balken dient die Schnittmethode oder das Schnittverfahren.

> Man führt an einer beliebigen Stelle des Balkens einen gedachten Schnitt senkrecht zur Balkenachse und bringt die Kräfte an den Schnittflächen jedes Balkenteils so an, daß der jeweilige Balkenteil im Gleichgewicht ist.

Zur eindeutigen Kennzeichnung der auftretenden Größen führen wir ein rechtwinkliges Koordinatensystem ein, worin die yz-Ebene die Lastebene ist und die z-Achse mit der Balkenachse zusammenfällt (**1.106**).

Grundsätzlich sind auch andere Koordinatensysteme möglich und in der Literatur zu finden. Unsere Wahl der Koordinaten x, y, z hat den Vorteil, daß fast alle Tabellen für Trägheits- und Widerstandsmomente von Querschnitten für die Koordinaten x und y nach Bild **1.106** b zu finden sind. Außerdem weisen Querkraft und Biegemomentenvektor sowie die Durchbiegung des Balkens bei der häufigsten Beanspruchung in positive Richtung.

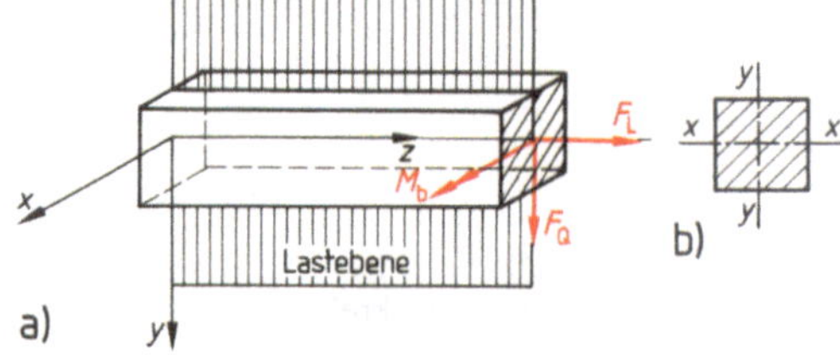

1.106   Gewähltes Koordinatensystem

> F_L verläuft in z-Richtung, F_Q in y-Richtung, M_b in x-Richtung.

Um das Schnittverfahren kennenzulernen, nehmen wir den einfachen Fall eines Trägers auf zwei Stützen an, der durch eine Einzellast außerhalb der Trägermitte beansprucht wird (**1.107** a). Zuerst bestimmen wir rechnerisch die

Auflagerkräfte F_A und F_B. Da nur eine Kraft in y-Richtung wirksam ist, können auch die Auflagerkräfte nur in dieser Richtung auftreten. Trotzdem setzen wir nach Bild **1.107** b die Auflagerreaktionen so an, daß auch evtl. Kräfte in z-Richtung berücksichtigt sind. Die Gleichgewichtsbedingungen lauten:

① $\Sigma F_{iy} = 0 \downarrow$: $\quad F - F_{Ay} - F_B = 0$

② $\Sigma F_{iz} = 0 \rightarrow$: $\quad F_{Az} = 0$

③ $\Sigma M_A = 0 \circlearrowright$: $\quad F_B \cdot l - F \cdot l_1 = 0$

Aus der 3. Gleichgewichtsbedingung erhalten wir

$$F_B = F \cdot \frac{l_1}{l} = 50\ \text{kN} \cdot \frac{6\ \text{m}}{8\ \text{m}} = \mathbf{37{,}5\ kN} \quad \text{und aus der 1.}$$

$$F_{Ay} = F - F_B = 50\ \text{kN} - 37{,}5\ \text{kN} = \mathbf{12{,}5\ kN}$$

Auflagerreaktion in z-Richtung $F_{Az} = 0$

Man kann die Summe der Momente um jeden beliebigen Punkt, also auch um B ansetzen. Die Gleichung $\Sigma M_B = 0 = F \cdot l_2 - F_{Ay} \cdot l$ liefert ebenfalls F_{Ay}. Wir haben also die Wahl zwischen einer Kräfte-Gleichgewichtsbedingung (erste) und einer Momenten-Gleichgewichtsbedingung (vierte).

> Oft ist es vorteilhaft, die Momenten-Gleichgewichtsbedingung zu verwenden und Momentenbezugspunkte so zu wählen, daß sich dort die Wirkungslinien möglichst vieler unbekannter Kräfte schneiden. Da Kräfte, deren Wirkungslinie durch den Momentenbezugspunkt gehen, kein Moment ergeben, verringert sich dadurch der Rechenaufwand.

Querkraft. Zum Ermitteln der Schnittgrößen denken wir den Balken an einer beliebigen Stelle z geschnitten und erhalten einen linken und einen rechten Balkenteil (Schnittufer). Damit der linke Balkenteil (**1.107c**) im Gleichgewicht bleibt, muß in y-Richtung der Auflagerreaktion F_{Ay} eine gleich große innere Kraft F_Q entgegenwirken. Diese in der Schnittfläche liegende Querkraft F_Q verursacht im Balken Schubspannungen τ (griech. tau).

Biegemoment. F_Q ist mithin $= F_{Ay} = 12{,}5$ kN. F_{Ay} und F_Q bilden ein Kräftepaar, das den Balken nach rechts drehen würde, wenn nicht an der Schnittstelle S ein Moment entgegenwirkt. Dieses linksdrehende Moment um die x-Achse ist das Biegemoment M_{bx}. Aus der Gleichgewichtsbedingung ergibt sich für eine beliebige Schnittstelle z im linken Balkenteil

$$M_{bx} - F_{Ay} \cdot z = 0.$$

Für die Stelle $z = 3$ m wird

$$M_{bx(z)} = F_{Ay} \cdot z = 12{,}5 \text{ kN} \cdot 3 \text{ m} = \mathbf{37{,}5 \text{ kNm}}$$

und aus

$$\Sigma F_{iy} = 0: \quad F_{Ay} - F_Q = 0 \text{ wird } F_Q = \mathbf{12{,}5 \text{ kN}}.$$

Mit dem **rechten** Balkenteil verhält es sich ebenso (**1.107d**). Auch hier ist, damit der Balken im Gleichgewicht bleibt,

$$\Sigma F_{iy} = 0 \downarrow: \quad -F_Q + F - F_B = 0$$
$$\Sigma F_{iz} = 0 \rightarrow: -F_L = 0$$
$$\Sigma M_{x(s)} = 0 \,\circlearrowright: \quad -M_{bx} - F(l_1 - z) + F_B(l - z) = 0$$

Aus der ersten Gleichgewichtsbedingung wird

$$F_Q = F - F_B = 50 \text{ kN} - 37{,}5 \text{ kN} = \mathbf{12{,}5 \text{ kN}}.$$

1.107 Balken mit Einzellast
a) Lageplan, b) Auflagerreaktionen, c) und d) Balkenschnitt, e) Querkraftverlauf, f) Biegemomentverlauf

Aus der zweiten Gleichgewichtsbedingung sehen wir, daß die Längskraft $F_L = 0$ ist. Aus der dritten wird das Biegemoment an der gedachten Schnittstelle S

$$M_{bx} = F_B(l - z) - F(l_1 - z) = 37{,}5 \text{ kN} \cdot (8 \text{ m} - 3 \text{ m}) - 50 \text{ kN} \cdot (6 \text{ m} - 3 \text{ m}) = \mathbf{37{,}5 \text{ kNm}}.$$

Wir erkennen, daß das Ergebnis für F_Q und M_{bx} vom linken und vom rechten Balkenteil aus an der Stelle z gleich groß ist. Dies muß so sein, weil wir die gleiche Stelle betrachten und im Bauteil immer Gleichgewicht besteht.

Vorzeichen. Wir vereinbaren, daß Schnittgrößen dann positiv sind, wenn am linken (dem positiven) Schnittufer die zugehörigen Vektoren in die Richtung positiver Koordinatenachsen zeigen (**1.107c**). Nach dem Reaktionsaxiom müssen, damit Gleichgewicht herrscht, die am linken und rechten Balkenteil anzubringenden Kräfte entgegengesetzt wirken und gleich groß sein.

> Wir prägen uns die in den Bildern **1.107c** und d dargestellten Richtungen der positiven Schnittgrößen M_{bx}, F_Q und F_L für den linken und rechten Balkenteil ein.

Eine weitere Hilfe ist die Kennzeichnung der positiven Richtungen beim Aufstellen der Gleichgewichtsbedingungen durch einen Pfeil, z. B. für den linken Balkenteil:

$$F_{iy} = 0 \downarrow$$
$$F_{iz} = 0 \rightarrow$$
$$M_x(s) = 0 \circlearrowright$$

Aus der Gleichgewichtsbedingung $\Sigma F_{iy} = 0$ für den linken Balkenteil ist zu ersehen, daß die Querkraft F_Q zwischen dem Auflager A und dem Angriffspunkt der Kraft F (also von $z = 0$ bis $z = l_1$) konstant ist und die Größe F_{Ay} hat (1.107 e).

Gehen wir am linken Balkenteil mit z über l_1 hinaus, lautet die Gleichgewichtsbedingung

$$\Sigma F_{iy} = 0 \downarrow: \quad -F_{Ay} + F + F_Q = 0.$$

Daraus wird

$$F_Q = +F_{Ay} - F = 12,5 \text{ kN} - 50 \text{ kN} = -\mathbf{37,5\ kN}.$$

Dieser Wert bleibt wiederum vom Angriffspunkt der Kraft F bis zum Auflager B konstant. Auch hier kann man den rechten Balkenteil zur Berechnung der Querkraft heranziehen. Aus der Gleichgewichtsbedingung $\Sigma F_{iy} = 0$ für den rechten Balkenteil erhalten wir für den Bereich zwischen F und $F_B \rightarrow$ $-F_Q - F_B = 0$ und damit $F_Q = -F_B = -37,5$ kN wie vorhin. Für den Bereich zwischen dem Auflager A und dem Angriffspunkt von F ist das Gleichgewicht am rechten Balkenteil gegeben, wenn

$$\Sigma F_{iy} = 0 \downarrow: \quad -F_Q + F - F_B = 0.$$

Für die Stelle z ist

$$F_Q = F - F_B = 50 \text{ kN} - 37,5 \text{ kN} = \mathbf{12,5\ kN}.$$

Den Querkraftverlauf über die Balkenlänge zeigt Bild 1.107 e, während Bild 1.107 f den Verlauf des Biegemoments über die Balkenlänge darstellt. Das Momentengleichgewicht ergab an der betrachteten Stelle $z = 3$ m den Betrag von $+37,5$ kNm. Für die Auflager A und B ist das Biegemoment jeweils Null. An der Stelle $z = l_1 = 6$ m ist $M_{bx} = F_B(l - l_1) = 37,5$ kN $\cdot$ (8 m $-$ 6 m) $= +75$ kNm oder (von links gerechnet) $M_{bx} = +F_{Ay} \cdot 6$ m $= 12,5$ kN $\cdot 6$ m $= +75$ kNm.

Weil außer F keine Kräfte wirken, steigt das Biegemoment von beiden Auflagern, in denen es Null ist, linear bis zur Stelle $z = l_1$ an. Der Verlauf ist in unserem Fall durchgehend positiv, weil der Momentenvektor in die positive x-Richtung zeigt.

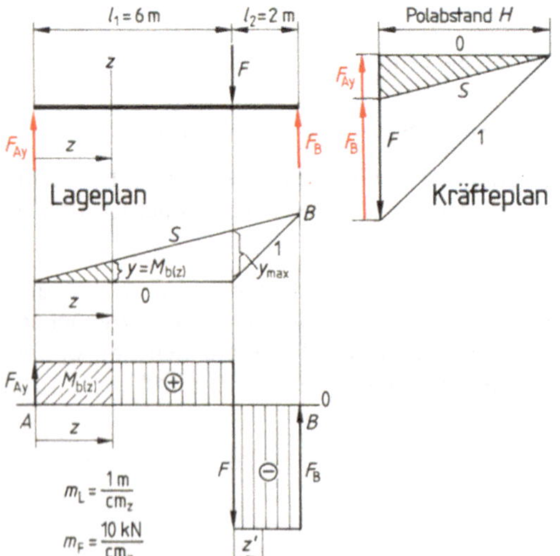

1.108 Grafische Bestimmung des Biegemoments

Nach einer anderen, häufig anzutreffenden Definition über das Vorzeichen ist ein Moment positiv, wenn an der Balkenunterseite Zugspannungen und an der Balkenoberseite Druckspannungen auftreten. Einfach ausgedrückt: Wenn bei einem durchgebogenen Balken das Wasser nicht abfließt, ist das Biegemoment positiv.

Grafische Bestimmung des maximalen Biegemoments (1.108). Wir ermitteln die Auflagerreaktionen zeichnerisch nach dem Seileckverfahren, indem wir geeignete Maßstäbe für den Lageplan ($m_L = 1$ m/cm$_z$) und Kräfteplan ($m_F = 10$ kN/cm$_z$) sowie einen Polabstand $H = 5$ cm wählen. Greifen wir eine beliebige Stelle z am Balken heraus, können wir wegen der Ähnlichkeit der schraffierten Dreiecke im Seileck und Kräfteplan ohne weiteres die Beziehung

$$\frac{y}{z} = \frac{F_{Ay}}{H}$$

herstellen. Daraus ist $F_{Ay} \cdot z = H \cdot y$. Das Produkt $F_{Ay} \cdot z$ ist aber das Biegemoment M_{bx} an der Stelle z. Also ist M_{bx} = Polabstand $H \cdot y$ und y im Seileck dem Biegemoment direkt proportional. Damit ist unter Berücksichtigung der gewählten Maßstäbe die Fläche im Seileck eine Momentenfläche. An der Stelle $z = l_1$ tritt y_{max} auf. Wir messen 1,5 cm. Das Biegemoment an dieser Stelle ist

$$M_{bmax} = 1,5 \cdot 5 \cdot 10 \cdot 1 = \textbf{75 kNm} \quad \text{nach der Formel}$$

$$M_{bmax} = y_{max} \cdot H \cdot m_F \cdot m_L. \qquad \text{Gl. (1.23)}$$

Wie Bild 1.108 zeigt, sind für die Größe von y_{max} der Kräftemaßstab m_F und Längenmaßstab m_L genauso von Bedeutung wie der gewählte Polabstand H.

Wenn wir die Querkraft F_Q im Maßstab auftragen, sehen wir, daß das Biegemoment an der Stelle z mit $M_{bx(z)} = F_{Ay} \cdot z$ gleich der Querkraftfläche A_Q ist (Rechteck mit den Seiten F_{Ay} und z). Es steigt linear von $z = 0$ an, bis es bei $z = l_1$ das Maximum erreicht.

$$M_{bmax} = (F_{Ay} \cdot m_F)\,(l_1 \cdot m_L) = (1,25 \cdot 10)\,(6 \cdot 1) = \textbf{75 kNm}$$

Von dort geht das Biegemoment linear gegen Null, weil mit zunehmendem z immer mehr negative Querkraftfläche ($F_B \cdot z'$) abgezogen wird. An der Stelle z' ist

$$M_{bx(z')} = (F_{Ay} \cdot 6\,\text{m} - F_B \cdot z')\,m_F \cdot m_L.$$

Da das Biegemoment in A und B Null ist, müssen die positive und negative Querkraftfläche gleich groß sein. Das maximale Biegemoment tritt an der Stelle auf, bei der der Querkraftverlauf durch die Nullinie geht (bei $z = l_1$).

Fassen wir zusammen:

Das maximale Biegemoment liegt dort, wo im Seileck die Ordinate y am größten ist.

Das Biegemoment an einer beliebigen Stelle z entspricht der Querkraftfläche A_Q zwischen dem Auflager und der Stelle z.

Ein Extremwert des Biegemoments tritt dort auf, wo der Querkraftverlauf durch Null geht.

Für die weitere Auflager- und Schnittgrößenberechnung bei Balken treffen wir einige Vereinbarungen, die uns die Arbeit erleichtern.

- Wenn keine anderen Koordinaten festgelegt werden, gilt das Koordinatensystem nach Bild 1.106 a.
- Ist die Richtung der Auflagerreaktionen bekannt, setzen wir sie ungeachtet der positiven Koordinatenrichtung so an, wie sie wirken. (So ist in Bild 1.107 b, da nur F wirkt, die Richtung von F_{Ay} und F_B offensichtlich.) Bei Zweifeln über die Richtung der Auflagerkräfte (wenn z. B. am Träger nach Bild 1.107 a auch Kräfte von unten wirken) nehmen wir sie in positiver Richtung an. Ist der berechnete Wert positiv, stimmt die angenommene Richtung; ist er negativ, wirkt die Reaktionskraft der angenommenen Richtung entgegen.
- Ist offensichtlich, daß z. B. in z-Richtung keine Kräfte wirken, können wir auf den Ansatz der entsprechenden Gleichgewichtsbedingung verzichten ($F_{Az} = 0$, $F_{Ay} = F_A$).

- Ein Moment ist positiv, wenn der Momentenvektor in die positive Richtung zeigt.

- Zur Bestimmung der Schnittgrößen treffen wir stets den Ansatz nach Bild **1**.107 c, nämlich daß am linken Balkenteil F_Q in positive y-Richtung, F_L in positive z-Richtung und der Momentenvektor von M_{bx} in positive x-Richtung zeigen. Der Momentenbezugspunkt ist der Schwerpunkt S der Querschnittsfläche des Balkens an der Schnittstelle.

- Nach ausreichender Übung können wir auch den geschriebenen Pfeil, der uns die positive Kraft- oder Momentenrichtung zeigt, weglassen und z. B. statt

$$\Sigma F_{iy} = 0 \downarrow \qquad \Sigma F_{iy} = 0$$
$$\Sigma M_{ix(A)} = 0 \circlearrowright \qquad \Sigma M_{ix(A)} = 0$$

schreiben. Wenn klar ist, daß es sich nur um Momente um die x-Achse handeln kann, schreibt man auch

$$\Sigma M_{i(A)} = 0 \quad \text{oder} \quad \Sigma M_{(A)} = 0.$$

Balken auf 2 Stützen mit Streckenlast (Gleichlast)

Beispiel 1.37 **Grafische Ermittlung des Biegemoment- und Querkraftverlaufs**

Die Balkenlänge l sei wieder 8 m, die gleichmäßig aufgebrachte Last (Streckenlast) $q = 1000$ N/m (**1**.109 a).

$m_L = 1$ cm/cm$_z$, $m_F = 1000$ N/cm$_z$

Grundsätzlich wird die Streckenlast q mit Pfeilen in Wirkrichtung dargestellt. Bei Wirkung in der Lotrechten verzichtet man jedoch oft darauf.

Die Streckenlast $q \cdot l$ zerlegen wir in gleiche Einzellasten (in unserem Fall F_1 bis F_4) und zeichnen im gewählten Kräfte- und Längenmaßstab das Seileck und den Querkraftverlauf (**1**.109 b, d). Aus dem Verlauf des Seilecks und der Querkraft ist zu erkennen, daß sich bei immer feinerer Verteilung der Streckenlast der Verlauf der Seilstrahlen 1 bis 4 einer Kurve annähert (in diesem Fall einer Parabel, wie wir bei der rechnerischen Lösung sehen werden, **1**.109 c). Der treppenartige Querkraftverlauf geht bei immer feinerer Unterteilung in einen linearen Verlauf von F_A bis F_B über (**1**.109 d). Die Querkraft hat ihr positives Maximum ($F_Q = F_A = 4000$ N) in A, in der Mitte den Wert Null und in B den Wert -4000 N. Die Stelle des größten Biegemoments liegt in Balkenmitte. Wir entnehmen den Wert $y_{max} = 1{,}6$ cm und berechnen nach Gl. (1.23) das maximale Biegemoment

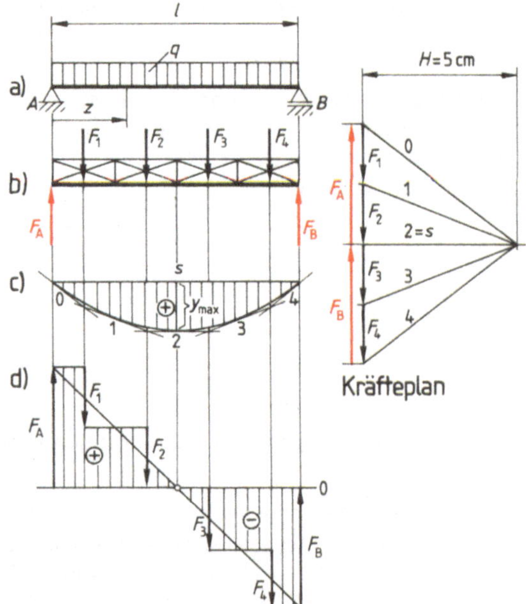

1.109 Balken mit Streckenlast

a) Lageplan, b) Auflagerreaktionen, c) Biegemomentverlauf, d) Querkraftverlauf

$$M_{bmax} = y_{max} \cdot H \cdot m_F \cdot m_L = 1{,}6 \text{ cm}_z \cdot 5 \text{ cm}_z \cdot 1000 \text{ N/cm}_z \cdot 1 \text{ m/cm}_z = \mathbf{8000 \ Nm}.$$

 Analytische Ermittlung des Biegemoment- und Querkraftverlaufs (1.110)

Zuerst berechnen wir die **Auflagerreaktionen**.

① $\Sigma M_A = 0\,$: $\quad F_B \cdot l - q \cdot l \cdot \dfrac{l}{2} = 0$

② $\Sigma F_y = 0\downarrow$: $\quad -F_{Ay} + q \cdot l - F_B = 0$

Aus der Gleichgewichtsbedingung ① folgt

$$F_B = \frac{q \cdot l}{2} = \frac{1000\,\text{N} \cdot 8\,\text{m}}{\text{m} \cdot 2} = \textbf{4000 N}.$$

Aus der Gleichgewichtsbedingung ② nehmen wir

$$F_{Ay} = F_A = q \cdot l - F_B = \frac{q \cdot l}{2} = \textbf{4000 N}.$$

Da nur eine lotrechte Belastung vorliegt, tritt keine horizontale Auflagerreaktion F_{Az} auf.

Daß die Auflagerreaktionen F_A und F_B jeweils halb so groß sein müssen wie die gesamte Streckenlast, ist für diesen einfachen Belastungsfall auch ohne Berechnung leicht einzusehen.

Zum Berechnen der **Querkraft** F_Q an einer beliebigen Stelle z denken wir uns den Balken in z geschnitten (**1.110**b) und betrachten den linken Balkenteil (**1.110**c). Das Gleichgewicht der Kräfte in y-Richtung ergibt

$\Sigma F_y = 0\downarrow$: $-F_A + q \cdot z + F_Q = 0$ und daraus

$$F_Q = F_A - q \cdot z = \frac{q \cdot l}{2} - q \cdot z = \frac{1}{2}\,q\,(l - 2z).$$

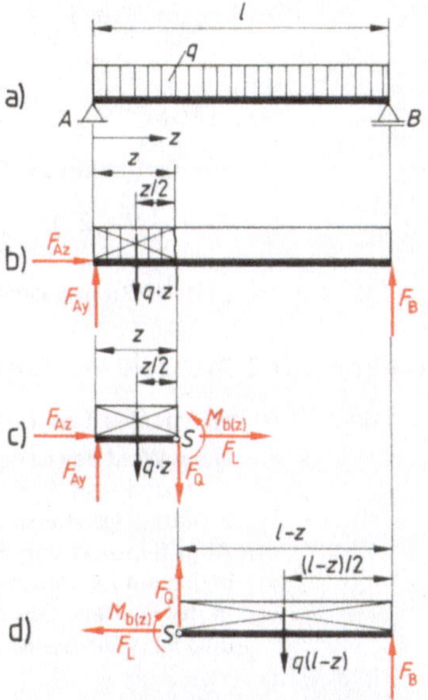

1.110 Balken mit Streckenlast

a) Lageplan, b) Balkenschnitt, c) und d) linker und rechter Balkenschnitt

Um die Stelle des **maximalen Biegemoments** zu finden, setzen wir F_Q gleich Null (s. Zusammenfassung der Einführung) und erhalten $z = l/2$.

Zur Berechnung des Biegemoments an einer beliebigen Stelle z lautet das Gleichgewicht am linken Balkenteil

$\Sigma M_S = 0\,$: $\quad M_b + q \cdot z \cdot \dfrac{z}{2} - F_A \cdot z = 0.$

Setzen wir für $F_A = \dfrac{q \cdot l}{2}$, bekommen wir für das Moment an der Stelle z

$$M_{b(z)} = \frac{1}{2}\,q\,(lz - z^2).$$

Dieser Ausdruck hat die Form $y = ax - bx^2$. Das ist die Funktion einer Parabel; d. h., der Biegemomentverlauf ist parabelförmig. Um das maximale Biegemoment zu erhalten, setzen wir für diesen symmetrischen Fall $z = l/2$. Dann wird

$$M_{bmax} = \frac{q \cdot l^2}{8} = \frac{1000\,\text{N} \cdot 8^2\,\text{m}^2}{\text{m} \cdot 8} = \textbf{8000 Nm}.$$

Wenn wir den rechten Balkenteil betrachten, müssen wir zum gleichen Ergebnis kommen. Da z von links läuft, allerdings etwas umständlicher (**1.110**d).

$\Sigma F_y = 0\downarrow$: $\quad -F_Q + q\,(l - z) - F_B = 0$

$$F_Q = q\,(l - z) - F_B = q\,(l - z) - \frac{q \cdot l}{2} = \frac{1}{2}\,q\,(l - 2z)$$

Ist (wie oben erklärt) die Momentenlinie eine Parabel, ist der Querkraftverlauf eine Gerade. In der etwas veränderten Form $F_Q = -q \cdot z + \dfrac{q \cdot l}{2}$ erkennen wir die allgemeine Form einer Geradengleichung $y = kx + d$.

$\sum M_{(z)} = 0: -M_{b(z)} - q(l-z)\cdot\dfrac{(l-z)}{2} + F_B(l-z) = 0$

$$M_{b(z)} = \frac{q\cdot l}{2}(l-z) - q(l-z)\frac{(l-z)}{2}$$

$$M_{b(z)} = \frac{q\cdot l^2}{2} - \frac{qlz}{2} - \left(\frac{ql^2}{2} - qlz + \frac{qz^2}{2}\right) = \frac{qlz}{2} - \frac{qz^2}{2} = \frac{1}{2}q(lz-z^2)$$

Für die Stellen $z=0$ (Auflager A) und $z=l$ (Auflager B) müssen die Querkraft

$$F_Q = \frac{q}{2}(l-2z) = \frac{q}{2}(l-0) = \frac{ql}{2} \quad \text{bzw.} \quad F_Q = \frac{q}{2}(l-2l) = -\frac{ql}{2}$$

und das Biegemoment $\quad M_b = \dfrac{1}{2}q(lz-z^2) = 0 \quad$ bzw. $\quad M_b = \dfrac{1}{2}q(l\cdot l - l^2) = 0 \quad$ sein.

Balken auf 2 Stützen mit Einzellasten

Beispiel 1.39   **Grafische Lösung (1.111)**

Nach Wahl des Längen- und Kräftemaßstabs zeichnen wir das Krafteck. Durch die schiefe Richtung von F_2 entsteht neben der Wirkung in y-Richtung (F_{2y}) eine Komponente in z-Richtung, die das Auflager A aufnimmt (F_{Az}). Im Balkenteil zwischen A und dem Angriffspunkt von F_2 tritt als Schnittgröße zusätzlich eine Längs-(Normal-)kraft F_L auf, in diesem Fall entgegengesetzt der positiven z-Richtung. Nach Zeichnen des Kräfteplans in der Reihenfolge F_1, F_{2y} ergeben sich mit der Seileckkonstruktion die Reaktionen F_{Ay} und F_B. (Für die Momentenlinie sind nur die y-Komponenten von Bedeutung.)

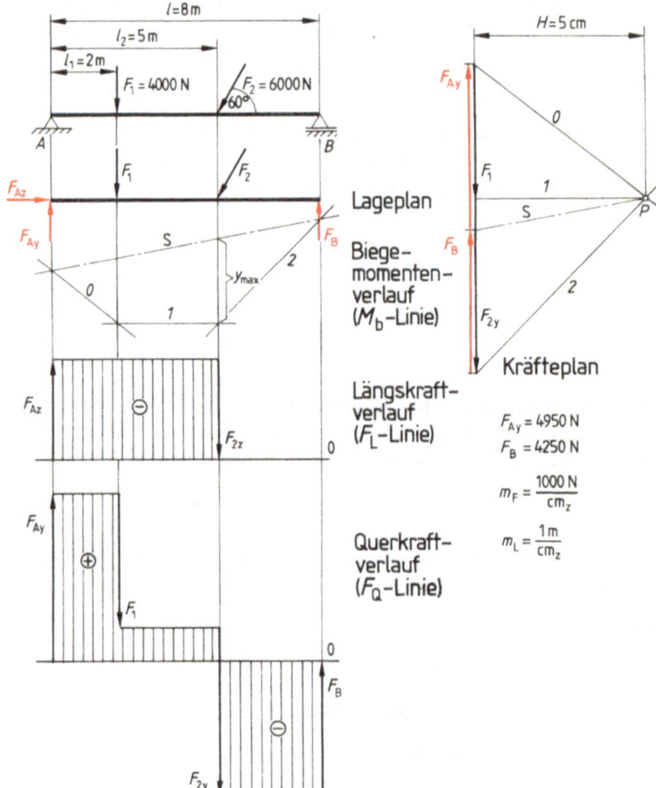

1.111
Balken auf 2 Stützen
mit 2 Einzellasten

 F_{2z} und F_{2y} erhalten wir durch Zerlegen von F_2, F_{Ay} und F_{Az} durch Zerlegen von F_A. y_{max} im Seileck liegt im Angriffspunkt von F_2, was auch mit dem Querkraftverlauf (Nulldurchgang) übereinstimmt. Mit $y_{max} = 2,55$ cm aus der Zeichnung ergibt sich

$$M_{bmax} = y_{max} \cdot H \cdot m_F \cdot m_L = \frac{2,55 \text{ cm} \cdot 5 \text{ cm} \cdot 1000 \text{ N} \cdot 1 \text{ m}}{\text{cm} \cdot \text{cm}} = \mathbf{12750 \text{ Nm}}.$$

 Analytische Lösung (1.112)

Nach Freimachen des Balkens berechnen wir die Auflagerreaktionen in gewohnter Weise.

① $\Sigma F_{iy} = 0\uparrow$: $\quad F_{Ay} - F_1 - F_{2y} + F_B = 0$

② $\Sigma M_{iA} = 0\circlearrowright$: $\quad F_B \cdot l - F_{2y} \cdot l_2 - F_1 \cdot l_1 = 0$

③ $\Sigma F_{iz} = 0\rightarrow$: $\quad F_{Az} - F_{2z} = 0$

Aus der zweiten Gleichgewichtsbedingung erhalten wir

$$F_B = \frac{F_1 \cdot l_1 + F_{2y} \cdot l_2}{l}$$

$$F_B = \frac{4000 \text{ N} \cdot 2 \text{ m} + 6000 \text{ N} \cdot \sin 60° \cdot 5 \text{ m}}{8 \text{ m}}$$

$$F_B = \mathbf{4247,59 \text{ N}}$$

$$F_{Ay} = F_1 + F_{2y} - F_B = 4000 \text{ N} + 6000 \text{ N}$$
$$\times \sin 60° - 4247,59 \text{ N} = \mathbf{4948,56 \text{ N}}$$

und aus der dritten

$$F_{Az} = 6000 \text{ N} \cdot \cos 60° = \mathbf{3000 \text{ N}}, \quad F_A = \mathbf{5787 \text{ N}},$$
$$\alpha_A = \mathbf{58,8°}.$$

Da sich die Querkraft, das Biegemoment und die Normalkraft über dem Balken bei den Angriffspunkten im Verlauf ändern, grenzen wir die Bereiche entsprechend ein und bestimmen der Reihe nach die Schnittgrößen:

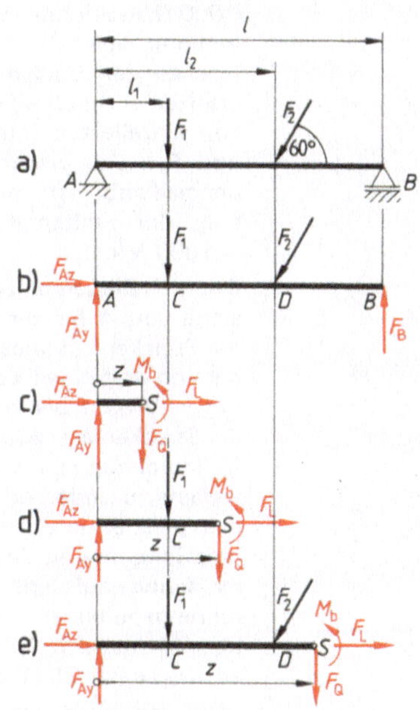

1.112 Balken auf 2 Stützen mit 2 Einzellasten

a) Lageplan, b) Auflagerreaktionen, c) bis e) Schnittgrößen

für das Feld $0 \le z \le l_1$ (1.112c)

$\Sigma F_{iy} = 0\downarrow$: $-F_{Ay} + F_Q = 0 \rightarrow F_Q = F_{Ay} = \mathbf{4948,56 \text{ N}}$

$\Sigma F_{iz} = 0\rightarrow$: $F_{Az} + F_L = 0 \rightarrow F_L = -F_{Az} = \mathbf{-3000 \text{ N}}$

$\Sigma M_{(s)} = 0\circlearrowright$: $M_b - F_{Ay} \cdot z = 0 \rightarrow M_b = F_{Ay} \cdot z = \mathbf{4948,56 \cdot z \text{ Nm}}$

für das Feld $l_1 \le z \le l_2$ (1.112d)

$\Sigma F_{iy} = 0\downarrow$: $-F_{Ay} + F_1 + F_Q = 0 \rightarrow F_Q = F_{Ay} - F_1 = 4948,56 \text{ N} - 4000 \text{ N} = \mathbf{948,56 \text{ N}}$

$\Sigma F_{iz} = 0\rightarrow$: $F_{Az} + F_L = 0 \rightarrow F_L = -F_{Az} = \mathbf{-3000 \text{ N}}$

$\Sigma M_{(s)} = 0\circlearrowright$: $M_b - F_{Ay} \cdot z + F_1(z - l_1) = 0 \rightarrow M_b = F_1 \cdot l_1 + (F_{Ay} - F_1)z$

$\quad M_b = 4000 \text{ N} \cdot 2 \text{ m} + (4948,56 \text{ N} - 4000 \text{ N})z \text{ m} = \mathbf{(8000 + 948,56 \, z) \text{ Nm}}$

für das Feld $l_2 \le z \le l$ (1.112e)

$\Sigma F_{iy} = 0\downarrow$: $-F_{Ay} + F_1 + F_2 \cdot \sin 60° + F_Q = 0 \rightarrow$

$\quad F_Q = F_{Ay} - F_1 - F_2 \cdot \sin 60° = 4948,56 \text{ N} - 4000 \text{ N} - 6000 \text{ N} \cdot \sin 60° = \mathbf{-4247,59 \text{ N}}$

$\Sigma F_{iz} = 0\rightarrow$: $F_{Az} + F_L - F_2 \cdot \cos 60° = 0 \rightarrow$

$\quad F_L = F_2 \cdot \cos 60° - F_{Az} = 3000 \text{ N} - 3000 \text{ N} = \mathbf{0}$

$\Sigma M_{(s)} = 0\circlearrowright$: $M_b - F_{Ay} \cdot z + F_1(z - l_1) + F_2 \cdot \sin 60°(z - l_2) = 0 \rightarrow$

$\quad M_b = F_{Ay} \cdot z - F_1 \cdot z + F_1 \cdot l_1 - F_2 \cdot \sin 60° \cdot z + F_2 \cdot \sin 60° \cdot l_2$

$\quad M_b = F_1 \cdot l_1 + F_2 \cdot \sin 60° \cdot l_2 + (F_{Ay} - F_1 - F_2 \cdot \sin 60°) z$

$\quad M_b = \mathbf{(33980,76 - 4247,59 \, z) \text{ Nm}}$

Für $z = 5$ m ist $M_b = M_{bmax} = \mathbf{12742,8 \text{ Nm}}$.

Balken auf 2 Stützen mit Einzellast und nicht durchgehender Streckenlast

Beispiel 1.41

Grafische Lösung (1.113)

$l_1 = 2\,\text{m}$, $l_2 = l_3 = 3\,\text{m}$, $l = 8\,\text{m}$

Mit $F = 4000\,\text{N}$ und $q = 1000\,\text{N/m}$ zeichnen wir in gewohnter Weise den Lageplan, machen den Balken frei und ersetzen q durch eine Anzahl von Einzellasten (hier F_1, F_2 und F_3). Der gewählte Längenmaßstab ist $m_L = 1\,\text{m/cm}_z$, der Kräftemaßstab $m_F = 1000\,\text{N/cm}_z$.

Der Biegemomentverlauf steigt von A bis zum Beginn der Streckenlast linear an und hat von dort einen kurvenförmigen Verlauf bis zum Ende der Streckenlast. y_{max} ist beim Nulldurchgang des Querkraftverlaufs zu finden oder indem man parallel zur Schlußlinie S eine Tangente an den Biegemomentverlauf legt. Im Berührungspunkt ist y am größten. Wir messen 1,8 cm und erhalten nach Gl. (1.23)

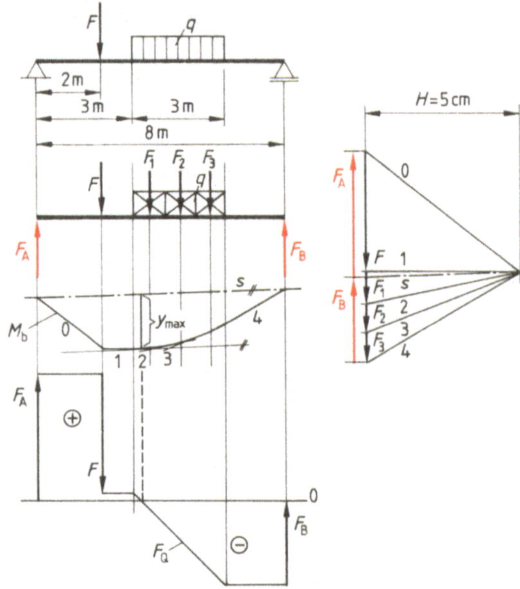

1.113 Balken auf 2 Stützen mit Einzellast und nicht durchgehender Streckenlast

$$M_{bmax} = y_{max} \cdot H \cdot m_F \cdot m_L = 1{,}8\,\text{cm}_z \cdot 5\,\text{cm}_z \cdot 1000\,\text{N/cm}_z \cdot 1\,\text{m/cm}_z = \mathbf{9000\,Nm}.$$

Beispiel 1.42

Analytische Lösung (1.114). Die Auflagerreaktionen ergeben sich aus

$$\Sigma F_{iy} = 0 \downarrow: F + q \cdot l_3 - F_A - F_B = 0$$

$$\Sigma M_A = 0 \circlearrowright: F_B \cdot l - q \cdot l_3\left(l_2 + \frac{l_3}{2}\right) - F \cdot l_1 = 0 \quad \text{zu}$$

$$F_B = \frac{q \cdot l_3\left(l_2 + \dfrac{l_3}{2}\right) + F \cdot l_1}{l} = \frac{1000\,\text{N/m} \cdot 3\,\text{m}\,(3\,\text{m} + 1{,}5\,\text{m}) + 4000\,\text{N} \cdot 2\,\text{m}}{8\,\text{m}} = \mathbf{2687{,}5\,N}$$

$$F_A = F + q \cdot l_3 - F_B = 4000\,\text{N} + 1000\,\text{N/m} \cdot 3\,\text{m} - 2687{,}5\,\text{N} = \mathbf{4312{,}5\,N}.$$

Für die Felder berechnen wir der Reihe nach:

Feld $0 \le z \le l_1$ (1.114 c)

$$\Sigma F_{iz} = 0$$

$$\Sigma F_{iy} = 0: -F_A + F_Q = 0 \rightarrow F_Q = F_A = \mathbf{4312{,}5\,N}$$

$$\Sigma M_{(s)} = 0: M_b - F_A \cdot z = 0 \rightarrow M_b = F_A \cdot z = \mathbf{(4312{,}5 \cdot z)\,Nm}$$

Feld $l_1 \le z \le l_2$ (1.114 d)

$$\Sigma F_{iz} = 0$$

$$\Sigma F_{iy} = 0: -F_A + F + F_Q = 0 \rightarrow F_Q = F_A - F$$

$$F_Q = 4312{,}5\,\text{N} - 4000\,\text{N} = \mathbf{312{,}5\,N}$$

$$\Sigma M_{(s)} = 0: M_b - F_A \cdot z + F(z - l_1) = 0 \rightarrow M_b = z(F_A - F) + F \cdot l_1$$

$$M_b = z(4312{,}5\,\text{N} - 4000\,\text{N}) + 4000\,\text{N} \cdot 2\,\text{m} = \mathbf{(8000 + 312{,}5 \cdot z)\,Nm}$$

Feld $l_2 \leq z \leq (l_2 + l_3)$ (1.114e)

$\Sigma F_{iz} = 0$

$\Sigma F_{iy} = 0: -F_A + F + q(z - l_2) + F_Q = 0 \rightarrow$
$\quad F_Q = F_A - F + q \cdot l_2 - qz$

$\Sigma F_Q = 4312,5\,\text{N} - 4000\,\text{N} + 1000\,\text{N/m} \cdot 3\,\text{m} -$
$\quad\quad - 1000\,\text{N/m} \cdot z\,\text{m} = \mathbf{(3312,5\,N - 1000 \cdot z)\,N}$

$\Sigma M_{(s)} = 0: M_b - F_A \cdot z + F(z - l_1) +$

$\quad\quad + q(z - l_2) \cdot \left(\dfrac{z - l_2}{2}\right) = 0 \rightarrow$

$$M_b = z(F_A - F + q \cdot l_2) - z^2 \cdot \frac{q}{2} + F \cdot l_1 - \frac{q}{2} \cdot l_2^2$$

Um die Stelle des maximalen Biegemoments zu
erhalten, setzen wir für dieses Feld die Querkraft
$F_Q = 0$ und bekommen dafür

$$z = \frac{F_A - F}{q} + l_2 = \frac{4312,5\,\text{N} - 4000\,\text{N}}{1000\,\text{N/m}} + 3\,\text{m}.$$

$z = 3,3125\,\text{m}$

Eingesetzt in die Gleichung für M_b ergibt sich

$M_{b\,max} = 3,3125\,\text{m}\,(4312,5\,\text{N} - 4000\,\text{N} +$

$\quad + 1000\,\text{N/m} \cdot 3\,\text{m}) - (3,3125\,\text{m})^2 \cdot \dfrac{1000}{2}\,\text{N/m} +$

$\quad + 4000\,\text{N} \cdot 2\,\text{m} - \dfrac{1000}{2}\,\text{N/m}\,(3\,\text{m})^2$

$M_{b\,max} = \mathbf{8986,33\,Nm.}$

Feld $(l_2 + l_3) \leq z \leq l$ bzw. $0 \leq z' \leq (l - l_2 - l_3)$
(1.114f)

$F_Q = -F_B = \mathbf{-2687,5\,N}$

$M_b = F_B \cdot z' = \mathbf{(2687,5 \cdot z')}\,\text{Nm} \quad (z' \text{ vom Auflager } B \text{ weggehend})$

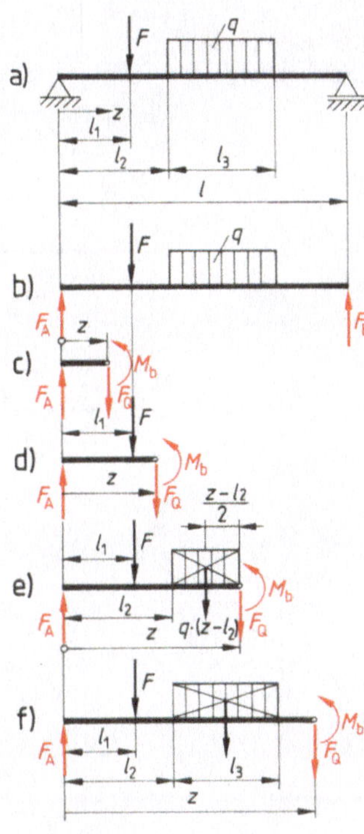

1.114   Analytische Lösung
a) Lageplan, b) Auflagerreaktionen, c) bis f) Schnittgrößen

Balken auf 2 Stützen mit Dreieckslast

Analytische Lösung (1.115 auf S. 62)
Auflagerreaktionen

$$\Sigma F_{iy} = 0: F_{Ay} + F_B - \frac{q \cdot l}{2} = 0 \rightarrow F_{Ay} = F_A = \frac{q \cdot l}{6} = \frac{5000\,\text{N} \cdot 3\,\text{m}}{6\,\text{m}} = \mathbf{2500\,N}$$

$$\Sigma M_{(A)} = 0: F_B \cdot l - \frac{q \cdot l}{2} \cdot \frac{2}{3} l = 0 \rightarrow F_B = \frac{q \cdot l}{3} = \mathbf{5000\,N}$$

Berechnen der Schnittgrößen (1.115c). Aus der Ähnlichkeit der Dreiecke können wir
die Streckenlast an einer beliebigen Stelle z als Funktion von q ausdrücken:

$$q_z : z = q : l \rightarrow q_z = q\,\frac{z}{l}$$

Damit wird

$$\Sigma F_{iy} = 0: -F_{Ay} + \frac{q_z \cdot z}{2} + F_Q = 0 \rightarrow$$

$$F_Q = \frac{q \cdot l}{6} - \frac{q \cdot z^2}{2l} = \frac{q}{6}\left(\frac{l^2 - 3z^2}{l}\right)\,\text{N}.$$

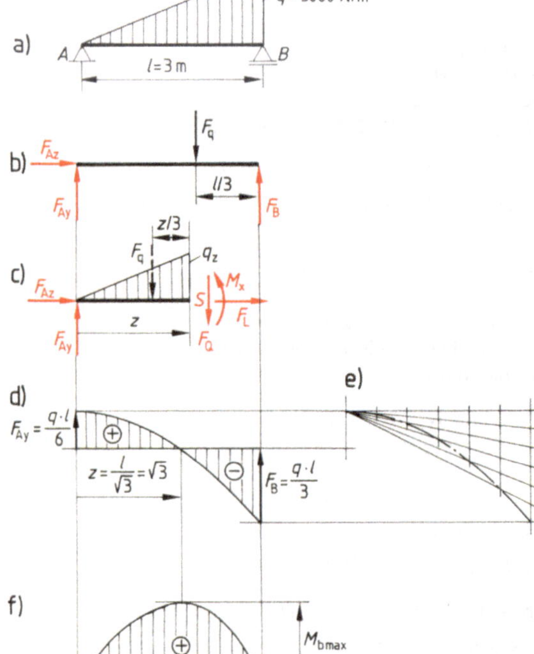

1.115
Balken auf 2 Stützen mit Dreieckslast

a) Lageplan, b) Auflagerreaktionen, c) Schnittgrößen, d) und e) Querkraftverlauf, f) maximales Biegemoment

Um das Biegemoment zu berechnen, ersetzen wir die z-lange Dreieckslast gedanklich durch die gleichwertige Einzellast F_q, angreifend im Schwerpunkt des Dreiecks ($z/3$ von S entfernt, 1.115c). Damit wird

$$\Sigma M_{(s)} = 0: -F_{Ay} \cdot z + \frac{q_z \cdot z}{2} \cdot \frac{z}{3} + M_b = 0 \rightarrow$$

$$M_b = F_{Ay} \cdot z - q_z \cdot \frac{z^2}{6} = \frac{q \cdot l}{6} \cdot z - \frac{q \cdot z^3}{6l} = \frac{q}{6}\left(\frac{l^2 z - z^3}{l}\right) \text{ Nm.}$$

Die Stelle des maximalen Biegemoments ergibt sich, wenn wir $F_Q = 0$ setzen.

$$F_Q = \frac{q}{6}\left(\frac{l^2 - 3z^2}{l}\right) = 0$$

Weil ein Produkt nur dann Null ist, wenn einer seiner Faktoren Null ist, andererseits q nicht Null ist, muß

$$\frac{l^2 - 3z^2}{l} = 0 \quad \text{bzw.} \quad l^2 - 3z^2 = 0$$

sein. Daraus sind

$$z = \frac{l}{\sqrt{3}} = \frac{3 \text{ m}}{\sqrt{3}} = \sqrt{3} \text{ m} \quad \text{und}$$

$$M_{b\,max} = \frac{q}{6}\left(\frac{l^2 z - z^3}{l}\right) = \frac{5000 \text{ N/m}}{6} \cdot \left(\frac{3^2 \text{ m}^2 \sqrt{3} \text{ m} - 3\sqrt{3} \text{ m}^3}{3 \text{ m}}\right) = \textbf{2886,75 Nm.}$$

Bestimmen Sie analytisch und grafisch den Verlauf der Schnittgrößen für die Balken in den Aufgaben 1 bis 6 und nur analytisch für die Aufgaben 7 bis 12.

1. Balken auf 2 Stützen mit Einzellasten (**1.116**)

$l_1 = 2$ m $F_1 = 2$ kN
$l_2 = 5$ m $F_2 = 1$ kN
$l = 8$ m

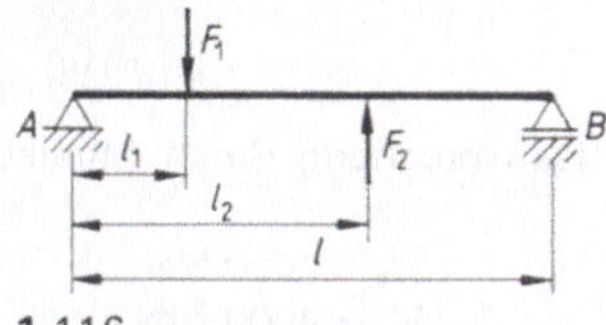

1.116

2. Balken auf 2 Stützen mit schräg angreifender Last (**1.117**)

$l_1 = 5$ m $F_1 = 3$ kN
$l_2 = 7{,}5$ m $F_2 = 2$ kN
$l_3 = 18$ m

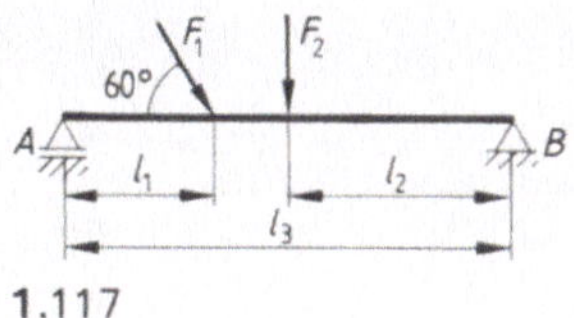

1.117

3. Balken mit zwei schräg angreifenden Einzellasten (**1.118**). $F = 12$ kN

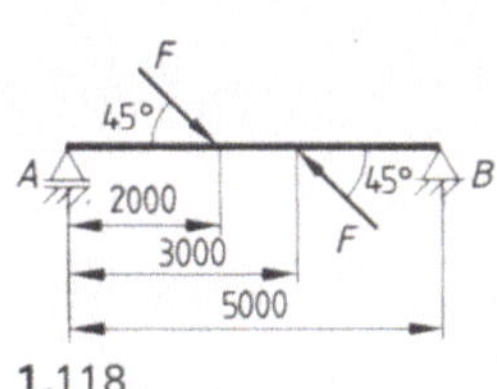

1.118

4. Balken auf 2 Stützen mit Gleichlast und schräg angreifenden Einzellasten (**1.119**)

$l_1 = 6$ m $F_1 = 10$ kN
$l_2 = 10$ m $F_2 = 3$ kN
$l_3 = 4$ m $q = 4$ kN/m
$l = 16$ m

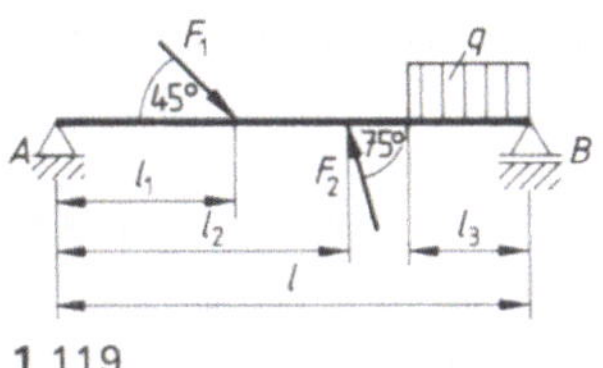

1.119

5. Balken mit unterschiedlichen Streckenlasten (**1.120**)

$l_1 = 4$ m $q_1 = 2$ kN/m
$l = 7$ m $q_2 = 3$ kN/m

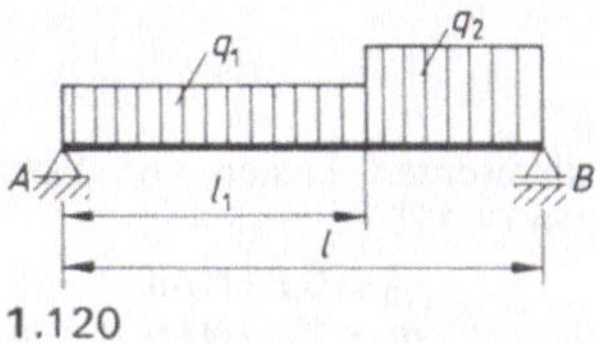

1.120

6. Balken mit Dreieckslast und Gleichlast (**1.121**)

$l_1 = 4$ m $q_0 = 6$ kN/m
$l_2 = 4$ m $q_1 = 4$ kN/m
$l = 10$ m

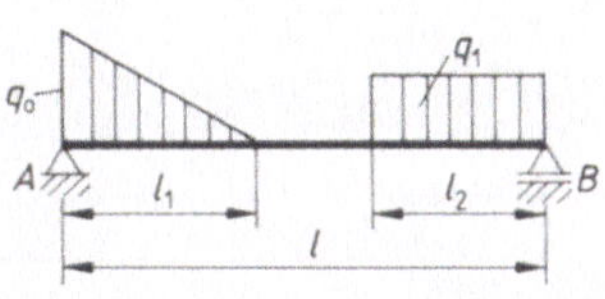

1.121

7. Balken mit verschiedenen Lastangriffsrichtungen (**1.122**)

$l_1 = 2000$ mm $F = 7200$ N
$l_2 = 1500$ mm $q = 6000$ N/m
$l_3 = 5800$ mm

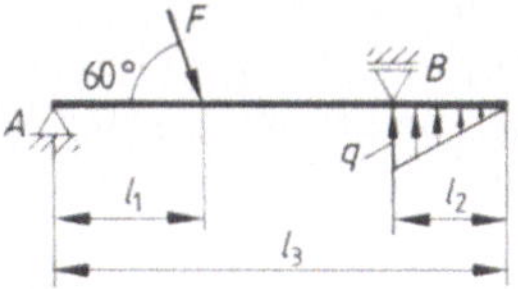

1.122

8. Balken mit auskragendem Teil und gemischter Last (**1.123**)

$l_1 = 2{,}5$ m $F = 500$ N
$l_2 = 2{,}5$ m $q = 1000$ N/m
$l = 5$ m

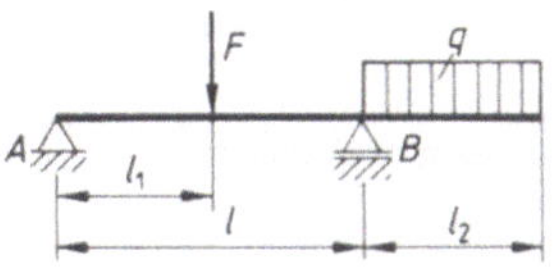

1.123

9. **Balken mit gemischten Lasten (1.124)**

$l_1 = 2800$ mm $F = 2800$ N
$l_2 = 2100$ mm $q = 110$ N/cm

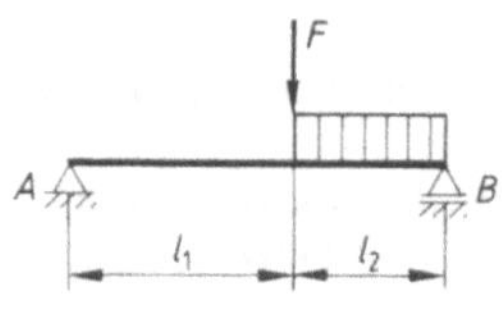

1.124

10. **Balken mit gemischten Lasten und Lastangriffsrichtungen (1.125)**

$l_1 = 10$ m $q_0 = 0{,}5$ kN/m
$l_2 = 14$ m $q_1 = 2$ kN/m
$l_3 = 7$ m $F = 6$ kN
$l = 22$ m

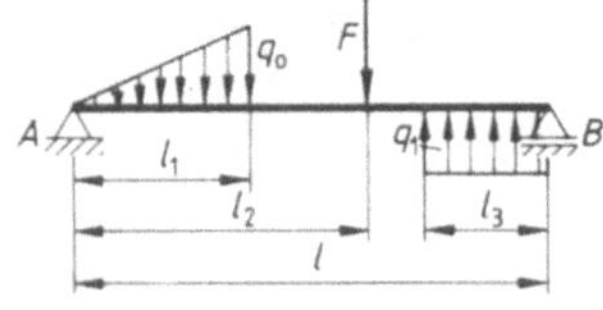

1.125

11. **Balken mit gemischten Lasten (1.126)**

$l_1 = 2$ m $l_3 = 2{,}1$ m $q_1 = 20$ N/mm
$l_2 = 1$ m $l_4 = 5{,}3$ m $q_2 = 18$ N/mm

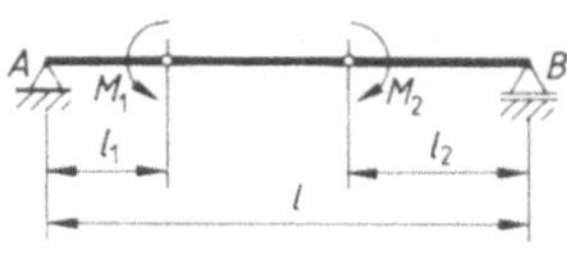

1.126

12. **Balken mit Beanspruchung durch Momente (1.127)**

$l_1 = 2$ m $M_1 = 6000$ Nm
$l_2 = 3$ m $M_2 = 4000$ Nm
$l = 8$ m

1.127

2 Reibung

2.1 Grundbegriffe

Reibungsarten. Wenn zwei Körper Oberflächenkontakt miteinander haben, entsteht Reibung, und zwar je nach der Reiblage

- **Gleitreibung** (z. B. Zapfen im Gleitlager, Skifahrer auf der Piste),
- **Haftreibung** (z. B. abgestelltes Kraftfahrzeug, Maschinen auf ihrem Sockel),
- **Rollreibung** als Sonderfall der Haftreibung (z. B. Wälzkörper im Wälzlager, Eisenbahnräder auf den Schienen).

Auf die betrachteten Körper wirken folgende Kräfte:

- die Gewichtskraft F_G,
- die senkrecht auf die Berührungsebene wirkende Normalkraft F_N,
- die den Beharrungs- oder Bewegungszustand störende äußere Kraft F,
- die in der Berührungsebene liegende äußere Kraft F_R. Bei ruhenden Körpern nennen wir sie Haftreibkraft F_{R0} (besser Haftkraft), bei relativ zueinander bewegten Körpern dagegen Gleitreibkraft F_R.

Die Wirkung wollen wir uns durch Versuche veranschaulichen.

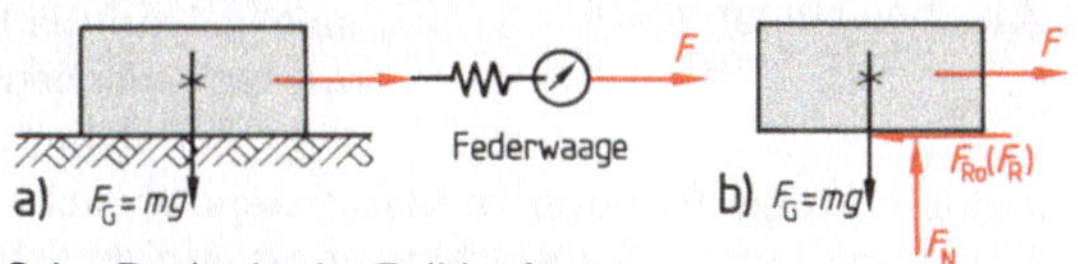

2.1   Ermitteln der Reibkraft
a) Modell, b) Körper kräftefrei gemacht

Versuch 2.1   Wir stellen drei glattgehobelte Holzquader gleicher Abmessungen und Masse bereit. Einen legen wir mit der Breitseite auf den Tisch und ziehen an ihm mit langsam steigender Kraft F, die wir mit der Federwaage messen (2.1 a). Bis zu einer bestimmten Zugkraft bleibt der Quader ruhig liegen. Erst nach Überschreiten dieses Maximalwerts bewegt er sich in Zugrichtung. Eine Wiederholung des Versuchs mit der Schmalseite des Quaders ergibt denselben Maximalwert. Folgerung:

> Nach dem Reaktionsaxiom ruft die Zugkraft F eine entgegengesetzt wirkende Haftkraft F_{R0} hervor (**2.1** b). Mit wachsender Zugkraft wird die maximale Haftkraft erreicht. Darüber hinaus kommt der Körper ins Gleiten. Die Größe seiner Auflagerfläche (Breit- oder Schmalseite) hat keinen Einfluß auf den Maximalwert.

Wir stellen fest, daß am untersuchten Körper zwei Kräftepaare angreifen: einmal F_R und F, das andere Mal F_G und F_N. Im Gleichgewichtsfall müssen die Momente der beiden Kräftepaare übereinstimmen.

Versuch 2.2   Wir legen nun zwei Holzquader aufeinander (= zweifache F_G) und messen die Zugkraft F bis zum Beginn des Gleitens. Ergebnis: doppelte Gewichtskraft = doppelte Zugkraft. Bei drei Quadern aufeinander erreichen wir ein Gleiten erst mit dreifacher Zugkraft. Folgerung:

> F_{R0} ist proportional der Normalkraft F_N.

Versuch 2.3   Wir bekleben einen Quader mit Sandpapier und wiederholen den ersten Versuch. Ergebnis: $F_{R0\,max}$ ist größer geworden. Folgerung:

Die Haftkraft $F_{R0\,max}$ ist abhängig von der Oberflächenbeschaffenheit der Körper. Sie steigt mit der Rauheit.

   Wir ziehen einen Quader einmal auf der breiten, einmal auf der schmalen Seite mit unterschiedlichen, aber konstanten Geschwindigkeiten v über den Tisch und messen die Kraft F. Wir erhalten stets den gleichen Kraftbetrag. Folgerung:

Nach Überwinden der Haftkraft wirkt die Gleitreibkraft F_R entgegen der Bewegungsrichtung. Sie hängt weder von der Größe der Auflagerfläche noch von der Geschwindigkeit v ab. Ihr Wert bleibt immer proportional der Normalkraft F_N.

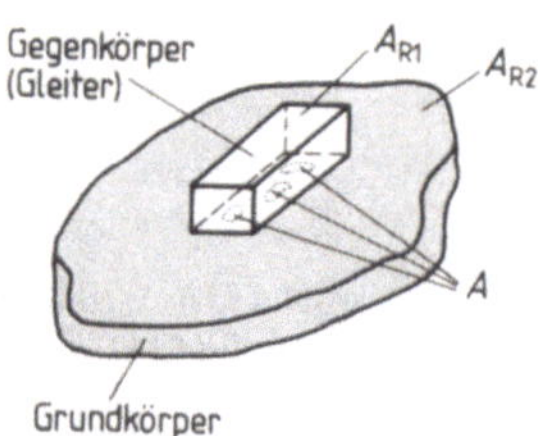

2.2 Berührungsmodell zweier Körper

Eine genaue Aussage über die Kräfteverteilung an den Berührungsstellen ist nicht möglich, denn bei vielen technischen Anwendungen sind die beiden Flächen A_{R1} und A_{R2} nicht gleich groß. Nach Bild **2.2** unterscheiden wir daher zwischen den nominellen Kontaktflächen (A_{R1}, A_{R2}) und der realen Kontaktfläche A als Summe aller im Augenblick vorhandenen Kontaktflächen. Zu beachten ist, daß dabei nicht nur die Oberflächen (also Werkstoffe und ihre Rauhigkeit) von Bedeutung sind, sondern auch die oberflächennahen Bereiche. Als Beispiel sei auf die Ermüdungszerstörung bei Kugellagern hingewiesen – hier beginnt die Zerstörung unterhalb der beanspruchten Oberflächen.

Jedoch ruft die Reibung im Maschinenbau nicht nur unerwünschten Verschleiß und als Folge Zerstörung hervor. Sie ist vielmehr oft erforderlich, um Bewegungen und Kräfte zu übertragen.

   Fahren mit einem Pkw. Die Reibkräfte zwischen Reifen und Fahrbahn ermöglichen das gleichförmige Bewegen, das beschleunigte und verzögerte Fahren.

2.2 Haftreibung

2.2.1 Körper auf horizontaler Ebene

Reibzahl. Die Versuche haben bewiesen, daß die Haftkraft F_{R0} der angreifenden Zugkraft F entgegenwirkt und im Grenzfall bei Beginn der Gleitphase proportional der Normalkraft F_N ist (**2.3**a u. b). Die resultierende Reaktionskraft aus F_N und F_{R0} ergibt dann die Ersatzkraft F_E. Sie schließt mit der Normalkraft den **Haftreibwinkel** ϱ_0 ein (**2.3**c). Es gilt

$$\tan \varrho_0 = \frac{F_{R0}}{F_N} = \text{Haftreibzahl } \mu_0$$

$$\tan \varrho \;\; = \frac{F_R}{F_N} = \text{Gleitreibzahl } \mu$$

F_R	F_{R0}	F_N	μ_0	μ	ϱ	ϱ_0
N	N	N	–	–	grd	grd

Gl. (2.1)

ÖNORM M 8120 Teil 2 vom 1. Nov. 1985 setzt für die Reibzahl das Formelzeichen f. Wir bleiben beim μ (griech. my), um Verwechslungen mit dem Hebelarm des Rollwiderstands auszuschließen.

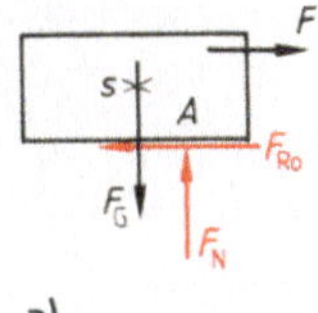

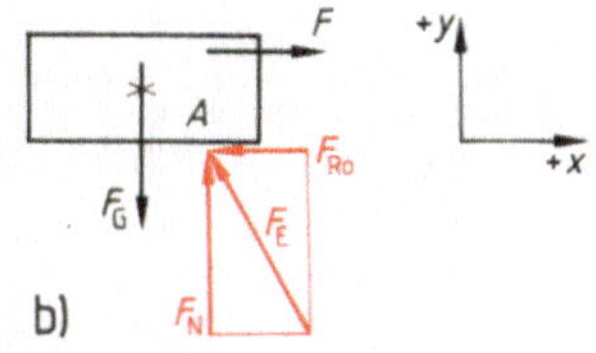

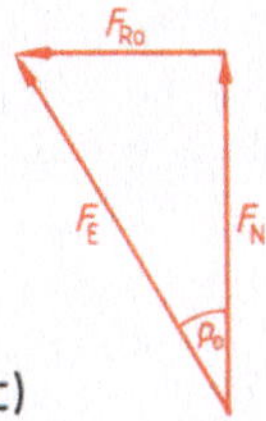

2.3 Kraftsituation eines Körpers auf horizontaler Ebene

 a) Allgemeine Kraftsituation; Angriffspunkt A ist im Zustand der Ruhereibung nicht eindeutig bestimmt: $F < F_{RO}$; $F_{RO} \leq \mu_0 \cdot F_N$

 b) Grenzfall der Haftreibung; A ist definiert, da ein ebenes zentrales Kräftesystem vorliegt
  $\Sigma F_{ix} = 0$: $F - F_{RO} = 0 \rightarrow F_{RO} = F$ $F_{RO} = F_{RO\,max} = F_N \cdot \mu_0$
  $\Sigma F_{iy} = 0$: $F_N - F_G = 0 \rightarrow F_N = F_G = m \cdot g$

 c) Krafteck zur Bestimmung von F_E und ϱ_0

Die Haftreibzahl μ_0 wird wie die Gleitreibzahl experimentell ermittelt (s. Abschn. 2.4). Sie ist, wie die Versuche zeigten, größer als die Gleitreibzahl μ, denn beim Haften der Körper aneinander ist gleichsam eine größere Verzahnung der Oberfläche gegeben als beim Gleiten. Die 1781 von Charles Augustin Coulomb (1736–1806) entdeckte Proportionalität von Reibkraft und Normalkraft ergibt das nach ihm benannte

---

Coulombsche Gesetz: Die maximale Haftkraft ist der Normalkraft proportional.

$$F_{RO\,max} = F_N \cdot \mu_0$$

                             (Gl. 2.2)

Die Gl. 2.2 gilt für den Grenzfall, rutscht oder rutscht gerade nicht. Fürs Gleiten gilt dann $F_R = \mu \cdot F_N$ und für die Ruhelage $F_R \leq \mu_0 \cdot F_N$.

Tabelle **2.4** zeigt Richtwerte für die Reibzahlen wichtiger Werkstoffe.

Tabelle **2.4**   **Reibzahlen ausgewählter Werkstoffe**

Werkstoffe	Haftreibzahl μ_0		Gleitreibzahl μ	
	trocken	geschmiert	trocken	geschmiert
Stahl auf Stahl	0,16	0,10	0,15	0,01
Stahl auf GG oder Bz	0,19	0,10	0,18	0,01
GG auf GG	–	0,16	–	0,10
Holz auf Holz	0,50	0,16	0,30	0,08
Holz auf Metall	0,70	0,11	0,50	0,10
Bremsbelag auf Stahl	–	–	0,50	0,40

Mit Hilfe der Reibzahl werden alle komplexen Einflüsse erfaßt. Darum können wir mit ihr alle technischen Berechnungen nach standardisierten Verfahren durchführen.

Beispiel 2.2   Eine Leiter steht an der Wand (**2.5**). Infolge verschiedener Reibungsverhältnisse an Boden und Wand ergeben sich die Haftreibzahlen $\mu_{0B} = 0{,}25$ und $\mu_{0W} = 0{,}12$.

      Unter welcher Neigung kann die Leiter gegen die Wand gelehnt werden, so daß sie gerade noch nicht abgleitet?

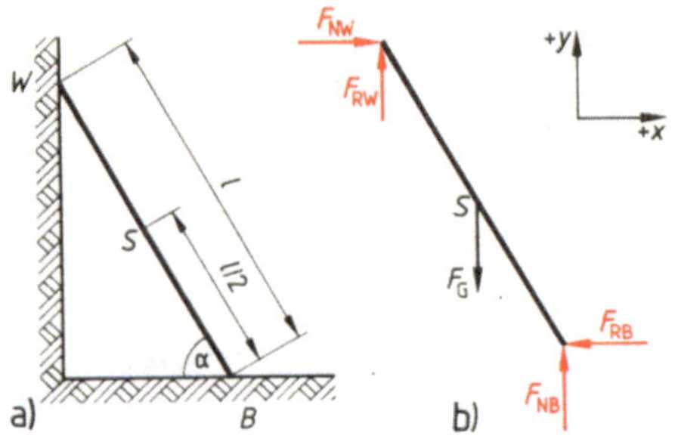

2.5
Leiter an der Wand, analytische Lösung
a) Lageplan, b) kräftefrei gemacht

Analytische Lösung

a) Allgemein gilt, daß die Reibkräfte der tatsächlichen oder befürchteten/denkbaren Gleitbewegung entgegenwirken. Gleichgewichtsbedingungen für die freigemachte Leiter nach Abschnitt 1.3:

$\Sigma F_{ix} = 0 \rightarrow: F_{NW} - F_{RB} = 0$

$\Sigma F_{iy} = 0 \uparrow: \quad F_{RW} + F_{NB} - F_G = 0$

$\Sigma M_B = 0 \circlearrowright: \quad F_G \cdot \frac{1}{2} l \cdot \cos\alpha - F_{RW} \cdot l \cdot \cos\alpha - F_{NW} \cdot l \cdot \sin\alpha = 0$

Das Coulombsche Gesetz, angewendet für die beiden Auflagerstellen, ergibt:

$F_{RB} = F_{NB} \cdot \mu_{0B}$ $\qquad\qquad F_{RW} = F_{NW} \cdot \mu_{0W}$

Eingesetzt in die drei Gleichgewichtsbedingungen:

$F_{NW} - F_{NB} \cdot \mu_{0B} = 0$

$F_{NW} \cdot \mu_{0W} + F_{NB} - F_G = 0$ $\qquad\qquad\qquad\qquad\quad \cdot \mu_{0B}$

$\frac{1}{2} F_G \cdot \cos\alpha - F_{NW} \cdot \mu_{0W} \cdot \cos\alpha - F_{NW} \cdot \sin\alpha = 0$ $\qquad : \cos\alpha$

$F_{NW} - F_{NB} \cdot \mu_{0B} = 0$

$F_{NW} \cdot \mu_{0W} \cdot \mu_{0B} + F_{NB} \cdot \mu_{0B} - F_G \cdot \mu_{0B} = 0$ $\qquad$ Umwandeln

$F_{NW} \cdot \mu_{0W} \cdot \mu_{0B} + F_{NW} - F_G \cdot \mu_{0B} = 0$ $\qquad$ Substitution

$F_{NW} (\mu_{0W} \cdot \mu_{0B} + 1) = F_G \cdot \mu_{0B}$ $\qquad$ Herausheben

$F_{NW} = F_G \dfrac{\mu_{0B}}{1 + \mu_{0W} \cdot \mu_{0B}}$

Verarbeitung der 3. Gleichung:

$\frac{1}{2} F_G - F_{NW} \cdot \mu_{0W} - F_{NW} \cdot \tan\alpha = 0$ $\qquad$ Umwandeln

$F_{NW} \cdot \tan\alpha = \frac{1}{2} F_G - F_{NW} \cdot \mu_{0W}$

$F_G \dfrac{\mu_{0B}}{1 + \mu_{0W} \cdot \mu_{0B}} \tan\alpha = \frac{1}{2} F_G - F_G \dfrac{\mu_{0W} \cdot \mu_{0B}}{1 + \mu_{0W} \cdot \mu_{0B}}$ $\qquad$ Substitution des Ergebnisses von oben

$\dfrac{\mu_{0B}}{1 + \mu_{0W} \cdot \mu_{0B}} \tan\alpha = \dfrac{1 + \mu_{0W} \cdot \mu_{0B} - 2\mu_{0W} \cdot \mu_{0B}}{2(1 + \mu_{0W} \cdot \mu_{0B})}$ $\qquad$ F_G kürzen, gemeinsamer Nenner

$\tan\alpha = \dfrac{1 - \mu_{0B} \cdot \mu_{0W}}{2\mu_{0B}}$ $\qquad$ Umwandeln

Einsetzen der Zahlenwerte:

$\tan\alpha = \dfrac{1 - 0,25 \cdot 0,12}{2 \cdot 0,25} = 1,94 \rightarrow \alpha = \mathbf{62,73°}$. Antwort: Die Leiter kann ohne Abgleiten unter einem Winkel von mindestens 62,73° stehen.

2.2.2 Körper auf schiefer Ebene

Wir haben in den Beispielen festgelegt, zuerst den Lageplan in einem Längenmaßstab (m_L) zu zeichnen und dann den Körper freizumachen. Im Lageplan 2.6 läßt sich die Gewichtskraft F_G in zwei Komponenten zerlegen: in die Hangabtriebskraft F_{GH} und die Druckkraft F_{GD}.

Hangabtriebskraft $\quad F_{GH} = F_G \cdot \sin\alpha$	Gl. (2.3)
Druckkraft $\quad\qquad F_{GD} = F_G \cdot \cos\alpha$	Gl. (2.4)

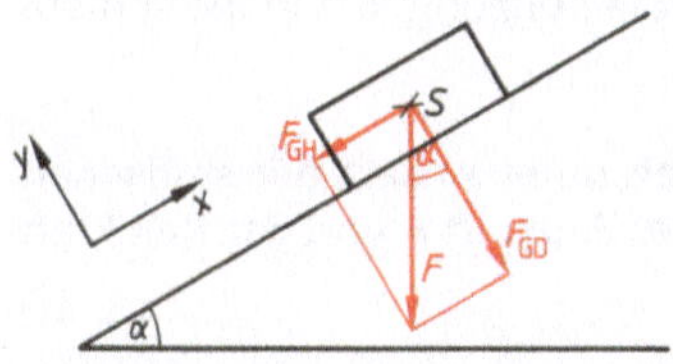

2.6 Zerlegen der Gewichtskraft in ihre Komponenten

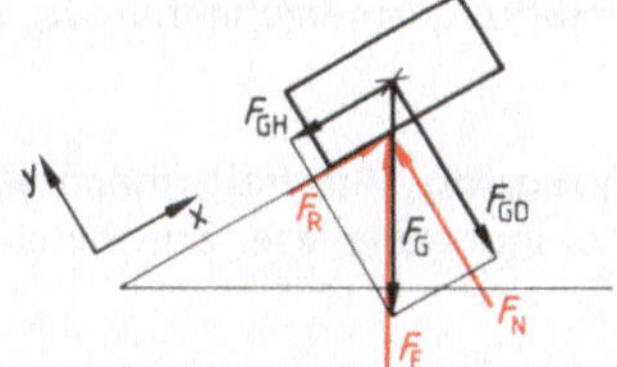

2.7 Körper auf der schiefen Ebene, kräftefrei gemacht

Beim Körperfreimachen kommt die Reibkraft F_R als Reaktionskraft hinzu. Auch hier sind Normalkraft F_N und Reibkraft F_R Komponenten (2.7), wobei F_R der denkbaren Körperbewegung entgegengerichtet ist. Solange der Neigungswinkel α der schiefen Ebene kleiner oder gleich dem Haftreibwinkel ϱ_0 zwischen F_N und F_G ist, bleibt der Körper in Ruhe. Sobald $F_{R0\,max}$ überschritten, α also größer als ϱ_0 ist, gleitet der Körper abwärts. Weil nun nur noch die Gleitreibkraft zu überwinden ist, bleibt er in Bewegung, wird evtl. noch etwas schneller ($\mu < \mu_0$) – auch dann, wenn man α während der Bewegung etwas verringerte.

Aus den statischen Gleichgewichtsbedingungen für den freigemachten Körper 2.7 folgt:

$$\Sigma F_{iy} = 0: F_N - F_{GD} = 0 \qquad\qquad \Sigma F_{ix} = 0: F_R - F_{GH} = 0$$

F_G und F_E haben die gleiche Wirkungslinie. Die Normalkraft ist mithin gleich groß wie die Druckkraft, die Haftreibkraft gleich groß wie die Hangabtriebskraft.

Beispiel 2.3 Es liegt eine Werkstoffpaarung Stahl auf Bronze vor, d.h. $\mu_0 = 0{,}19 = \tan\varrho_0$. Wie groß darf α maximal sein, ohne daß der Körper abgleitet?

Lösung $\tan\varrho_0 = \tan\alpha \rightarrow \varrho_0 = \alpha \rightarrow \alpha = \arctan\mu_0 = \mathbf{10{,}76°}$

2.3 Gleitreibung

Auch bei der Gleitreibung gilt das Coulombsche Gesetz $F_R = F_N \cdot \mu$. Um eine Bewegung gleichmäßig beizubehalten, ist, wie wir sahen, eine geringere Kraft erforderlich als zum Überwinden der Haftkraft. Deshalb ist die Gleitreibzahl kleiner als die Haftreibzahl ($\mu < \mu_0$), der Gleitreibwinkel kleiner als der Haftreibwinkel ($\varrho < \varrho_0$).

Schmierung. Von Bedeutung für die Gleitreibung sind die Werkstoffe und die Schmiermittel zwischen den Berührungsflächen. Danach unterscheiden wir Trocken-, Misch- und Flüssigkeitsreibung.

- **Bei Trockenreibung** gleiten die Körper ohne Schmiermittel aufeinander.
- **Bei Mischreibung** befindet sich ein Schmiermittel zwischen den Berührungsstellen, bildet aber keine zusammenhängende Schicht, so daß sich die Körper stellenweise berühren.
- **Bei Flüssigkeits- oder Schwimmreibung** bildet das Schmiermittel einen zusammenhängenden Film zwischen den Körpern und verhindert die direkte Berührung der Gleitflächen.

Im Anlauf und Auslauf der Maschinen tritt oft Mischreibung auf, im Stillstand kann man von Trockenreibung sprechen. Um den Verschleiß geringzuhalten, wird daher bei größeren Anlagen (z. B. Turbinen) das Schmiermittel (hochwertiges Öl) vor Anlauf erwärmt und unter Druck den Lagerstellen zugeführt. Erst wenn die abzustützenden Maschinenteile (z. B. Welle) „aufgeschwommen" sind, wird die Bewegung der Anlage eingeleitet. Um den Verschleiß im Auslauf zu begrenzen, werden manche Maschinen abgebremst.

Entsprechend der Haftung unterscheiden wir auch beim Gleiten die horizontale und die schiefe Ebene.

Horizontale Bewegung. Am freigemachten Körper ergibt sich unter Ansatz der statischen Gleichgewichtsbedingungen dieser Zusammenhang zwischen der Zugkraft F und der Reibkraft F_R (2.8):

$$\Sigma F_{ix} = 0: F_x - F_R = F \cdot \cos\beta - F_R = 0$$

$$\Sigma F_{iy} = 0: F_N + F_y - F_G = F_N + F \cdot \sin\beta - F_G = 0$$

$$F_R = \mu \cdot F_N$$

Aus diesen drei Gleichungen können wir die unbekannten Größen F, F_N und F_R berechnen. Die Gleitreibzahl muß bekannt sein.

Zugleich zeigen uns diese Gleichungen, daß die Wirkungslinie der Zugkraft nicht parallel zur Bewegungsrichtung verlaufen muß!

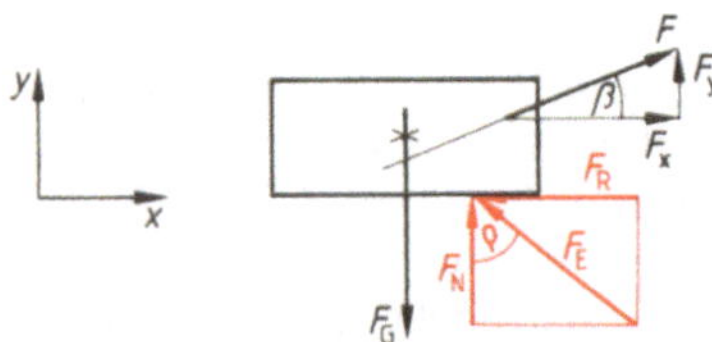

2.8   Gleiten auf horizontaler Ebene

Auf der schiefen Ebene kann sich ein Körper gleichmäßig aufwärts oder abwärts bewegen. Die Kraft F wird parallel zur Gleitfläche angenommen.

Bei gleichförmiger Aufwärtsbewegung parallel zur Ebene (2.9) ergibt sich für den freigemachten Körper mit positiver x-Achsenrichtung:

$$\Sigma F_{ix} = 0: F - F_{GH} - F_R = 0 \qquad F_{GH} = F_G \cdot \sin\alpha$$

$$\Sigma F_{iy} = 0: F_N - F_{GD} = 0 \qquad F_{GD} = F_G \cdot \cos\alpha$$

$$F_R = \mu \cdot F_N \qquad \text{Reibungsgesetz}$$

$$F - F_G \cdot \sin\alpha = F_R = \mu \cdot F_N$$

$$F_N - F_G \cdot \cos\alpha = 0 \qquad F_N = F_G \cdot \cos\alpha$$

$$F - F_G \cdot \sin\alpha = \mu \cdot F_G \cdot \cos\alpha \qquad \text{Substitution}$$

$$F = F_G \cdot \sin\alpha + \mu \cdot F_G \cdot \cos\alpha$$

$$\boxed{F = F_G (\sin\alpha + \mu \cdot \cos\alpha)}$$

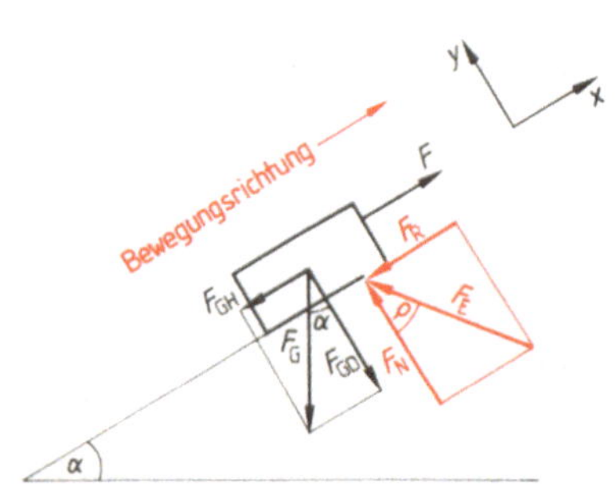

2.9   Gleichförmige Aufwärtsbewegung auf der schiefen Ebene

Bei gleichförmiger Abwärtsbewegung parallel zur Ebene betrachten wir den Neigungswinkel α und den Reibwinkel ϱ. Der Vergleich dieser Winkel ergibt drei Möglichkeiten:

– $\alpha > \varrho$. Um den Körper am beschleunigten Hinabgleiten zu hindern, ist eine hemmende Kraft erforderlich. Das heißt, F wirkt entgegen der Bewegungsrichtung.

$$\Sigma F_{ix} = 0:\ F_{GH} - F - F_R = 0$$
$$F = F_{GH} - F_R = F_G \cdot \sin\alpha - \mu \cdot F_G \cdot \cos\alpha$$

$$\boxed{F = F_G\,(\sin\alpha - \mu \cdot \cos\alpha)}$$

– $\alpha = \varrho$. Daraus folgt $\tan\alpha = \tan\varrho = \mu$. Die einmal eingeleitete Bewegung bleibt erhalten.

$$F = F_G\,(\sin\alpha - \mu \cdot \cos\alpha)$$
$$F = F_G\,(\sin\alpha - \tan\varrho \cdot \cos\alpha)$$
$$F = F_G\left(\sin\alpha - \frac{\sin\alpha}{\cos\alpha} \cdot \cos\alpha\right) \quad \text{also} \quad \boxed{F = 0}$$

– $\alpha < \varrho$. Um eine gleichförmige Abwärtsbewegung des Körpers zu erreichen, muß eine Zugkraft die Reibkraft überwinden. Das heißt, F wirkt in der Bewegungsrichtung (2.10).

$$\Sigma F_{ix} = 0:\ F - F_R + F_{GH} = 0$$
$$F = F_R - F_{GH} = F_N \cdot \mu - F_{GH}$$

$$\boxed{F = F_G\,(\mu \cdot \cos\alpha - \sin\alpha)}$$

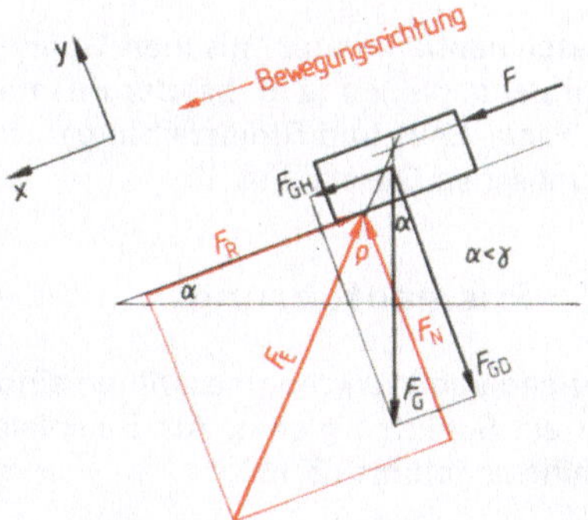

2.10 Gleichförmige Abwärtsbewegung auf der schiefen Ebene

Die Kraft F greift jedoch nicht immer parallel zur schiefen Ebene an. Greift sie wie in Bild **2.8** unter einem Winkel β an, zerlegen wir sie in zwei Komponenten. Zweckmäßig wird das Koordinatensystem so gelegt, daß die x-Richtung in der schiefen Ebene liegt. Die Gleichgewichtsbedingungen für die Aufwärtsbewegung sind nun unter Berücksichtigung der Komponenten anzusetzen.

$$\Sigma F_{ix} = 0:\ F_x - F_R - F_{GH} = 0 \qquad\qquad F_{GH} = F_G \cdot \sin\alpha$$
$$\Sigma F_{iy} = 0:\ -F_{GD} + F_N + F_y = 0 \qquad\qquad F_{GD} = F_G \cdot \cos\alpha$$

$$F_x = F \cdot \cos\beta$$
$$F_y = F \cdot \sin\beta$$

$$F_R = \mu \cdot F_N$$
$$F \cdot \cos\beta - \mu \cdot F_N - F_G \cdot \sin\alpha = 0 \qquad F_N = F_G \cdot \cos\alpha - F \cdot \sin\beta$$
$$F_G \cdot \cos\alpha - F_N - F \cdot \sin\beta = 0 \qquad\quad \text{multipliziert mit } -1$$
$$F \cdot \cos\beta - \mu \cdot F_G \cdot \cos\alpha + \mu \cdot F \cdot \sin\beta - F_G \cdot \sin\alpha = 0$$
$$F\,(\cos\beta + \mu \cdot \sin\beta) = F_G\,(\mu \cdot \cos\alpha + \sin\alpha)$$

$$\boxed{F = F_G\,\frac{\sin\alpha + \mu \cdot \cos\alpha}{\cos\beta + \mu \cdot \sin\beta}}$$

2.4 Ermitteln der Reibzahl

Wie schon erwähnt, werden die Haftreib- und Gleitreibzahlen experimentell bestimmt (**2.4**). Dies geschieht auf der schiefen Ebene durch ein Prüfgerät mit verstellbarem Neigungswinkel. Man legt den Prüfkörper auf die Gleitfläche und verändert die Neigung, bis der Haftreibwinkel ϱ_0 erreicht ist. Um den Gleitreibwinkel ϱ zu ermitteln, wird der Prüfkörper durch Anstoßen zum Gleiten gebracht. Wichtig ist, daß er mit gleichbleibender Geschwindigkeit gleitet. Bei beschleunigter oder verzögerter Bewegung treten weitere Kräfte auf, die wir in der Kinetik behandeln werden.

2.5 Reibung an Maschinenteilen

Im Maschinenbau, in technischen Geräten und Anlagen gibt es sehr viele Teile, die sich relativ zueinander bewegen (z. B. bei der Prismenführung, beim Lager, bei der Schraubenverbindung, Roll-, Fahr-, Seil- und Bremsreibung). Um diese Reibkräfte zu ermitteln, gehen wir immer vom Coulombschen Gesetz aus.

2.5.1 Prismenführung

Führungen von Werkzeugmaschinen sind häufig als Prismenführungen (Keil) ausgebildet, auf denen ein Schlitten gleitet. Als Beispiele seien der Bettschlitten und die Pinole einer Drehmaschine angeführt (**2.11**).

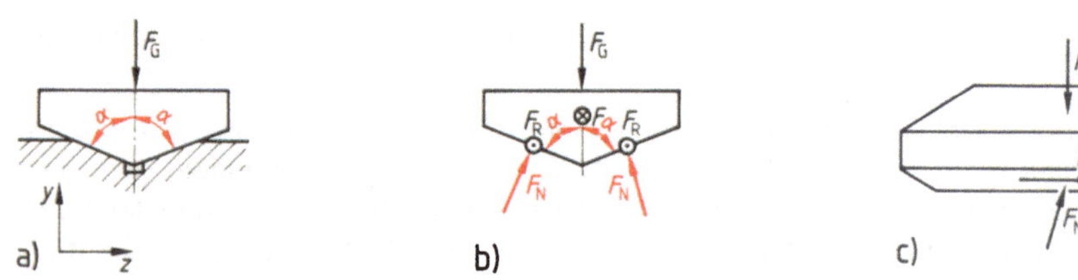

2.11 Keilnutreibung

Beim Kräftefreimachen des Schlittens wird deutlich, daß an jeder Führungsfläche die Normalkraft F_N angreift und in der Berührungsfläche zwischen Schlitten und Bett die Reibkraft $F_R = \mu \cdot F_N$ wirkt. Aus dem Zusammenhang zwischen der Belastung des Schlittens (F_G) und der doppelten Normalkraft F_N ergibt sich auch ein zweifacher Schlittenwinkel (2α). Er ist wesentlich für die Größe der Reibkraft F_R.

$$F_{R\,ges} = 2F_R = 2F_N \cdot \mu = 2\,\frac{F_G}{2\sin\alpha}\,\mu = F_G\,\frac{\mu}{\sin\alpha}$$

Keilreibzahl. Den Ausdruck $\mu/\sin\alpha$ bezeichnet man als Keilreibzahl μ'. Ist μ' klein, liegt ein großer Winkel vor; ist μ' groß, ist der Winkel klein. Daraus folgt:

> Bei flacher Prismenführung (großem Öffnungswinkel) sind die Schlitten leichtgängiger als bei tiefer Prismenführung (kleinem Öffnungswinkel). Dafür sind die Geradführungseigenschaften schlechter.

Beispiel 2.4 Wie groß ist die Kraft, die den Schlitten im unsymmetrischen Prisma **2.12** verschiebt? ($\mu = 0{,}06$, $F_\text{G} = 1500$ N)

Lösung Bild **2.12**b zeigt das Krafteck.

$$\sin 30°: \sin 80° = F_\text{N2} : F_\text{G}$$

$$F_\text{N2} = \frac{\sin 30°}{\sin 80°}\, F_\text{G} = 761{,}6 \text{ N}$$

$$F_\text{N1} = \frac{\sin 70°}{\sin 80°}\, F_\text{G} = 1431{,}3 \text{ N}$$

$$F_\text{R} = \mu\,(F_\text{N1} + F_\text{N2}) = 0{,}06 \cdot 2192{,}9 \text{ N} = 131{,}6 \text{ N}$$

$$F \geqq F_\text{R} = \mathbf{131{,}6 \text{ N}}$$

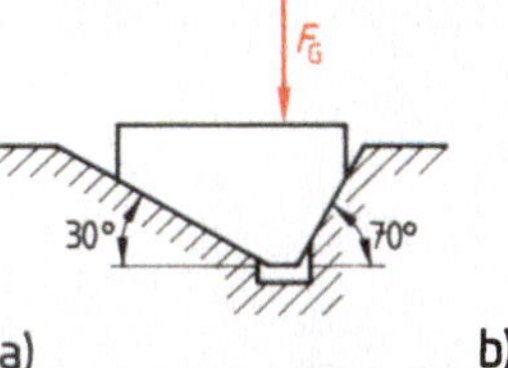
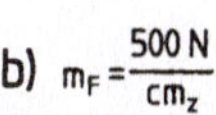

a)

b)

2.12 Prismenführung

a) Lageplan, b) Kräfteplan

2.5.2 Lagerreibung

(Trag-)Zapfenreibung (Querlager). Bei der Drehung einer Welle im Lager wirken tangentielle Kräfte F_t zwischen Zapfen und Lagerschale (**2.13**). Sie erzeugen ein der Drehrichtung entgegengesetztes Reibmoment M_R.

$$|\Sigma F_\text{t}| = |F_\text{R}| = \mu_1 \cdot F \qquad\qquad \text{Gl. (2.5)}$$

μ_1 ist die **Zapfenreibzahl**, die wie alle Reibzahlen experimentell ermittelt und meist nur für einen bewegten Wellenzapfen angegeben wird. (Das Losreißmoment aus der Ruhelage wäre geringfügig größer.) Das **Reibmoment** M_R berechnen wir nach der Formel

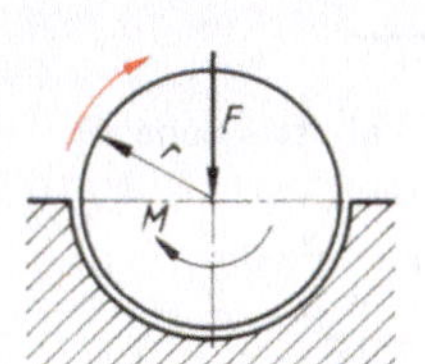
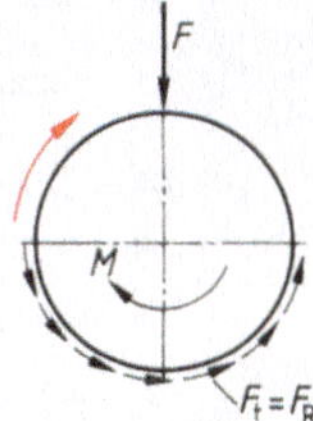

2.13 Tragzapfenreibung am Querlager ($r =$ Zapfenradius)

a) Lageplan, b) kräftefrei gemacht

$$M_\text{R} = r \cdot F_\text{R} = r \cdot \mu_1 F.$$

r	F_R	M_R	μ_1
m	N	Nm	–

Gl. (2.6)

Beispiel 2.5 Die Lagerberechnung einer Getriebewelle ergab in den beiden Gleitlagern eine Auflagerkraft von 12 kN und 20 kN. Die Zapfenreibzahl μ_1 beträgt 0,04, der Zapfendurchmesser 40 mm bzw. 60 mm. Wie groß ist das Reibmoment für beide Lagerstellen zusammen?

Lösung **Lager A**

$$M_\text{RA} = r_\text{A} \cdot \mu_1 \cdot F_\text{A} = \frac{0{,}04 \text{ m}}{2} \cdot 0{,}04 \cdot 12 \cdot 10^3 \text{ N} = 9{,}6 \text{ Nm}$$

Lager B

$$M_\text{RB} = r_\text{B} \cdot \mu_1 \cdot F_\text{B} = \frac{0{,}06 \text{ m}}{2} \cdot 0{,}04 \cdot 20 \cdot 10^3 \text{ N} = 24{,}0 \text{ Nm}$$

$$M_\text{ges} = M_\text{RA} + M_\text{RB} = 9{,}6 \text{ Nm} + 24 \text{ Nm} = \mathbf{33{,}6 \text{ Nm}}$$

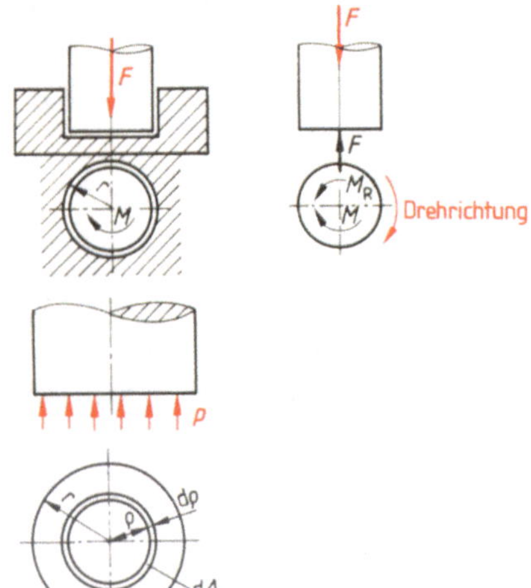

2.14 Berechnen des Reibmoments für ein Spurlager

$$\mathrm{d}M_R = \mu_2 \cdot \underbrace{\underbrace{p \cdot \mathrm{d}A}_{\mathrm{d}F} \cdot \varrho}_{\mathrm{d}F_R}$$

$\mathrm{d}A$ = Differential der Fläche A

$$\mathrm{d}A = \varrho \cdot 2\pi \cdot \mathrm{d}\varrho$$

$$\mathrm{d}M_R = \mu_2 \cdot p \cdot 2\pi \cdot \varrho^2 \cdot \mathrm{d}\varrho$$

$$M_R = 2\pi \cdot p \cdot \mu_2 \int_0^r \varrho^2 \cdot \mathrm{d}\varrho$$

$$M_R = \frac{2}{3}\pi \cdot \mu_2 \cdot p \cdot r^3$$

$$M_R = \frac{2}{3}\mu_2 \cdot p \cdot \underbrace{\underbrace{r^2 \cdot \pi}_{A} \cdot r}_{F}$$

$$\boxed{M_R = \frac{2}{3}\mu_2 \cdot F \cdot r}$$

Die Welle einer Maschine mit ihren aufgebauten Rotorteilen kann also nur dann eine konstante Drehzahl behalten, wenn ein äußeres Moment angreift, das im Gleichgewicht mit dem Reibmoment steht. Um das Reibmoment zu bestimmen, müssen wir die Verteilung der Normalkräfte und Reibkräfte kennen. Sie hängt von der Lagerschmierung ab. Zwischen Tragzapfen und Lagerschale gibt es eine kleine Durchmesserdifferenz, das Lagerspiel. Es nimmt das Schmiermittel auf, so daß die Welle auf den sich bildenden Schmierkeil aufgleitet (Flüssigkeitsreibung). Im Zustand der Ruhe (Trockenreibung) wäre μ_1 mit μ_0 zu ersetzen.

Spurlager (Axiallager). Bei senkrecht stehenden Wellen wirkt die Belastung axial auf die Stirnfläche des Zapfens (**2.14**). Eine genaue Aussage über die Verteilung der Normalkräfte ist nicht möglich – vereinfachend wird eine gleichmäßige Verteilung angenommen. Man wählt deshalb einen unendlich kleinen Kreisring aus der Berührungsfläche und wendet das Coulombsche Gesetz an. Dabei sind zwei Annahmen möglich:

– Reibleistung P_R und damit Reibmoment M_R sowie Reibzahl μ_2 = konstant. Diese Annahme trifft nur bei völlig ebenen Berührungsflächen zu;

– spezifische Reibarbeit W_R und Reibzahl μ_2 = konstant. Diese Annahme trifft nur bei trockener Reibung zu.

Nach Bild **2.14** ergibt sich:

$$M_R = \frac{2}{3}\mu_2 \cdot F \cdot r \qquad \begin{array}{c|c|c|c} \mu_2 & F & r & M_R \\ \hline - & \text{N} & \text{m} & \text{Nm} \end{array} \quad \text{Gl. (2.7)}$$

Die Reibzahl μ_2 ist die ebenfalls experimentell zu ermittelnde Spurzapfen-Reibzahl.

Beispiel 2.6 Ein Wanddrehkran wird am Hallenboden in einem Spurlager geführt. Der Zapfendurchmesser beträgt $D = 100$ mm, die Auflagerkraft in lotrechter Richtung $F = 5000$ N. Die Reibzahl μ_2 ist von ähnlichen Anlagen her mit 0,12 bekannt. Wie groß ist das zur Überwindung der Reibung aufzuwendende Moment?

Lösung $\qquad M_R = \frac{2}{3}\mu_2 \cdot F \cdot r = \frac{2}{3} \cdot 0{,}12 \cdot 5000\,\text{N} \cdot \frac{0{,}1\,\text{m}}{2} = \mathbf{20\,Nm}$

2.5.3 Roll- und Fahrwiderstand, Widerstand in umgebenden Medien

Das Rollen eines Rades auf einer festen Unterlage ist, wie wir aus Abschnitt 2.1 wissen, nur durch die Haftreibung zwischen Rad und Fahrbahn möglich.

Rollwiderstand. Diese Deformationen sind oft deutlich sichtbar, z. B. bei Autoreifen oder bei Holzrädern mit Stahlband auf weichem Untergrund. Daraus ergibt sich, daß sich der Angriffspunkt der Reibungskraft F_R nicht auf der Wirkungslinie der Druckkraft befindet, sondern um eine Strecke f in Bewegungsrichtung vorauseilend nach vorn verschoben ist (**2.15**). Das erfordert zusätzliche Kraft.

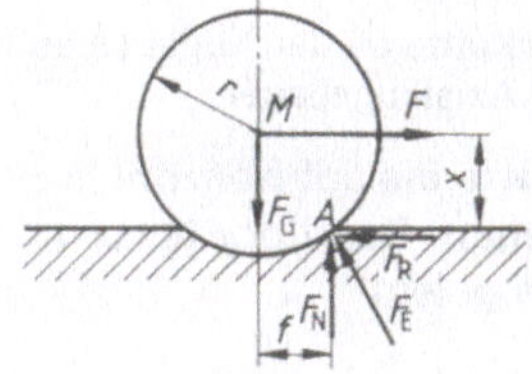

2.15 Deformation beim Abrollen

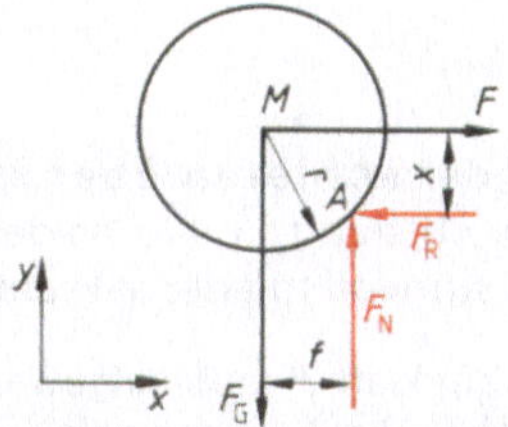

2.16 Kräftefrei gemachter Wälzkörper

Wenn der Wälzkörper kräftefrei gemacht ist, können wir wieder die statischen Gleichgewichtsbedingungen aufstellen (**2.16**). Neben den Kräften in x- und y-Richtung ist das Momentengleichgewicht anzusetzen. f stellt den Hebelarm des Rollwiderstands dar und wird experimentell ermittelt. Bei weicher Unterlage ist f größer und erfordert z. B. beim Ziehen eines Karrens mehr Kraft als bei harter Unterlage. Den Ausdruck f/r kann man mit der Widerstandszahl μ gleichsetzen und erhält dann nach dem Coulombschen Reibungsgesetz die Rollkraft F_R.

$$\text{Rollkraft } F_R = \mu\, F_G = \frac{f}{r}\, F_G \qquad \left(F_R = F_G\, \frac{f}{x} = F; \ x \approx r \right) \qquad \begin{array}{c|c|c|c} f & r & F_G & F_R \\ \hline \mathrm{cm} & \mathrm{cm} & \mathrm{N} & \mathrm{N} \end{array} \qquad \text{Gl. (2.8)}$$

Die Lage des Hebels f hängt von der Verformung der Berührungsflächen und der Fahrgeschwindigkeit ab. Die Messungen sind daher sehr schwierig, so daß man auch bei Fahrzeugen darauf verzichtet und den später behandelten F a h r w i d e r s t a n d definiert. Tabelle **2.17** gibt Richtwerte für f wieder.

Hier zeigt sich bereits der große Vorteil von Wälzlagern. Ohne auf die Begriffe Arbeit und Leistung näher einzugehen, ist allein aus der Tabelle ersichtlich, daß Lagerungen mittels Wälzlagern (Kugel-, Rollenlager) nur sehr geringe Reibkräfte verursachen. Die Reibarbeit bzw. -leistung liegt deutlich unter denen einer Gleitlagerung. Wenn immer es möglich ist, wird man daher auf Wälzlager zurückgreifen. Nachteilig sind nur die Geräuschentwicklung, Stoßempfindlichkeit, Drehzahlgrenze, plötzlicher Bruch und die geringe Dämpfung.

Tabelle 2.17 **Richtwerte für den Hebelarm f des Rollwiderstands**

Rad	Unterlage	f in cm
Holz	Holz	0,5
Ge/GG	Ge/GG	0,05
St	St	0,05
Rollenlager		0,001 bis 0,01
Kugellager		0,0005 bis 0,001

Vergleichen wir bei ausgeführten Beispielen den Faktor f/r mit den μ-Werten aus Tabelle **2.4**, stellen wir fest, daß f/r sehr klein gegenüber μ ist. Darum ist auch der Rollwiderstand wesentlich geringer als der Gleitwiderstand bei sonst gleichen Voraussetzungen.

Beispiel 2.7 Wie groß ist die Reibkraft F_R der Kugel eines Axiallagers (**2.18**)?

Lösung $\Sigma M_A = 0$: $F \cdot 2r - F_{G2}(f_1 + f_2) - F_G f_1 = 0$

$$F_G = F_{G1} + F_{G2}$$

$$\Sigma F_{ix} = 0: F - F_R = 0$$

$$F_R = F_{G2}\frac{f_1 + f_2}{2r} + (F_{G1} + F_{G2})\frac{f_1}{2r} \sim \mathbf{0},$$

da $F_{G1} < F_{G2}$ und $f_1 < f_1 + f_2$

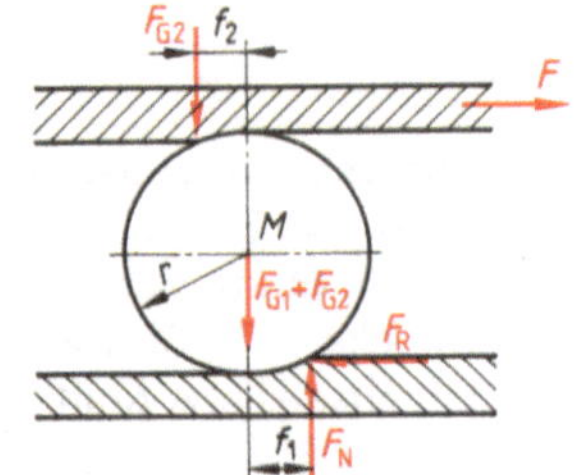

2.18 Kräfte an der Kugel eines Axialkugellagers

Die Rollbewegung auf der **schiefen Ebene** wird ebenso behandelt wie die auf horizontaler Ebene, nur ist die Gewichtskraft in ihre beiden Komponenten zu zerlegen. Das Koordinatensystem wird wiederum sinnvoll mit der x-Richtung in die schiefe Ebene gelegt.

Beispiel 2.8 Welche Zugkraft F muß aufgewendet werden, um die Kugel **2.19** auf einer schiefen Ebene aufwärts zu ziehen?

Lösung $F - F_{GH} - F_R = 0$

$$F_{GD} - F_N = 0$$

$$(F - F_{GH})\,r = F_{GD}\,f$$

$$F_R = F_{GD}\frac{f}{r} = F_G \cdot \cos\alpha\,\frac{f}{r}$$

$$F = F_{GH} + F_R = F_G\left(\sin\alpha + \frac{f}{r}\cos\alpha\right)$$

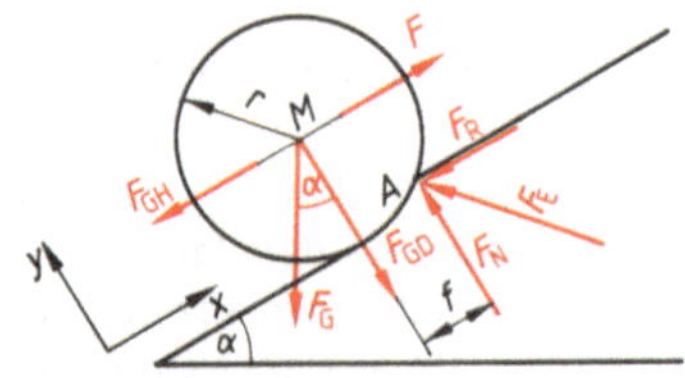

2.19 Rollbewegung auf der schiefen Ebene

Fahrwiderstand. Vor allem bei Fahrzeugen, wo es am Reifenaufstand zu einer ellipsenförmigen Berührungsfläche kommt, ist es sehr schwierig, experimentell den Hebelarm der Rollreibung festzulegen. Abgesehen von den Unterschieden zwischen getriebenen und nicht getriebenen Rädern ist auch der Rollwiderstand in den Radlagern zu berücksichtigen. Daher faßt man im Fahrzeugbau diese Widerstände zum Fahrwiderstand F_W zusammen. Das Gesetz für den Fahrwiderstand ist ähnlich dem Coulombschen Reibungsgesetz aufgebaut und ergibt sich mit

$$F_W = \mu_F F_N. \qquad\qquad \text{Gl. (2.9)}$$

Die **Fahrwiderstandszahl** μ_F wird experimentell ermittelt, F_N bezeichnet die gesamte Normalkraft (Eigengewicht des Fahrzeugs plus Ladung).

Widerstand in umgebenden Medien. Der Vollständigkeit wegen sei auch auf den Widerstand eines Körpers in einem umgebenden Medium hingewiesen. Man unterscheidet dabei zwei Gesetze:

– das quadratische Widerstandsgesetz,

– das lineare Widerstandsgesetz.

Das quadratische Widerstandsgesetz gilt, wenn ein Körper in einem Medium geringer Dichte und Zähigkeit bewegt wird, z. B. in Luft.

$$F_W = c_W \, \frac{\varrho \, v^2}{2} \, A$$

c_W	ϱ	v	A	F_W
–	$\dfrac{kg}{m^3}$	$\dfrac{m}{s}$	m^2	N

Gl. (2.10)

c_W = Widerstandsbeiwert (abhängig von der Körperform)
ϱ = Dichte des umgebenden Mediums
A = Projektion des Körpers auf eine zur Bewegungsrichtung senkrechte Ebene
v = Geschwindigkeit

Als Beispiel sei hier der Widerstandsbeiwert für Kraftwagen genannt: je nach Bauform $c_W = 0{,}3$ bis $0{,}9$. Der niedere Wert gilt für Serien-Pkw mit besonders günstiger Karosserieform. Sport- und Rennwagen kommen auf noch niederere Werte – bis auf 0,15.

Das lineare Widerstandsgesetz gilt bei Bewegungen durch zähe Medien (z. B. Öl, Wasser und andere).

$$F_W = k \, v$$

k	v	F_W
$\dfrac{kg}{s}$	$\dfrac{m}{s}$	N

Gl. (2.11)

Die Dämpfungszahl k hängt von der Körperform und der Zähigkeit des Mediums ab.

2.5.4 Seilreibung

Bei der Seilreibung tritt der Verschleiß zugunsten der Kraftübertragung in den Hintergrund. Wir wissen, daß z. B. bei Seilbahnen und Liftanlagen Kräfte auf das um eine Scheibe laufende Seil übertragen werden. Aber auch nicht allzu große Kräfte können so „gezähmt" werden, indem man ein Seil um einen feststehenden Zylinder schlingt (z. B. Ankoppeln eines Pferdes, Befestigen eines Schiffes an der Anlegestelle, Spillantrieb im Schiffs- und Eisenbahnwesen).

Die Lage der wirkenden Kräfte wollen wir näher untersuchen. Dazu nehmen wir an, daß das Seil vollkommen biegsam ist, also keine Querkräfte und Biegemomente als Schnittgrößen darin auftreten können. Zum anderen soll der Schlupf – Ursache für den Aufbau von Reibkräften – außer Betracht gelassen werden.

Richtung und Größe der Reibkraft sind beim Typ „feststehende Trommel, bewegtes Seil" am einfachsten zu finden. Wir heben das Seil gedanklich von der Scheibe ab (trennen die beiden Systeme) und machen es kräftefrei. Die Kraft mit der Bezeichnung F_{S1} soll dabei stets die größere sein ($F_{S1} > F_{S2}$) und die Bewegung in Richtung F_{S1} erfolgen. Nach dem Grundsatz, daß die Reibkraft immer entgegen der Bewegung wirkt, tragen wir die am Umfang wirkende Reibkraft F_U in das Kräftesystem ein. Der Aufbau, aus einer unendlichen Zahl kleiner Kräfte am Umfang verteilt, ist im einzelnen nicht bekannt, wohl aber seine Resultierende F_U. Auf der feststehenden Trommel ist die Umfangskraft im Sinn von Aktion = Reaktion entgegengesetzt, aber gleich groß einzutragen. Wir erhalten so Bild **2.20**a mit dem Umschlingungswinkel α.

Die uns bekannten technisch realisierten Fälle der Seilreibung lassen sich auf drei Grundtypen zurückführen (**2**.20):

- Zylinder steht fest, das Seil bewegt sich;
- Zylinder dreht sich, das Seil wird festgehalten;
- Zylinder dreht sich, das Seil soll sich mit bewegen, ohne zu gleiten.

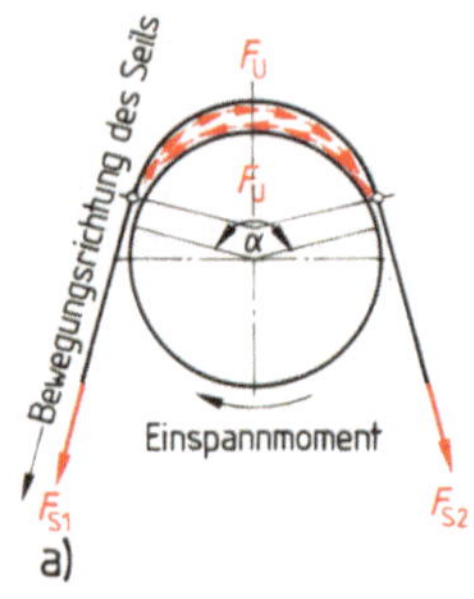

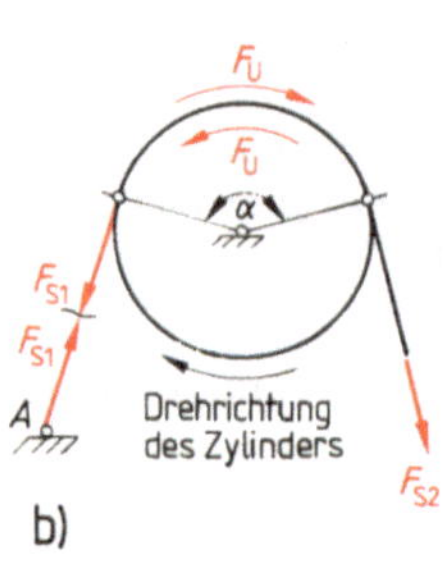

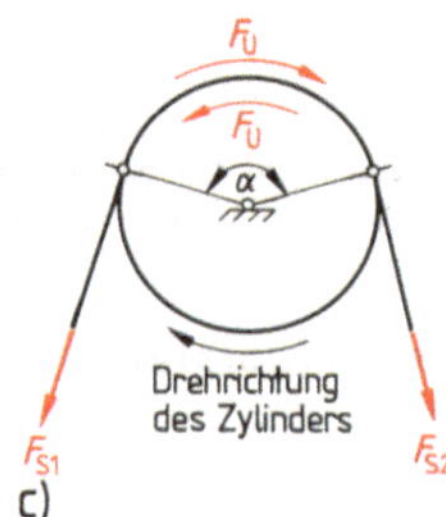

2.20 Seilreibung

    a) Zylinder fest, Seil bewegt sich
    b) Zylinder dreht sich, Seil fest
    c) Zylinder dreht sich, Seil bewegt sich mit

Da nach unserer Annahme nur Seillängskräfte auftreten können, gilt $F_{S1} = F_{S2} + F_U$. Nach dem Coulombschen Reibungsgesetz gilt ferner $F_U = \mu F_N$, aber auch $\Delta F_U = \mu \Delta F_N$.

Bei den beiden anderen Grundtypen gehen wir gleich vor und erhalten die Kräfte wie in Bild **2**.20 b und c.

Liegt ein Antriebsmoment vor, ist dieses Kräftegleichgewicht unter Berücksichtigung der sich aus dem Antriebsmoment ergebenden Kraft am Trommelumfang wirkend anzusetzen.

$$F_{S1} = F_{S2} + F_U + \frac{M_t}{r}$$

Der Zusammenhang zwischen den beiden Seilkräften, der Reibzahl und dem Umschlingungswinkel ist durch die Eytelweinsche Gleichung $F_{S1} = F_{S2}\, e^{\mu\hat{\alpha}}$ gegeben, die wir hier nicht herleiten wollen (Johann Albert Eytelwein, 1765–1849).

Die Seilzugkraft F_{S1} hängt ab von der Belastung F_{S2}, der Reibzahl μ am Zylinder und dem Umschlingungswinkel α .

$$F_{S1} = F_{S2}\, e^{\mu\hat{\alpha}}$$

F_{S1}	F_{S2}	e	μ	$\hat{\alpha}$
N	N	–	–	rad

Gl. (2.12)

Die Werte für $e^{\mu\hat{\alpha}}$ entnehmen wir Tabellen oder berechnen sie mit dem Taschenrechner.

2.5.5 Bremsen (Backen- und Bandbremse)

Bei der Backenbremse wirkt die Normalkraft F_N über eine am Bremshebel befestigte Backe auf die Bremsscheibe, wenn am Ende des Bremshebels eine Kraft F aufgebracht wird (z. B. durch Druckluft- oder Hydraulikzylinder). Die zwischen Bremsscheibe und Bremsbacke wirkende Reibkraft F_U übt auf die Bremsscheibe das Bremsmoment M_t aus. (Um die Wirkung zu verstärken, können auch zwei Backen angebracht werden.) Von wesentlicher Bedeutung – hier jedoch beim Betrachten der Kräftemomente außer acht gelassen – ist die Erwärmung der Bremsscheibe. Daher ist stets auf gute Belüftung und Kühlung der Anlage Rücksicht zu nehmen.

Die Backenbremse wirkt je nach Lage des Hebeldrehpunkts D für eine Drehrichtung selbsthemmend oder für beide Drehrichtungen gleichbleibend (2.21).

Beispiel 2.9   Backenbremse 2.21.

Geg.: M_t, μ, a, b, l und d; ges.: F und F_D

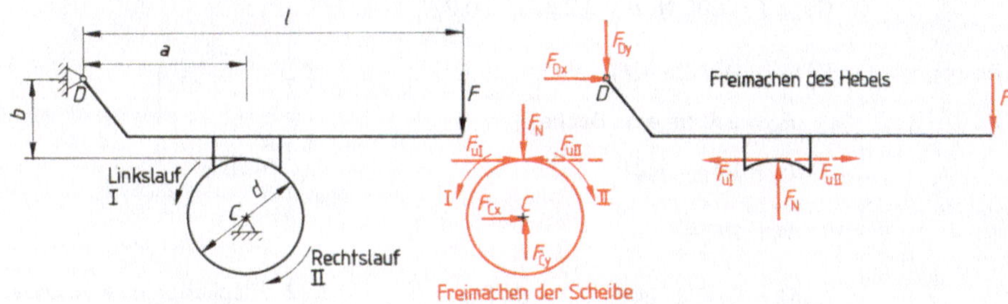

2.21   Backenbremse

Lösung

| für Drehrichtung I (Linkslauf) | für Drehrichtung II (Rechtslauf) |

für Drehrichtung I (Linkslauf):

$\Sigma F_{ix} = 0$: $F_{Dx} - F_U = 0$

$\Sigma F_{iy} = 0$: $F_N - F_{Dy} - F = 0$

$\Sigma M_{(D)} = 0$: $F_N a - F l - F_U b = 0$

für Drehrichtung II (Rechtslauf):

$\Sigma F_{ix} = 0$: $F_{Dx} + F_U = 0$

$\Sigma F_{iy} = 0$: $F_N - F_{Dy} - F = 0$

$\Sigma M_{(D)} = 0$: $F_N a - F l + F_U b = 0$

$$M_t = M_R = F_U \frac{d}{2} = \mu F_N \frac{d}{2}$$

$$F_N = \frac{2 M_t}{\mu d}$$

für Drehrichtung I (Linkslauf):

$$F_{Dx} = F_U = \mu F_N = \frac{2 M_t}{d}$$

$$F l = F_N a - F_U b$$

$$F = \frac{1}{l}\left(\frac{2 M_t}{\mu d} a - \frac{2 M_t}{d} b\right)$$

$$F = \frac{2 M_t}{l d}\left(\frac{a - b\mu}{\mu}\right)$$

$$F_{Dy} = F_N - F$$

$$F_{Dy} = \frac{2 M_t}{\mu d} - \frac{2 M_t}{l d}\left(\frac{a - b\mu}{\mu}\right)$$

$$F_{Dy} = \frac{2 M_t}{d}\left(\frac{l - a + b\mu}{l\mu}\right)$$

$$F_D = \sqrt{F_{Dx}^2 + F_{Dy}^2}$$

für Drehrichtung II (Rechtslauf):

$$F_{Dx} = -F_U = -\mu F_N = -\frac{2 M_t}{d}$$

$$F l = F_N a + F_U b$$

$$F = \frac{1}{l}\left(\frac{2 M_t}{\mu d} a + \frac{2 M_t}{d} b\right)$$

$$F = \frac{2 M_t}{l d}\left(\frac{a + b\mu}{\mu}\right)$$

$$F_{Dy} = F_N - F$$

$$F_{Dy} = \frac{2 M_t}{\mu d} - \frac{2 M_t}{l d}\left(\frac{a + b\mu}{\mu}\right)$$

$$F_{Dy} = \frac{2 M_t}{d}\left(\frac{l - a - b\mu}{l\mu}\right)$$

$$F_D = \sqrt{F_{Dx}^2 + F_{Dy}^2}$$

Liegt der Drehpunkt D auf der gedachten Wirkungslinie der Reibkraft, kann keine Selbsthemmung entstehen, denn die Hebelkraft F ist nur von Größen abhängig, die niemals Null werden können.

$$b = 0 \rightarrow F_I = F_{II} = F = \frac{2\,M_t}{d\,l}\,\frac{a}{\mu}$$

Bei dieser Anordnung ist aber auch zu sehen, daß die Hebelkraft F für beide Drehrichtungen gleich bleibt. Das heißt, daß sich diese Bremsanlage besonders für Fälle eignet, in denen beide Richtungen gleich bevorzugt werden. Die Hebelkraft F wird für die Drehrichtung I gleich Null, wenn $b = a/\mu$ ist. Dann hält nur die Reibkraft die Scheibe fest, und man spricht von Selbsthemmung. Diese Anlage kann also nur in einer Drehrichtung blockieren. Greifen wie im Beispiel 2.10 an der Bremsscheibe zwei Backen an, haben wir z. B. die Lage der Backenbremse am Eisenbahnwaggon oder Pkw.

 Für die Backenbremse 2.22 ist das Bremsmoment M_t zu berechnen.

Geg.: $F = 800$ N, $d = 0,2$ m, $\mu = 0,2$

Lösung

$$\Sigma M_{(A)} = 0 : F\,2a - F_N \cdot a = 0$$

$$F_N = 2F \text{ für eine Backe}$$

$$F_U = \mu F_N = \mu\,2F$$

$$M_t = 2F_U\,\frac{d}{2} = 2\mu\,2F\,\frac{d}{2}$$

$$M_t = 2 \cdot 0,2 \cdot 800 \cdot 0,2 = \textbf{64 Nm}$$

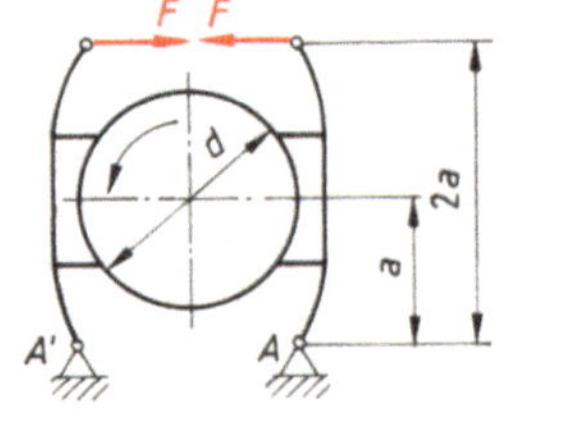
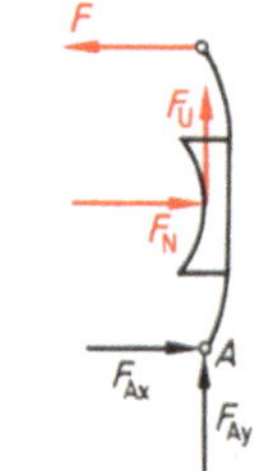

2.22 Backenbremse mit zwei Backen

Bei der Bandbremse wird die Bremswirkung durch das Band und damit durch die Seilreibung erzielt. Je nach Anbringung der Seilenden am Hebelarm unterscheiden wir

- einfache Bandbremse,
- Summenbremse,
- Differenzbremse.

Bei der einfachen Bandbremse ist ein Bandende am Bremshebel-Drehpunkt befestigt, das andere am Bremshebel (2.23). Durch Betätigen des Hebels wird das Band mit Hilfe der Hebelkraft F gespannt, so daß in den Bandenden infolge der Seilreibung die unterschiedlichen Kräfte F_{S1} und F_{S2} entstehen. Nach dem statischen Gleichgewicht ergeben sich

$$\Sigma M_{(A)} = 0 : F_{S1}\,a - F\,l = 0 \qquad F_{S1} = F_{S2}\,e^{\mu\alpha}$$

$$F_U = F_{S1} - F_{S2} = F_{S2}\,e^{\mu\alpha} - F_{S2} = F_{S2}\,(e^{\mu\alpha} - 1)$$

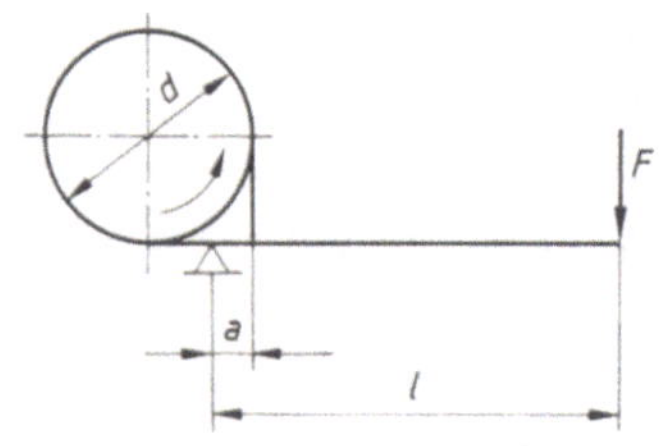
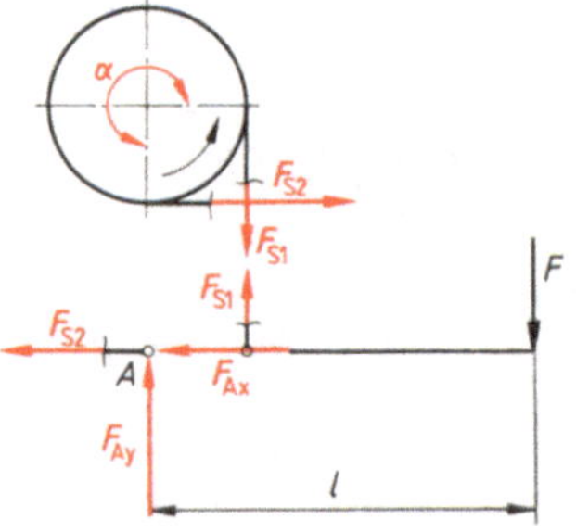

2.23 Einfache Bandbremse

und weiter

$$M_t = F_{S1} \frac{d}{2} - F_{S2} \frac{d}{2} = (F_{S1} - F_{S2}) \frac{d}{2} = F_U \frac{d}{2} = F \frac{d}{2} \frac{l}{a} (e^{\mu\alpha} - 1) \frac{1}{e^{\mu\alpha}}.$$

Rechnen wir ein Beispiel!

Beispiel 2.11   Für die Bandbremse **2.**23 soll das Bremsmoment unter Vernachlässigung des Eigengewichts der Hebelstange berechnet werden.

Geg.: $F = 1000$ N, $d = 60$ cm, $\mu = 0,15$, $l = 0,9$ m, $a = 0,12$ m, $\alpha = 270°$.

Lösung $$M_t = F \frac{d}{2} \frac{l}{a} \left(e^{\mu\alpha} - 1 \right) \frac{1}{e^{\mu\alpha}}$$

$$M_t = 1000 \frac{0,6}{2} \cdot \frac{0,9}{0,12} \left(e^{0,15 \cdot \frac{270}{180} \pi} - 1 \right) \Big/ e^{0,15 \cdot \frac{270}{180} \pi} = \mathbf{1140\ Nm}$$

Wechselt man die Drehrichtung, wechseln die Kräfte unter Beibehaltung des Zusammenhangs zwischen F_{S1} und F_{S2} nach Gl. (2.12) ihre Angriffspunkte. Die nun erforderliche Hebelkraft F ist, wenn man die Werte des Beispiels verwendet, wesentlich geringer als beim Drehsinn entgegen dem Uhrzeigersinn. Die einfache Bandbremse eignet sich darum vor allem für den Rechtslauf.

Die Summenbremse unterscheidet sich von der einfachen Bandbremse dadurch, daß sie am Bremshebel einen zweiarmigen Winkelhebel trägt (**2.24**). So werden b e i d e Bandenden beim Anziehen der Bremse gleichzeitig gespannt. Stellen wir das Momentengleichgewicht her und führen Gl. (2.12) ein, ergibt sich das Bremsmoment

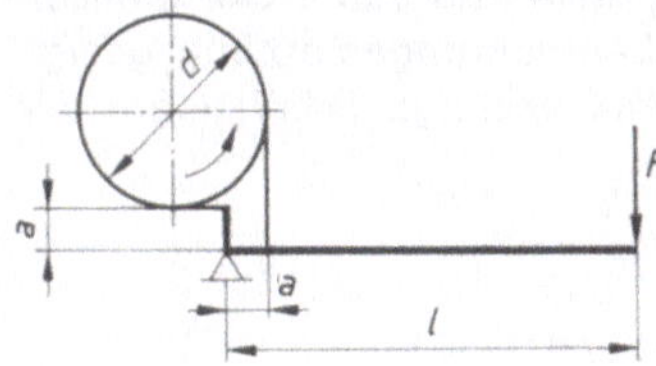
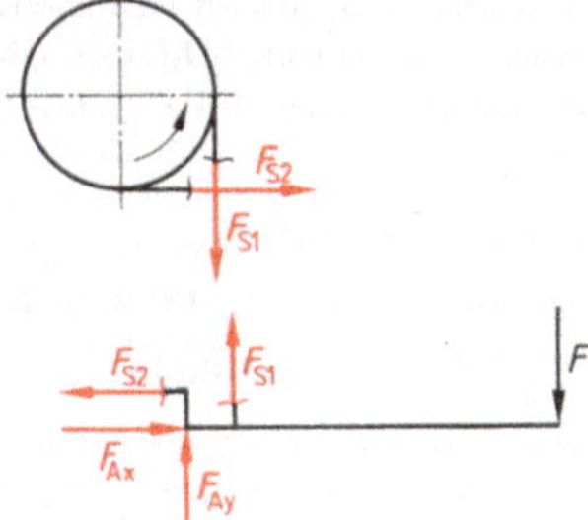

2.24 Summenbremse

$$M_t = F_U \cdot \frac{d}{2} = \frac{F l d}{2 a} \cdot \frac{e^{\mu\alpha} - 1}{e^{\mu\alpha} + 1}. \qquad\qquad \text{Gl. (2.13)}$$

Wenn wir die Drehrichtung ändern, wechseln wie im Beispiel 2.11 die beiden Kräfte F_{S1} und F_{S2} ihre Angriffspunkte. Wegen der gleichen Abstände der Befestigung am Winkelhebel gegenüber dem Drehpunkt ändert sich aber das Bremsmoment nicht. Die Summenbremse eignet sich also auch für das Abbremsen von Scheiben, die ihre Drehrichtung verändern.

Bei der Differenzbremse sind im Gegensatz zur Summenbremse die Bandenden auf verschiedenen Seiten des Hebeldrehpunktes befestigt. Dadurch wird nur ein Bandende gespannt, das andere dagegen entspannt. Für eine funktionsfähige Bremse ist darum der Abstand $a > b$ nötig (**2.25**). Das statische Moment um den Drehpunkt für die Drehrichtung II bringt uns wieder das Bremsmoment $\Sigma M_{(A)} = 0$: $-F l + F_{S2} \cdot a - F_{S1} \cdot b = 0$.

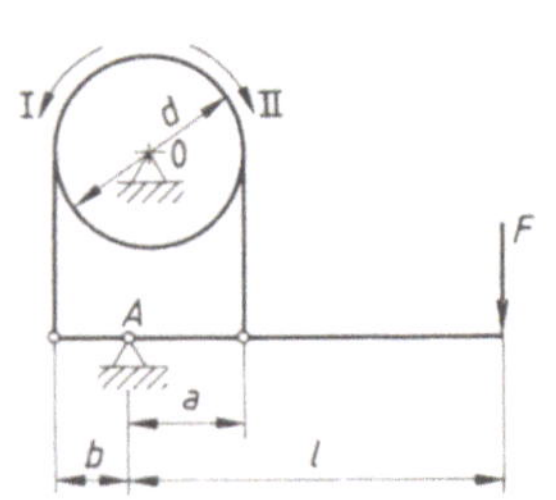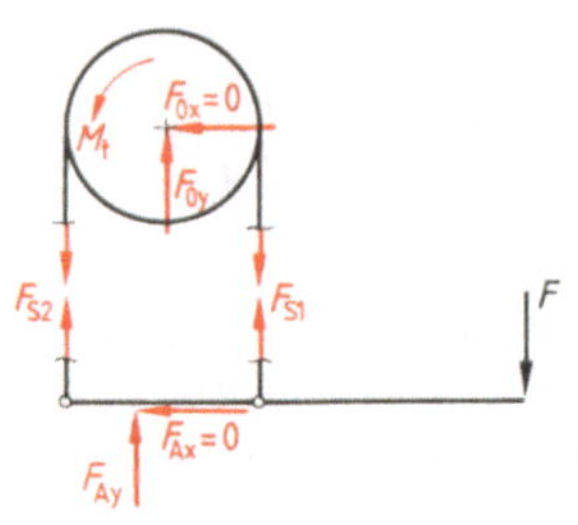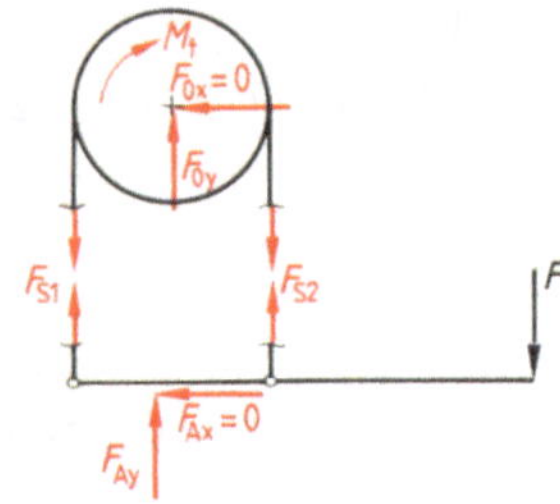

2.25 Differenz(band)bremse

$$M_t = F \frac{d}{2} l \frac{e^{\mu\alpha} - 1}{a\,e^{\mu\alpha} - b} \qquad \text{für Drehrichtung I}$$

$$M_t = F \frac{d}{2} l \frac{e^{\mu\alpha} - 1}{a - b \cdot e^{\mu\alpha}} \qquad \text{für Drehrichtung II}$$

Gl. (2.14)

Betrachtet man den Nenner, zeigt sich, daß mit zunehmendem Abstand b das Bremsmoment größer wird, die Hebelkraft also gegen Null geht. Es bedarf folglich bei der Differenzbremse nur einer geringen Kraft (wenn man nicht den Sonderfall der Selbsthemmung heranziehen will), um eine Bremswirkung zu erreichen. Die technische Ausrüstung – sei es ein Hydraulikzylinder oder ein Preßluftzylinder – kann also in den Abmessungen sehr klein und damit ökonomisch konstruiert werden. Jedoch ist dieser Bremsentyp nicht für beide Laufrichtungen optimal geeignet, weil beim Ändern der Drehrichtung die Kraft F sofort stark ansteigt. Damit wäre der konstruktive Vorteil zunichte gemacht, ja ins Gegenteil verkehrt.

Beispiel 2.12 Differenzbremse 2.25.

Geg.: M_t, d, l, a, b, μ und α; ges.: F für Drehrichtung I und II

Lösung

Drehrichtung I (Linkslauf)	Drehrichtung II (Rechtslauf)
$\Sigma M_{(A)} = 0: Fl - F_{S1}\,a + F_{S2}\,b = 0$	$\Sigma M_{(A)} = 0: -Fl - F_{S1}\,b + F_{S2}\,a = 0$
$\Sigma M_{(0)} = 0: M_t + F_{S2}\dfrac{d}{2} - F_{S1}\dfrac{d}{2} = 0$	$\Sigma M_{(0)} = 0: M_t + F_{S2}\dfrac{d}{2} - F_{S1}\dfrac{d}{2} = 0$

$$M_t = \frac{d}{2}(F_{S1} - F_{S2}) = \frac{d}{2} F_U$$

$$F_{S1} = F_{S2}\,e^{\mu\alpha}$$

$$M_t = \frac{d}{2}(F_{S2}\,e^{\mu\alpha} - F_{S2}) = \frac{d}{2} F_{S2}(e^{\mu\alpha} - 1)$$

$$F_{S2} = \frac{2 M_t}{d(e^{\mu\alpha} - 1)}$$

$F = \dfrac{1}{l}(F_{S1}\,a - F_{S2}\,b)$	$F = \dfrac{1}{l}(F_{S2}\,a - F_{S1}\,b)$
$F = \dfrac{1}{l}(F_{S2}\,e^{\mu\alpha} \cdot a - F_{S2}\,b)$	$F = \dfrac{1}{l}(F_{S2}\,a - F_{S2}\,e^{\mu\alpha} \cdot b)$
$F = \dfrac{2 M_t}{l\,d(e^{\mu\alpha} - 1)}(e^{\mu\alpha}\,a - b)$	$F = \dfrac{2 M_t}{l\,d(e^{\mu\alpha} - 1)}(a - b\,e^{\mu\alpha})$

Beachten Sie, daß F_{S1} stets größer als F_{S2} sein muß (s. Gl. (2.12)).

82

  Differenzbremse des Beispiels 2.12 mit folgenden Daten: $M_t = 3000$ Nm, $d = 600$ mm, $l = 1200$ mm, $a = 400$ mm, $b = 200$ mm, $\mu = 0,20$, $\alpha = 180° = \pi$; ges.: F für Drehrichtung I und II

Lösung

Drehrichtung I

$$F = \frac{2 M_t}{l\,d\,(e^{\mu\alpha} - 1)} \, (e^{\mu\alpha} \cdot a - b)$$

$$F = \frac{2 \cdot 3000}{1,2 \cdot 0,6\,(e^{0,20\pi} - 1)} \, (e^{0,20\pi} \cdot 0,4 - 0,2) = \mathbf{5239\ N}$$

Drehrichtung II

$$F = \frac{2 M_t}{l\,d\,(e^{\mu\alpha} - 1)} \, (a - b \cdot e^{\mu\alpha})$$

$$F = \frac{2 \cdot 3000}{1,2 \cdot 0,6\,(e^{0,20\pi} - 1)} \, (0,4 - 0,2 \cdot e^{0,20\pi}) = \mathbf{239\ N}$$

Aufgaben zu Abschnitt 2

1. Bestimmen Sie die Kraft, die mindestens nötig ist, um ein Blatt Papier aus der Mitte eines 3 kg schweren Buches zu ziehen (**2.26**).

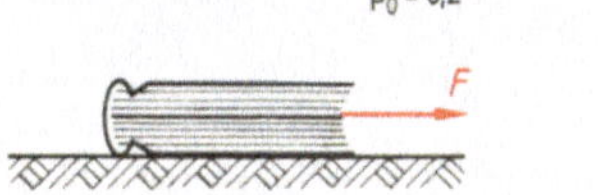

2.26

2. Wie groß muß die Kraft F_1 sein, damit der Körper **2.27** in Ruhe verbleibt?
$\mu_0 = 0,3$, $\alpha = 20°$, $F_2 = 1000$ N

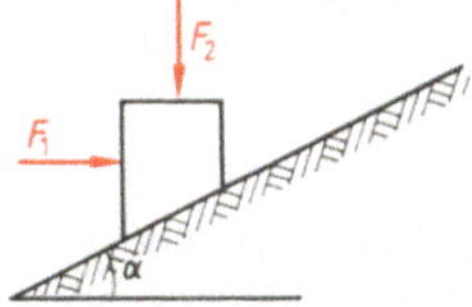

2.27

3. Zwei Körper liegen nach Bild **2.28** aufeinander. Wie groß muß F sein, damit der Körper mit der Masse m_2 herausgezogen werden kann?
$m_1 = 200$ kg, $m_2 = 300$ kg, μ_0 zwischen den Körpern $= 0,25$, zwischen m_2 und dem Boden $= 0,35$

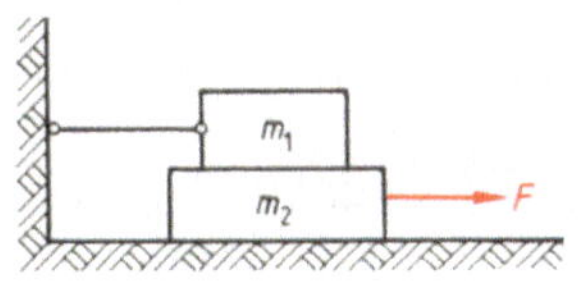

2.28

4. Ein auf Rollen geführtes Förderband transportiert Werkstücke vom Hallenniveau in das Magazin einer Werkzeugmaschine. Zwischen dem Band und den Werkstücken ist eine Reibzahl von mindestens $\mu = 0,48$ wirksam. Wie groß darf der Neigungswinkel des Förderbands maximal sein, damit die Werkstücke nicht rutschen?

5. Auf einer Paketsortieranlage $\alpha = 20°$ gleiten die Pakete $m_1 = 30$ kg, $m_2 = 12$ kg, $m_3 = 26$ kg. Sie liegen aneinander (**2.29**). Welche Kräfte wirken zwischen den Paketen, wenn $\mu_1 = 0,4$, $\mu_2 = 0,2825$ und $\mu_3 = 0,36$ sind?

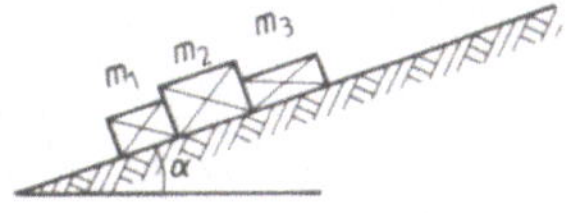

2.29

6. Zwei Blöcke liegen wie in Bild **2.30** auf einer schiefen Ebene. F_{G1} ist über eine parallel zu F und zur Unterlage gespannte Schnur mit A verbunden. Wie groß muß F sein, um F_{G2} herauszuziehen?
$F_{G1} = 300$ N, $F_{G2} = 200$ N, $\mu_0 = 0,2$

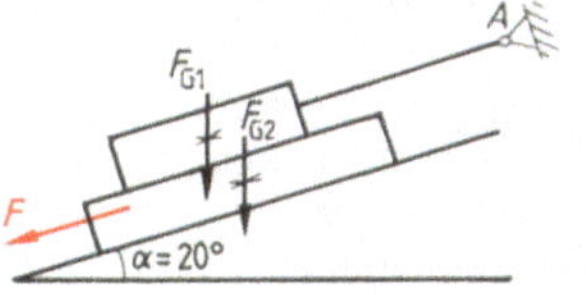

2.30

7. Eine Kiste von 3000 N Gewicht, deren Schwerpunkt im Schnittpunkt der Raumdiagonalen liegt, soll auf einer Rampe heruntergeschoben werden. Wie groß ist die zur Überwindung der Haftreibung erforderliche Kraft F, und in welcher Höhe darf sie maximal angreifen, damit die Kiste dabei nicht umkippt? (**2.31**) $\mu_0 = 0{,}6$

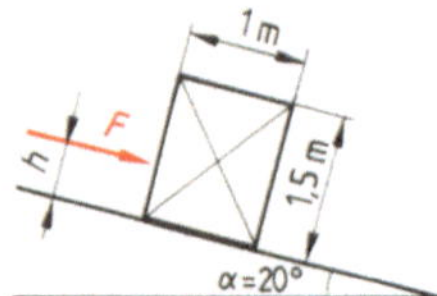

2.31

8. Ein Pkw steht mit den Vorderrädern am Bordstein an (**2.32**). Bei welcher maximalen Bordsteinhöhe kann er aus dem Stand hochfahren? $m = 1300\,\text{kg}$, $\mu_0 = 0{,}9$, Raddurchmesser $d = 560\,\text{mm}$, Gewichtsverteilung beim Anfahren: 60% des Gesamtgewichts lasten auf den Vorderrädern, 40% auf den Hinterrädern. $F_A = 30\,000\,\text{N}$

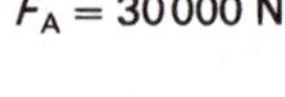

2.32

9. Welche Kraft F ist wenigstens erforderlich, um die Masse $m = 500\,\text{kg}$ in Rotation zu versetzen (**2.33**)? $\mu_1 = \mu_2 = 0{,}1$, $2\,r_1 = r_2$

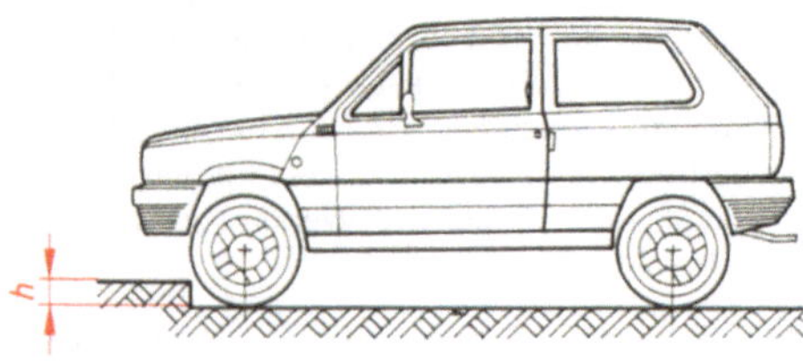

2.33

10. Eine Walze mit der Masse $m = 50\,\text{kg}$ soll durch ein am Umfang befestigtes waagerecht verlaufendes Seil die Stufe hinaufgezogen werden (**2.34**).
   a) Wie groß müssen die Seilkraft F und die Haftreibzahl μ_0 zwischen Stufenkante und Walzenkante mindestens sein, damit die Walze nicht an der Kante abrutscht?

b) Unter welchem Winkel muß man mit einer tangentialen Seilkraft ziehen, damit man mit einer möglichst geringen Kraft auskommt? Wie groß muß in diesem Fall μ_0 wenigstens sein?

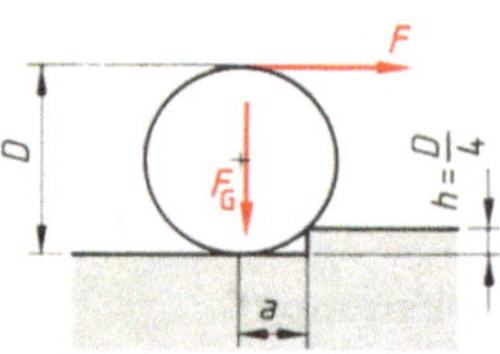

2.34

11. In einem Walzwerk wird eine Bramme von $m = 7500\,\text{kg}$ mit einem Hebezeug mittels Kran gehoben (**2.35**). Wie groß muß μ_0 zwischen den Backen mindestens sein, damit die Bramme nicht herausrutscht?

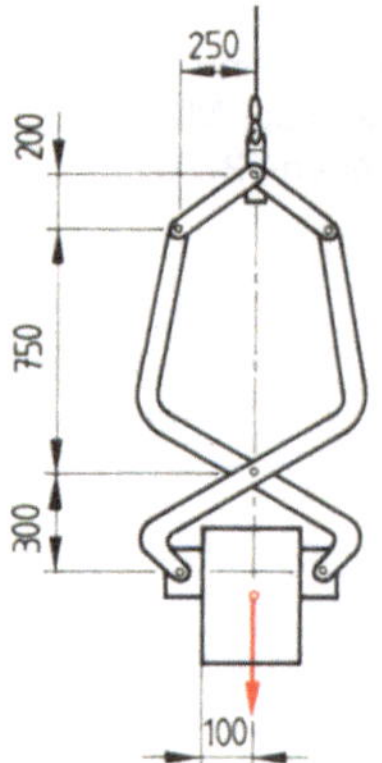

2.35

12. Der von einem E-Motor angetriebene Keilriemen **2.36** soll ein Drehmoment von $T = 250\,\text{Nm}$ übertragen. Die Riemenscheibe hat einen Durchmesser von $d = 80\,\text{mm}$. $\mu = 0{,}25$. Wie groß sind die Riemenkräfte F_1 und F_2?

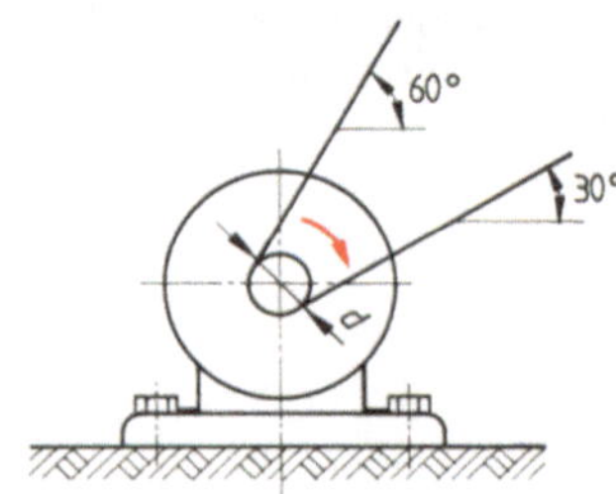

2.36

13. Ein Schiff wird am Kai verankert. Wie groß muß F_1 sein, um ein Losreißen des Schiffes zu verhindern? Bild **2.37** zeigt, daß vom Schiff her eine Kraft $F_2 = 52,5$ kN am Seil wirkt. Das Seil ist dreimal um die zylindrische Verankerung geschlungen. $\mu = 0,31$

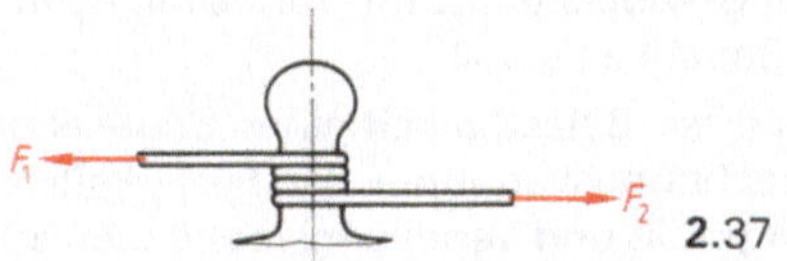

2.37

14. Welches Drehmoment läßt sich mit der Backenbremse nach Bild **2.38** abbremsen, wenn $F = 300$ N, $a = 200$ mm, $b = 120$ mm, $l = 540$ mm, $d = 80$ mm und $\mu = 0,26$ sind?

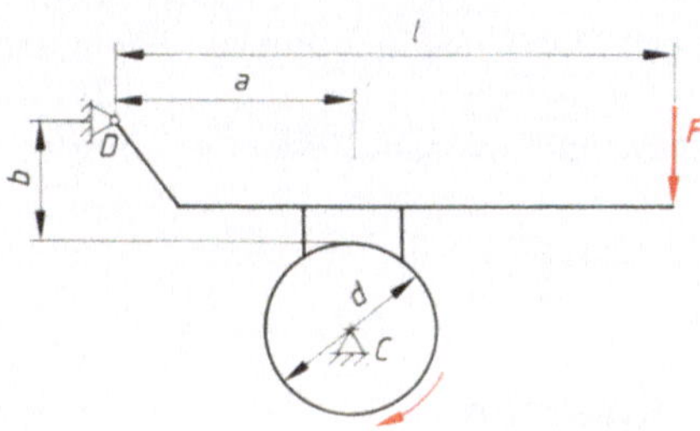

2.38

15. Wie groß muß F sein, um mittels der Differenzbandbremse **2.39** ein Drehmoment von $T = 28$ kNm abzubremsen?
$d = 160$ mm, $a = 120$ mm, $b = 40$ mm, $l = 590$ mm, $\mu = 0,32$

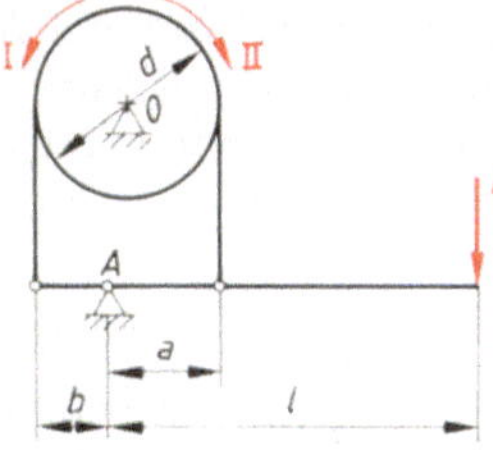

2.39

16. Bestimmen Sie den Bereich, in dem man die Kraft F verändern kann, ohne daß das skizzierte System **2.40** aus der Ruhestellung gerät.

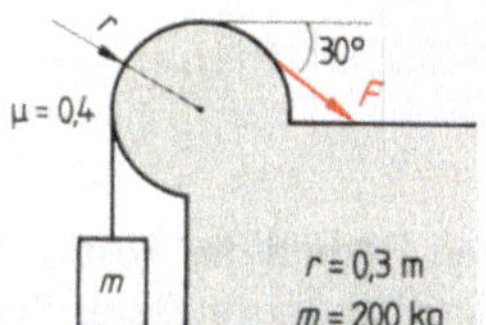

2.40

17. Mit Hilfe eines Keiles soll ein Block mit $F_G = 15\,000$ N gehoben werden. Der Reibwinkel ϱ_0 wird für alle Flächen auf 10° geschätzt. Welche Kraft brauchen Sie, um den Block in Bewegung zu setzen? Die Keilgewichtskraft beträgt 200 N (**2.41**).

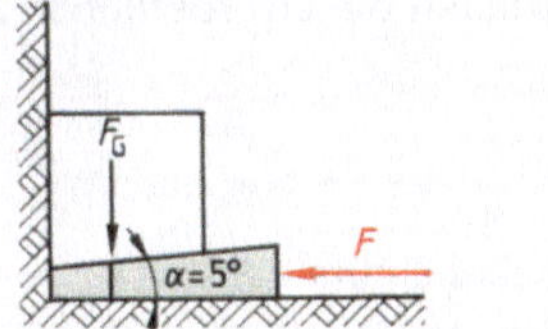

2.41

18. Eine gewichtslos angenommene Stange mit dem F_G am Ende liegt bei B auf einer reibungslosen Rolle und stützt sich bei A gegen die Wand ab (**2.42**). Wie groß muß der Reibwinkel in A sein, wenn Gleichgewicht herrschen soll?

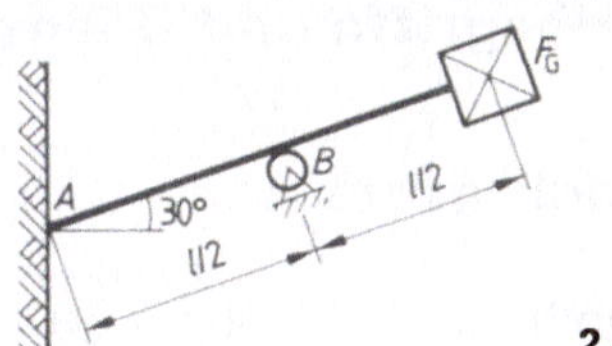

2.42

19. Eine Liftkabine ($m = 500$ kg bei voller Belegung) wird nach Seilriß von einer Fangbremse gehalten (**2.43**). $\alpha = 45°$.
Ges.: a) Reibzahl, damit die Last gehalten wird,
b) F_1, F_2, F_3, F_4.

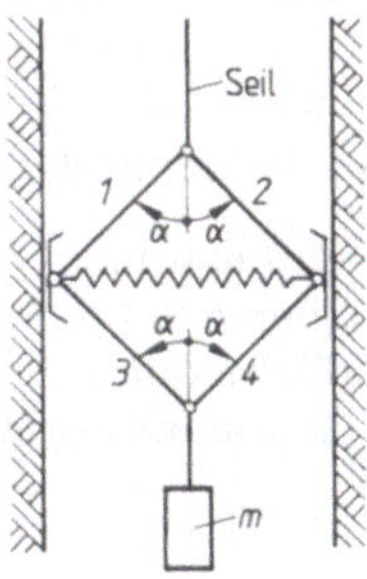

2.43

3 Festigkeitslehre

Aufgaben. Mit den Regeln der Festigkeitslehre ermitteln wir das Verhalten verformbarer fester Körper unter der Einwirkung äußerer Kräfte. Der Verformung durch äußere Kräfte wirken nach dem Reaktionsaxiom innere Kräfte entgegen (Verformungswiderstand). Im Normalfall befinden sich innere und äußere Kräfte im Gleichgewicht – der Bauteil ist stabil.

Im Maschinenbau ist es besonders wichtig, die Grenzen der Belastbarkeit eines Bauteils bzw. seine Sicherheit gegen Versagen zu kennen. Die Berechnungsverfahren der Festigkeitslehre ermöglichen es, die inneren Kräfte nach Größe, Richtungssinn und Verteilung sowie die Verformung von Körpern unter Belastung zu bestimmen und mit zulässigen Werten zu vergleichen. So lassen sich bei gegebenen Abmessungen und Materialien die Tragfähigkeit, bei gegebenen Kräften und Materialien die erforderlichen Abmessungen berechnen.

Mit den Verfahren der Festigkeitslehre

– berechnet man die inneren Kräfte (Beanspruchung) und die Verformung von Bauteilen und vergleicht sie mit zulässigen Werten.

– ermittelt man die Tragfähigkeit von Bauteilen (zulässige Belastung) oder ihre erforderlichen Abmessungen (Dimensionierung).

3.1 Grundbegriffe und Beanspruchungsarten

3.1.1 Grundbegriffe

Schnittmethode. Um ein Problem der Festigkeitslehre zu lösen, müssen wir zuerst wissen, welche inneren Kräfte der Bauteil den äußeren Kräften entgegenzusetzen hat, um stabil zu bleiben. Kräfte werden, wie uns Abschnitt 1.2 gezeigt hat, eindeutig bestimmt durch Betrag, Richtung und Richtungssinn. Dazu dient die Schnittmethode (s. Abschn. 1.6). Das Bauteil wird an der zu untersuchenden Stelle durchgeschnitten gedacht und das im Augenblick weniger interessierende Teilstück entfernt. Um das Gleichgewicht wiederherzustellen, müssen die Wirkungen der am abgeschnittenen Teil angreifenden Kräfte und Momente an der Schnittfläche des zu untersuchenden Teiles berücksichtigt werden. Diese resultierenden Schnittgrößen verteilen sich als **innere Schnittkräfte und -momente** über die Schnittfläche und müssen den äußeren Belastungen des betrachteten Bauteils das Gleichgewicht halten.

Zweckmäßig wird man den Schnitt in der Regel normal zur Balkenachse legen.

Spannung. Bei homogenen (isotropen)[1]) Körpern verteilen sich die den äußeren Kräften das Gleichgewicht haltenden inneren Schnittgrößen nach bestimmten Gesetzmäßigkeiten über die Querschnittsfläche (für Zugbelastung z. B. gleichmäßig über den Querschnitt). Den Quotienten aus Belastungsgröße und Querschnittsgröße nennt man Spannung. Spannung ist wie die Kraft ein Vektor.

---

[1]) Homogen ist ein Körper mit gleichmäßig in allen Richtungen verlaufender Molekülstruktur. Isotrop ist ein an einem Punkt nach allen Richtungen hin gleich verformbarer Körper.

$$\text{Spannung} = \frac{\text{Belastungsgröße}}{\text{Querschnittsgröße}}$$

Einheit der Spannung ist allgemein der Quotient aus einer Einheit der Belastungsgröße und einer Einheit der Querschnittsgröße, meist N/mm^2 (aber auch N/cm^2, N/m^2 usw.).

Normalspannung. Bild **3.**1 zeigt einen quadratischen Stab mit 25 mm² Querschnitt, der durch eine Kraft $F = 250\,N$ in Längsrichtung, d.h. in Richtung der Stabachse auf Zug beansprucht wird. Damit das Gleichgewicht zwischen inneren und äußeren Kräften erreicht wird, müssen also Spannungen auftreten, die im ganzen Flächenquerschnitt eine innere Kraft von 250 N ergeben. Damit überträgt jeder Quadratmillimeter durchschnittlich 10 N, entsprechend

$$\frac{F}{A} = \frac{250\,N}{25\,mm^2} = 10\,N/mm^2.$$

Diese Spannung steht normal zur Schnittfläche und heißt darum Normalspannung σ (griech. sigma). Die Kraft, die an der Stabachse, also normal (senkrecht), zur Schnittebene wirkt, ist die Normal- oder Längskraft F_L.

Normalspannung $\sigma = \dfrac{F_L}{A}$	σ	F_L	A	Gl. (3.1)
	N/mm^2	N	mm^2	

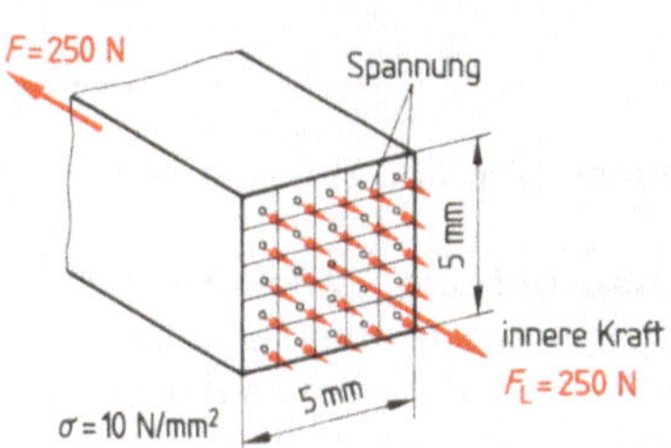

3.1 Normalspannung

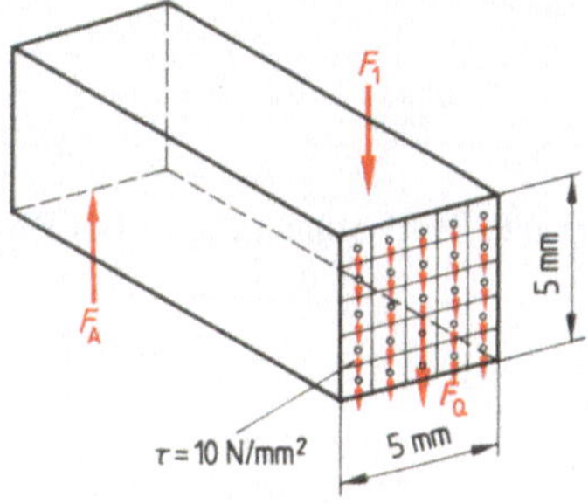

3.2 Schubspannung

Schub- oder Tangentialspannung. Wirkt auf den gleichen quadratischen Stab eine äußere Kraft F_1 senkrecht zur Stabachse, muß gleichzeitig eine innere Kraft, die Querkraft F_Q, wirken. Diese Querkraft bewirkt in der Schnittfläche (**3.**2) Spannungen: die Schub- oder Tangentialspannungen τ (griech. tau).

Mittlere Schubspannung $\tau = \dfrac{F_Q}{A}$	τ	F_Q	A	Gl. (3.2)
	N/mm^2	N	mm^2	

3.1.2 Beanspruchungsarten

Zugbeanspruchung tritt auf, wenn ein Stab von in der Stabachse wirkenden äußeren Kräften auseinandergezogen wird (**3.3**). Die innere Kraft steht dabei senkrecht zur Querschnittsfläche, so daß sich eine Normalspannung ergibt.

$$\sigma_z = \frac{F_L}{A} \qquad \text{Gl. (3.3)}$$

Im Maschinenbau auf Zug beanspruchte Teile sind z. B. Schrauben, Seile, Ketten und Zugstäbe in Tragwerken.

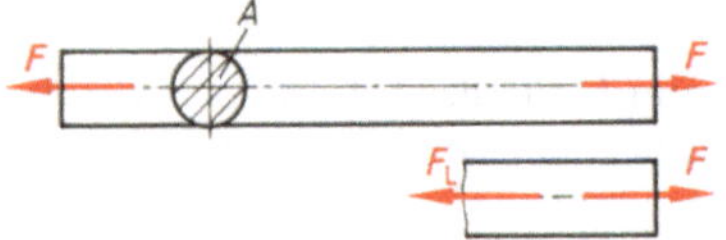

3.3   Zugbeanspruchung

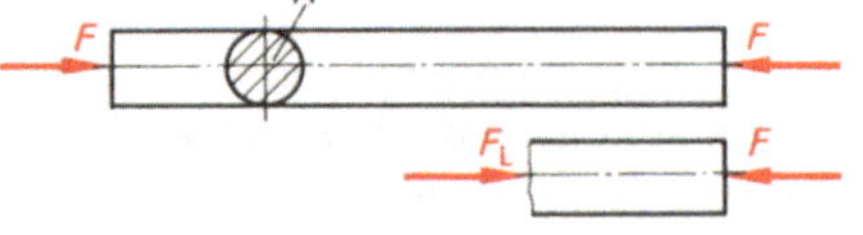

3.4   Druckbeanspruchung

Druckbeanspruchung. Wird der gleiche Stab von gegeneinander wirkenden äußeren Kräften in der Stabachse beansprucht, sprechen wir von Druckbeanspruchung (**3.4**). Auch hier steht die innere Kraft senkrecht zur Schnittfläche. Wir erhalten also eine Normal- oder Längsspannung.

$$\sigma_d = \frac{F_L}{A} \qquad \text{Gl. (3.4)}$$

Solche Teile sind z. B. Hydraulikstangen bei Kipplastwagen, Kranstützen und Hubspindeln.

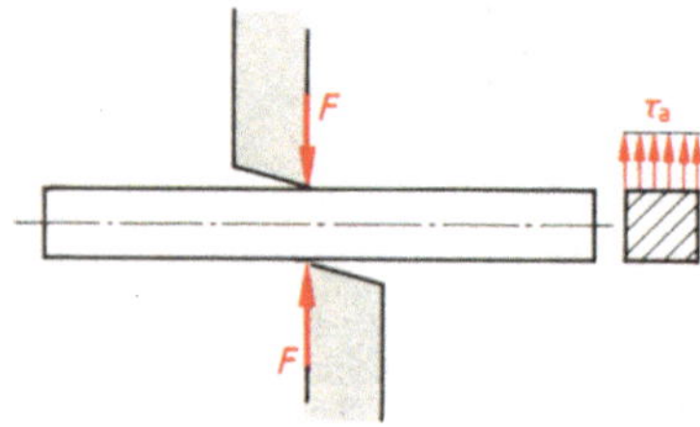

3.5   Abscherbeanspruchung

Abscherbeanspruchung. Wirken die äußeren Kräfte entgegengesetzt und senkrecht zur Stabachse genau oder annähernd auf der gleichen Wirkungslinie, versuchen sie die beiden Querschnitte gegeneinander zu verschieben (**3.5**). Die innere Kraft befindet sich dabei in der Schnittebene und ruft somit eine Schub- oder Tangentialspannung hervor.

$$\tau_a = \frac{F_Q}{A} \qquad \text{Gl. (3.5)}$$

Beispiele dafür bieten Blechscheren, Stanzwerkzeuge, Nieten, Bolzen und Paßstifte.

Biegebeanspruchung tritt ein, wenn eine Kraft oder ein im Gleichgewicht stehendes Kräftepaar senkrecht zur Balkenachse wirkt und die Abmessungen der Querschnittsfläche des Stabes um Größenordnungen kleiner sind als seine Länge (**3.6**); dann sind die neben der Biegebeanspruchung auftretenden, durch die Querkraft F_Q verursachten Schubspannungen im Verhältnis wesentlich kleiner und können vernachlässigt werden. Solche auf Biegung beanspruchten Stäbe nennt man B a l k e n oder T r ä g e r.

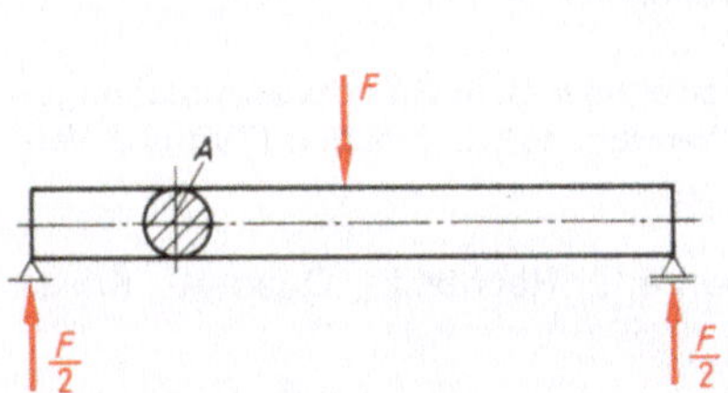

3.6 Biegebeanspruchung

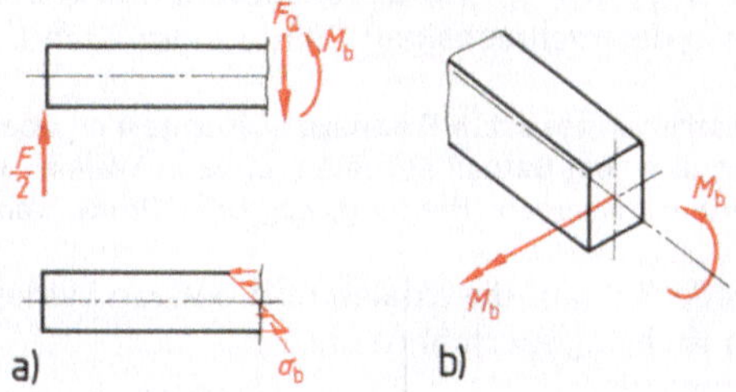

3.7 Schnittgrößen bei Biegebeanspruchung nach Bild **3.6**

Wird nach der Schnittmethode an einer beliebigen Stelle des Trägers Gleichgewicht zwischen innerer und äußerer Kraft hergestellt, sehen wir in Bild **3.7**, daß der Querschnitt A sowohl ein Biegemoment M_b als auch die Querkraft F_Q aufnehmen muß. Das Biegemoment M_b verursacht im Balkenquerschnitt Biegespannungen σ_b, nämlich Zugspannung im unteren und Druckspannung im oberen Balkenteil. Die neutrale Faser dazwischen ist spannungslos. W ist das axiale Widerstandsmoment des Querschnitts (s. Tabelle **3.9**). Der Momentenvektor des Biegemoments steht senkrecht zur Balkenachse und senkrecht zur Last- und Momentenebene.

$$\sigma_{b\,max} = \frac{M_{b\,max}}{W} \qquad \begin{array}{c|c|c} \sigma_{b\,max} & M_b & W \\ \hline N/mm^2 & Nmm & mm^3 \end{array} \qquad \text{Gl. (3.6)}$$

Verdreh- oder Torsionsbeanspruchung liegt vor, wenn zwei im Gleichgewicht stehende Kräftepaare in zwei Ebenen senkrecht zur Stabachse angreifen und den Stab zu verdrehen suchen. Dabei überträgt der Querschnitt ein Moment, das in seiner Ebene liegt. So treten Schubspannungen auf, die im Hookeschen Bereich des Werkstoffs bei Kreisquerschnitten linear zum Rand hin zunehmen (**3.8**). Im Schwerpunkt der Querschnittsfläche sind sie gleich Null, in der Randfaser erreichen sie den Größtwert. W_p ist das polare Widerstandsmoment des Querschnitts (**3.9**). Haben wir keinen Kreisquerschnitt, verwenden wir statt W_p das Torsionswiderstandsmoment W_t.

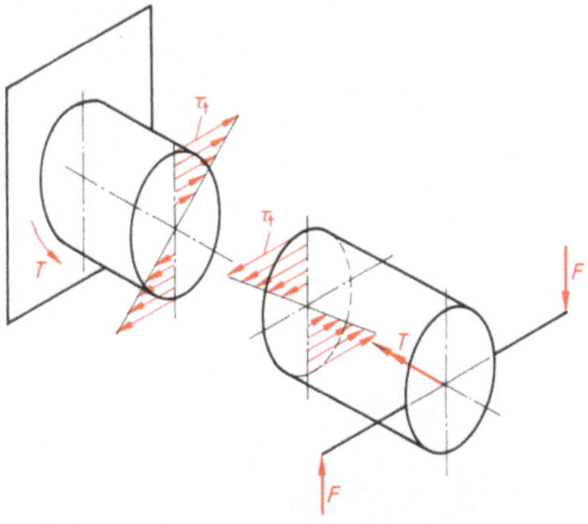

3.8 Verdrehbeanspruchung

$$\tau_{t\,max} = \frac{T_{max}}{W_t}$$

$\tau_{t\,max}$	T_{max}	W_t
N/mm²	Nmm	mm³

Gl. (3.7)

Außer diesen 5 Grundbeanspruchungsarten gibt es die zusammengesetzte Beanspruchung sowie den mehrachsigen Spannungszustand. Auf diese wollen wir später eingehen.

Zusammengesetzte Beanspruchungen ergeben sich, wenn zwei oder mehr Grundbeanspruchungsarten in einem Bauteil auftreten, etwa in Wellen (Biegung und Verdrehung), Schrauben (Zug und Verdrehung), Rahmen (Biegung, Zug oder Druck, Verdrehung).

Tabelle **3.9** gibt die axialen und polaren Widerstandsmomente für Rechteck-, Quadrat-, Kreis- und Kreisringquerschnitt an.

Tabelle **3.9** **Axiale und polare Widerstandsmomente einfacher Querschnitte**

Querschnitt	axiales Widerstandsmoment W	polares Widerstandsmoment W_p bzw. Torsionswiderstandsmoment W_t
Rechteck	$W_x = \dfrac{b \cdot h^2}{6}$ $W_y = \dfrac{h \cdot b^2}{6}$	$W_t = c_1 \cdot b^3$
		<table><tr><td>$\frac{h}{b}$</td><td>1</td><td>1,5</td><td>2</td><td>3</td></tr><tr><td>c_1</td><td>0,2080</td><td>0,3460</td><td>0,4930</td><td>0,8010</td></tr><tr><td>$\frac{h}{b}$</td><td>4</td><td>6</td><td>8</td><td>10</td></tr><tr><td>c_1</td><td>1,1500</td><td>1,7890</td><td>2,4560</td><td>3,1230</td></tr></table>
Quadrat	$W_x = W_y = \dfrac{a^3}{6}$	$W_t = 0{,}208\,a^3$
Kreis	$W_x = W_y = \dfrac{\pi}{32}\,d^3 = \dfrac{\pi}{4}\,r^3$	$W_p = \dfrac{\pi}{16}\,d^3 = \dfrac{\pi}{2}\,r^3$
Kreisring	$W_x = W_y = \dfrac{\pi}{32}\,\dfrac{d_a^4 - d_i^4}{d_a}$ $W_x = W_y = \dfrac{\pi}{4}\,\dfrac{r_a^4 - r_i^4}{r_a}$	$W_p = \dfrac{\pi}{16}\,\dfrac{d_a^4 - d_i^4}{d_a}$ $W_p = \dfrac{\pi}{2}\,\dfrac{r_a^4 - r_i^4}{r_a}$

Beispiel 3.1 Wie groß sind das polare und die axialen Widerstandsmomente einer Welle mit 32 mm Durchmesser?

Lösung laut Tab. **3.9**

$$W_x = W_y = \frac{d^3 \cdot \pi}{32} = \frac{32^3 \cdot \pi}{32} = \mathbf{3217\ mm^3}$$

$$W_p = \frac{d^3 \cdot \pi}{16} = \mathbf{6434\ mm^3}$$

Beispiel 3.3 Gegeben ist ein Rechteck mit $h = 135$ mm und $b = 37$ mm. Wie groß sind das polare und die axialen Widerstandsmomente?

Lösung laut Tab. **3.9**

$$W_x = \frac{b \cdot h^2}{6} = \frac{37 \cdot 135^2}{6} = 112\,388\ mm^3 \ \widehat{=}\ \mathbf{112,4\ cm^3}$$

$$W_y = \frac{h \cdot b^2}{6} = \frac{135 \cdot 37^2}{6} = 30\,802\ mm^3 \ \widehat{=}\ \mathbf{30,8\ cm^3}$$

$$W_p = c_1 \cdot b^3 = 1,03 \cdot 37^3 = 52\,173\ mm^3 \ \widehat{=}\ \mathbf{52,2\ cm^3}$$

3.2 Zug- und Druckbeanspruchung

3.2.1 Zugbeanspruchung

Beispiel 3.2 Eine Stahlstange ($d = 30$ mm) wird mit $F = 20$ kN auf Zug beansprucht. Berechnen Sie die Zugspannung σ_z.

Lösung Da die äußere Kraft $\vec{F}$ in Richtung der Stangenachse wirkt, ist ein Schnitt senkrecht zur Stangenachse zweckmäßig. In der Querschnittsfläche 3.10 treten nur Normalspannungen auf. Damit gilt die Formel $\sigma_z = F/A$. $d = 30$ mm, $A = \frac{\pi}{4} \cdot d^2 = 706,86$ mm². Diesen Wert setzen wir in die Gleichung ein und erhalten

$$\sigma_z = \frac{F}{A} = \frac{20\,000\ N}{706,86\ mm^2} = \mathbf{28\ N/mm^2}.$$

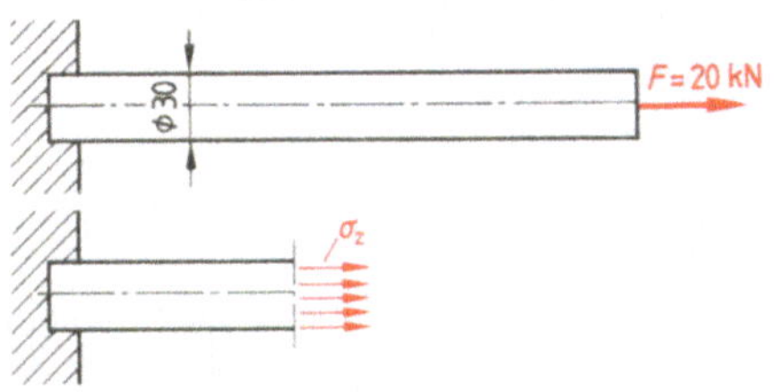

3.10 Stahlstange, auf Zug beansprucht

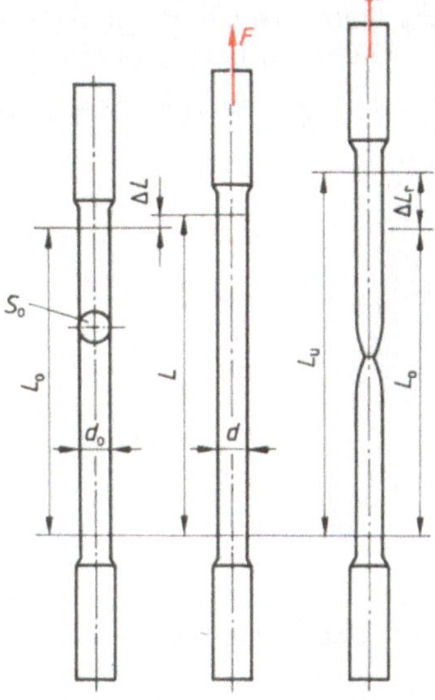

3.11 Zugprobe

Zugversuch. Die Werkstoffe verhalten sich bei Beanspruchung auf Zug unterschiedlich (z. B. zäher Stahl anders als spröder Stahl oder Gußeisen). Deshalb werden Werkstoffproben mittels Zugversuch nach DIN 50145 geprüft. Ein genormter Zugstab mit dem Durchmesser d_0 und der

Länge L_0 wird auf einer Zugprüfmaschine zügig bis zum Bruch belastet (**3.11**). Dabei dehnt sich der Zugstab mit zunehmender Kraft um eine Länge ΔL, auf die Endlänge L_u. Der Quotient aus der Verlängerung ΔL zur Ausgangslänge L_0 ist die **Dehnung** ε (griech. epsilon). Gleichzeitig verringern sich der Querschnitt bzw. der Durchmesser des gedehnten Stabes. Das Verhältnis der Durchmesseränderung Δd zum Ausgangsdurchmesser d_0 heißt **Querkürzung** ε_q.

$$\text{Dehnung } \varepsilon = \frac{\Delta L}{L_0} \qquad \begin{array}{c|c} \Delta d, \Delta L & L_0, d_0 \\ \hline mm & mm \end{array} \qquad \text{Gl. (3.8)}$$

$$\text{Querkürzung } \varepsilon_q = \frac{\Delta d}{d_0} \qquad\qquad\qquad\qquad \text{Gl. (3.9)}$$

In der Werkstoffprüfung gibt man die Dehnung in Prozent an. In Festigkeitsberechnungen ist sie jedoch als Dezimalzahl einzusetzen.

Spannungs-Dehnungs-Diagramm. Tragen wir in einem Diagramm die Spannung σ über der Dehnung ε auf, erhalten wir das Spannungs-Dehnungs-Diagramm (**3.12**). Genaugenommen müssen wir für die Spannung jeweils auch die Querschnittsverringerung berücksichtigen (effektive Spannung). Weil dies praktisch nur schwer durchführbar ist, definiert man $\sigma = F/S_0$, also auf den Ausgangsquerschnitt bezogen (fiktive Spannung). Ebenso bezieht man die Dehnung auf die Ausgangslänge.

Je nach Werkstoff kann im Spannungs-Dehnungs-Schaubild ein stetiger oder unstetiger Übergang vom elastischen in den plastischen Werkstoffbereich erfolgen. Beim stetigen Übergang werden die Dehngrenzen R_p, beim unstetigen wird die Streckgrenze R_e bestimmt.

Die Dehngrenze R_p ist die Spannung bei einer bestimmten nicht proportionalen Dehnung. Die Größe der nicht proportionalen Dehnung schreibt man zusätzlich zum Index in Prozent.

Beispiel 3.4 $R_{p0,2}$ für 0,2% bleibende Dehnung

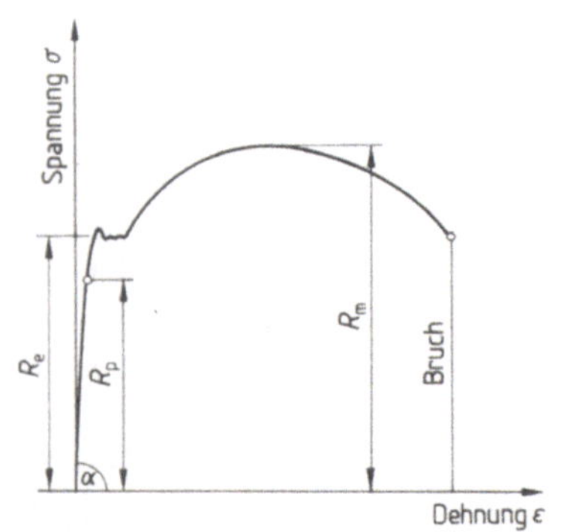

3.12 Spannungs-Dehnungs-Diagramm

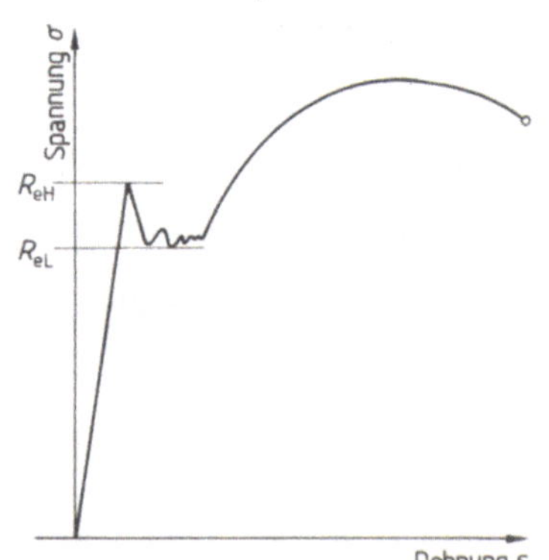

3.13 Obere und untere Streckgrenze

Die Streckgrenze R_e (Fließgrenze) ist jene Spannung, bei der mit zunehmender Verlängerung die Zugkraft gleich bleibt oder abfällt.

Hier beginnt das Material zu fließen, die Dehnung nimmt zu, ohne daß die Belastung erhöht wird, oder fällt sogar ab. Bei merklichem Abfall der Zugkraft ist zwischen oberer und unterer Streckgrenze zu unterscheiden (**3.13**).

- **Die obere Streckgrenze** R_{eH} ist die größte Spannung vor dem ersten Abfall der Zugkraft bei zunehmender Verlängerung (H steht für high).
- **Die untere Streckgrenze** R_{eL} ist die kleinste Spannung im Fließbereich (L steht für low).

Nach der Fließgrenze steigt die Spannung nochmals an und erreicht bei σ_B (im Zugversuch R_m) mit der Zugfestigkeit ihren Höchstwert.

Ab diesem Maximum sinkt sie unter gleichzeitiger starker Einschnürung des Stabes ab, bis der Stab bei der Kraft F_z zerreißt.

Genaugenommen heißen die beschriebenen Spannungen σ_{zB} für Zugfestigkeit und σ_{zF} (R_e) für Fließgrenze. Ist jedoch eine Verwechslung mit anderen Spannungen auszuschließen, wird der für Zug stehende Index z meist weggelassen.

σ_B wird gern als Bestandteil der Normbezeichnung eines Stahles (als dezimales Vielfaches) verwendet und läßt auf diese Weise schon in der Bezeichnung die Festigkeit erkennen.

Werkstoffverhalten. Das im Bild 3.12 dargestellte Spannungs-Dehnungs-Diagramm für zähe Werkstoffe mit ausgeprägter Streckgrenze ist typisch für kohlenstoffarme Stähle. Viele andere Stähle (vergütete, gehärtete, legierte Stähle), vor allem Gußeisen und die verschiedenen Buntmetalle verhalten sich ganz anders. Dies ist die Werkstoffgruppe ohne ausgeprägte Streckgrenze.

Als Ersatz für die Streckgrenze nimmt man die 0,2%-Dehngrenze, also die Spannung $R_{p0,2}$, bei der nach Entlastung eine bleibende Dehnung $\varepsilon_r = 0,2\%$ zurückbleibt (**3.15**, Verlauf 2 in **3.14**). Für GG und gehärteten Stahl gibt es auch diese Dehnung von 0,2% nicht, sondern nur Trennbruch ohne meßbare bleibende Formänderung (Verlauf 1 im Bild **3.14**).

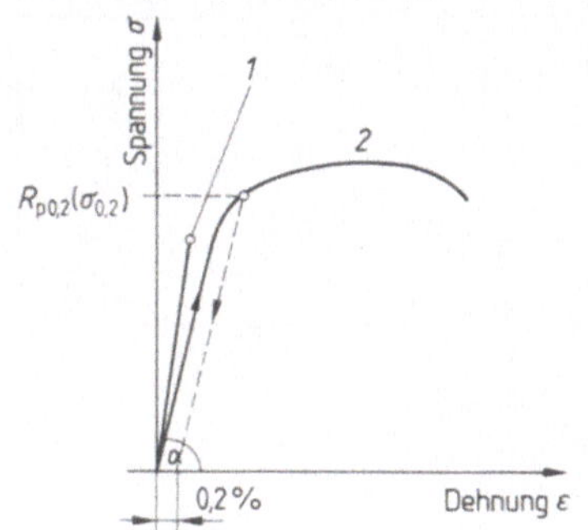

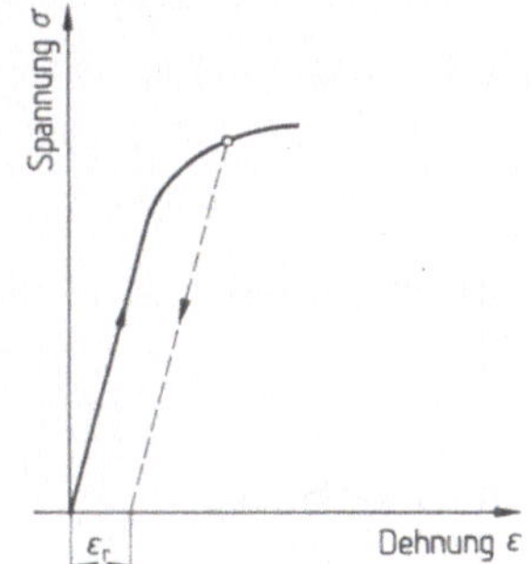

3.14 Spannungs-Dehnungs-Diagramm für GG (1) und Alu-Legierung (2)

3.15 Bleibende Dehnung

Bruchdehnung. Die Dehnung A nach dem Bruch ist die auf die Anfangsmeßlänge L_0 bezogene bleibende Längenänderung ΔL_r nach dem Bruch der Zugprobe (**3.11**). Sie wird in Prozent angegeben.

$$A = \frac{L_u - L_0}{L_0} \cdot 100 = \frac{\Delta L_r}{L_0} \cdot 100\ [\%]$$

L_u = Meßlänge nach dem Bruch
L_0 = Anfangsmeßlänge
ΔL_r = bleibende Längenänderung

Gl. (3.10)

Je nachdem, in welchem Verhältnis bei kreisförmigen Proben L_0/d_0 stehen, spricht man von einer Bruchdehnung $A_5 \left(\dfrac{L_0}{d_0} = 5 \right)$ oder $A_{10} \left(\dfrac{L_0}{d_0} = 10 \right)$.

 Eine Zugprobe aus Stahl mit einer Anfangsmeßlänge $L_0 = 100$ mm und einem Durchmesser $d = 10$ mm hat nach dem Bruch eine gemessene Länge L_u von 115,3 mm. Wie groß ist die Bruchdehnung?

Lösung

$$A_{10} = \frac{L_u - L_0}{L_0} \cdot 100 = \frac{115,3\ \text{mm} - 100\ \text{mm}}{100\ \text{mm}} \cdot 100 = \mathbf{15,3\%}$$

Brucheinschnürung Z (Einschnürung nach dem Bruch) ist die auf den Anfangsquerschnitt S_0 bezogene größte bleibende Querschnittsänderung ΔS nach dem Bruch, angegeben in %.

$$Z = \frac{S_0 - S_u}{S_0} \cdot 100 = \frac{\Delta S}{S_0} \cdot 100\ [\%] \qquad \text{Gl. (3.11)}$$

In diesem Ausnahmefall werden nicht Längen, sondern Querschnitte formelmäßig verarbeitet. (Nur im Rahmen der Zugversuchsergebnisse des Labors – DIN 50145 – werden die Bezeichnungen L, L_0, A_5, S, Z usw. verwendet, sonst Länge: l, Querschnitt A usw.)

Hookesches Gesetz. Für Spannungen bis zur Dehngrenze R_p zeigt das Diagramm einen linearen Verlauf. Die Dehnung ε nimmt proportional der Belastung zu. Wird bis R_p die Belastung weggenommen, geht die Dehnung vollständig zurück; der Zugstab erreicht wieder seine Ausgangslänge L_0. Dieses Verhalten faßte der englische Physiker Robert Hooke (1635–1703) in dem nach ihm benannten Gesetz zusammen.

Hookesches Gesetz: Die Spannung ist proportional der Dehnung.

$$\sigma = E \cdot \varepsilon \qquad \begin{array}{c|c|c} \sigma & E & \varepsilon \\ \hline \text{N/mm}^2 & \text{N/mm}^2 & \text{mm/mm} \end{array} \qquad \text{Gl. (3.12)}$$

Der Proportionalitätsfaktor E heißt Elastizitätsmodul.

3.2.2 Druckbeanspruchung

Wird ein Stab aus homogenem Material (der jedoch nicht zu schlank sein darf, da er sonst „ausknickt") auf Druck beansprucht, wird er gestaucht, also kürzer und gleichzeitig im Durchmesser größer (**3.16**). Analog zur Zugbeanspruchung sind

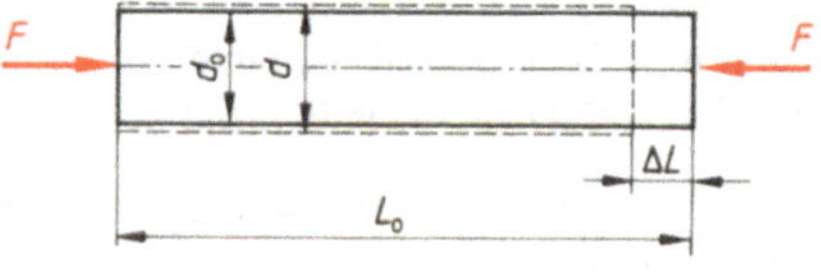

3.16 Querdehnung

$$\text{Stauchung } \varepsilon = \frac{\Delta L}{L_0} \qquad \text{Querdehnung } \varepsilon_q = \frac{\Delta d}{d_0} \qquad \text{Druckspannung } \sigma = \frac{F}{A_0}.$$

Beim Druckversuch verhält sich zäher Stahl zunächst wie beim Zugversuch. Im Spannungs-Dehnungs-Diagramm steigt die Kurve bis zur Proportionalitätsgrenze σ_{dP} linear und von dort bis zur Quetschgrenze σ_{dF} leicht gekrümmt an. Es gelten hier ebenso das Hookesche Gesetz und die Poissonsche Beziehung – jedoch mit negativem Vorzeichen. Zu fließen beginnt das Material bei σ_{dF}, hier Quetschgrenze genannt (**3.17**a).

$$\text{Hookesches Gesetz } \sigma = E \cdot \varepsilon$$

$$\text{Poissonsche Zahl } m = -\frac{\varepsilon}{\varepsilon_q}$$

Eine Druckfestigkeit analog zur Zugfestigkeit ist bei zähen Werkstoffen nicht feststellbar; die Druckproben werden unter starker Ausbauchung flachgedrückt. Bei spröden Werkstoffen wie z. B. GG kommt es unter dem Einfluß von Schubspannungen zum Bruch durch Abgleiten unter etwa 45° zur Druckrichtung, bei zähen Werkstoffen durch „Aufplatzen" in der Mitte. Bei GG ist die wieder feststellbare Druckfestigkeit σ_{dB} wesentlich größer als die Zugfestigkeit R_m (3.17 b). Bei Werkstoffen, deren Fließgrenze (Quetschgrenze) nicht ausgeprägt ist, wird wie beim Zug die 0,2%-Stauchgrenze $\sigma_{d0,2}$ bestimmt.

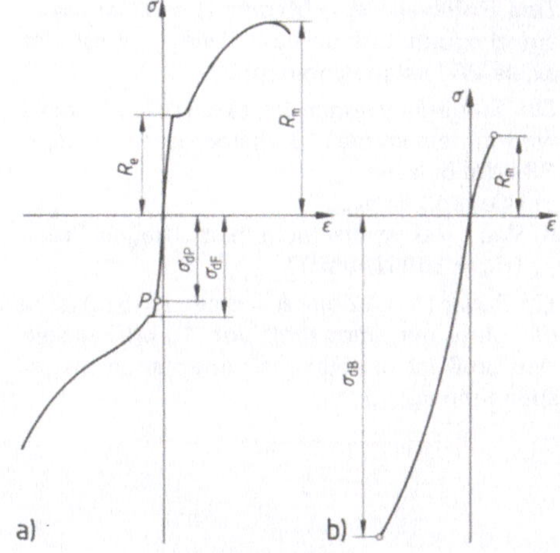

3.17 Spannungs-Dehnungs-Diagramm bei Zug- und Druckbeanspruchung

a) Stahl, b) Grauguß GG

3.3 Zulässige Beanspruchung und Sicherheit

Es kommt meist darauf an, Bauteile für vorgegebene Beanspruchungen ausreichend zu dimensionieren oder für gegebene Bauteile die zulässige Beanspruchung zu ermitteln. Im ersten Fall ist so zu bemessen, daß mit Sicherheit kein Versagen durch Bruch oder Verformung eintritt. Andererseits soll aus Gewichts- und damit Kostengründen möglichst knapp bemessen werden. Im zweiten Fall ist die zulässige Beanspruchung mit Hilfe der Werkstoffeigenschaften und zulässigen Spannungen zu berechnen.

Die zulässige Spannung σ_{zul} bzw. τ_{zul} ist das Verhältnis der Grenzspannung zur Sicherheitszahl (kurz Sicherheit) v (griech. ny). Diese Grenzspannung wird für jeden Werkstoff aus Versuchen ermittelt (s. Zug- und Druckversuch). Sie stellt jene Spannung dar, die bei einer bestimmten Lastspielzahl vom Werkstoff gerade noch ertragen wird.

Die Sicherheit v richtet sich nach Erfahrungswerten für den jeweiligen Anwendungszweck des Bauteils und der Beanspruchungsart.

1. Ein Träger mit quadratischem Querschnitt $a = 57\,mm$ ist auf Zug mit 300 kN beansprucht. Wie groß ist die auftretende Zugspannung σ_z?

2. Mit welcher Druckkraft F darf ein Stab aus Stahl ($\sigma_{dzul} = 180\,N/mm^2$) maximal belastet werden?

3. Wie groß ist die Längenänderung eines Prüfstabs mit kreisrundem Querschnitt, wenn $d = 12\,mm$, $l = 640\,mm$ und die Zugkraft $F = 15\,kN$ sind?

4. Berechnen Sie das Torsions- und die axialen Widerstandsmomente eines rechteckigen Balkenquerschnitts mit $h = 180\,mm$, $b = 74\,mm$.

5. Berechnen Sie das axiale und das polare Widerstandsmoment einer Hohlwelle mit $d_a = 180\,mm$ und $d_i = 125\,mm$.

6. Um wieviel % ändert sich das polare Widerstandsmoment der Aufgabe 5, wenn $d_i = 100\,mm$ (also 20% kleiner) wird?

7. Eine Hohlwelle $d_a = 50$ mm, $d_i = 42$ mm wird auf Biegung beansprucht. Wie groß ist das axiale Widerstandsmoment?

8. Ein Stahlträger einer Brücke ($W = 214$ cm^3) wird mit einem max. Biegemoment von $M_b = 38$ kNm belastet.
   a) Wie groß ist $\sigma_{b\,max}$?
   b) Wie groß ist die Sicherheit v gegen Bruch ($R_m = 360$ N/mm^2)?

9. Ein Träger ($h = 12$ cm, $b = 6$ cm, $l = 6$ m) ist in der Mitte mit einer Kraft von 10 kN belastet. Wie groß ist die maximal auftretende Biegespannung $\sigma_{b\,max}$?

10. Eine Welle mit $d = 68$ mm überträgt ein Torsionsmoment $T = 3,5$ kNm. Wie groß ist $\tau_{t\,max}$?

11. Welchen Durchmesser muß eine auf Torsion beanspruchte Welle aufweisen, wenn sie ein Drehmoment $T = 1,5$ kNm übertragen soll und $\tau_{t\,zul} = 60$ N/mm^2 nicht überschritten werden darf?

12. Eine Hohlwelle $d_a = 62$ mm, $d_i = 40$ mm aus Stahl ($\tau_{t\,zul} = 65$ N/mm^2) ist auf Torsion beansprucht. Wie groß kann T maximal sein, damit $\tau_t \leq \tau_{t\,zul}$ ist?

4.1 Arbeit

Geradlinige Bewegung. An einem Körper wirkt die Kraft F, deren Wirkungslinie mit der Bewegungsrichtung ständig den Winkel α einschließt (**4.1**). Der Körper wird über die Strecke s_2-s_1 bewegt. Dabei wird Arbeit verrichtet.

Die Kraft F können wir in zwei Komponenten zerlegen, wobei offensichtlich für die Körperbewegung nur die Kraftkomponente F_t von Bedeutung ist. Die auf die gerade, ebene Bahn normal stehende Kraftkomponente F_N hat keinen Einfluß, solange der Körper nicht von der Bahn abgehoben wird und die Reibung vernachlässigt wird.

Die Arbeit, die eine konstante Kraft auf einer geraden Bahn verrichtet, ist so definiert:

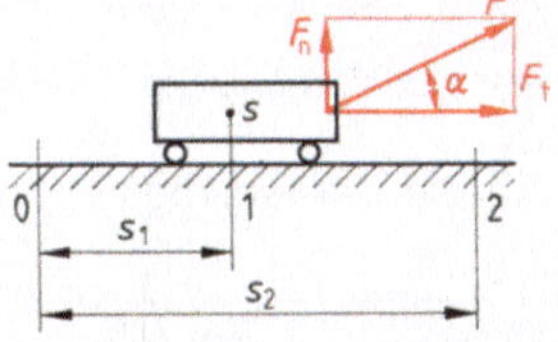

4.1 Geradlinige Bewegung, Kraft greift unter einem Winkel α an

> Die mechanische Arbeit W der Kraft F ist gleich dem Produkt aus der in Wegrichtung wirkenden Kraftkomponenten F_t und der Wegstrecke s_2-s_1 (Arbeit = Kraft · Weg).
>
> $$W = F_t(s_2-s_1)$$

Grenzfälle

$\alpha = 0$	$\cos\alpha = 1$	$W = F(s_2-s_1)$	Die gesamte Kraft verrichtet die Arbeit.
$\alpha = \dfrac{\pi}{2}$	$\cos\alpha = 0$	$W = 0$	Die Kraft verrichtet keine Arbeit.
$\alpha = \pi$	$\cos\alpha = -1$	$W = -F(s_2-s_1)$	Die gegen die Bewegung gerichtete Kraft (z.B. Bremskraft) verrichtet eine negative, also der Bewegung entgegengesetzte Arbeit.

Einheit der Arbeit kann sowohl 1 Newtonmeter (Nm) als auch 1 Joule (J) oder 1 Wattsekunde (Ws) sein.

Weil Kraft und Weg gerichtete Größen sind, können wir die Arbeit auch als inneres Vektorprodukt schreiben: $W = \vec{F} \cdot \Delta\vec{s}$. Ihre Umformung in skalare Größen ergibt

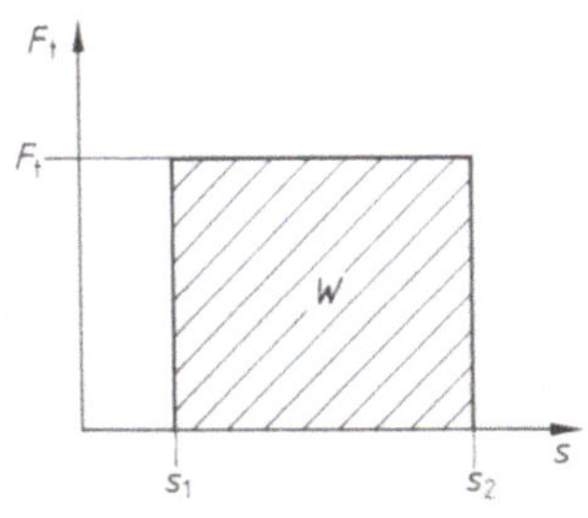

4.2 Kraft-Weg-Diagramm für $F_t = $ konst ($\alpha = $ konst)

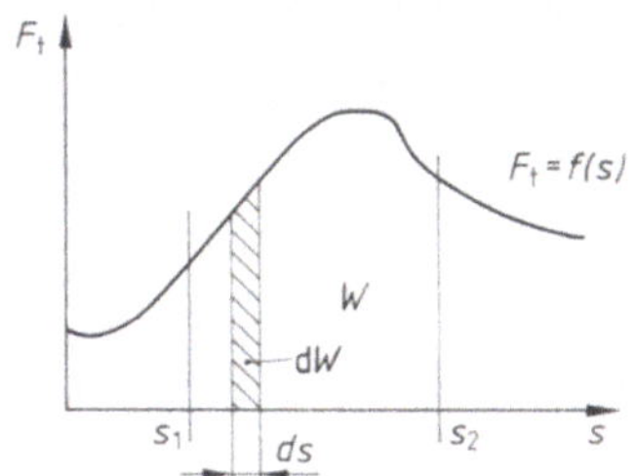

4.3 Kraft-Weg-Diagramm für $F \neq$ konst, $F_t \neq$ konst

$$\vec{F} = \begin{Bmatrix} F_t \\ F_N \end{Bmatrix} = \begin{Bmatrix} F \cdot \cos\alpha \\ F \cdot \sin\alpha \end{Bmatrix} \qquad\qquad W = F \cdot \cos\alpha \cdot \Delta s = F_t \cdot \Delta s.$$

Für den beschriebenen Fall läßt sich ein Kraft-Weg-Diagramm erstellen. Da die Kraft stets konstant sein soll und unter gleichbleibendem Winkel α auf den Körper wirkt, ergibt sich die Arbeit als rechteckige Fläche im Diagramm (**4.2** auf S. 97). Ändert man die Kraftgröße oder den Winkel α während der Bewegung von s_1 nach s_2, stellt sich die Arbeit wiederum als Fläche unter der entsprechenden Funktionskurve dar (**4.3**). Dies bedeutet, daß wir die Arbeit stets durch Integration finden können.

Auf der Wegstrecke ds beträgt die Teilarbeit $dW = F_t \cdot ds$ Gl. (4.1)

Für die Gesamtarbeit ergibt sich $W = \int\limits_{s_1}^{s_2} dW = \int\limits_{s_1}^{s_2} F_t \cdot ds$ Gl. (4.2)

Ist die Kraft-Weg-Funktion nur durch ein Schaubild und nicht als mathematische Funktion gegeben, kann man die verrichtete Arbeit auch durch Planimetrieren der Fläche ermitteln.

Krummlinige Bewegung. Wenn sich der Körper auf einer in der Ebene liegenden gekrümmten Bahn bewegt, verläuft die für die Arbeit wesentliche Kraftkomponente in Richtung der Bahntangente: $F_{ti} = F_i \cdot \cos\alpha_i$ (**4.4**). Mit Hilfe dieser Kraftkomponente läßt sich die Arbeit wie bei der geradlinigen Bewegung ermitteln.

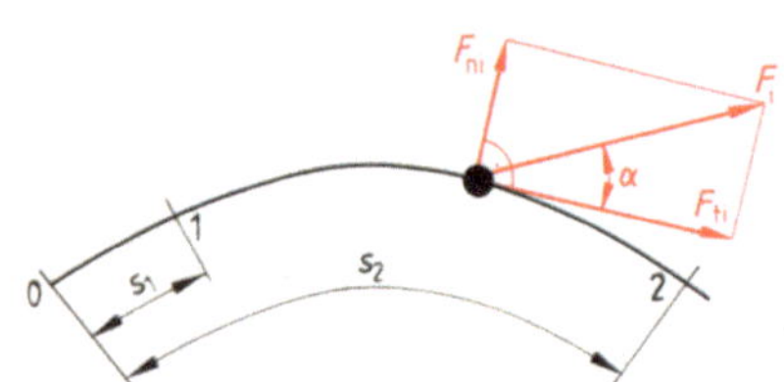

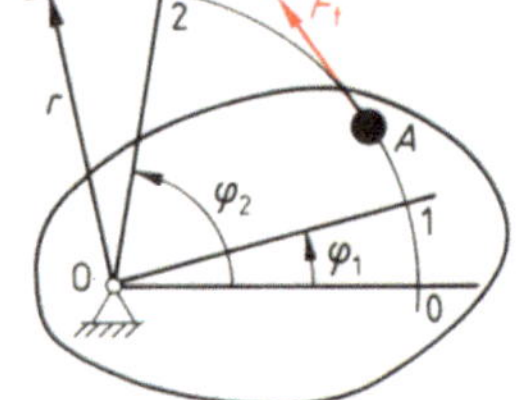

4.4   Krummlinige Bewegung   4.5   Drehbewegung um ortsfeste Achse

Räumlich gekrümmte Bewegung. Wie wir gesehen haben, ist für die Arbeit stets das Wegintegral über die Bahnkomponente der Kraft zu bilden. Dies gilt auch für die räumliche Bahnkurve.

Drehbewegung. Auf einen um die ortsfeste Achse 0 drehbar gelagerten Körper (**4.5**) wirkt über dem Drehwinkel $\varphi_2 - \varphi_1$ das konstante Drehmoment M. Dieses Drehmoment M kann durch eine ständig an einem Kreis mit dem Radius r wirkenden Tangentialkraft F_t erzeugt werden. Während der Drehung beschreibt der Angriffspunkt A der Kraft F_t den Weg $s_2 - s_1 = r\,(\varphi_2 - \varphi_1)$. Damit beträgt die mechanische Arbeit

$$W = F_t \cdot r\,(\hat{\varphi}_2 - \hat{\varphi}_1)$$ Gl. (4.3)

bzw. unter Berücksichtigung von $F_t \cdot r = M$

$$W = M\,(\hat{\varphi}_2 - \hat{\varphi}_1).$$ Gl. (4.4)

Ist das Drehmoment mit dem Drehwinkel φ veränderlich, ist die Arbeit

$$W = \int\limits_{\hat{\varphi}_1}^{\hat{\varphi}_2} M \cdot d\hat{\varphi}.$$ Gl. (4.5)

Das Moment muß als Funktion des Drehwinkels $M = f(\varphi)$ oder als Schaubild gegeben sein (4.6).

Meist greifen an einem bewegten Körper mehrere Kräfte gleichzeitig an. Wir unterscheiden verschiedene Arten von Arbeit:

— Reibarbeit,
— Hubarbeit,
— Federspannarbeit,
— Beschleunigungsarbeit.

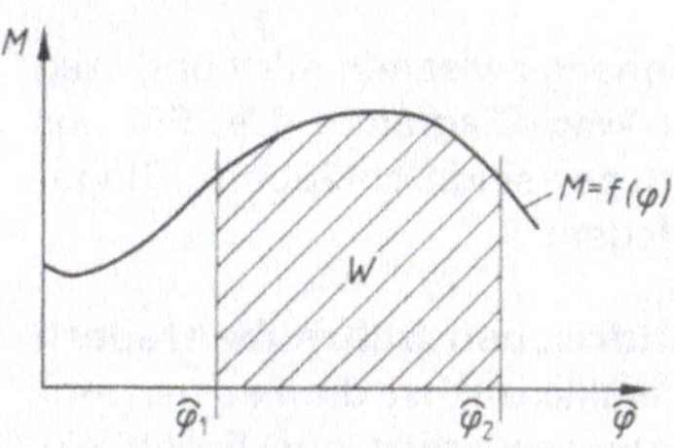

4.6 M-φ-Diagramm

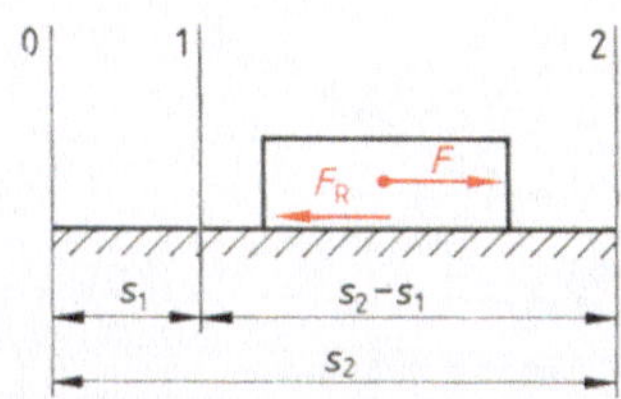

4.7 Geradlinige ebene Bewegung

Reibarbeit ist die Arbeit zur Überwindung der Reibkraft. Ein Körper bewegt sich gleichförmig auf horizontaler Bahn, die Zugkraft F wirkt in Bewegungsrichtung (4.7). Zwischen F und F_R besteht statisches Gleichgewicht, d.h., die Zugkraft verrichtet gerade die zur Überwindung der Reibung erforderliche Arbeit.

$$F = F_R \rightarrow W = F_R (s_2 - s_1) = \mu \cdot F_N (s_2 - s_1).$$

Bei gleichförmiger Drehbewegung eines im Drehzapfen gelagerten Körpers hat das Antriebsmoment M den gleichen Betrag wie das Zapfenreibmoment M_R.

$$M = M_R \rightarrow W = M_R (\hat{\varphi}_2 - \hat{\varphi}_1) = F_R \cdot r (\hat{\varphi}_2 - \hat{\varphi}_1) = \mu \cdot F_N \cdot r (\hat{\varphi}_2 - \hat{\varphi}_1).$$

Wenn Reibung in anderem Zusammenhang auftritt, ist analog vorzugehen.

Hubarbeit ist die Arbeit zur Überwindung der Gewichtskraft. Ein Körper mit der Gewichtskraft F_G wird gleichförmig und reibungsfrei auf einer beliebig gekrümmten Bahn um den Höhenunterschied $h_2 - h_1$ gehoben (4.8). Dazu ist an jeder Stelle der Bahn eine bestimmte Tangentialkraft F_t erforderlich, die mit der Hangabtriebskraft F_{GH} im statischen Gleichgewicht steht.

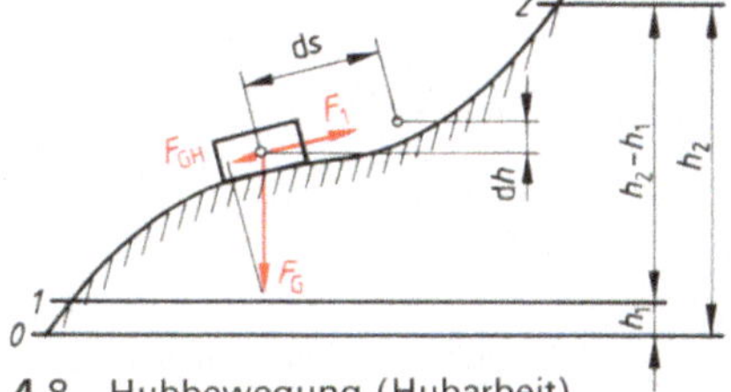

$$F_t = F_{GH} \rightarrow dW = F_t \cdot ds = F_{GH} \cdot ds = F_G \cdot \sin\alpha \cdot ds$$
$$dW = m \cdot g \cdot ds \cdot \sin\alpha = m \cdot g \cdot dh.$$

Die Gesamtarbeit über den Hub erhalten wir durch Integration.

4.8 Hubbewegung (Hubarbeit)

$$W = \int_{h_1}^{h_2} dW = \int_{h_1}^{h_2} m \cdot g \cdot dh = m \cdot g \int_{h_1}^{h_2} dh \rightarrow W = m \cdot g (h_2 - h_1) \qquad \text{Gl. (4.6)}$$

Erkenntnis: Die Hubarbeit ist unabhängig von der Form des Weges.

Federspannarbeit ist die Arbeit zur Überwindung der Federkraft F. Für die Kraft F, die zum Spannen einer Feder erforderlich ist, gilt im linear elastischen (Hookeschen) Bereich, daß diese proportional dem Federweg ist.

$$F = \text{Federkonstante} \cdot \text{Weg} \qquad F = c \cdot s \qquad\qquad \text{Gl. (4.7)}$$

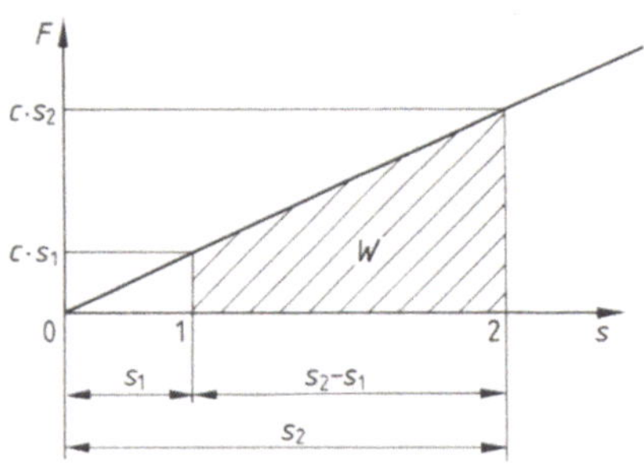

4.9 Kraft-Weg-Diagramm einer Feder

Den Zusammenhang zwischen Kraft und Weg zeigt das Kraft-Weg-Diagramm **4.9**. Für uns wichtige Federtypen sind Schrauben-, Biege- oder Drehstabfedern.

Auch bei zylindrischen Schraubenfedern mit linearer Charakteristik ist die Federspannkraft immer entgegengesetzt zur Federrückstellkraft. Die Arbeit W, die die Kraft F beim Federspannen verrichtet, entspricht der Fläche unter der Federkennlinie. War die Feder schon vorgespannt, erhalten wir eine Trapezfläche.

$$W = \frac{1}{2} F \cdot s = \frac{1}{2} c \cdot s^2 \quad \text{bei nicht vorgespannter Feder} \qquad \text{Gl. (4.8)}$$

$$W = \frac{1}{2}(c \cdot s_1 + c \cdot s_2)(s_2 - s_1) = \frac{1}{2} c (s_2^2 - s_1^2) \quad \text{bei vorgespannter Feder} \qquad \text{Gl. (4.9)}$$

Diese Gleichungen gelten für Zug-, Druck- und Biegefedern.

Beispiel 4.1 Am Auslauf einer Paketsortieranlage befindet sich ein gefederter Puffer (**4.10**). Seine Feder ist 120 mm vorgespannt, $c = 18\,\text{kN/m}$. Welche Arbeit wird in der Feder gespeichert, wenn sie nach Auftreffen eines Pakets um (weitere) 35 mm zusammengedrückt wird?

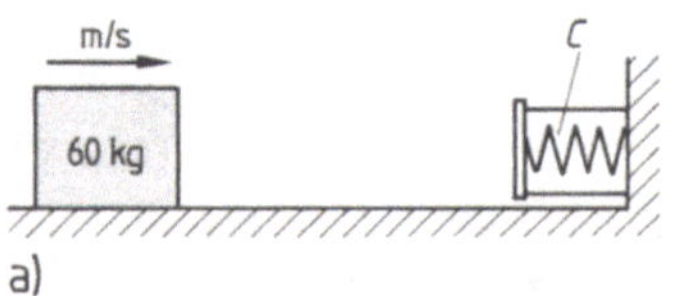

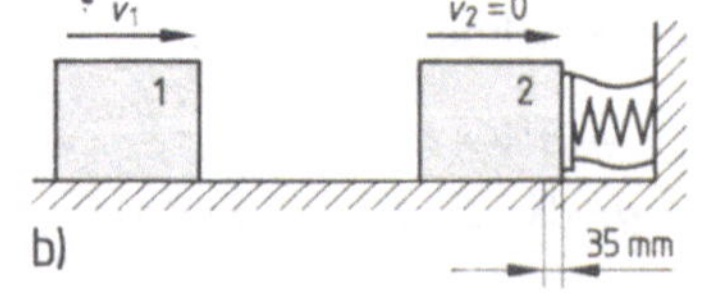

4.10 Paketauslaufstrecke

a) vor Aufprall, b) maximale Stauchung des gefederten Puffers

Lösung $$W = \frac{1}{2} c (s_2^2 - s_1^2)$$

$$W = \frac{1}{2} \cdot 18 \cdot 10^3\,\text{N/m}\,(0{,}155^2\,\text{m}^2 - 0{,}120^2\,\text{m}^2) = \mathbf{86{,}6\,Nm = 86{,}6\,J}$$

Die geradlinige Charakteristik muß aber nicht vorhanden sein. Es gibt auch Federn, die sich progressiv (z.B. Gummipuffer) oder degressiv verhalten. Außerdem erzielt man annähernd eine progressive Charakteristik durch zwei lineare Federpakete, wenn das zweite Paket erst ab einer bestimmten Belastung einsetzt (**4.11**, Anwendung z.B. beim Blattfedernpaket der Hinterachsen schwerer Lkw).

Letztlich können alle im Abschnitt Statik behandelten Träger als Biegefedern aufgefaßt werden. Durch Belastung kommt es zu einer Durchbiegung von Wellen und von Trägern. Es besteht Gleichgewicht zwischen den äußeren Kräften und den inneren Rückstellkräften.

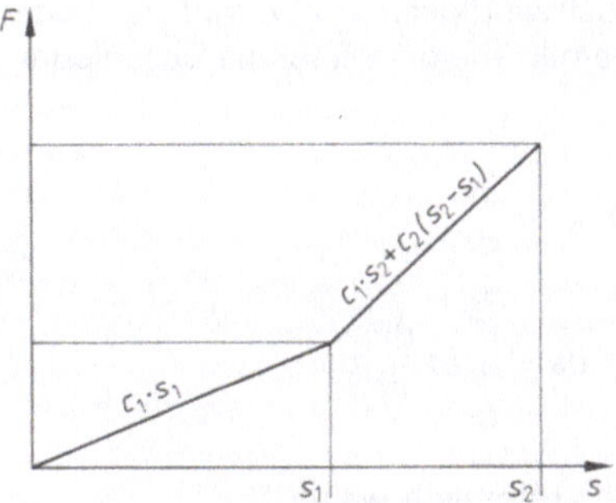

4.11 Kraft-Weg-Diagramm zweier überlagerter Federn (angenähert progressives Verhalten)

4.12 Drehstabfeder

Drehstabfedern (4.12). Um einen einseitig eingespannten Drehfederstab um den Winkel φ zu verdrillen, ist ein bestimmtes Drehmoment erforderlich. So erhalten wir analog zum Obigen das

Drehfedergesetz $\quad M = c_\mathrm{d} \cdot \hat{\varphi}.$ $\qquad c_\mathrm{d} =$ Drehfederkonstante $\qquad$ Gl. (4.10)

Das Drehmoment M ist stets entgegengesetzt gleich dem Rückstellmoment der Drehfeder. Die zum Verdrillen von φ_1 auf φ_2 nötige Drehfeder-Spannarbeit ergibt sich mit

$$W = \int_{\hat{\varphi}_1}^{\hat{\varphi}_2} M \cdot \mathrm{d}\varphi = \int_{\hat{\varphi}_1}^{\hat{\varphi}_2} c_\mathrm{d} \cdot \hat{\varphi} \cdot \mathrm{d}\varphi$$

$$= \frac{1}{2} c_\mathrm{d} (\hat{\varphi}_2 - \hat{\varphi}_1)^2. \qquad \text{Gl. (4.11)}$$

Beim Verdrillen aus dem ungespannten Zustand vereinfacht sich diese Formel auf

$$W = \frac{1}{2} c_\mathrm{d} \cdot \hat{\varphi}^2. \qquad \text{Gl. (4.12)}$$

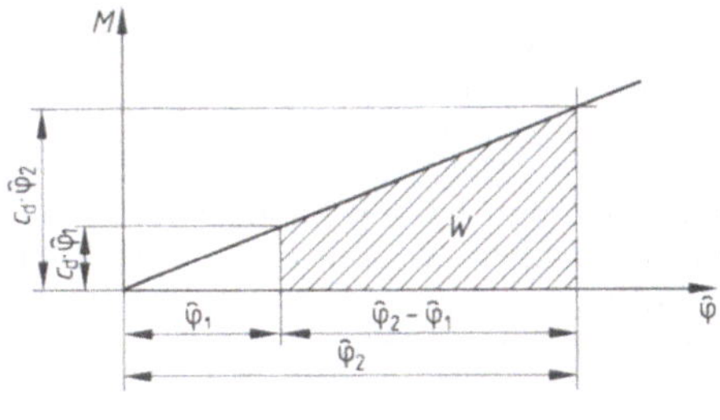

Den Zusammenhang zwischen Moment und Verdrehwinkel stellt das Diagramm 4.13 dar.

Beispiel 4.2 Die Vorderräder eines Pkw sind in ihrer Aufhängung mit einer Drehstabfeder verbunden. Wie groß ist die in der Feder gespeicherte Arbeit, wenn sich das linke Rad gegenüber dem rechten infolge Fahrbahnunebenheiten soviel höher befindet, daß die Feder um 16° gedreht wird? $c_d = 110\,\text{kNm/rad}$

Lösung $$W = \frac{1}{2}\, c_d \cdot \hat{\varphi}^2 = \frac{1}{2} \cdot 110\,\text{kNm/rad} \cdot 0{,}28^2\,\text{rad}^2 = \mathbf{4{,}29\,kNm} = \mathbf{4{,}29\,kJ}$$

Beschleunigungsarbeit ist die Arbeit zur Überwindung der Trägheitskraft. Ein Körper mit der Masse m wird durch eine Einzelkraft F_t (also ohne gleich große Gegenkraft) beschleunigt (4.14). Dadurch ändert sich auf der Wegstrecke $s_2 - s_1$ seine Geschwindigkeit von v_1 auf v_2. Unter Berücksichtigung des Newtonschen Grundgesetzes der Dynamik erhalten wir für die Beschleunigungsarbeit

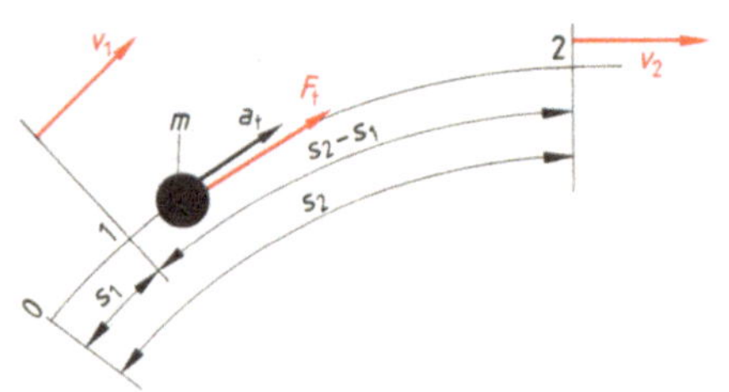

4.14 Beschleunigte Bewegung

$$F_t = m \cdot a_t = m\,\frac{dv}{dt}.$$

$$W = \int_{s_1}^{s_2} F_t \cdot ds = \int_{s_1}^{s_2} m\,\frac{dv}{dt}\,ds.$$

Da $\dfrac{ds}{dt} = v$, ergibt sich weiter

$$W = m \int_{v_1}^{v_2} v \cdot dv = m\,\frac{1}{2}\,v^2 \Big|_{v_1}^{v_2}.$$

$$W = \frac{1}{2}\,m\,(v_2^2 - v_1^2) \qquad\qquad \text{Gl. (4.13)}$$

Erkenntnis: Die Beschleunigungsarbeit W ist unabhängig von der Bahnform und vom Bewegungsablauf zwischen den Wegstrecken s_1 und s_2.

Beginnt die Beschleunigung aus dem Ruhestand, ist $v_1 = 0$, und mit $v = v_2$ folgt

$$W = \frac{1}{2}\,m \cdot v^2. \qquad\qquad \text{Gl. (4.14)}$$

Analog ergibt sich für einen um einen Punkt des Körpers drehbar gelagerten Körper mit dem Massenträgheitsmoment I die Drehbeschleunigungsarbeit mit

$$W = \frac{1}{2}\,I\,(\omega_2^2 - \omega_1^2) \qquad\qquad \text{Gl. (4.15)}$$

und bei Beschleunigung aus der Ruhelage $W = \dfrac{1}{2}\,I \cdot \omega^2.$ \qquad Gl. (4.16)

Beispiel 4.3 Ein Eisenbahnzug mit der Masse $m = 450\,\text{t}$ erhöht auf einer Steigung von $8^0/_{00}$ längs eines Weges $s = 1{,}8\,\text{km}$ seine Geschwindigkeit von 30 auf 55 km/h (4.15). $\mu_F = 0{,}005$.

Gesucht werden a) die Reibungsarbeit W_1, b) die Hubarbeit W_2, c) die Beschleunigungsarbeit W_3, d) die Gesamtarbeit W_{ges}.

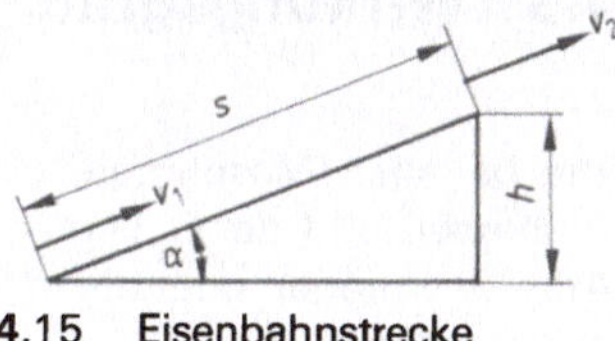

4.15 Eisenbahnstrecke

Lösung

a) $W_1 = m \cdot g \cdot s \cdot \mu_F$

$W_1 = 450\,000\,\text{kg} \cdot 9{,}81\,\text{m/s}^2 \cdot 1800\,\text{m} \cdot 0{,}005 = 39\,730\,500\,\text{J} \cong \mathbf{39\,730{,}5\,kJ}$

b) $W_2 = m \cdot g \cdot h = m \cdot g \cdot s \cdot \sin\alpha$

Weil der Winkel α sehr klein ist, kann $\sin\alpha$ annähernd $\tan\alpha$ gesetzt werden; also $\sin\alpha \cong \tan\alpha$.

$W_2 = m \cdot g \cdot s \cdot \tan\alpha$

$W_2 = 450\,000\,\text{kg} \cdot 9{,}81\,\text{m/s}^2 \cdot 1800\,\text{m} \cdot 0{,}008 = 63\,568\,800\,\text{J} \cong \mathbf{63\,568{,}8\,kJ}$

c) $W_3 = m\,\dfrac{1}{2}\,(v_2^2 - v_1^2)$

$W_3 = \dfrac{1}{2}\,450\,000\,\text{kg} \cdot \dfrac{1}{3{,}6^2}\,(55^2 - 30^2)\left(\dfrac{\text{m}}{\text{s}}\right)^2 = 36\,892\,361\,\text{J} \cong \mathbf{36\,892{,}4\,kJ}$

d) $W_{ges} = W_1 + W_2 + W_3 = \mathbf{140\,191{,}7\,kJ}$

4.2 Leistung

Leistung. Die bisher behandelten Gleichungen für Arbeits- und Energieformen lassen die Zeit unberücksichtigt. Die Anstrengung zur Verrichtung einer Arbeit kann jedoch je nach Zeitaufwand sehr unterschiedlich sein. Erledigen wir eine Arbeit sehr rasch, müssen wir uns erheblich mehr anstrengen als bei längerer Zeitdauer. Auch zur Charakterisierung einer Maschine oder technischen Anlage braucht man ein Maß für die zeitlich bedingte Anstrengung. Diesen Begriff nennt man die Leistung P. Sie ist eine skalare Größe. Ihre Einheiten sind W, Nm/s oder J/s.

Die Leistung ist der Quotient aus der verrichteten Arbeit W und der dazu nötigen Zeit t: $P = W/t$. Dieser Satz gilt jedoch nur für die mittlere Leistung.

Die Leistung in einem bestimmten Augenblick ist gleich dem Produkt aus der in Wegrichtung wirkenden Kraftkomponente und der Geschwindigkeit ihres Angriffspunkts.

$$P = \frac{\mathrm{d}W}{\mathrm{d}t} = F_t\,\frac{\mathrm{d}s}{\mathrm{d}t} = F_t \cdot v \qquad\qquad \text{Gl. (4.17)}$$

Diese Definition gilt für die translatorische Bewegung. Für die Leistung bei einer Drehbewegung erhalten wir entsprechend:

Die Leistung einer Kraft in einem bestimmten Augenblick ist gleich dem Produkt aus dem die Rotation hervorrufenden Moment und der augenblicklichen Winkelgeschwindigkeit.

$$P = \frac{\mathrm{d}W}{\mathrm{d}t} = F_t \cdot r\,\frac{\mathrm{d}\hat{\varphi}}{\mathrm{d}t} = F_t \cdot r \cdot \omega = M \cdot \omega \qquad\qquad \text{Gl. (4.18)}$$

4.3 Wirkungsgrad

Die bei allen Maschinen, Lagern und Führungen usw. auftretenden Reibkräfte verursachen Reibarbeit und damit Verluste an mechanischer Energie. Das in einer Maschine gespeicherte Arbeitsvermögen oder die in technischen Apparaten gespeicherte Energie sind also niemals voll auszunutzen.

Beispiel 4.4   Die im Kraftstoff enthaltene Energie läßt sich nicht voll in Bewegungsenergie für das Kraftfahrzeug umsetzen. Abgesehen von den chemischen, thermischen und strömungstechnischen Verlusten im Motor, summieren sich auf dem Weg vom Kolben bis zu den Reifen viele kleine Energieverluste durch Reibung. Der Luftwiderstand sorgt für weitere Abschwächung der Energieumsetzung.

Das tatsächlich in Energie umgesetzte Arbeitsvermögen erfaßt man mit dem Wirkungsgrad η. Er ist das Verhältnis der Nutzarbeit W_N zur aufgewendeten Arbeit W_A bzw. der Nutzleistung P_N zur aufgewendeten Leistung P_A.

$$\text{Wirkungsgrad} = \frac{\text{Nutzarbeit}}{\text{Arbeits- bzw. Energieaufwand}} = \frac{\text{Nutzleistung}}{\text{aufgewendete Leistung}}$$

$$\eta = \frac{W_N}{W_A} = \frac{P_N}{P_A} \qquad \text{Gl. (4.19)}$$

Der Wirkungsgrad ist also immer kleiner als 1.

Der Wirkungsgrad muß nicht über den gesamten Betriebsbereich der Maschine konstant bleiben, sondern kann — und das ist häufig der Fall — von der Belastung abhängen.

Gesamtwirkungsgrad. Sind mehrere Aggregate hintereinander geschaltet, ergibt sich der Gesamtwirkungsgrad aus dem Produkt der Teilwirkungsgrade: $\eta_{ges} = \eta_1 \cdot \eta_2 \cdot \eta_3 \cdots \eta_i$.

Beispiel 4.5   Der gesamte mechanische Wirkungsgrad eines Kraftfahrzeugs setzt sich zusammen aus den mechanischen Teilwirkungsgraden des Motors, des Getriebes und des Differentials sowie dem Übertragungswirkungsgrad (Schlupf) zwischen Reifen und Fahrbahn.

Aufgaben zu Abschnitt 4

1. Wie groß ist die Hubarbeit des Aufzugs in einer Kraftwerkshalle, wenn er $m = 30000$ kg 20 m hochhebt?

2. Wie groß ist die Antriebsleistung einer Turbine, wenn sie den Generator mit $n = 1800$ U/min antreibt und dabei ein Drehmoment von $T = 1800$ kNm überträgt?

3. Ein Motorrad ($m = 250$ kg, Masse des Fahrers $m = 80$ kg) wird aus dem Stand in 7,6 s auf 100 km/h beschleunigt. Wie groß waren die mittlere Beschleunigung und die gesamte Beschleunigungsarbeit?

4. Ein Fahrzeug ($m = 960$ kg) wird in 12 s von 105 km/h auf 10 km/h abgebremst. Wie groß waren die mittlere Verzögerung und die gesamte Verzögerungsarbeit?

5. Welche Geschwindigkeit kann ein Fahrzeug mit einer Räderantriebsleistung von 84 kW fahren, wenn über die Räder eine Antriebskraft von insgesamt $F = 1600$ N übertragen wird? Der Luftwiderstand soll vernachlässigt werden.

6. Ein Fahrzeug wird auf trockener Fahrbahn ($\mu = 0,75$) mit einer Vollbremsung zum Stillstand gebracht. Welche Strecke ist hierzu erforderlich, wenn die ursprüngliche Geschwindigkeit $v = 50$ km/h betragen hat?

7. Welche Leistung vollbringt ein Hund, der einen Hundeschlitten ($m = 46$ kg) konstant mit

25 km/h zieht? Der Reibwert kann aufgrund der Schneelage mit $\mu = 0{,}03$ angenommen werden.

8. Eine mit einem E-Motor (3 kW) angetriebene Waschmaschine schleudert 3 min lang Wäsche. Wieviel kostet der Schleudervorgang, wenn 1 kWh mit S 1,60 (0,23 DM) berechnet wird?

9. Ein Körper ($m = 170$ kg) wird 12 m hochgehoben und fällt anschließend gegen eine Schlagvorrichtung.
   a) Welche Arbeit wurde beim Hochheben verrichtet?
   b) Wie groß ist seine Geschwindigkeit beim Aufschlagen?

10. Der Antriebsmotor einer Maschine gibt 1,8 kW Leistung ab. Das nachgeschaltete Getriebe hat 3 Stufen, jede Stufe einen Wirkungsgrad von $\eta = 0{,}96$. Wie groß ist die für die Ausführung der Maschinentätigkeit zur Verfügung stehende Leistung?

11. Die Rolltreppe in einem Kaufhaus soll 5000 Personen je Stunde befördern. Je Person wird eine Durchschnittsmasse von 80 kg angenommen. Eine Überladung von 100% (Waren, Kinder, Geräte usw.) soll möglich sein. Die Transportgeschwindigkeit beträgt 0,4 m/s. Berechnen Sie die Antriebsleistung bei einem Gesamtwirkungsgrad von 80%. $\alpha = 40°$, $l = 10$ m

12. Aus einem Bunker wird Kohle zur Mühle eines Kraftwerks gefördert. Die Geschwindigkeit des Förderbands ist 1,2 m/s, umschaltbar auf 1,8 m/s. Die Kohle wird auf eine Höhe von 12 m über eine Länge von 30 m gefördert. Der Wirkungsgrad des Antriebs ist 0,6. Zu transportieren sind 400 Tonnen in der Stunde.
   a) Wie groß ist die Antriebsleistung?
   b) Hat die eingestellte Geschwindigkeit Einfluß auf die Antriebsleistung?

5 Verbindungselemente

Arten. Die Verbindungen von Bauteilen können wir einteilen in lösbare, nicht lösbare und federnde. Oder nach der Art der Kraftübertragung in reibschlüssige (kraftschlüssige), formschlüssige und vorgespannte formschlüssige Verbindungen (**5.1**).

Beispiel 5.1 Verbindungsarten

	Reibschluß	Formschluß	Stoffschluß
lösbar	Schrauben	Bolzen Stifte	
unlösbar	Schrumpfen Warmnieten	Kaltnieten	Löten Schweißen Kleben
federnd		Federn	

Entscheidend für die Wahl der Verbindungsart sind Größe und Wirkung der zu übertragenden Kräfte und Momente. Dazu kommen wirtschaftliche Überlegungen. So wird man für kleinere Drehmomente Klemmverbindungen und Spannhülsen, Paßfedern und Querstifte einsetzen, für größere und wechselnde Drehmomente dagegen Preßpassungen, Keilwellen oder Kerbverzahnung wählen. Handelt es sich nicht um bewegte Teile, sind der Verwendungszweck und die damit verbundenen Servicearbeiten ausschlaggebend. Sind die Teile nach einzelnen Benutzungsperioden nicht voneinander zu trennen (z.B. bei Reparatur- und Servicearbeiten), wird man unlösbare Verbindungen vorsehen. Sollen Bewegungen periodisch wechselnd ausgeführt werden (z.B. Ventil im Zylinderkopf eines Motors), wählt man federnde Verbindungen. Diese lassen sich auch zur Kraftbegrenzung, Kraftmessung und Stoßdämpfung verwenden.

5.1 Lösbare Verbindungen

Der Vorteil lösbarer Verbindungen liegt darin, daß sich die Bauteile zerstörungsfrei voneinander trennen und ggf. wieder verbinden lassen. Zu unterscheiden sind Schraubenverbindungen, Bolzen- und Stiftverbindungen sowie Sicherungselemente und Nabenverbindungen.

5.1.1 Schraubenverbindungen

Schrauben sind die häufigsten und vielseitigsten Verbindungselemente von Maschinen und Bauteilen. Nach der Verwendung gibt es Befestigungs-, Bewegungs-, Dichtungs-, Einstell- und Meßschrauben sowie Sonderformen (z. B. Spannschrauben).

> Schraubenverbindungen sind lösbare reibschlüssige Verbindungen. Sie wirken durch Reibung zwischen Schraube und Mutter.

Das Gewinde ist genormt (ÖNORM 1500, DIN 202). Seine Kurzbezeichnung besteht aus einem Kennbuchstaben für die Gewindeart und der Maßangabe für den Nenndurchmesser.

106

Handelt es sich nicht um ein ISO-Regelgewinde (ÖNORM M 1500 bis 1560, DIN 13 und 14), kann auch die Steigung in die Kurzbezeichnung eingehen.

Beispiel 5.1   M 16 × 1,5 = metrisches Feingewinde mit 16 mm Nenndurchmesser und 1,5 mm Steigung

Bild **5.2** zeigt die Bezeichnungen an einem metrischen ISO-Gewinde. Die Durchmesser haben verschiedene Indizes, z.B. Kerndurchmesser d_3, Flankendurchmesser d_2. Der Steigungswinkel ist α, der Flankenwinkel β. Er ist meist bei einem dreieckförmigen Profil mit $2\,\beta = 60°$ gegeben. Der Steigungswinkel α, bezogen auf den mittleren Flankendurchmesser d_2, berechnet sich mit P (Gewindesteigung nach einer Umdrehung) zu

$$\tan\alpha = \frac{P}{d_2 \cdot \pi} \, . \qquad\qquad \frac{P}{mm} \, \bigg| \, \frac{d_2}{mm} \qquad\qquad\qquad \text{Gl. (5.1)}$$

Bei mehrgängigen Gewinden wird die Steigung $P_h = n \cdot P$ $\qquad\qquad$ Gl. (5.2)

mit P_h = Steigung eines mehrgängigen Gewindes und n = Gangzahl. Die Außendurchmesser d (Bolzengewinde) sind nach dem metrischen Maßsystem gestuft, wobei die gängigen Schraubendurchmesser in der Norm durch Fettdruck hervorgehoben sind. Nichtgängige Größen sind beim Konstruieren zu vermeiden. Muttern haben Innengewinde, deren Durchmesser mit D bezeichnet werden.

5.2
Nullprofile des metrischen ISO-Gewindes (ohne Flankenspiel) nach DIN 13 Teil 2

$D = d$ = Gewindedurchmesser

$\quad P$ = Steigung des eingängigen Gewindes

$\quad H$ = Höhe des Profildreiecks $\qquad = 0,86603\,P$

$D_2 = d_2$ = Flankendurchmesser $\qquad = d - 0,75\,H$

$\quad D_1$ = Kerndurchmesser (Mutter) $\qquad = d_2 - 0/5\,H$

$\quad d_3$ = Kerndurchmesser (Bolzen) $\qquad = d_2 - 2/3\,H$

$\quad h_3$ = Gewindetiefe am Bolzen $\qquad = 0,5\,(d - d_3)$

$\quad H_1$ = Flankenüberdeckung $\qquad = 0,5\,(D - D_1)$

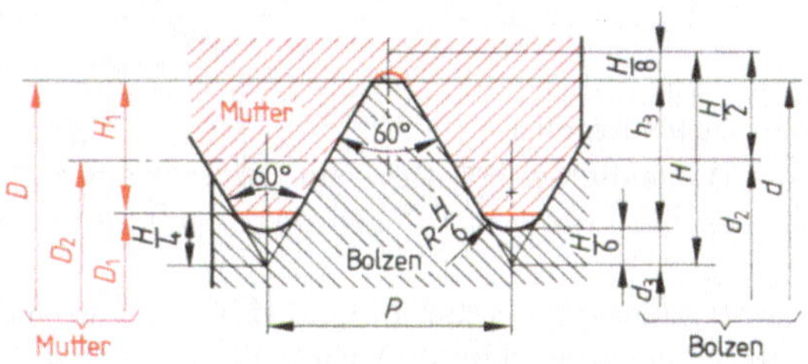

Rechts-/Linksgewinde. Üblich ist das Rechtsgewinde (Einschrauben durch Drehbewegung im Uhrzeigersinn). Linksgewinde verwendet man, wenn sich das Gewinde auf einem rotierenden Teil befindet und die übliche Drehbewegung entgegen dem Uhrzeigersinn verläuft. Dann könnte sich beim Rechtsgewinde die Verbindung durch die ständige Krafteinwirkung lösen (z.B. Schleifbock, Spannschloß).

Schiefe Ebene. Wickeln wir einen Gewindegang ab, erhalten wir eine schiefe Ebene. Mithin nutzt die Schraube die Kräfte auf der schiefen Ebene: Je kleiner der Steigungswinkel, desto größer der Kraftaufwand zum Bewegen der Mutter (s. Abschn. 2.2.2).

Herstellung. Gewinde und besonders Schrauben erzeugt man durch spanabhebende Bearbeitung, aber auch durch Kalt- oder Warmumformung. Bei der letzten ergibt sich durch die Materialverdichtung eine höhere Festigkeit und damit größere Dauerhaltbarkeit. Bei der spanenden Formgebung dient Automatenstahl als Ausgangsstoff, selten Vergütungsstahl. Die spanlose Formgebung erfordert bei größeren Abmessungen mehrere Arbeitsschritte. Fließpressen oder Rollen des Gewindes sind möglich. Bei höheren Festigkeitsklassen ist die Vergütung durch Wärmebehandlung erforderlich. Ist das Gewinde bzw. die gesamte Schraube einer aggressiven Atmosphäre ausgesetzt, tritt an die Stelle des Brünierens (geschwärzt – geölt, eingebrannte Oxidschicht, phosphortiert geölte Oberfläche) ein Korrosionsschutz. Dies kann eine metallische Schutzschicht (Zinn, Cadmium, Kupfer, Nickel, Chrom) oder eine Feuerverzinkung sein. Bei besonderer Aggressivität im Umkreis der Schraubenverbindung ist ein Überzug unvermeidbar, wenn man nicht säure- und laugebeständig legierte Stähle als Werkstoff verwendet.

Befestigungsschrauben

Bei Befestigungsschrauben werden die Schraubenbolzen auf Zug und die zu verbindenden Teile auf Druck beansprucht.

Gewinde (5.3). Meist wird das metrische ISO-Gewinde verwendet, das in 3 Toleranzklassen erhältlich ist:

- f = fein für Gewinde mit großer Genauigkeit, wenn nur geringes Spiel auftreten darf,
- m = mittel für die allgemeine Anwendung,
- g = grob, wenn keine Forderung an die Genauigkeit gestellt wird.

Bei Bestellungen ohne Angabe der Toleranzklasse wird m geliefert.

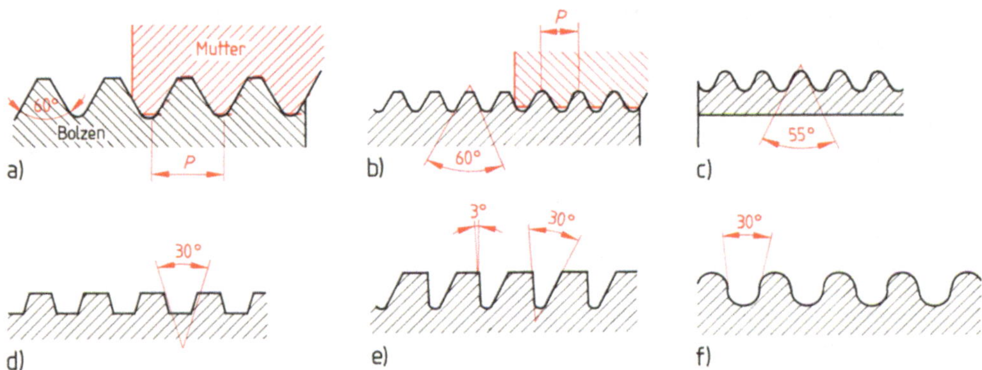

5.3 Gewindeprofile

a) metrisches ISO-Gewinde, b) metrisches ISO-Feingewinde, c) Whithworth-Rohrgewinde, d) Trapezgewinde, e) Sägengewinde, f) Rundgewinde

Für oft zu lösende Verbindungen (z. B. Armaturenverschraubungen, Waggonkupplungen) setzt man neben metrischen ISO-Gewinden Rundgewinde nach ÖNORM M 1550, DIN 405 ein. Für Gas- und Wasserleitungsrohre wird auch heute noch das in Zollabmessungen angesprochene und ausgeführte Whitworth-Rohrgewinde eingesetzt. In der Elektrotechnik kommen außerdem starre Panzerrohrgewinde (ÖNORM E 1301, E 1302, DIN 40430, Flankenwinkel 80°) vor allem für Rohrverschraubungen und Elektrogewinde (Rundgewinde) nach DIN 40400 vor, z. B. für Lampenfassungen und Sicherungen älterer Ausführung (etwa Glühlampensockel E 27).

Bezeichnung. Die meisten Schrauben werden aus zähem Stahl verschiedener Festigkeitsklassen gefertigt. Nach ÖNORM M 5001 Teil 3, DIN 267 Teil 3 steht die Festigkeitsklasse in zwei durch einen Punkt getrennten Zahlen auf dem Schraubenkopf. Die erste Zahl kennzeichnet die Mindestzugfestigkeit R_m, die zweite die Mindeststreckgrenze R_e. Multipliziert man die erste Zahl mit 100, erhält man R_m in N/mm². Das Produkt beider Zahlen mit 10 multipliziert ergibt R_e in

N/mm². Wichtig ist außerdem die Mindestbruchdehnung A. Bei den Muttern wird die Festigkeitsklasse nur mit einer Zahl angegeben, die mit 100 multipliziert die Mindestzugfestigkeit bezeichnet.

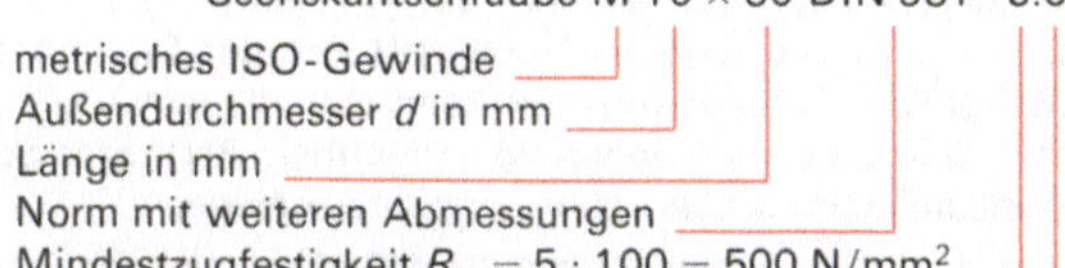

Schraube und Mutter sollen die gleiche Festigkeitsklasse haben. Je höher die Festigkeitsklasse, desto hochwertiger ist das Material. Der Spannungsverlauf in den Gewinden einer Mutter ist nach einer Länge von etwa 80% des Durchmessers nur noch sehr gering. Deshalb stellt man Muttern meist nur in Nennhöhen von $\approx 0,8\,D$ her. Sie sind für Schraubenverbindungen voll belastbar.

Schrauben- und Mutterformen sind vielfältig und in der Regel genormt (**5.4**, **5.5**). Eine Sonderform bilden die Schweißmuttern.

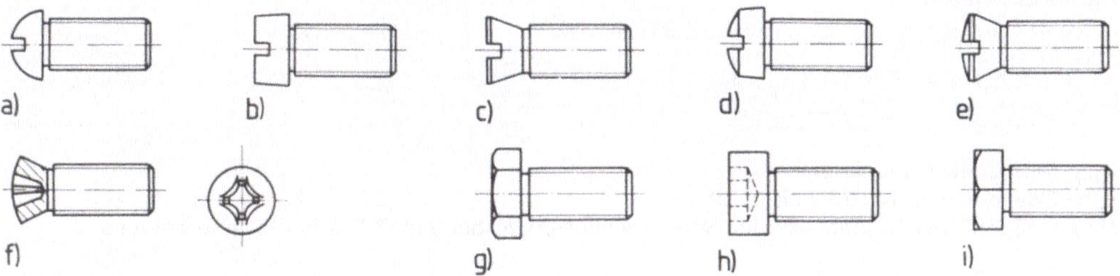

5.4   Schraubenkopfformen

a) Halbrundschraube, b) Zylinderschraube mit Schlitz, c) Senkschraube, d) Linsenschraube, e) Linsensenkschraube, f) Linsensenkschraube mit Kreuzschlitz, g) Sechskantschraube, h) Zylinderschraube mit Innensechskant, i) Vierkantschraube

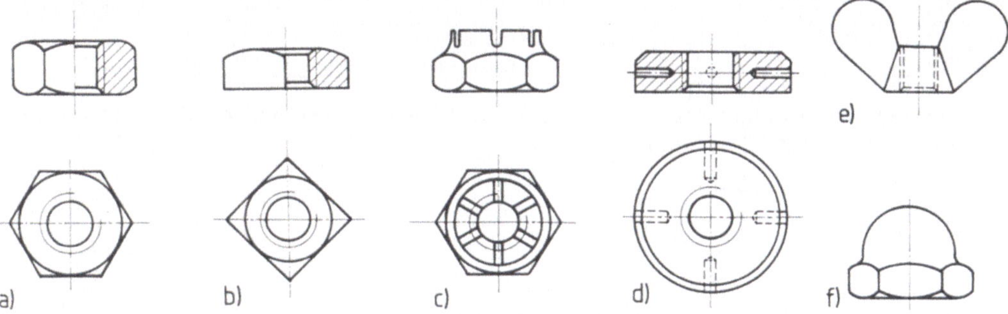

5.5   Muttern

a) Sechskantmutter, b) Vierkantmutter, c) Kronenmutter, d) Kreuzlochmutter, e) Flügelmutter, f) Hutmutter

Schraubensicherungen sichern die Verbindungen gegen selbständiges Lockern und Lösen (s. Abschn. 5.1.3). Bei stark schwellenden Belastungen (Generatoren, Turbinen, Pleuel usw.) verwendet man D e h n s c h r a u b e n ohne zusätzliche Schraubensicherung.

Angezogen werden Schrauben von Hand, mittels Gabel-, Maul- oder Ringschlüssel, mit Verlängerungs- und Winkelbegrenzung, mit Streckgrenzenkontrolle und Drehmomentbegrenzung, durch elektrische oder pneumatische Werkzeuge (Drehschrauber, Schlagschrauber).

Wird an die Verbindung kein hoher Anspruch gestellt, zieht man sie von Hand oder in der Serienfertigung durch elektrische oder pneumatische Handwerkzeuge an. Dabei läßt sich das Drehmoment grob durch eine Rutschkupplung begrenzen. Bei großen Schraubenlängen kann man die gewünschte Vorspannkraft nach dem Hookeschen Gesetz in eine meßbare Längenänderung umrechnen. Bei kurzen Schraubenlängen ergäben sich dabei durch Meßungenauigkeiten große Spannungsunterschiede.

Bei mittlerer Verbindungsgüte bringt man das Drehmoment mittels Drehmomentschlüssel auf. Am Momentenschlüssel läßt sich das Drehmoment direkt ablesen.

Bei besonders kritischen Schraubenverbindungen (z. B. Zylinderkopf eines Motors) zieht man zuerst die Schraube mit einem bestimmten Drehmoment an und geht dabei bis an die Materialstreckgrenze heran (Streckgrenzenkontrolle). Dann erreicht man durch Zurückdrehen um einen vorgegebenen Winkel genau die gewünschte Vorspannung.

Kräfte und Verformungen, Anziehmoment. Beim Anziehen einer Schraubenverbindung kommt es zu Reibwirkungen – einmal zwischen den Gewindegängen der Schraube und denen der Mutter, zum anderen zwischen der Unterlage bzw. dem Bauteil und dem Schrauben- bzw. Mutterkopf. Um die Reibung zu überwinden, ist das Schrauben- oder Gewindeanziehmoment M_G aufzubringen.

$$M_G \simeq F_M\,(0{,}16\,P + 0{,}58\,\mu_G \cdot d_2) \qquad \text{Gl. (5.3)}$$

F_M = Montagevorspannkraft
μ_G = Gewindereibzahl (0,12 bis 0,20)
d_i = maßgeblicher Durchmesser am Schraubenbolzen, d_S bei Schaft-, d_T bei Taillenschrauben

Die Montagevorspannung σ_M erhalten wir unter Verwendung von K (Grenzspannungsverhältnis) und σ_V (Vergleichsspannung, die beim Anziehen zugelassen werden soll, meist $= 0{,}9\,R_{p0,2}$).

$$\sigma_M = \frac{\sigma_V}{\sqrt{1 + 3\,K^2}} \qquad \text{Gl. (5.4)}$$

Um die Reibung zwischen Kopf bzw. Mutter und Bauteil zu überwinden, ist das Kopf- bzw. Mutteranziehmoment M_K aufzubringen.

$$M_K = F_M \cdot \mu_K \cdot r_m \qquad \text{Gl. (5.5)}$$

μ_K = Reibzahl an der Mutterauflagerfläche (0,12 bis 0,20)
r_m = mittlerer Auflageradius

Hierbei ist die Montagevorspannkraft

$$F_M = A_i \cdot \sigma_M \qquad \text{Gl. (5.6)}$$

mit A_i = maßgeblicher Schraubenquerschnitt A_S bzw. A_T (5.6). Um die Schraube nicht zu überlasten, darf die Spannung einen Grenzwert nicht überschreiten. Dazu bilden wir das Spannungsverhältnis

$$K \simeq \frac{0,63\,P + 2,3\,\mu_G \cdot d_2}{d_i}.$$

Das gesamte Anziehmoment ist somit $M_A = M_G + M_K$, bei einem Flankenwinkel von $2\,\beta = 60°$ vereinfacht

$$M_A \simeq F_M\,(0,16\,P + 0,58\,\mu_G \cdot d_2 + \mu_K \cdot r_m). \qquad \text{Gl. (5.7)}$$

Bei den üblichen Schraubenverbindungen setzt man $\mu_G = \mu_K$.

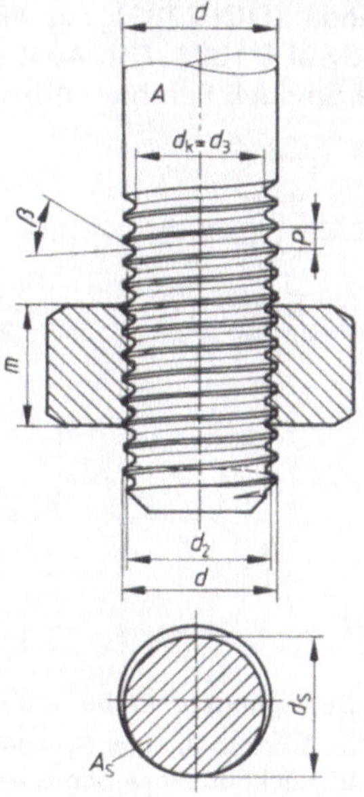

5.6   Metrisches ISO-Gewinde

Beispiel 5.3   Eine Sechskantschraube M 12 Festigkeitsklasse 8.8 (ÖNORM M 5106, DIN 960) soll mit einem elektrisch betriebenen Drehschrauber angezogen werden ($r_m \simeq 8$ mm). Wie groß sind die Montagevorspannkraft F_M, das Gewindeanziehmoment M_G und das gesamte Anziehmoment M_A?

Lösung   Spannungsverhältnis $K \simeq \dfrac{0,63\,P + 2,3\,\mu_G \cdot d_2}{d_i}$

Nach ÖNORM M 5101, DIN 13 Teil 1 sind:

$$P = 1,75 \text{ mm}, \; d_2 = 10,863 \text{ mm} \Rightarrow d_i = d_S \sim 10,36 \left(\sim \frac{d_2 + d_3}{2} \right), \; d_3 = 9,85 \text{ mm}$$

$$K \simeq \frac{0,63 \cdot 1,75 + 2,3 \cdot 0,16 \cdot 10,863}{10,36} = 0,49$$

μ_G angenommen mit 0,16 (zwischen 0,12 und 0,20). Mit $\sigma_V = 0,9\,R_{p0,2} = 0,9 \cdot 640 = 576$ N/mm² wird nach Gl. (5.4) die Montagevorspannung

$$\sigma_M = \frac{\sigma_V}{\sqrt{1 + 3K^2}} = \frac{576}{\sqrt{1 + 3 \cdot 0,49^2}} = 439 \text{ N/mm}^2$$

und mit $A_i = A_S = 84,3$ mm² nach Gl. (5.6) die Montagevorspannkraft
$$F_M = A_S \cdot \sigma_M = 84,3 \cdot 439 = \mathbf{37\,021 \text{ N}}.$$

Nach Gl. (5.3) folgt:
$$M_G \simeq F_M\,(0,16\,P + 0,58\,\mu_G \cdot d_2)$$
$$M_G \simeq 37\,021\,(0,16 \cdot 1,75 + 0,58 \cdot 0,16 \cdot 10,863) = \mathbf{47\,686 \text{ Nmm}}$$

Entsprechend gilt nach Gl. (5.7):
$$M_A \simeq F_M\,(0,16\,P + 0,58\,\mu_G \cdot d_2 + \mu_K \cdot r_m)$$
$$M_A \simeq 37\,021\,(0,16 \cdot 1,75 + 0,58 \cdot 0,16 \cdot 10,863 + 0,16 \cdot 8)$$
$$M_A = 95\,073 \text{ Nmm} \cong \mathbf{95 \text{ Nm}}$$

Bewegungsschrauben

Für Bewegungsschrauben sind metrische Gewinde nicht geeignet (**5.7**). Verwendet werden vorwiegend Trapezgewinde (DIN 103, **5.3**) mit einem Flankenwinkel von meist 30°, Sägengewinde (DIN 2781) mit 45°- oder (DIN 513) 30°-Flankenwinkel sowie **Rundgewinde** (ÖNORM E 1301, DIN 40400). Für eine rasche Längsbewegung wählt man eine **mehrgängige** Spindel. Für ihren Arbeitshub (Belastung) ist das Antriebsdrehmoment M_A erforderlich.

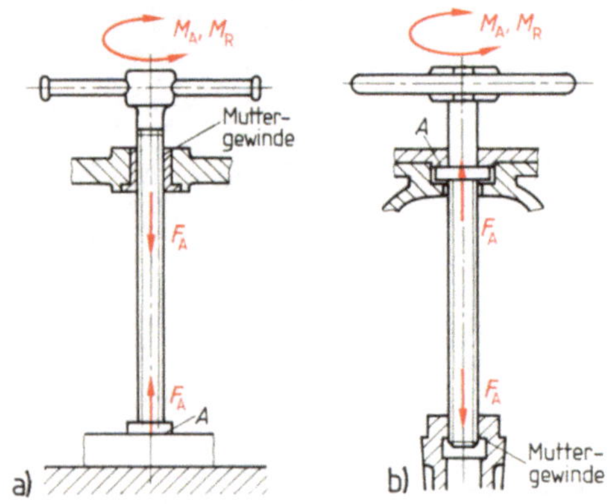

5.7 Bewegungsschraube
   a) Arbeitshub einer Spindelpresse
   b) Rückhub eines Schiebers

$$M_A = M_{GA} + M_L \qquad \text{Gl. (5.8)}$$

$$M_A \simeq F_A \cdot \tan(\alpha + \varrho_G) \cdot \frac{d_2}{2} \qquad \text{Gl. (5.9)}$$

$$+ F_A \cdot \mu_L \cdot R_L$$

wobei

$$M_{GA} = F_A \cdot \tan(\alpha + \varrho_G) \cdot \frac{d_2}{2} \qquad \text{Gl. (5.10)}$$

und $M_L = F_A \cdot \mu_L \cdot R_L$ sind. $\qquad$ Gl. (5.11)

Beim Rückhub unter Last ergibt sich das Rückdrehmoment infolge der umgekehrten Bewegungsrichtung mit

$$M_R = M_{GR} - M_L \qquad \text{Gl. (5.12)}$$

$$M_R = F_A \cdot \tan(\alpha - \varrho_G) \cdot \frac{d_2}{2} \qquad \text{Gl. (5.13)}$$

$$- F_A \cdot \mu_L \cdot R_L.$$

M_A = Antriebsmoment einschließlich Lagerreibung
M_{MG} = Drehmoment für Arbeitshub unter Last
M_L = Reibmoment im Lager
F_A = Betriebslängskraft
α = Gewindesteigungswinkel
ϱ_G = Gewindereibwinkel, $\tan \varrho_G = \mu_G = 0{,}05$ bis $0{,}08$
μ_L = Reibzahl im Lager (meist $\mu_L = \mu_G$)
R_L = mittlerer Radius der Lagerstützfläche

Um den Verschleiß an den Gewindeflanken zu begrenzen, darf eine werkstoffabhängige zulässige Flächenpressung nicht überschritten werden.

$$p_F = \frac{F_A \cdot P}{m \cdot d_2 \cdot \pi \cdot H_1} \leq p_{F\,zul} \qquad \text{Gl. (5.14)}$$

p_F = Pressung der Gewindeflanken
m = tragende Mutterhöhe
H_1 = Gewindetragtiefe (s. Norm)
$p_{F\,zul}$ = zulässige Flankenpressung (2 bis 7 N/mm² für Graugußmuttern, 5 bis 15 N/mm² für Bronzemuttern. Werden die Muttern mit Öl versorgt, sind die Werte etwas anzuheben.)

Wirkungsgrad. Da die Last beim Drehen der Bewegungsschraube gehoben oder gesenkt wird, wird gleichzeitig Nutzarbeit verrichtet. Zum Erzeugen der Drehung ist ein Arbeitsaufwand erforderlich, so daß wir das Verhältnis der Nutzarbeit zur aufgewendeten Arbeit als Wirkungsgrad definieren können. Unter Verwendung der uns schon bekannten Bezeichnungen für Steigungs- und Reibwinkel des Gewindes ergeben sich:

$$\text{Wirkungsgrad beim Arbeitshub} \qquad \eta_A = \frac{\tan \alpha}{\tan (\alpha + \varrho_G)} \qquad\qquad \text{Gl. (5.15)}$$

$$\text{Wirkungsgrad beim Rückhub} \qquad \eta_R = \frac{\tan (\alpha - \varrho_G)}{\tan \alpha} \qquad\qquad \text{Gl. (5.16)}$$

Selbsthemmung. Für den Grenzfall $\varrho_G \geqq \alpha$ folgt aus Gl. (5.16) der Wirkungsgrad ≤ 0. Das bedeutet Selbsthemmung der Schraube. Die Selbsthemmung (Steigungswinkel < Reibwinkel) darf nur bei Befestigungsschrauben angewendet werden. Bei Bewegungsschrauben muß $\eta >$ 0,5 sein (Steigungswinkel > Reibwinkel).

5.1.2 Bolzen- und Stiftverbindungen

Bolzen stellen Gelenkverbindungen her. Sie sind ebenfalls genormt (**5.8**). Die Bolzendurchmesser werden meist nach den Toleranzfeldern a11, c11, f8 oder h11 hergestellt, die Bohrungen dazu mit H8 bis H11. Berechnet werden Bolzenverbindungen nach der Beanspruchung auf Biegung und evtl. Schub. Man überprüft sie auf Biege-, Scherspannung und Flächenpressung.

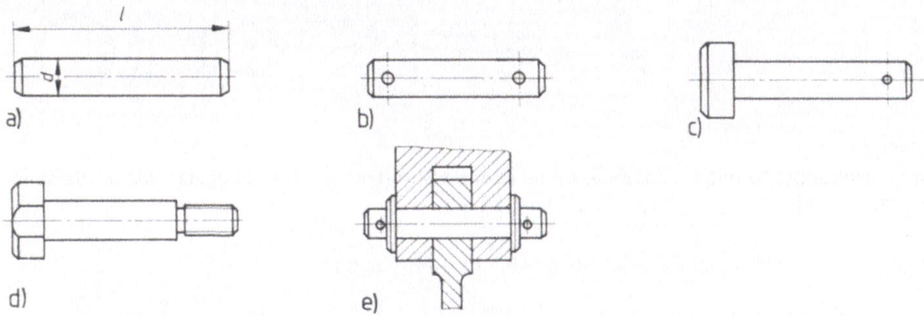

5.8 Bolzen

a) ohne Kopf, b) ohne Kopf mit Splintlöchern, c) mit Kopf, d) mit Gewindezapfen, e) Anwendungsbeispiel

$$\sigma_b = \frac{F(a + b/2)}{4\,W} \qquad \text{Biegespannung} \qquad\qquad \text{Gl. (5.17)}$$

$$\tau_a = \frac{F}{2\,A} \qquad \text{Scherspannung} \qquad\qquad \text{Gl. (5.18)}$$

$$p_{a,i} = \frac{F}{2\,a \cdot d} \qquad \text{Flächenpressung der Bauteillochwände} \qquad\qquad \text{Gl. (5.19)}$$

F = Kraft, die auf die Verbindung wirkt
a, b = Bauteildicke
d = Stift- bzw. Bolzendurchmesser
A = Stift- bzw. Bolzenquerschnitt
W = axiales Widerstandsmoment des Bolzens

Beim überschlägigen Vorberechnen des Bolzendurchmessers berücksichtigt man nur die auftretende Biegung. Aus der Biegehauptgleichung ergibt sich überschlägig:

$$d \simeq \sqrt[3]{\frac{M_b}{0{,}1 \cdot \sigma_{bzul}}} \qquad\qquad \text{Gl. (5.20)}$$

M_b = wirkendes Biegemoment
σ_{bzul} = zulässige Biegespannung (werkstoffabhängig)

Stifte sollen keine Gelenkverbindungen herstellen, sondern das Mitnehmen, Zentrieren, Sichern usw. eines anderen Bauteils ermöglichen. Nach der Form unterscheiden wir Zylinder-, Kegel-, Spann- und Kerbstifte.

Zylinderstifte nach DIN 7, 6325 und 7979 verbinden und zentrieren hochbeanspruchte Teile (**5.9**). Will man zeitweise die Bauteile trennen können, baut man die Stifte mit Gleitpassung ein, andernfalls mit Preßpassung. Die Bezeichnung ist genormt.

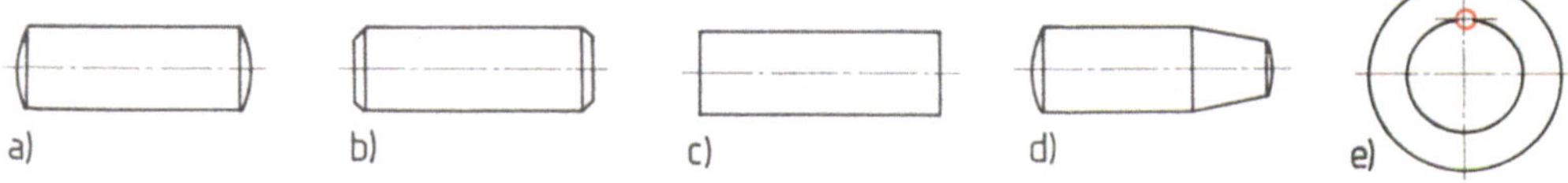

5.9 Zylinderstifte

    a) mit Linsenkuppe, b) mit Kegelkuppe, c) mit ebenen Stirnflächen, d) mit Kegelansatz, e) Beispiel mit Sicherheitsstift

Beispiel 5.4   Kurzbezeichnung: Zylinderstift 8 m 6×30 DIN 7–St 50 K

        Nenndurchmesser in mm
        Toleranz des Durchmessers
        Stiftlänge in mm
        Norm mit genauen Abmessungsangaben
        Werkstoffangabe

Kegelstifte nach DIN 1, 7977 und 7978 haben meist einen Kegel 1:50. Sie werden beim Einschlagen elastisch verspannt. Die Löcher reibt man auf und paßt den Stift ein (**5.10**). Vorteilhaft gegenüber Zylinderstiften ist, daß auch bei oftmaligem Lösen immer wieder ein Festsitz erreicht wird und damit die Lage der einzelnen Bauteile zueinander erhalten bleibt. Die Bezeichnung ist genormt.

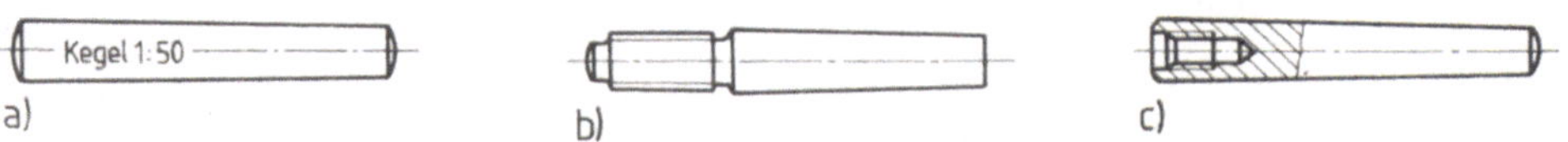

5.10 Kegelstifte

    a) Normalausführung, b) mit Gewindezapfen, c) mit Gewindebohrung

Beispiel 5.5   Kurzbezeichnung: Kegelstift 6 × 24 DIN 1 – St 60 K

Kerbstifte nach DIN 1471 ff. verwendet man, wenn man sich das teure Einpassen der Zylinderstifte ersparen will (**5.11**). Durch die Ausführung der Kerbstifte kommt es zu einer elastischen Preßverbindung. Zu beachten ist jedoch, daß durch die Kerben auch Spannungsspitzen in der Verbindung auftreten. In einfacheren Fällen (Kabelschellen, Rohrschellen z. B.) verwendet man Kerbnägel nach DIN 1476 und 1477. Die Bezeichnung ist ebenfalls genormt.

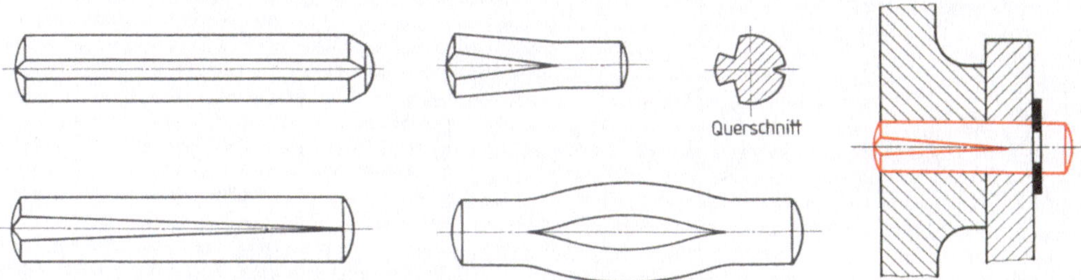

5.11   Kerbstifte und Anwendungsbeispiel

   Kurzbezeichnung: Kegelkerbstift 6 × 50 DIN 1471

kleiner Nenndurchmesser in mm ⌐
Länge des Stifts in mm
Norm

5.1.3   Sicherungselemente

Zum Einsatz kommen kraftschlüssige Sicherungen (z. B. Federscheibe, -ring, **5.12**) oder formschlüssige Sicherungen (z. B. Kronenmutter mit Splint, Sicherungsblech, **5.13**). Im Gegensatz zu den formschlüssigen Sicherungen können kraftschlüssige unter Umständen ein Lösen der Verbindung nicht ganz verhindern. Bei besonders hohen Sicherheitsanforderungen (z. B. Strahl-

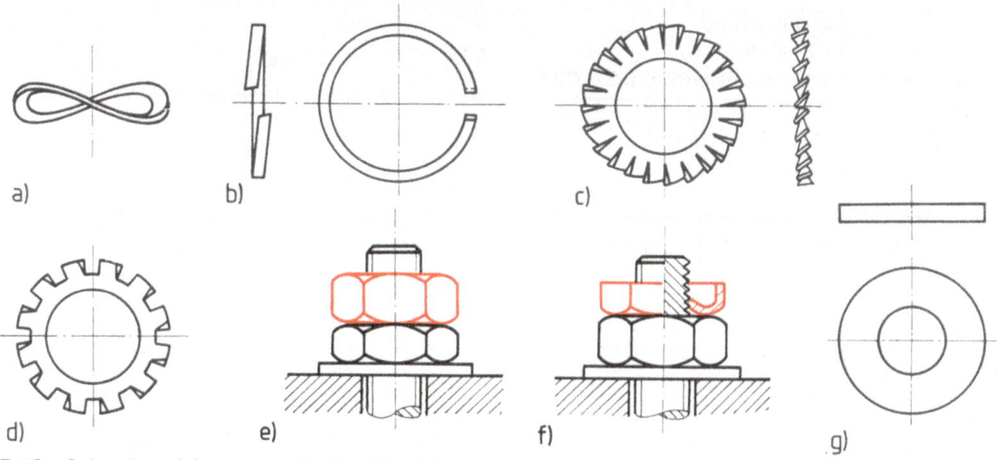

5.12   Schraubensicherungen (kraftschlüssig)

a) Federscheibe, b) Federring, c) Fächerscheibe, d) Zahnscheibe, e) Kontermutter, f) Sicherungsmutter, g) Unterlegscheibe

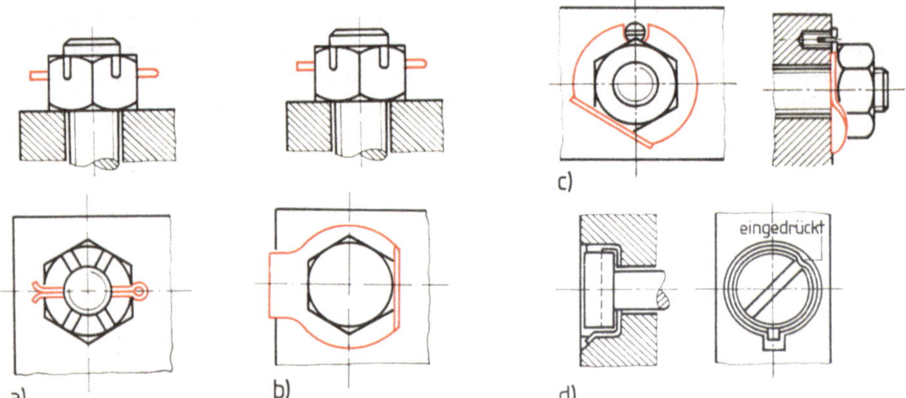

5.13 Formschlüssige Sicherungen

a) Kronenmutter mit Splint, b) Sicherungsblech, c) Sicherungsblech mit Nase, d) Sicherungsnapf

triebwerk) werden die Sicherungsstellen durch Draht miteinander verbunden, so daß sich eine einzelne Verbindung nicht lösen kann. Für kraftschlüssige Sicherungen dienen vor allem (Unterleg-)Scheibe (**5.12**g) und Federring, daneben Sicherungsringe, Splint und Stellringe sowie Achshalter.

Sicherungsringe setzt man gegen das axiale Auswandern von Wellen ein (DIN 471, 472). Sie heißen auch Seegerringe und sind als Außen- und Innensicherung unterschiedlich ausgeführt (**5.14**). Außerdem dienen sie zum Fixieren von Wälzlagern und Radnaben.

Beispiel 5.7   Bezeichnung: $d_1 = 40$ und $s = 1{,}75$

Sicherungsring
DIN 471-40 × 1,75

Werkstoff: Federstahl C67, C75 oder CK75 nach DIN 17222

Härte: 470 bis 580 HV ($\triangleq$ 47 bis 54 HRC)

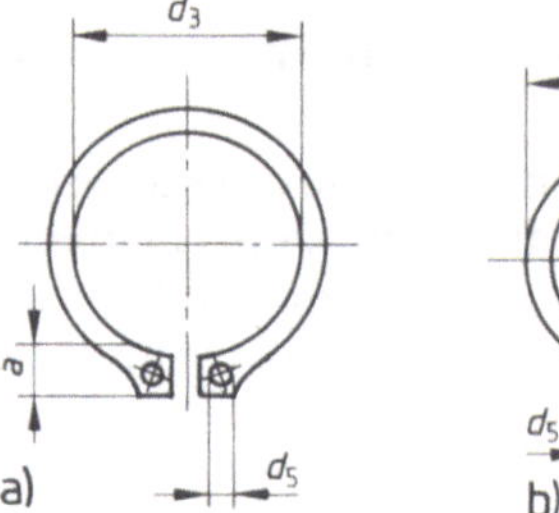

5.14 Sicherungsringe

a) für Wellen, b) für Bohrungen

Sprengringe verwendet man, wenn die Beanspruchung von untergeordneter Bedeutung ist (DIN 7993 und 9045, **5.15**), bei kleineren Durchmessern auch Sicherungsscheiben nach DIN 6799.

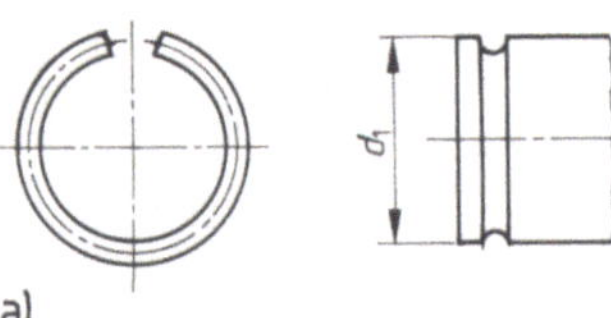
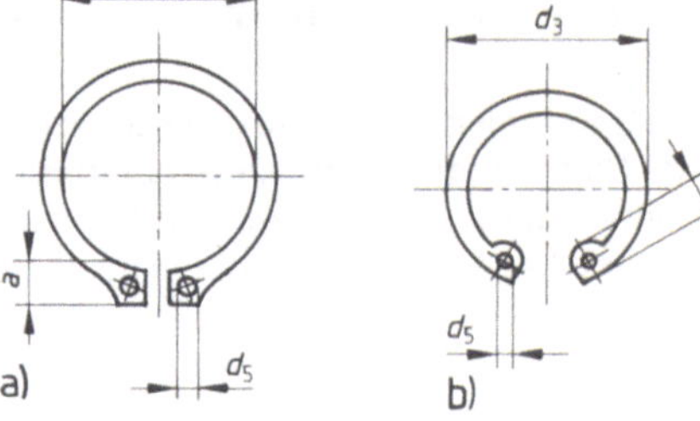

5.15 Sprengringe

a) Form A für Welle, b) Form B für Bohrungen

Splinte nach DIN 94 benutzt man bei einfachen Verbindungen, wo es nur darum geht, daß sich Teile nicht voneinander lösen (**5.16**).

 Werkstoff: Stahl, Kupfer-Zink-Legierung, Kupfer, Aluminiumlegierung (bei Bestellung angeben)

Ausführung: Die Oberfläche muß glatt und frei von Zunder und Grat sein.

Bezeichnung z. B.: Splint DIN 94-5 × 50 ST

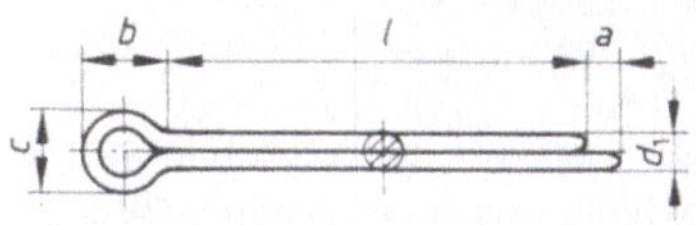

5.16 Splint

Stellringe nach DIN 703 und 705 setzt man ein, um das axiale Spiel von Wellen und Achsen zu begrenzen (z. B. bei schwimmender Lagerung). Befestigt werden sie meist durch einen Gewindestift.

Achshalter nach DIN 15 058 dienen zur Sicherung gegen Verdrehen und Verschieben. Angebracht werden sie entgegen der Kraftwirkung in der Achse. Zu bedenken ist, daß infolge der Kerbe hohe Kerbspannungen auftreten.

5.1.4 Nabenverbindungen

Zum Befestigen einzelner Maschinenteile wie Zahnräder, Kupplungen, Schwungräder und Riemenscheiben auf den Wellen gibt es form- und kraftschlüssige Nabenverbindungen. Zu den formschlüssigen Verbindungen gehören Paßfederverbindungen, Keilwellen, Polygonwellen-Verbindungen und Stirnverzahnungen, zu den vorgespannten formschlüssigen Verbindungen Längskeil- und Tangentialkeilverbindungen. Bei den kraftschlüssigen (reibschlüssigen) Verbindungen haben wir Klemm-, Kegel- und Ringfederspannverbindungen sowie zylindrische Preßpassungen.

Paßfederverbindungen sind bei den formschlüssigen Verbindungen am gebräuchlichsten. Sie sind in ÖNORM M 5461, DIN 6885 genormt (**5.**17 a und b), billig, einfach zusammenzubauen und wieder leicht zu lösen. Die Kraft wird hier nur mit den Seitenflächen übertragen, die parallelen Bauch- und Rückenflächen tragen nicht. Je nachdem, ob der montierte Bauteil auf der Welle während des Betriebs verschoben werden soll oder nicht, wird ein Gleitsitz (H8 in der Wellennut, D10 in der Nabennut) oder ein Festsitz (je P9) verwendet. Will man ein axiales Verschieben unterbinden, ist eine zusätzliche Sicherung anzubringen. Ein Nachteil ist, daß die Verbindung gegen wechselseitige Drehmomente empfindlich ist (**5.**17 c, d). Sie sollte nur

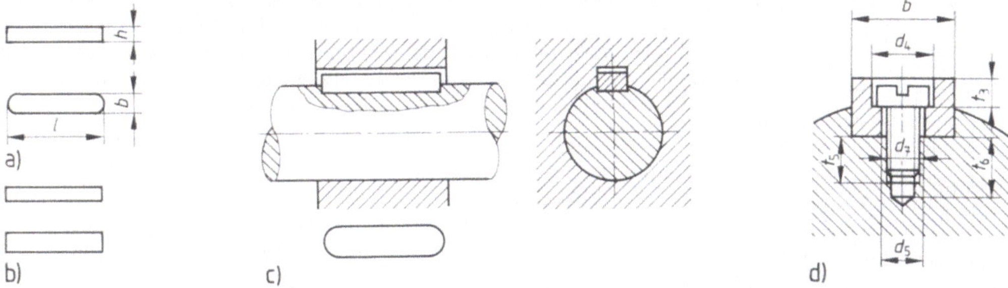

5.17 Paßfeder

a) Form A rundstirnig, b) Form B geradstirnig, c) Einbaubeispiel Form A, d) festgeschraubte Paßfeder

eingesetzt werden, wenn zumindest überwiegend während des Betriebs ein einseitiges Drehmoment auftritt. Berechnet wird die Paßfederverbindung auf Flankenpressung.

Besonders auf die „Überbemaßung" bei der Welle und Bohrung wird hingewiesen. Dies ergibt sich daraus, daß bei der Fertigung vorerst der Wellenaußen- bzw. der Nabenbohrungsdurchmesser hergestellt und somit dieser Durchmesser in der technischen Zeichnung angeführt werden muß. Dann erfolgt die Herstellung der Nut, wobei die Werkzeugmaschine zugestellt wird, also das Tiefenmaß erforderlich ist, wie weit das Werkzeug in dem Bauteil einzudringen hat. Bei der Kontrolle kann man nun den ursprünglichen Kreisdurchmesser an jener Stelle, wo sich die Nut befindet, nicht mehr messen. Aus meßtechnischen Gründen ist dann zwischen der tiefsten Stelle der Nut und dem gegenüberliegenden Punkt am Kreis zu messen.

Beispiel 5.9 Die normgerechte Bezeichnung ($b \times h \times l$) enthält keine Werkstoffangabe. Sie lautet z. B. für die Form A: Paßfeder DIN 6885-A $12 \times 8 \times 32$. In Sonderfällen kann eine Ergänzung bei A hinsichtlich Abdrückschrauben usw. angebracht werden.

$$p \simeq \frac{2 \cdot F_\mathrm{u}}{h \cdot l_1 \cdot k \cdot i} \simeq \frac{4 \cdot T}{d \cdot h \cdot l_1 \cdot k \cdot i} \leq p_\mathrm{zul} \qquad\qquad \text{Gl. (5.21)}$$

F_u = Umfangskraft an der Welle
T = zu übertragendes Drehmoment
h = Höhe der Paßfeder laut Norm
l_1 = tragende Länge der Paßfeder (**5.17**: $l_1 = l$ bei Form B, $l_1 = l - b$ bei Form A)
k = Tragfaktor ($k = 1$ bei einer, $k = 0{,}75$ bei zwei am Umfang angeordneten Paßfedern)
i = Anzahl der Paßfedern am Umfang
p_zul = zulässige Flächenpressung (schwächerer Werkstoff)

Sind am Umfang mehrere Paßfedern aufgebracht, geht man davon aus, daß infolge Fertigungsungenauigkeit im wesentlichen nur eine Paßfeder trägt. Neben der Anzahl der Paßfedern am Umfang wird daher bei der Flankenpressung auch der Tragfaktor k berücksichtigt. Als Werkstoff dient meist C 45 K. In diesem Fall wäre mit $p_\mathrm{zul} \simeq 60 \ \mathrm{N/mm^2}$ zu rechnen.

Beispiel 5.10 Ein Zahnrad ist auf einer Welle mit der Paßfeder DIN 6885 (ÖNORM M 5461) $- B \ 14 \times 9$ befestigt. Der Wellendurchmesser beträgt $d = 48$ mm. Es soll ein Drehmoment $T = 130$ Nm übertragen werden. Welche Länge l (lt. Norm zwischen 36 mm und 160 mm) muß die Paßfeder haben?

Lösung Wir formen die Gl. (5.21) um.

$$p \simeq \frac{4 \cdot T}{d \cdot h \cdot l_1 \cdot i \cdot k} \leq p_\mathrm{zul} \Rightarrow l_1 \geq \frac{4 \cdot T}{i \cdot k \cdot d \cdot h \cdot p_\mathrm{zul}} = \frac{4 \cdot 130\,000}{1 \cdot 1 \cdot 48 \cdot 9 \cdot 60} = 20 \ \mathrm{mm} \ (= l)$$

($h = 9$ mm, $b = 14$ mm lt. Angabe)

Nach der Norm müssen wir $l = $ **36 mm** in unsere Konstruktion aufnehmen. Die gleiche Länge von 36 mm ergäbe sich bei der Form A: Hier wäre $l_1 = l - b$ und damit $l = l_1 + b = 20 + 14 = $ **34 mm**.

Scheibenfedern. Statt der Paßfedern entsprechend ÖNORM M 5461, DIN 6885 kommen besonders im Kraftfahrzeugbau Scheibenfedern nach DIN 6888, oft mit kegeligen Wellenzapfen zum Einsatz (**5.18**). Nachteilig ist hier, daß die Welle durch die tiefe halbzylindrische Nut noch mehr in ihrer Festigkeit geschwächt wird als durch Paßfedern. Die Kerbwirkung ist größer. Bei gleichem Wellenquerschnitt kann nur ein geringeres Drehmoment übertragen werden.

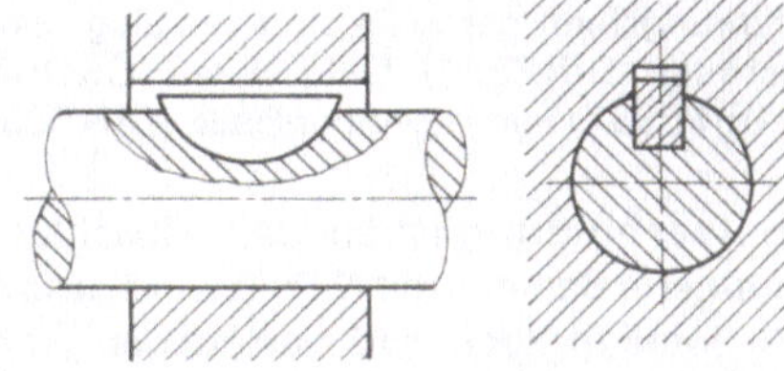

5.18   Scheibenfeder

Keilwellenverbindungen/Polygone ergeben sich, wenn mehrere Paßfedern am Umfang verteilt sind (DIN 5461 bis 5463, **5.19**). Diese Verbindungen setzt man im Kraftfahrzeug- und Werkzeugmaschinenbau bevorzugt dort ein, wo große Drehmomente bei wechselnden Drehrichtungen und axialer Verschiebbarkeit zu übertragen sind. Die Herstellung der Profile ist teuer, der Einsatz daher nur vorgesehen, wenn man das hohe Drehmoment mit der Gleitverbindung kombiniert und außerdem in hoher Stückzahl produziert.

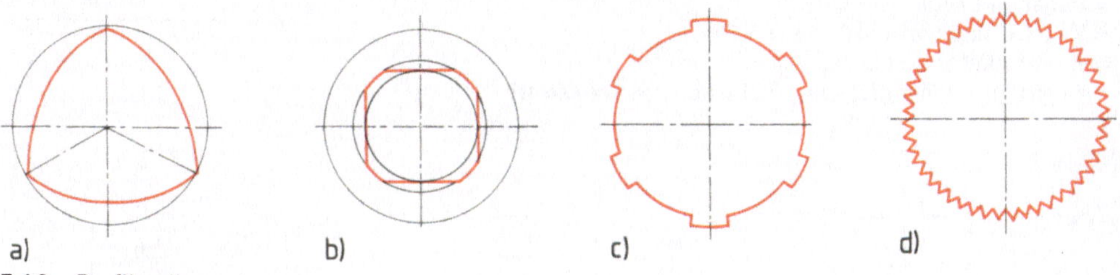

5.19   Profilwellen

     a) Polygonprofil P3G, b) Polygonprofil B4C, c) Keilwellenprofil, d) Kerbverzahnung

Die Berechnung erfolgt auch hier als Prüfung der Flächenpressung, wobei man davon ausgeht, daß nur 75 bis 90% der Flanken tragen. Dies wird wiederum durch den uns schon bekannten Tragfaktor k berücksichtigt.

$$p = \frac{2 \cdot T}{d_\mathrm{m} \cdot l \cdot h \cdot i \cdot k} \leq p_\mathrm{zul} \qquad \text{Gl. (5.22)}$$

d_m = mittlerer Profildurchmesser
l = tragende Länge der Bindung
i = Anzahl der Keile am Umfang

k = Tragfaktor ($k = 0{,}75$ bei Innen-, $k = 0{,}9$ bei Flankenzentrierung)
h = Keilhöhe

Eine Längskeilverbindung erhalten wir, wenn wir die obere Fläche neigen (Neigungswinkel 1 : 100, **5.20**). Zum Formschluß durch die Seitenflächen wie bei der Paßfeder kommt hier die Kraftschlüssigkeit durch die obere und untere Fläche hinzu. Diese Keilverbindungen ergeben einen sicheren und festen Sitz der Naben, so daß keine zusätzliche Sicherung gegen axiales Verschieben erforderlich ist.

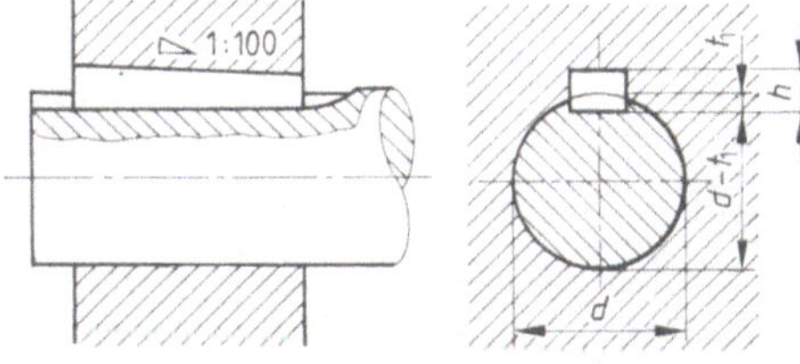

5.20   Längskeil

Die Ausführungsform der Keile sind vielfältig. Es gibt Hohlkeile (DIN 6881), Flachkeile (DIN 6883), Nasenflachkeile (DIN 6884), Keile, Nuten (ÖNORM M 5462, DIN 6886), Nasenkeile, Nuten (ÖNORM M 5463, DIN 6887) und Nasenhohlkeile (DIN 6889).

Die Kegelverbindung ist bei den reibschlüssigen Verbindungen am häufigsten. An Wellenenden montierte Bauteile mit Naben werden so reibschlüssig fixiert. Der Kegel kann zwar beliebig ausgeführt werden, doch wird man auf den genormten Kegel 1 : 10 nach DIN 1448 zurückgreifen (**5.21**). Abweichend davon kann das Wellenende auch ohne Paßfeder und ohne Außengewinde eingesetzt werden. Dabei ist zu beachten, daß Selbsthemmung eintritt, wenn $\alpha/2 < \varrho$ ist. Die Fugenpressung berechnet sich mit

$$p_F \simeq \frac{F_V}{D_F \cdot \pi \cdot l \cdot \tan(\alpha/2 + \varrho)} \leq p_{zul}. \hspace{2cm} \text{Gl. (5.23)}$$

F_V = Vorspannkraft der Schraube (s. a. Gl. (5.6): $F_V = A_s \cdot \sigma_v$)
D_F = Fugendurchmesser, entspricht mittlerem Kegeldurchmesser
l = tragende Länge
α = Kegelwinkel (bei 1 : 10 $\alpha = 5,71°$)
ϱ = Reibwinkel (meist 6° bis 7°)
p_{zul} = zulässige Flächenpressung (schwächerer Werkstoff)

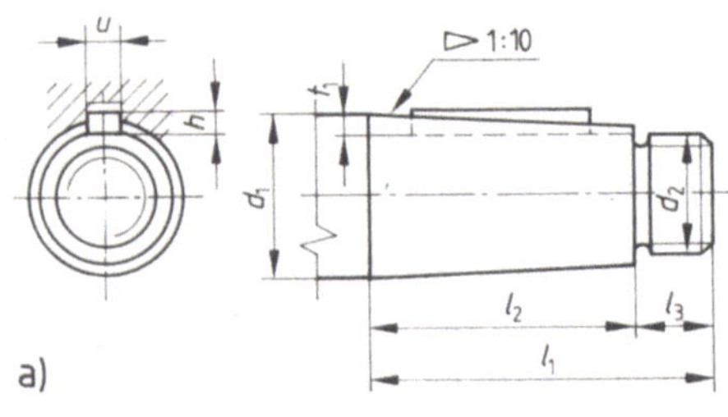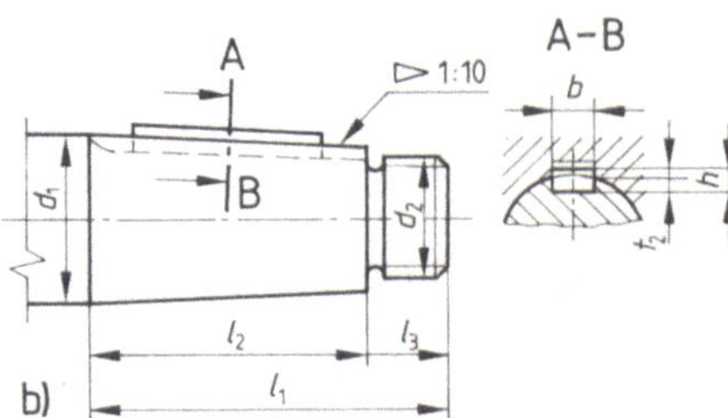

5.21   Kegelige Wellenenden
   a) Paßfeder parallel zur Achse bis $d_1 = 220$ mm, b) Paßfeder parallel zum Kegelmantel von $d_2 = 240$ bis 630 mm

Ohne Paßfeder können Umfangsverschiebungen der Nabe gegenüber der Welle (besonders bei stoßweisem Betrieb) auftreten. Die Folge ist ein Losdrehen, selbst bei einer Schraubenverbindung.

Neben der Kegelverbindung sind noch Ringkegelspannelemente und Stirnzahnverbindungen (Hirth-Verzahnung) zu nennen. Bei der ersten werden zwei ineinandergreifende kegelige Ringe aus verkupfertem Sonderstahl durch eine axiale Schraubenkraft radial gespannt. Die so entstehende Fugenpressung reicht aus, um Drehmomente zu übertragen, wie sie z. B. bei Zahnrädern, Schwungrädern und Ringscheiben auftreten.

Klemmverbindungen sind besonders einfach und werden bei untergeordneten Bauteilen verwendet. Man kann die aufzuklemmenden Bauteile teilen oder einen Stanz- oder Prä-

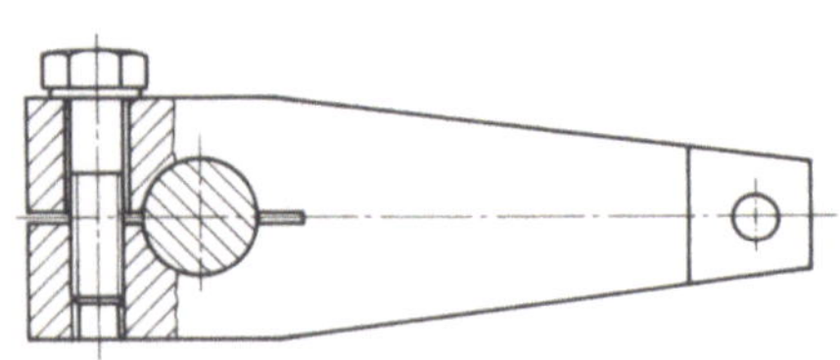

5.22   Klemmverbindung

geteil einseitig schlitzen (**5**.22). Durch Anziehen der Schraube(n) erhält man die erforderliche Fugenpressung.

Preßpassungen ergeben sich, wenn man Teile (besonders Wellen und Naben) zusammenfügt, die vor dem Zusammenbau vom Toleranzfeld her ein Übermaß haben. Die nach dem Fügen eingetretene Haftkraft ist geeignet, wechselnde und stoßartige Drehmomente bei gleichzeitigem Auftreten von Längskräften zu übertragen. Diese Passungen dienen überwiegend für nichtlösbare Verbindungen, da das ursprüngliche Übermaß beim Demontieren nur selten erhalten bleibt. Nur wenn man z. B. die Welle abkühlt und den Bauteil mit der Nabe erwärmt, kann man die Preßverbindung mehrfach herstellen. In diesem Fall spricht man von einer Querpreßpassung als Schrumpfpassung. Wenn die Teile durch Aufschieben in Längsrichtung miteinander gepaart werden, handelt es sich um eine Längspreßpassung. Bei besonderen konstruktiven Ausführungen ist es möglich, Öl unter hohem Druck zwischen die Fugenflächen zu pressen und dadurch ein Aufweiten des Außenteils zu erzielen. Dann kann die zylindrische Preßpassung mit geringem Kraftaufwand gelöst werden. Diese Ölpreßpassungen gibt es besonders bei großen Wälzlagern.

Zu beachten ist, daß die Spannungsverteilung nicht geradlinig verläuft, sondern es an der Verbindungsstelle zu hohen Spannungsspitzen kommt. Die ISO-Passung wird nach der Berechnung so gewählt, daß das Kleinsthaftmaß die erforderliche Haftkraft aufbringt und das mögliche Größthaftmaß nicht die zulässige Bauteilbeanspruchung überschreitet. Das Kleinsthaftmaß ist dabei das ungünstigste Maß.

Nach ISO werden für die Wahl der Passungen folgende Paarungen bei Einheitsbohrungen empfohlen.

– Bohrung H 6 mit Wellen der fünften Qualität,   – Bohrung H 8 mit Wellen der siebten Qualität,
– Bohrung H 7 mit Wellen der sechsten Qualität,   – Bohrung H 8 und H 9 mit Wellen gleicher Qualität.

Gehen die Anforderungen nicht über das übliche Maß hinaus (z. B. Lagerbuchsen), kann man die Preßpassung nach Tab. **5**.23 wählen.

Tabelle **5**.23   **Preßpassungen**

Nenndurchmesser in mm		≤ 24	> 24	≤ 160	> 160
Passung	Einheitsbohrung	H 8/x 8	H 8/u 8	H 7/s 6	H 7/r 6
	Einheitswelle	X 8/h 7	U 8/h 8	S 7/h 6	R 7/h 6

Aufgaben zu Abschnitt 5.1

1. Eine Sechskantschraube M16 × 50−8.8 wird mit einem elektrischen Schrauber angezogen. Welches Anziehmoment ist erforderlich? $\mu_G = \mu_K = 0{,}14$

2. Wie groß sind die Montagevorspannung, das Gewinde- und das gesamte Anziehmoment einer Schraube M12 × 30−10.9? $\mu_G = \mu_K = 0{,}18$

3. Wie groß muß bei einem wirksamen Hebel von $l = 220$ mm die Kraft F zum Anziehen einer Schraube M16, Festigkeitsklasse 5.6 sein? $\mu_G = \mu_K = 0{,}14$

4. Der Stellmotor für das Schließen eines Schiebers soll ermittelt werden.
   a) Wie groß sind das erforderliche Antriebsmoment M_A zum Schließen und das erforderliche Rückdrehmoment M_R zum Öffnen, wenn $F_A = 3$ kN, $\mu_G = \mu_L = 0{,}06$ und $\alpha = 6°$ sind? TR 16 × 4, $R_L = 12$ mm
   b) Liegt Selbsthemmung vor oder nicht?

5. Eine Spindelpresse ist mit einem Trapezgewinde TR 120 × 14 ausgestattet. $F_A = 500$ kN, $M_L = 300$ Nm, $\mu_G = \mu_L = 0{,}05$. Wie groß ist das Antriebsmoment M_A beim Arbeitshub?

5.2 Federnde Verbindungen (Federn)

5.2.1 Ausführungsformen

In DIN 2098 Teil 1 sind zylindrische Schraubenfedern aus runden Drähten, Baugrößen für genormte Druckfedern ab 0,5 mm Drahtdurchmesser und in Teil 2 unter 0,5 mm Drahtdurchmesser in ihren Abmessungen festgelegt. Dabei werden die Beanspruchungsarten, die bei der Federberechnung zu berücksichtigen sind, detailliert behandelt, und zwar auch die Einflußnahme durch erhöhte Arbeitstemperaturen, Knickung und Stoßbeanspruchung.

Beispiel 5.11 Bezeichnung einer Druckfeder mit Drahtdurchmesser $d = 0,25$ mm, mittlerer Windungsdurchmesser $D = 2$ mm und Länge $L = 8$ mm:
Druckfeder DIN 2098–0,25 × 2 × 8

Übliche Federwerkstoffe sind härtbare Kohlenstoffstähle, Chrom-Silicium, Mangan, Chrom-Vanadium legierte und nichtrostende Stähle, außerdem Nichteisenmetalle wie Messing und Bronzen.

Tellerfedern. Neben den Schraubenfedern sind – besonders wenn große Kräfte bei kleinen Federnwegen bewältigt werden sollen – Tellerfedern als Druckfedern eingesetzt. Sie bestehen aus kegelförmigen Ringscheiben (**5.24** c) und werden innen mittels Bolzen (**5.24** a) oder außen mit der Hülse geführt (**5.24** b). Die Berechnung ist in DIN 2092, die Abmessungen, Werkstoffe und Eigenschaften sind in DIN 2093 behandelt. Als Werkstoff kommen oft Edelstähle nach DIN 17 221 zum Einsatz.

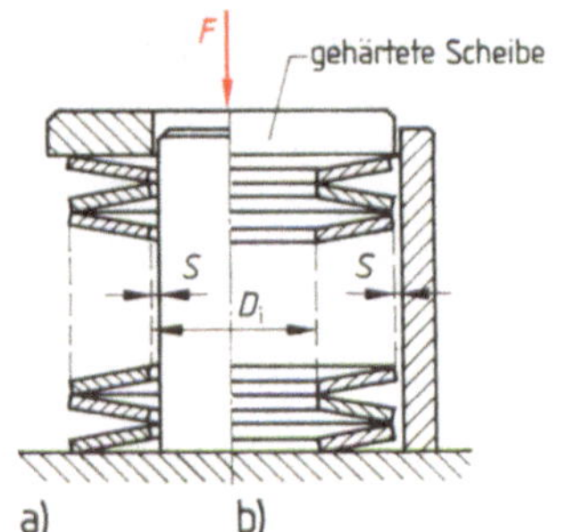

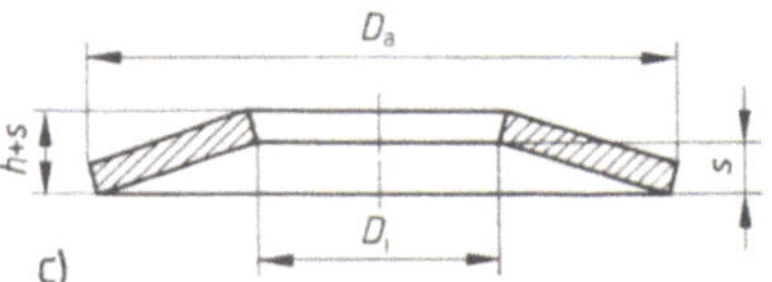

D_a, D_i = Außen- bzw. Innendurchmesser
s = Dicke des Einzeltellers
$h + s$ = Bauhöhe des unbelasteten Einzeltellers

5.24 Tellerfedern
    a) durch Bolzen geführt, b) in Hülse geführt, c) Einzelteller

Beim Einsatz der Tellerfedern ist zu beachten, daß sie infolge ihrer Ausbildung beim Aufbringen der Last an der Unterseite gedehnt und an der Oberseite gestaucht werden. Die Tellerfedern haben daher keine proportionale Federrate, sondern ihre Kennlinie ist gekrümmt. Runde Drehstabfedern werden als Drehschwingungsdämpfer (Vorderachse des VW-Käfers) und zur Drehkraftmessung z. B. im Drehmomentschlüssel eingesetzt.

Gummifedern. Um Schwingungen und Stöße zu dämpfen, stellt man die Maschinen auf Gummifedern. Der Gummi ist in Metallplatten oder Hülsen einvulkanisiert. Auf den Metallteilen lassen sich Bohrungen oder Stifte mit Gewinden aufbringen. Als Werkstoffe dienen Naturgummi und Kunstgummi. Beide altern durch Licht, Wärme und Sauerstoffeinwirkung. Beim Naturgummi kommt es zum Erweichen, beim Kunstgummi zum Erhärten. Das Ergebnis ist in beiden Fällen Rißbildung.

5.2.2 Federberechnung

Das elastische Werkstoffverhalten benutzt man im Maschinenbau oft dazu, Energie zu speichern und zu einem späteren Zeitpunkt wieder abzugeben. Je nach Anwendungsfall speichert man die Energie über Zug-, Druck-, Biege- oder Verdrehbeanspruchung. Typisch für alle diese Beanspruchungen ist die große Gruppe der Federn. (Weitere charakteristische Aufgaben der Federn sind die Kraftverteilung, Stoßisolierung, Schwingungsdämpfung und Erzeugung einer bestimmten Vorspannkraft sowie das Ausgleichen von Dehnungen.)

Auf Verdrehung beansprucht werden vor allem zwei Federarten: die Stabfedern und die zylindrischen Schraubenfedern.

Stabfedern sind Stäbe mit meist rundem Querschnitt, die sich bei der Aufnahme eines Torsionsmoments verdrehen und – solange sich die Verdrehung im elastischen Bereich abspielt – die aufgenommene Energie durch Rückdrehung wieder abgeben. Berechnet werden die Stabfedern wie jeder andere auf Verdrehung beanspruchte Stab.

Handelt es sich um eine dynamische Beanspruchung (wie bei Torsionsstabfedern im Kraftfahrzeugbau), dimensioniert man nach den Regeln der Dauerfestigkeit. Je nach Belastungsfall (schwellend oder wechselnd) entnimmt man dem für den betreffenden Werkstoff vorliegenden Dauerfestigkeitsschaubild die Dauerfestigkeitswerte τ_D und berechnet den zulässigen Wert $\tau_{t\,zul}$ unter Berücksichtigung der verschiedenen Beiwerte (Größen-, Oberflächenbeiwert, vor allem Kerbwirkungszahl β_K) und der erforderlichen Sicherheit v.

Zylindrische Schraubenfedern sind Maschinenelemente aus schraubenförmig gewundenem Stahldraht (**5.25**). Sie können bei Belastung in Richtung Federachse sowohl Druck- als auch Zugkräfte aufnehmen. Bei Druckbelastung spricht man von einer **Druckfeder**, bei Zugbeanspruchung von einer **Zugfeder**.

Ein Querschnitt senkrecht zur Drahtachse (Stabachse) nimmt bei Belastung durch eine Kraft F eine Normalkraft, eine Querkraft, ein Drehmoment und ein Biegemoment auf. Normalkraft, Querkraft und Biegemoment sind im allgemeinen für die Berechnung unwesentlich, die

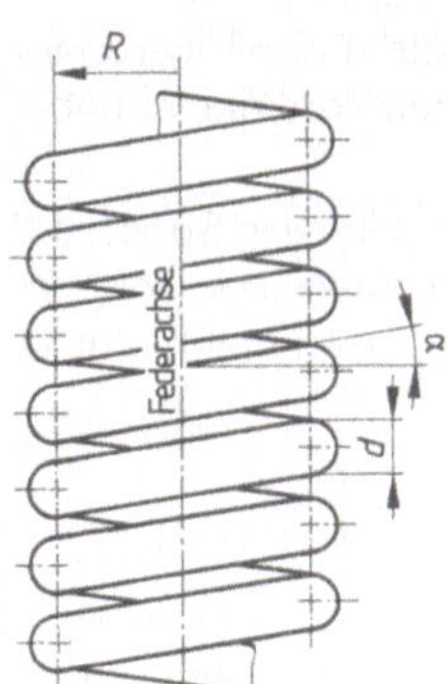

5.25 Zylindrische Schraubenfeder

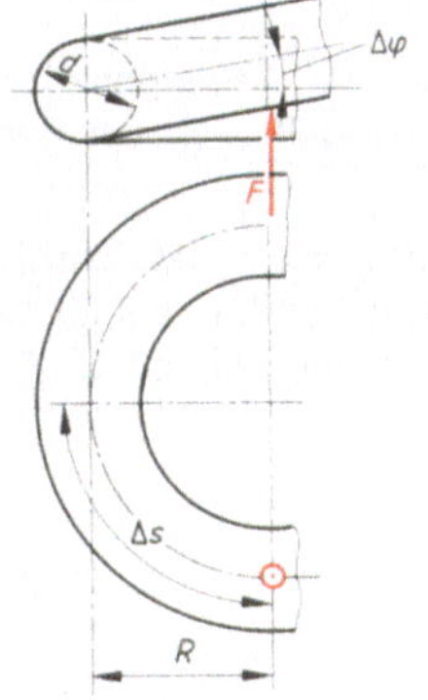

5.26 Verdrehung der Schraubenfeder $\Delta\varphi$ durch Torsionsmoment $F \cdot R$

Schraubenfeder wird auf Verdrehung berechnet. Voraussetzung dazu ist allerdings, daß die Steigung der Schraubenlinie gering und der Windungsradius R im Verhältnis zum Drahtdurchmesser d sehr groß sind.

Bild **5.26** zeigt, wie eine Federwindung mit Drahtdurchmesser d und Windungsradius R durch die Kraft F beansprucht wird. Dadurch entsteht für den Querschnitt normal zur Drehachse das

Torsionsmoment $F \cdot R$. Es bewirkt eine Verdrehung um den Winkel $\Delta\varphi$. Diesen erhalten wir aus

$\Delta\varphi = \dfrac{T \cdot \Delta s}{G \cdot I_\text{p}}$. Andererseits ist $\Delta l = R \cdot \Delta\varphi$. Setzen wir für $\Delta\varphi = \dfrac{\Delta l}{R}$ ein,

bekommen wir die Längenänderung

$$\Delta l = \frac{T \cdot \Delta s}{G \cdot I_\text{p}}\, R = \frac{32 \cdot F \cdot R^2 \cdot \Delta s}{G \cdot \pi \cdot d^4}.$$

Die Summe aller Längenänderungen Δl ist der Federweg f insgesamt, also von i Windungen. Setzen wir für Δs die gestreckte Federlänge $2 \cdot R \cdot \pi \cdot i$ ein, ergibt sich für die Längenänderung insgesamt:

$f = \dfrac{64 \cdot F \cdot R^3 \cdot i}{G \cdot d^4}$ 1. Form der Federgleichung	$\dfrac{f}{\text{mm}}$	$\dfrac{F}{\text{N}}$	$\dfrac{R}{\text{mm}}$	$\dfrac{i}{1}$	$\dfrac{G}{\text{N/mm}^2}$	$\dfrac{d}{\text{mm}}$	Gl. (5.24)

Mit der Torsionshauptgleichung bringen wir die Beanspruchung τ_t in die Gleichung für den Federweg f ein.

$$\tau_\text{t} = \frac{T}{W_\text{p}} \;\rightarrow\; \tau_\text{t} = \frac{F \cdot R}{\dfrac{d^3 \cdot \pi}{16}} \;\rightarrow\; \tau_\text{t} \cdot \pi = \frac{16 \cdot F \cdot R}{d^3}.$$

Eingesetzt in Gl. (5.24):

$$f = \frac{4 \cdot \tau_\text{t} \cdot \pi \cdot R^2 \cdot i}{G \cdot d} \qquad \text{2. Form der Federgleichung} \qquad\qquad \text{Gl. (5.25)}$$

Aus diesen beiden Formen der Federgleichung ist zu erkennen, daß die Formänderung f proportional der Federbelastung F bzw. der Beanspruchung τ_t ist. Die Federkennlinie ist daher eine Gerade.

Diese Federgleichungen gelten, wenn das Windungsverhältnis $\zeta = d/2R$ sehr klein ist. Sonst sind die bei Schraubenfedern auftretenden Biegebeanspruchungen nicht vernachlässigbar, sondern werden durch Zusatzfaktoren berücksichtigt. Zur Berechnung gelten diese Zusammenhänge:

$$f = k_2\,\frac{64 \cdot F \cdot R^3 \cdot i}{G \cdot d^4} \qquad f = \frac{k_2}{k_1} \cdot \frac{4 \cdot \pi \cdot R^2 \cdot \tau_\text{t} \cdot i}{G \cdot d} \qquad\qquad \text{Gl. (5.26/5.27)}$$

$$k_1 = 1 + \frac{5}{4}\,\zeta + \frac{7}{8}\,\zeta^2 \qquad k_2 = 1 - \frac{3}{16}\,\zeta^2 \qquad \zeta = \frac{d}{2 \cdot R} \qquad\qquad \text{Gl. (5.28/5.29)}$$

Federgesetz und Formänderungsarbeit. Fassen wir das proportionale Verhalten des Federwegs f zur Federbelastung F in eine mathematische Form, können wir schreiben

$$F = c \cdot f. \qquad\qquad\qquad\qquad\qquad\qquad\qquad\qquad\qquad\qquad \text{Gl. (5.30)}$$

c ist die für eine Feder charakteristische Größe **Federkonstante** oder **Federrate** (gleich der Kennliniensteigung im F-f-Diagramm). Setzen wir die Gleichung in Gl. (5.24) ein, bekommen wir für die

$$\text{Federkonstante } c = \frac{G \cdot d^4}{64 \cdot R^3 \cdot i}. \qquad \text{Gl. (5.31)}$$

Arbeit ist allgemein Kraft mal Weg. In unserem Fall sind der Weg = Federweg f und die Kraft F = Belastungskraft der Feder. Da die Federkraft F von einem Weg Null bis F ansteigt(5.27), ergibt sich die

$$\text{Formänderungsarbeit } W = \frac{1}{2} F \cdot f = \frac{1}{2} c \cdot f^2. \qquad \text{Gl. (5.32)}$$

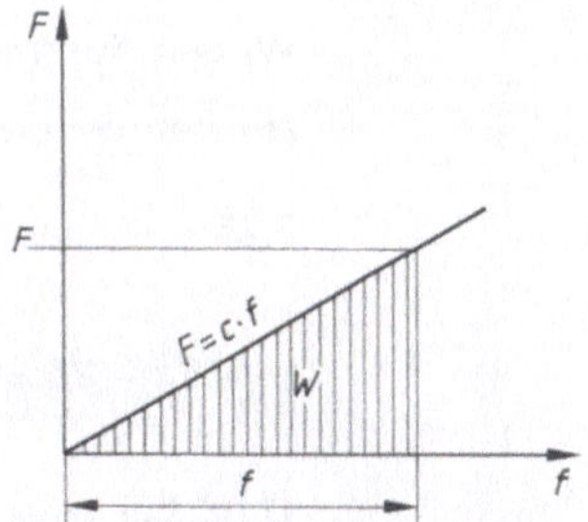

5.27 Formänderungsarbeit der Schraubenfeder

Zugfedern sind an den Enden häufig hakenförmig gebogen, um die Zugkraft in die Feder einleiten zu können. Druckfedern sind meist an den Enden plangeschliffen, damit sich eine ebene Auflage ergibt. Solche abgeflachten Druckfedern tragen an den Endwindungen wenig. Deshalb gibt man zur berechneten Windungszahl i je Federende eine halbe bis dreiviertel Windung hinzu. Dieser Zuschlag zur Windungszahl ist beim Berechnen der kleinsten Federlänge, der **Blocklänge**, zu berücksichtigen.

Vorgespannte Feder. Um die erforderliche Federspannarbeit auf einem kurzen Weg zu erreichen, spannt man Schraubenfedern oft vor. Dabei vermeidet man die geringe Tragfähigkeit der Feder am Beginn des Federwegs.

Beispiel 5.12 Gegeben ist eine Feder mit einer Federkonstanten $c = 100\,\text{N/cm}$, die unter einer Belastung durch F um den Federweg $f = 5\,\text{cm}$ zusammengedrückt wird. Daraus wird

$$F = f \cdot c = 5\,\text{cm} \cdot 100\,\text{N/cm} = \mathbf{500\,N}.$$

Die Formänderungsarbeit W_1 erhalten wir nach Bild 5.28a zu

$$W_1 = \frac{1}{2} F \cdot f = \frac{1}{2} \cdot 500\,\text{N} \cdot 5\,\text{cm} = \mathbf{1250\,Ncm}.$$

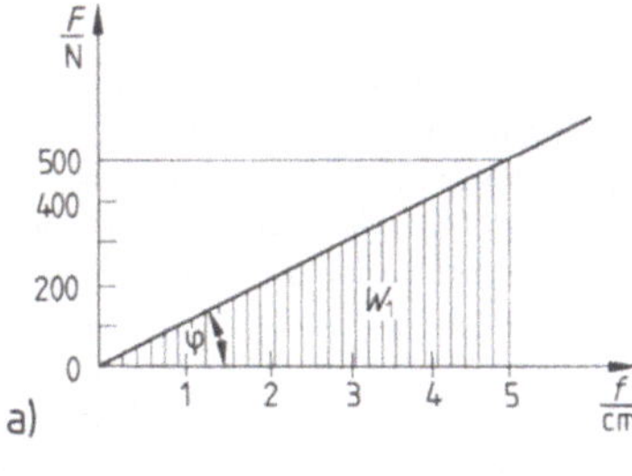

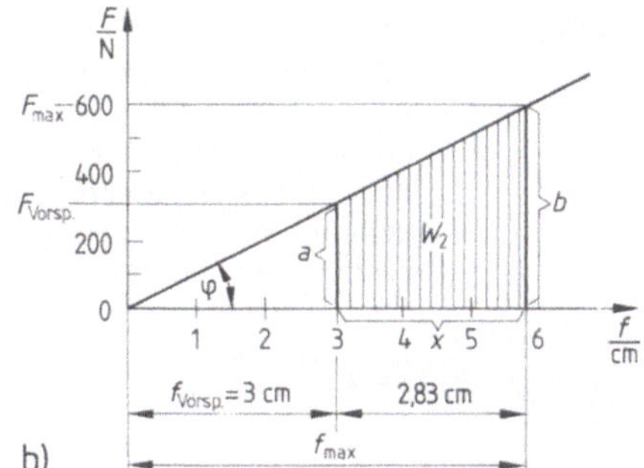

5.28 Feder a) ohne, b) mit Vorspannung

Wollen wir diese Federarbeit mit einem geringeren Federweg erreichen, spannen wir die Feder z. B. um 3 cm vor. Das Diagramm der vorgespannten Feder zeigt Bild **5.28**b, der unbekannte Federweg ist mit x bezeichnet. W_2 ist die Fläche, die die Federarbeit wiedergibt. Sie hat Trapezform und muß gleich der Fläche von W_1 in Bild **5.28**a sein.

Im allgemeinen ist die Trapezfläche $\dfrac{a+b}{2} \cdot x$. Dabei ist $a = 3 \cdot \tan \varphi$, $b = (3 + x) \tan \varphi$.

Nehmen wir den in Bild **5.28**a gewählten Maßstab $m_F = 200$ N/cm für die Federkraft, sind $W_1 = 6{,}25$ cm² und $\tan \varphi = \dfrac{2{,}5}{5} = 0{,}5$. Setzen wir für $W_1 = W_2 = 6{,}25$ cm², für W_2 den Ausdruck $\dfrac{a+b}{2} \cdot x$ sowie für a und b die oben angeführten Beziehungen ein, erhalten wir die Gleichung

$$6{,}25 = [3 \cdot \tan \varphi + (3 + x) \tan \varphi]\, \frac{x}{2} \quad \text{bzw.} \quad \text{mit } \tan \varphi = 0{,}5$$

$$x^2 + 6x - 25 = 0 \rightarrow x_{1,2} = -\frac{6}{2}\,{\scriptstyle(-)}^{+} \sqrt{\left(\frac{6}{2}\right)^2 + 25} \quad x = \mathbf{2{,}83\ cm}.$$

D.h., bei einer Vorspannung von 3 cm wird die geforderte Federarbeit auf einem Federweg von 2,83 cm erreicht (**5.28**b).

Gegeben ist eine vorgespannte Ventilfeder mit $F_{max} = 2000$ N, $R = 30$ mm und $f_{max} = 28$ mm. Das Arbeitsvermögen W der Feder soll $= 16\,000$ Nmm sein. $\tau_{t\,zul} = 400$ N/mm² (**5.29**).

Ges.: a) Drahtdurchmesser d, b) Windungszahl i, c) Federkonstante c, d) Vorspannung F_{vor}, e) ungespannte Federlänge l_{ung} und Länge der vorgespannten Feder l_{vor}.

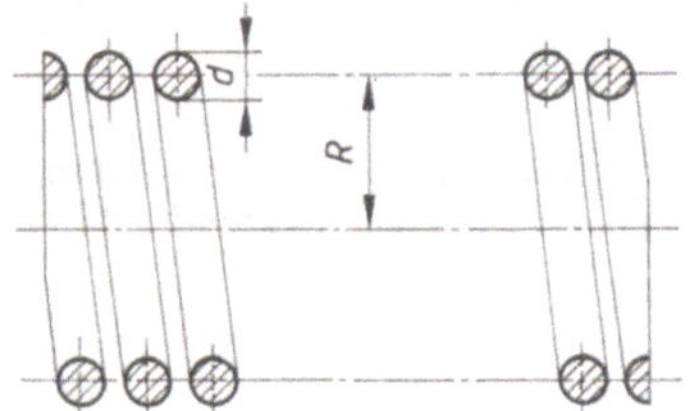

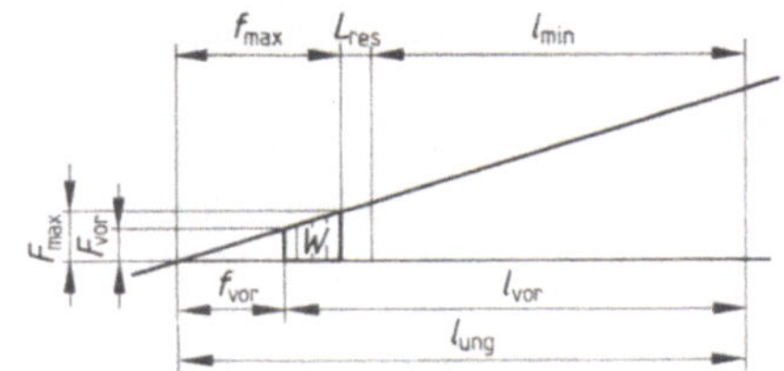

5.29 Ventilfeder mit Federdiagramm

a) Drahtdurchmesser d

Wir nehmen die beiden Gl. (5.26) und (5.27), setzen sie gleich und erhalten daraus die Beziehung für d. In diesem Ausdruck für d bleibt der Korrekturwert k_1 erhalten, der die in diesem Fall nicht vernachlässigbare Biegebeanspruchung berücksichtigt. Da der Korrekturfaktor jedoch vom Verhältnis Drahtdurchmesser zu Windungsdurchmesser abhängt, der erste aber unbekannt ist, müssen wir die Lösung durch Wiederholung suchen. Wir setzen zunächst $\zeta = 0$, so daß $k_1 = 1$ wird.

$$\left.\begin{aligned} f &= k_2\,\frac{64 \cdot F \cdot R^3 \cdot i}{G \cdot d^4} \\[2mm] f &= \frac{k_2}{k_1} \cdot \frac{4 \cdot \pi \cdot R^2 \cdot \tau_t \cdot i}{G \cdot d} \end{aligned}\right\} \rightarrow d = \sqrt[3]{k_1\,\frac{16 \cdot F_{max} \cdot R}{\pi \cdot \tau_{t\,zul}}} \quad\left|\quad\begin{aligned} k_1 &= 1 + \frac{5}{4}\,\zeta + \frac{7}{8}\,\zeta^2 \\[2mm] \zeta &= \frac{d}{2 \cdot R} \end{aligned}\right.$$

1. Annahme: $\zeta = 0 \rightarrow k_1 = 1 \qquad d = {}^3\!\sqrt{1 \dfrac{16 \cdot 2000\,\text{N} \cdot 30\,\text{mm}}{\pi \cdot 400\,\text{N/mm}^2}} = 9,1415\,\text{mm}$

$\rightarrow \zeta = \dfrac{9,1415}{60} = 0,1524 \rightarrow k_1 = 1 + \dfrac{5}{4} \cdot 0,1524 + \dfrac{7}{8} \cdot 0,1524^2 = 1,2107$

1. Wiederholung: $d = {}^3\!\sqrt{1,210 \dfrac{16 \cdot 2000\,\text{N} \cdot 30\,\text{mm}}{\pi \cdot 400\,\text{N/mm}^2}} = 9,7433\,\text{mm}$

$\rightarrow \zeta = 0,16238 \qquad k_1 = 1,2260$

2. Wiederholung: $d = {}^3\!\sqrt{1,22 \dfrac{16 \cdot 2000\,\text{N} \cdot 30\,\text{mm}}{\pi \cdot 400\,\text{N/mm}^2}} = 9,784\,\text{mm}$

$\rightarrow \zeta = 0,16306 \qquad k_1 = 1,227$

3. Wiederholung: $d = {}^3\!\sqrt{1,227 \dfrac{16 \cdot 2000\,\text{N} \cdot 30\,\text{mm}}{\pi \cdot 400\,\text{N/mm}^2}} = 9,786\,\text{mm}$

Der berechnete Drahtdurchmesser pendelt sich ziemlich genau bei 9,8 mm ein, die Feder wird mit $d = \mathbf{9,8\,mm}$ ausgeführt.

$d = 9,8\,\text{mm} \rightarrow \zeta = \dfrac{9,8}{60} = 0,1633 \rightarrow k_1 = 1,227, \qquad k_2 = 0,994$

b) Windungszahl i

$f = k_2 \dfrac{64 \cdot F \cdot R^3 \cdot i}{G \cdot d^4} \rightarrow$

$i = \dfrac{f_{max} \cdot G \cdot d^4}{64 \cdot F_{max} \cdot k_2 \cdot R^3} = \dfrac{28\,\text{mm} \cdot 0,81 \cdot 10^5\,\text{N/mm}^2 \cdot 9,8^4\,\text{mm}^4}{64 \cdot 2000\,\text{N} \cdot 0,994 \cdot 27\,000\,\text{mm}^3} = \mathbf{6,08}$

$i = 6$. Je Federende wird eine 3/4 Windung dazugegeben $\rightarrow i = 7,5$.

c) Federkonstante c

$f = c \cdot f \rightarrow c = \dfrac{F_{max}}{f_{max}} = \dfrac{2000\,\text{N}}{28\,\text{mm}} = \mathbf{71,428\,N/mm}$

d) Vorspannung F_{vor}

$W = \dfrac{1}{2}\,(F_{max} \cdot f_{max} - F_{vor} \cdot f_{vor}) = \dfrac{1}{2}\,(c \cdot f_{max}^2 - c \cdot f_{vor}^2) \rightarrow$

$f_{vor} = \sqrt{f_{max}^2 - \dfrac{2W}{c}} = \sqrt{28^2\,\text{mm}^2 - \dfrac{2 \cdot 16\,000\,\text{Nmm}}{71,428\,\text{N/mm}}} = 18,3\,\text{mm}$

$F_{vor} = c \cdot f_{vor} = 71,428\,\text{N/mm} \cdot 18,33\,\text{mm} = \mathbf{1309,3\,N}$

e) ungespannte Federlänge l_{ung} und vorgespannte Federlänge l_{vor}

$l_{ung} = d \cdot i + f_{max} + l_{res} \qquad l_{res} = 5\,\text{mm}$

$l_{ung} = 9,8\,\text{mm} \cdot 7,5 + 28\,\text{mm} + 5\,\text{mm} = \mathbf{106,5\,mm}$

$l_{vor} = l_{ung} - f_{vor} = 106,5\,\text{mm} - 18,3\,\text{mm} = \mathbf{88,2\,mm}$

Schraubenfedern mit Rechteckquerschnitt. Neben den zylindrischen Schraubenfedern mit Kreisquerschnitt finden auch vielfach Schraubenfedern mit Rechteckquerschnitt Verwendung (5.30). Analog zu den Federgleichungen für den kreisförmigen Drahtquerschnitt ergibt sich hier die

1. Form der Federgleichung

$$f = k_2 \, \frac{F \cdot R^3 \cdot 2 \cdot \pi \cdot i}{G \cdot I_t} = k_2 \, \frac{F \cdot R^3 \cdot 2 \cdot \pi \cdot i}{G \cdot c_2 \cdot h \cdot b^3} \qquad \text{Gl. (5.33)}$$

2. Form der Federgleichung

$$f = \frac{k_2}{k_1} \cdot \frac{c_1 \cdot 2 \cdot \pi \cdot \tau_t \cdot R^2 \cdot h \cdot b^3 \cdot i}{G \cdot I_t} = \frac{k_2}{k_1} \cdot \frac{c_1}{c_2} \cdot \frac{2 \cdot \pi \cdot \tau_t \cdot R^2 \cdot i}{G \cdot b} \cdot \qquad \text{Gl. (5.34)}$$

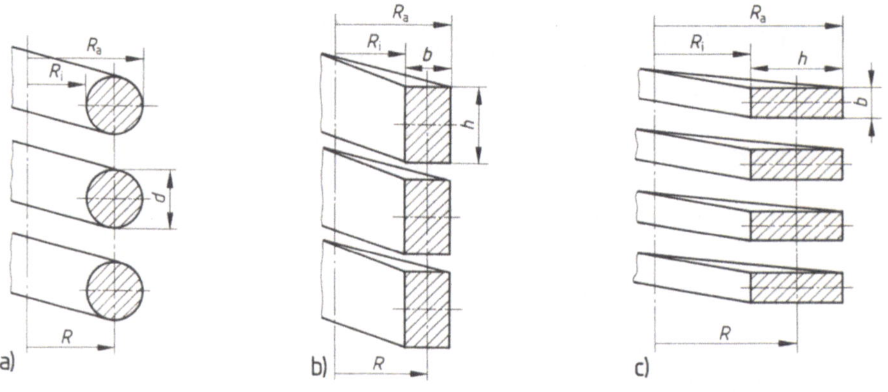

5.30 Bauformen zylindrischer Schraubenfedern

a) Kreisquerschnitt, b) Rechteck hoch gestellt, c) Rechteck flach gestellt

Für den Fall, daß das Windungsverhältnis ζ sehr klein ist, werden die Konstanten k_1 und k_2 annähernd 1, und die Biegebeanspruchung ist somit vernachlässigbar. Für das Windungsverhältnis ζ ist beim Rechteckquerschnitt $\zeta = b/2 \cdot R$ bzw. wie im Bild **5.30**c $\zeta = h/2 \cdot R$ zu setzen. Stets ist in Zahlen der Formel für ζ diejenige Seite des rechteckigen Drahtquerschnitts einzusetzen, die senkrecht zur Federachse steht.

Beispiel 5.14   Am Auslauf einer Paketsortieranlage befindet sich ein gefederter Puffer (**5.31**). Seine Feder ist 120 mm vorgespannt, $c = 18\,\text{kN/m}$. Welche Arbeit wird in der Feder gespeichert, wenn sie nach Auftreffen eines Pakets um (weitere) 35 mm zusammengedrückt wird?

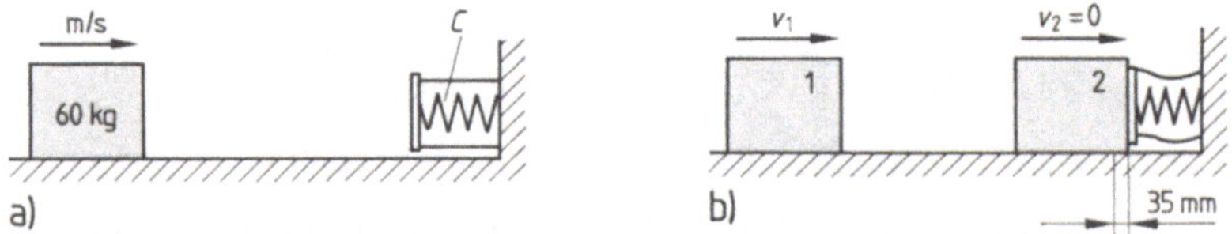

5.31   Paketauslaufstrecke

a) vor Aufprall, b) maximale Stauchung des gefederten Puffers

Lösung
$$W = \frac{1}{2}\, c\,(s_2^2 - s_1^2)$$

$$W = \frac{1}{2} \cdot 18 \cdot 10^3\,\text{N/m}\,(0{,}155^2\,\text{m}^2 - 0{,}120^2\,\text{m}^2) = \mathbf{86{,}6\,Nm = 86{,}6\,J}$$

Die geradlinige Charakteristik muß aber nicht vorhanden sein. Es gibt auch Federn, die sich progressiv (z.B. Gummipuffer) oder degressiv verhalten. Außerdem erzielt man annähernd eine

128

progressive Charakteristik durch zwei lineare Federpakete, wenn das zweite Paket erst ab einer bestimmten Belastung einsetzt (**5.32**, Anwendung z. B. beim Blattfederpaket der Hinterachsen schwerer Lkw).

Letztlich können alle im Abschnitt Statik behandelten Träger als Biegefedern aufgefaßt werden. Durch Belastung kommt es zu einer Durchbiegung von Wellen und von Trägern. Es besteht Gleichgewicht zwischen den äußeren Kräften und den inneren Rückstellkräften.

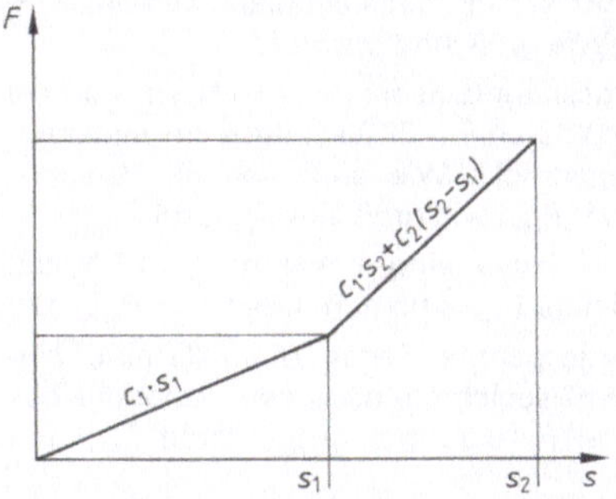

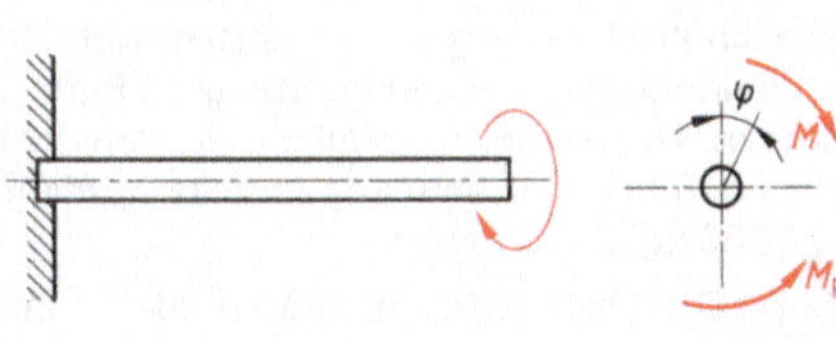

5.32 Kraft-Weg-Diagramm zweier überlagerter Federn (angenähert progressives Verhalten)

5.33 Drehstabfeder

Drehstabfedern (**5.33**). Um einen einseitig eingespannten Drehfederstab um den Winkel φ zu verdrillen, ist ein bestimmtes Drehmoment erforderlich. So erhalten wir analog zum Obigen das

Drehfedergesetz $M = c_d \cdot \hat{\varphi}$.	c_d = Drehfederkonstante	Gl. (5.35)

Das Drehmoment M ist stets entgegengesetzt gleich dem Rückstellmoment der Drehfeder. Die zum Verdrillen von φ_1 auf φ_2 nötige Drehfeder-Spannarbeit ergibt sich mit

$$W = \int_{\hat{\varphi}_1}^{\hat{\varphi}_2} M \cdot d\varphi = \int_{\hat{\varphi}_1}^{\hat{\varphi}_2} c_d \cdot \hat{\varphi} \cdot d\varphi$$

$$= \frac{1}{2} c_d (\hat{\varphi}_2 - \hat{\varphi}_1)^2. \qquad \text{Gl. (5.36)}$$

Beim Verdrillen aus dem ungespannten Zustand vereinfacht sich diese Formel auf

$$W = \frac{1}{2} c_d \cdot \hat{\varphi}^2. \qquad \text{Gl. (5.37)}$$

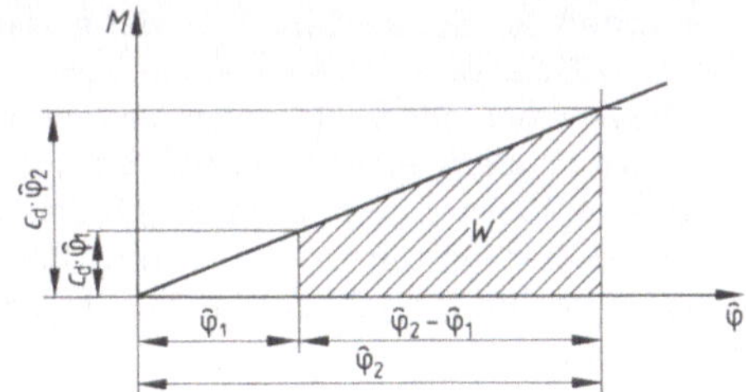

5.34 M-$\hat{\varphi}$-Diagramm

Den Zusammenhang zwischen Moment und Verdrehwinkel stellt das Diagramm **5.34** dar.

Beispiel 5.15 Die Vorderräder eines Pkw sind in ihrer Aufhängung mit einer Drehstabfeder verbunden. Wie groß ist die in der Feder gespeicherte Arbeit, wenn sich das linke Rad gegenüber dem rechten infolge Fahrbahnunebenheiten soviel höher befindet, daß die Feder um 16° gedreht wird? $c_d = 110\,\text{kNm/rad}$

Lösung $W = \dfrac{1}{2} c_d \cdot \hat{\varphi}^2 = \dfrac{1}{2} \cdot 110\,\text{kNm/rad} \cdot 0{,}28^2\,\text{rad}^2 = \mathbf{4{,}29\,kNm = 4{,}29\,kJ}$

1. Ein Körper mit der Masse $m = 26$ kg wird mit einer Federwaage gewogen. Welcher Federweg tritt auf, wenn die Federkonstante $c = 3$ N/mm ist?

2. Ein Paket stößt am Ende eines Rollengangs gegen eine Pufferfeder. Welche Formänderungsarbeit tritt in der Feder beim ersten Anstoß auf, wenn die vorerst entspannte Feder um 30 mm zusammengedrückt wird? $c = 700$ N/mm

3. Welche kinetische Energie war vor dem Aufprall eines Waggons gegen einen Prellbock (2 Puffer) vorhanden, wenn beim Aufprall die Pufferfedern jeweils um 68 mm zusammengedrückt werden? $m = 20\,000$ kg, $c = 3$ kN/cm

   Hinweis: Die kinetische Energie ist gleich der Formänderungsarbeit beider Pufferfedern.

4. Eine zylindrische Schraubenfeder aus Stahl mit kreisförmigem Drahtquerschnitt soll bei einem Federweg $f = 80$ mm, einer Federkraft $F = 1{,}8$ kN und einer zulässigen Torsionsspannung $T_{tzul} = 450$ N/mm^2 dimensioniert werden. $R = 40$ mm. Wie groß sind d und i?

5. Eine vorgespannte Feder $c = 110$ N/cm wird bei Belastung durch $F = 3000$ N um 4 cm weiter zusammengedrückt. Wie groß war die Verspannungskraft F_{vor}, wie groß sind f_{vor} und F_{max}?

6. Von einer Feder sind bekannt: $c = 22$ N/cm, $f_{vor} = 15$ mm, $f_{max} = 65$ mm. Ges.: F_{vor}, F_{max}, W.

7. Eine vorgespannte Feder ($f_{vor} = 12$ mm, $c = 2{,}5$ N/mm) speicherte nach dem Aufprall eines Körpers $W = 10$ J. Wie groß waren f_{max} und F_{max}?

5.3 Nichtlösbare Verbindungen

Von den zahlreichen Verfahren sind für uns Schweißverbindungen von besonderer Bedeutung und hier wiederum Schmelz-, Preßschweiß- sowie Löt-, Klebe- und Nietverbindungen.

5.3.1 Schweißverbindungen (ÖNORM prEN 287)

Der Vorteil des Schweißens liegt darin, daß durch direkte Verschmelzung der Grundwerkstoffe mit dem Zusatzwerkstoff keine zusätzlichen Verbindungselemente nötig sind. Das Schweißen ist daher eines der wichtigsten Verbindungsverfahren. Die konstruktiven Lösungen sind im Gewicht deutlich leichter als Ausführungen aus Guß- und Schmiedeteilen. Beim Schweißen wird unter Wärmezufuhr der Bereich der Verbindungszone in plastisch verformbaren und/oder flüssigen Zustand versetzt. Je nach Verfahrensart wird ein Zusatzstoff verwendet, teilweise auch zur Verhinderung von Oxidation Pulver beigemengt oder ein Schutzgas über den Schweißbereich ausgebreitet.

Bei den Schmelzschweißverfahren unterscheiden wir das Gasschweißen und das Lichtbogenschweißen (Metallichtbogen-, Unterpulver-, Schutzgasschweißen u.a.).

Beim Gasschweißen wird die Flamme meist von einem Gasgemisch aus Acetylen und Sauerstoff genährt. Ein Schweißdraht dient als Zusatzstoff zur Ergänzung der Stoßstelle. Bei hohen Schweißtemperaturen kann es zum Verdampfen von Bestandteilen der Grund- und Zusatzwerkstoffe sowie zu Verunreinigungen der Naht kommen. Diese mindern die Schweißnahtgüte. Deshalb darf bei wesentlichen Bauteilverbindungen nur ein Schweißer mit Schweißprüfungszeugnis eingesetzt werden. Außerdem werden die Schweißnähte zerstörungsfrei geprüft (meist durch Röntgenprüfung). Vorteile des Gasschweißens gegenüber anderen Verfahren: auch schwer zugängliche Stellen sind mit der Schweißflamme gut erreichbar, ein Überkopfschweißen ist möglich.

Brenngas. Neben Acetylen als Brenngas kommen auch Propan, Wasserstoff, Stadtgas und Methan in Betracht. Das Brenngas soll möglichst gefahrlos transportiert und gelagert werden können und eine hohe Verbrennungstemperatur aufweisen. Die Brenngase werden in Druckflaschen, Acetylen in Dissousflaschen im flüssigen Zustand transportiert (franz. dissoudre = lösen). Es ist in flüssigem Aceton gelöst und wird als Gas frei, wenn sich der Druck vermindert. Bei der Anlieferung ist in der mit einem gelben Anstrich gekennzeichneten Flasche ein Druck von etwa 15 bar vorhanden. Dies entspricht ca. 6000 dm^3 Acetylengas. Die Sauerstoffflaschen – sie haben einen blauen Anstrich – sind gleich groß und haben ebenfalls 40 dm^3 Rauminhalt. Da Sauerstoff mit etwa 150 bar verdichtet ist, sind auch hier 6000 dm^3 Gas bei Normalbedingungen vorhanden.

Über Druckminderventile werden die beiden Gase in getrennten Leitungen mit dem erforderlichen niedrigeren Arbeitsdruck dem Schweißbrenner zugeführt (5.35). Acetylengas hat einen Arbeitsdruck von 0,2 bis 0,6 bar, Sauerstoff wird in zwei Stufen auf einen Arbeitsdruck von etwa 2,5 bar reduziert. Flaschendruck und Arbeitsdruck sind am Druckminderventil ablesbar. Der Arbeitsdruck wird durch die Einstellschraube eingestellt. Da Sauerstoff einen höheren Arbeitsdruck aufweist als Acetylen, tritt er auch mit höherer Geschwindigkeit aus dem Schweißbrenner aus (5.36). Durch den damit entstehenden Überdruck wird das Acetylen aus der Saugdüse angesaugt und mit dem Sauerstoff vermischt.

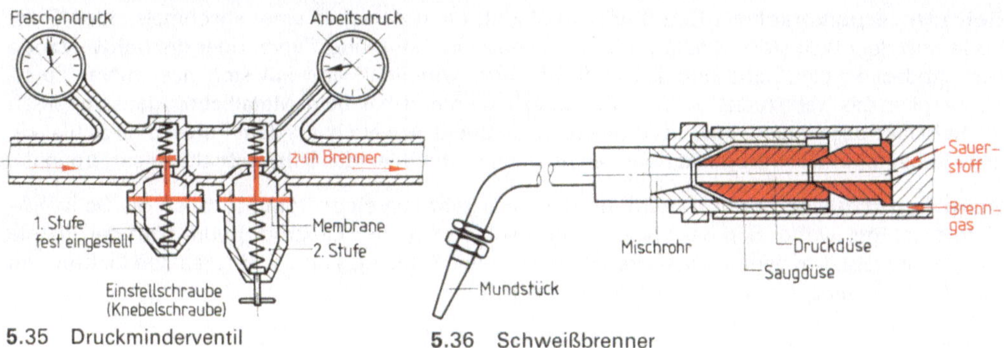

5.35 Druckminderventil   5.36 Schweißbrenner

Das Lichtbogenschweißen wird heute am häufigsten angewendet. Von besonderer Bedeutung sind dabei das Metallichtbogen-, Unterpulver- und Schutzgasschweißen. Bei diesen Verfahren erzeugt man die Wärme durch einen elektrischen Lichtbogen. Es wird ein geschlossener Stromkreis zwischen Spannungserzeuger (Generator), Elektrode, Lichtbogen und Werkstück gebildet (5.37). Der Generator kann Gleich- oder Wechselstrom liefern. Bei Gleichstrom verbindet man das Werkstück mit dem positiven und die Elektrode mit dem negativen Pol. Der Generator hat eine Leerlaufspannung von 40 bis 70 V. Durch „Antupfen" der Elektrode auf dem Werkstück wird der Stromkreis geschlossen. Es entsteht ein hoher Kurzschlußstrom (5.38a), der die Berührungsstelle erwärmt. Man kann nun die Elektrode etwas vom Werkstück abheben, der Elektronenstrom setzt sich fort, da ständig aus der Elektrodenspitze Elektronen austreten (5.38b). Die positiven Gasionen werden von der negativen Elektrode angezogen und erwärmen diese bis auf 3500 °C. Da die Elektronen mit hoher Geschwindigkeit auf das Werkstück prallen,

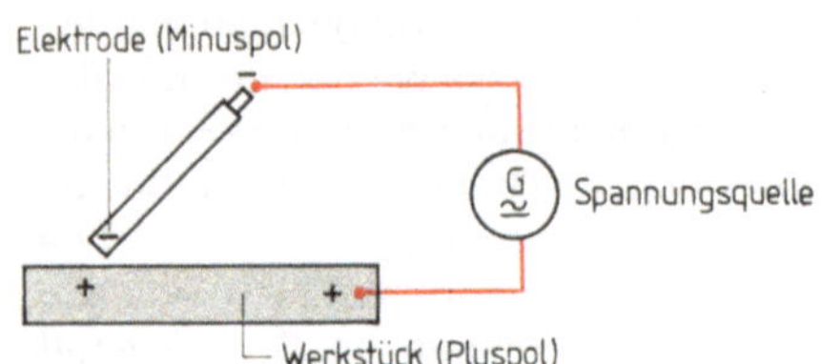

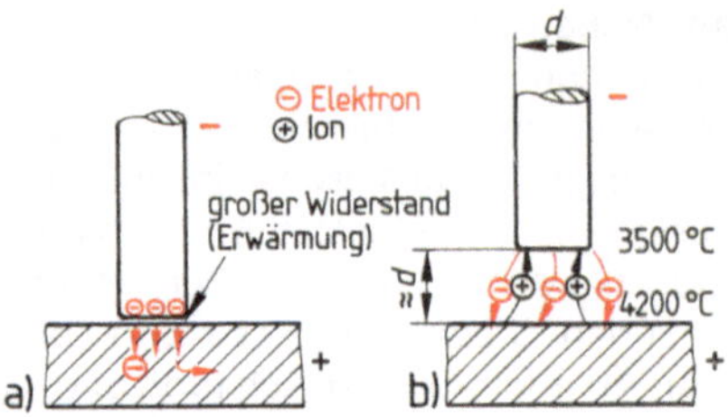

5.37 Stromkreis beim elektrischen Lichtbogenschweißen

5.38 Vorgänge im Lichtbogen
a) Elektrode angesetzt – Kurzschluß
b) Elektrode abgehoben – Lichtbogen

erwärmt es sich auf 4200 °C. Solange der Lichtbogen besteht, wird Material von der abschmelzenden Elektrode (die gleichzeitig Schweißzusatz ist) auf das aufgeschmolzene Werkstück übertragen.

Der Zutritt oxidierender Atmosphäre wird durch die sich bildende Gashülle und die sich auf der Oberfläche der Schweißnaht bildende Schlackenschicht unterbunden.

Da Wechselstrom für den Menschen wesentlich gefährlicher als Gleichstrom ist, wird hier nur mit Spannungen bis maximal 42 V gearbeitet. Die Stromstärke beläuft sich auf 40 bis 1000 A. Je mehr Material aufgetragen werden soll bzw. je stärker das Werkstück ist, um so dicker muß die gewählte Elektrode werden. Als grober Richtwert für die Stromstärke gilt: Stromstärke in A = 40 mal Elektrodenkern-Drahtdurchmesser.

Beispiel 5.16   Für eine Elektrode mit 3 mm Kerndrahtdurchmesser stellt man $40 \times 3 = \mathbf{120\,A}$ am Gerät ein.

Beim Unterpulverschweißen brennt der Lichtbogen zwischen einer abschmelzenden Elektrode und dem Werkstoff, wobei durch eine spezielle Zuführung Pulver über die Schweißzone zum Abdecken des Lichtbogens zugeführt wird. Vorteilhaft ist, daß sich das Pulver durch Schwenken des Werkstücks leicht entfernen läßt, während man beim Metallichtbogenschweißen die Schlacke abschlagen muß. In seltenen Fällen bildet sich auch aus dem Pulver eine Schlacke, die wie beim Metallichtbogenschweißen nach dem Abkühlen der Schweißnaht zu entfernen ist.

Beim Schutzgasschweißen wird ein Schweißdraht von einer Trommel durch die Schweißpistole geführt, wobei sich der Vorschub des Schweißdrahts (Elektrode) vom Griff der Pistole aus steuern läßt. Um den Schweißdraht herum strömt Schutzgas und schützt so den Lichtbogen und das Schweißbad gegen die Atmosphäre (**5.39**).

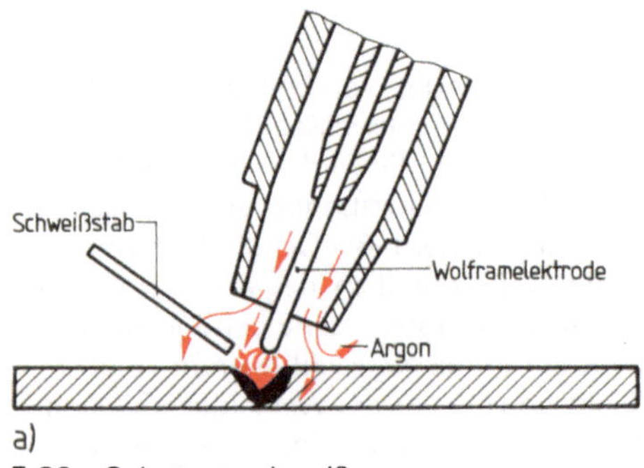

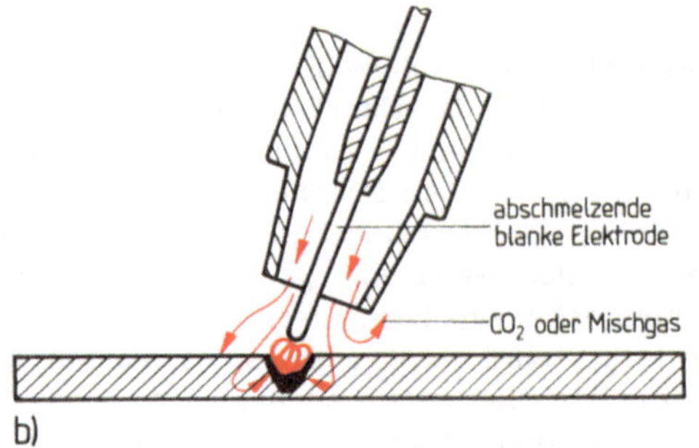

5.39 Schutzgasschweißen
a) WIG-Schweißen, b) MAG-Schweißen

Nach der Art des Schutzgases unterscheiden wir:

- **WIG-Schweißen** (Wolfram-Inert-Gas): Die Elektrode besteht aus einer Wolframlegierung, das Schweißgut muß durch einen gesonderten Schweißstab zugeführt werden. Als Schutzgas dient Argon.
- **MIG-Schweißen** (Metall-Inert-Gas): Die Elektrode schmilzt ab, ein Zusatzschweißstab ist nicht erforderlich. Der Gleichstromanschluß der Elektrode liegt dicht an der Schweißstelle. Damit sind hohe Stromdichten, somit große Schweißgeschwindigkeiten erzielbar. Als Schutzgas dient ebenfalls Argon.
- **MAG-Verfahren** (Metall-Aktiv-Gas): Durch Verwendung des erheblich kostengünstigeren Kohlendioxyds (CO_2) hat sich dieses Verfahren in den meisten Werkstätten für Reparaturschweißungen durchgesetzt. Teilweise wird auch ein Mischgas aus 80% Argon, 15% Kohlendioxyd und 5% Sauerstoff verwendet. Das Verfahren ist auch bei dünnen Blechen (Karosseriebau) und bei unlegierten Stählen anwendbar. Infolge eines geringen Einbrands kommt es nur zu geringfügigem Verziehen der Werkstücke. Eine Nahtvorbereitung ist nicht erforderlich.

Grundsätzlich sind sehr viele Metalle schweißbar. Hervorgehoben seien allgemeine Baustähle nach ÖNORM M 3101, DIN 17100 bzw. DIN 8528 (St 37-3, St 46-3, St 52-3 u. a.) und Vergütungsstähle nach ÖNORM M 3161, DIN 17200 (C 22, Ck 22, 25 CrMo 4, 28 Mn 6 u. a.). Bei den letzteren sind meist ein Vorwärmen der Werkstücke erforderlich und nach dem Schweißen eine weitere Wärmebehandlung angebracht. Einsatzstähle nach DIN 17210, alterungsbeständige Stähle und hochlegierte Stähle sind nur bedingt mit Spezialelektroden und Wärmebehandlung schweißbar. Beim Schweißen von Gußeisen und Stahlguß, von Nichteisenmetallen wie Aluminium, Kupfer und Kupferlegierungen sowie von Schwermetallen ist zu beachten, daß nicht aushärtbare Legierungen durch die Schweißwärme hohe, meist durch Kaltverfestigung erreichte Festigkeit wieder verlieren können. Außerdem können beim Schweißen durch die gute Leitfähigkeit von Kupfer bzw. Aluminium starke Dehnungen oder Schrumpfungen auftreten.

Stoßarten und Nahtformen sowie ihre Symboldarstellung auf Konstruktionszeichnungen zeigen die Tabellen **5.40** und **5.41**.

Tabelle 5.40 **Schweißstoßarten**

Art	Kennzeichen	Merkmale
Stumpfstoß		Die Teile liegen in einer Ebene und stoßen stumpf gegeneinander.
Parallelstoß		Die Teile liegen parallel aufeinander.
Überlappstoß		Die Teile liegen parallel aufeinander und überlappen sich.
T-Stoß		Die Teile stoßen rechtwinklig (T-förmig) aufeinander.
Doppel-T-Stoß (Kreuzstoß)		Zwei in einer Ebene liegende Teile stoßen rechtwinklig (kreuzend, Doppel-T) gegen ein dazwischenliegendes drittes.
Schrägstoß		Ein Teil stößt schräg gegen ein anderes.
Eckstoß		Zwei Teile stoßen unter beliebigem Winkel aneinander (Ecke).
Mehrfachstoß		Drei oder mehr Teile stoßen unter beliebigem Winkel aneinander.
Kreuzungsstoß		Zwei Teile liegen kreuzend übereinander.

Tabelle 5.41   Grundsymbole für Nahtarten

Nr	Benennung	Illustration[1]	Symbol	Nr	Benennung	Illustration[1]	Symbol
1	Bördelnaht		⋀	6	HY-Naht		ⱽ
2	I-Naht		‖	7	U-Naht		Y
3	V-Naht		V	8	HU-Naht (Jot-Naht)		ⱽ
4	HV-Naht		V	9	Gegenlage		◡
5	Y-Naht		Y	10	Kehlnaht		◺
11	Lochnaht		⊓	15	H(alb)-S(teil- flanken)- Naht		ⱽ
				16	Stirnflach- naht		⫴
12	Punktnaht		◯	17	Flächennaht		=
13	Liniennaht[2]		⊖	18	Schrägnaht		⫽
14	S(teil- flanken)- Naht		Ⅴ	19	Falznaht		∾

[1] Die Illustration dient nur zur Erläuterung der Lage einer Naht.
[2] Beim Rollennahtschweißen: Rollennaht

Für die Oberflächenform, den Verlauf und die Art der Naht usw. gibt es Zusatzsymbole.
Häufig verwendet werden Stumpfnähte und Kehlnähte, da hier die Vorbereitung, wenn sie nicht überhaupt unterbleiben kann, gering ist. Diese Nähte sind also sehr wirtschaftlich.

Beim elektrischen Widerstandsschweißen werden Werkstoffe im plastischen Zustand versetzt und durch Zusammenfügen der Stoßstellen verschweißt. Es fließt dabei ein starker elektrischer Strom (bis 50 000 A). Nach Art des Zusammenfügens unterscheiden wir Preßstumpfschweißen sowie Punkt- und Nahtschweißen.

134

Beim Preßstumpfschweißen führen Kupferspannbacken den Strom zu und halten die Teile fest. Wenn die Schweißstelle teigig geworden ist, werden die Teile durch hohen Druck miteinander verbunden. Dabei muß mindestens eine Spannbacke beweglich sein (**5.42**). Mit diesem Verfahren lassen sich Werkstücke mit großem Querschnitt verbinden. Angewendet wird es z. B. zum Schweißen eines Ringes, aus dem dann durch Walzen die Felge eines Pkw- oder Lkw-Rads hergestellt wird.

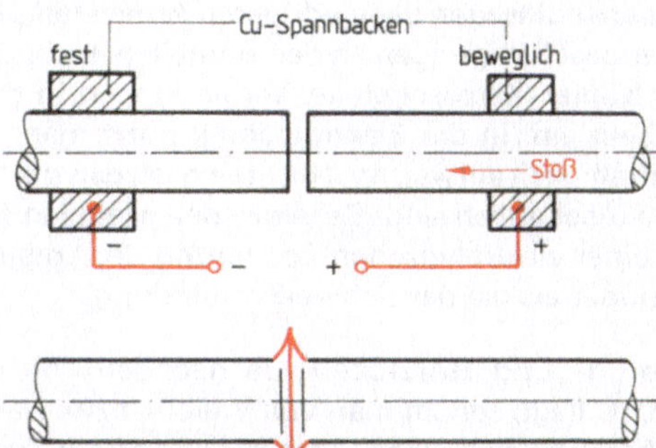

5.42
Preßstumpfschweißen

Das Abbrennstumpfschweißen wendet man an, wenn man die Stoßstellen vor dem Schweißen nicht bearbeiten will (blank). Die Stoßstelle wird nicht nur teigig gemacht, sondern es kommt zur Bildung eines Lichtbogens und zum Aufschmelzen. Wenn der Schmelzfluß erreicht ist, wird der Strom abgeschaltet, und die Werkstücke werden mit hohem Druck zusammengestoßen.

Durch Punktschweißen verbindet man besonders im Karosseriebau dünne Bleche (max. Dicke 5 mm). Zwei Kupferelektroden bilden eine Zange und pressen die Blechteile unter hohem Druck zusammen (**5.43**). Der Strom erreicht an den Berührungsstellen infolge des dort gegebenen hohen Übergangswiderstands einen Maximalwert und erwärmt dadurch die Bleche. Durch den Preßdruck kommt es zum Zusammenschweißen der teigigen Stellen, und es entsteht eine Schweißlinse. Während des Zusammenschweißens wird der Stromfluß größer, da sich der Widerstand nun verringert, und das Gerät schaltet automatisch ab. Der Zangendruck bleibt bis zum Erkalten. Mit diesem Verfahren erreicht man eine hohe Fertigungsgeschwindigkeit.

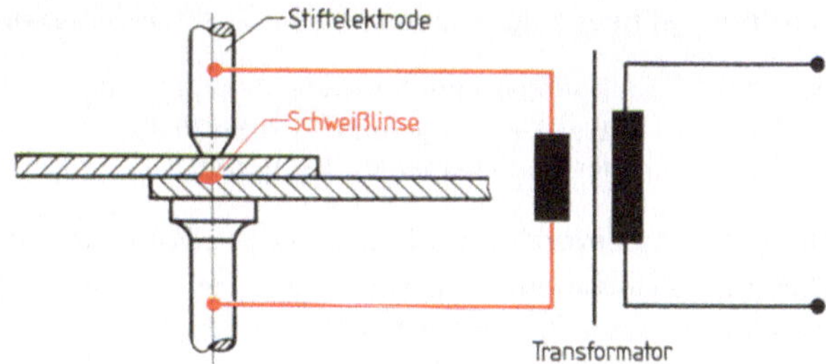

5.43
Punktschweißen

Das Buckelschweißen ist eine Abart des Punktschweißens, indem man gezielt an den gewünschten Schweißstellen Rund- oder Langbuckel prägt. Diese Buckel stehen gegenüber der Blechoberfläche vor, so daß es hier zum Verschweißen mit dem Gegenstück kommt. Das Verfahren eignet sich nur für dünne Bleche und besonders zum Zusammenschweißen von Blechen unterschiedlicher Dicke, wobei man die Buckel vorzugsweise am dickeren Blech anbringt. Ein Blechdickenverhältnis von 1:2,5 soll nicht überschritten werden. Die Buckel sind genormt (DIN 8519).

Das Nahtschweißen ist ein Punktschweißen in aneinandergereihter Kette. Die Aufschmelzung und Verbindung zwischen den beiden Blechteilen geschieht ohne Unterbrechung. Hier sollten nur Blechdicken bis maximal 2 mm verwendet werden. Statt der Schweißzangen nimmt man meist Rollen. Sie werden an den Blechteilen abgewälzt, so daß kleinere Arbeitsstücke durch die Rollen durchgezogen werden können. Im anderen Fall fährt man durch einen Antrieb der Rollen die gewünschte Schweißnaht ab.

5.3.2 Lötverbindungen

Im Unterschied zum Schweißen handelt es sich beim Löten um eine Verbindung metallischer Werkstoffe durch Zusatzstoffe (Lote), deren Schmelzbereich unter denen der Bauteile liegt. Der Vorteil des Lötens liegt vor allem darin, daß sich verschiedenartige Metalle miteinander verbinden lassen und wegen der niedrigeren Arbeitstemperaturen (je nach Lotart bis etwa 180 °C herunter) Gefügeschädigungen an den Bauteilen ausbleiben. Man setzt das Lötverfahren daher besonders für Kühler, Karosserieteile, Verbindungen in der Leiterplattentechnik und beim Anbringen von Kabeln ein. In der Elektrotechnik nutzt man den Vorteil, daß Lötstellen eine gute elektrische Leitfähigkeit aufweisen. Nachteilig ist, daß die Lote meist sehr teuer und daher größere Lötstellen unwirtschaftlich sind. Bei einzelnen Metallen (z. B. Aluminium) besteht auch die Gefahr, daß es zu einer elektrolytischen Zerstörung der Lötstelle kommt. Die Festigkeit der Lötverbindung ist geringer als die der Schweißverbindung.

Weich- und Hartlöten. Je nachdem, ob der Schmelzbereich des Lotes unter oder über 450 °C liegt, spricht man von Weich- bzw. Hartlöten. Beim Löten ist darauf zu achten, daß der Schmelzbereich eines Lotes je nach seiner Zusammensetzung eine große Temperaturspreizung aufweisen kann. Unter S c h m e l z b e r e i c h ist nach DIN 8508 jener Temperaturbereich zu verstehen, der vom Beginn des Schmelzens bis zur vollständigen Verflüssigung des Lotes gegeben ist. Die A r b e i t s t e m p e r a t u r ist jene Temperatur, die der Werkstoff an der Oberfläche mindestens aufweisen muß, damit es zu einem Benetzen des Lotes kommt. Ergibt sich einerseits als Vorteil beim Löten, daß sich sehr dünnwandige Bauteile miteinander verbinden lassen, die sich bei höheren Temperaturen stark verziehen würden, ist andererseits zu bedenken, daß das Lot nur in enge Spalten einfließt und daher die Teile sorgfältig vorbereitet werden müssen. Sind die Teile richtig vorbereitet, können die Arbeiten automatisiert werden.

Die Wahl des Lotes hängt von der Arbeitstemperatur und den Werkstoffen ab. Verwendet werden Legierungen aus Zinn, Blei, Zink, Kupfer und Silber. Einige Lotwerkstoffe sind in DIN 1707 und in DIN 8712 Teil 1 bis 3 genormt. Zum Weichlöten (DIN 1707) dienen Lote mit einem hohen Zinnanteil, wobei mit steigendem Zinngehalt die Arbeitstemperatur absinkt. Zum Hartlöten ist neben dem allenfalls eingesetzten Silber der Hauptlegierungswerkstoff Kupfer.

Beispiel 5.17 Normgerechte Kurzbezeichnung eines Weichlots
Blei-Zinn-Legierung: L-PbSn 25 Sb
für ein Silberhartlot: L-CuZn 40

Die Lote sind bevorzugt als Lotstäbe oder Drähte in Längen bis maximal 1000 mm im Handel.

Damit eine einwandfreie Verbindung zwischen den Werkstücken entsteht, muß die Oberfläche metallisch rein sein. Dies erreicht man durch ein Beizbad und/oder durch Auftragen eines Flußmittels (DIN 8511 Teil 1 bis 3). Oxidschichten auf den Werkstücken entfernt man durch Reduzieren des Gases. Beim Einsatz eines Flußmittels ist die Lötstelle so auszubilden, daß das Flußmittel beim Eindringen des Lotes in den Spalt mit den gelösten Oxiden vor dem Lot hergeschoben und von ihm verdrängt werden kann. Beim Erreichen der Arbeitstemperatur muß das Flußmittel also noch flüssig sein; sonst besteht die Gefahr, daß eine neue Oxidschicht entsteht. Auf diesen Vorgang ist besonders bei automatisierten Lötvorgängen zu achten. Hier gilt die größte Lötspaltbreite 0,2 mm und die kleinste 0,05 mm. Wird die Lötspaltgröße von 0,2 mm überschritten, ist mit besonderen Arbeitstechniken auch ein Lötspalt von über 0,5 mm noch von Hand lötbar. Man spricht dann aber nicht mehr von Spaltlöten, sondern von Fugenlöten.

Neben der Unterteilung in Weich- und Hartlötverfahren, also nach der Arbeitstemperatur, kann man Lötverfahren auch nach der Arbeitsweise einteilen. Danach sind die wichtigsten Flamm-, Kolben-, Tauch-, Ofen- sowie Widerstands- und Induktionslöten.

Flammlöten. Der Lötstellenbereich wird durch Lötlampen oder Schweißbrenner auf Arbeitstemperatur erhitzt. Ist diese erreicht, wird das Lot an die Verbindungsstelle gebracht, schmilzt dort auf und schießt infolge der Kapillarwirkung in den Lötspalt. Je geringer die Lötspaltbreite ist, desto größer sind die wirkenden Adhäsionskräfte und um so höher kann das Lot sogar entgegen der Schwerkraft hochsteigen. Man kann also auch Überkopflötungen vornehmen. Das Verfahren läßt sich automatisieren, indem man die zu verbindenden Werkstücke an einer Gruppe von Schweißbrennern vorbeiführt und sie dort so lange beläßt, bis die Arbeitstemperatur erreicht ist. Meist werden, um hohe Taktzeiten zu erreichen, Vorwärmstationen vor der eigentlichen Arbeitszone vorgesehen. Das Flammlöten eignet sich für Weich- und Hartlötungen.

Beim Kolbenlöten geht man wie beim Flammlöten vor, nur wird hier ein Lötkolben als Werkzeug verwendet. Er kann gas- oder elektrisch beheizt sein (**5.44**a, b). Infolge der flächenmäßig nur geringen Wärmeausbreitung in den Werkstücken kann man dieses Verfahren nur für Weichlötungen anwenden. In der Elektrotechnik werden zahlreiche Verbindungen elektrischer Bauteile und Drähte mit diesem Verfahren hergestellt. Der meist elektrisch beheizte Lötkolben erwärmt die Lötstelle. Das Lot wird angesetzt, schmilzt und verbindet die Teile.

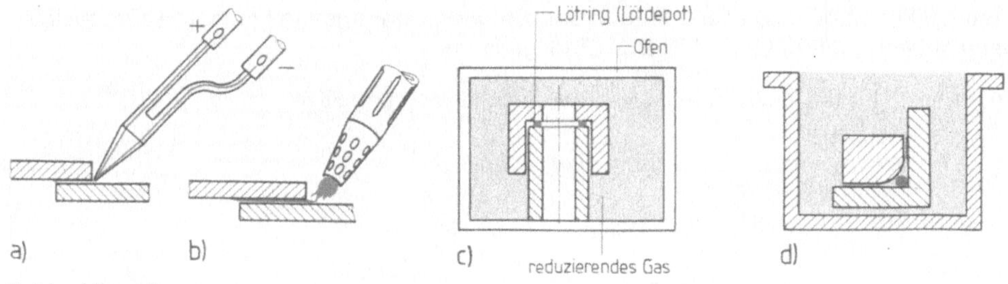

5.44 Lötgeräte
a) Elektrolötpistole, b) Gaslötkolben, c) Lötofen, d) Tauchlötung

Beim Tauchlöten wird die Verbindungsstelle mit einem großen Teil der Umgebung in ein Schmelzbad getaucht (**5.44**d). Das Lot dringt in den Spalt ein und stellt die Verbindung her. Die Oberfläche der Bauteile ist vor dem Eintauchen in das Schmelzbad mit einem Schutz zu versehen, damit das Lot dort nicht haften bleibt. Sonst ist die Verbindungsstelle anschließend in einem Galvanikbad zu säubern. Dabei besteht allerdings die Gefahr, daß nicht nur das an der Oberfläche abgesetzte Lot entfernt wird, sondern auch ein Teil aus dem Spalt. Tauchlöten ist ein sehr aufwendiges und kein umweltschonendes Verfahren. Der Vorteil eines billigen Lotmaterials wird durch die erforderliche Reinigung der Abwässer zunichte gemacht.

Bei der Ofenlötung werden die Bauteile erst mit Flußmittel und die konstruktiv vorgenommenen Depots mit Lot versehen, bevor man sie in einen Ofen bringt (**5.44**c). Man kann hier mit Schutzgas arbeiten, Oxidschichten also reduzieren. Wenn die Werkstücke die Arbeitstemperatur erreicht haben, schmilzt das Lot. Da das Depot von der Gestalt her weit über dem maximal zulässigen Lötspalt liegt, fließt das Lot in Richtung Lötspalt und schießt in diesen ein. Das Depot ist also nach der Lötung frei von Lot.

Widerstands- und Induktionslöten. Wenn die zu fügenden Werkstücke von ihrer baulichen Struktur geeignet sind, kann man die Verbindungsstellen durch einen Kurzschlußstrom oder (beim Induktionslöten) durch eine Induktionsspule erwärmen, die mit Wechselstrom durchflossen ist. Das Verfahren eignet sich – abhängig von der konstruktiven Gestaltung der Verbindungsstelle – wie auch das Flammlöten für automatisierte Verfahren. Es ist für Weich- und Hartlöten verwendbar.

> Weichlöten wird in der Elektrotechnik vorwiegend zum Abdichten und Verbinden eingesetzt. Die Arbeitstemperatur liegt zwischen 200 °C und 450 °C. Lötwerkstoff ist meist Lötzinn.

ÖNORM M 3461 und DIN 1707 enthalten die Zusammensetzung, Verwendung und technischen Lieferbedingungen für Weichlote, DIN 32 513 für Weichlotpasten.

Beispiele 5.18

Blei-Zinn-Legierungen	L-PbSn 25 Sb	25% Zinngehalt
Zinn-Blei-Legierungen	L-PbSn 40 (Sb)	40% Zinngehalt
Zinn-Blei-Legierungen mit Cu- oder Ag-Zusatz	L-Sn 63 PbAg	Lot mit 63% Zinngehalt
Sonderweichlote	L-SnAg 5	Lot mit 5% Silbergehalt, Rest Zinn

Als Flußmittel kommen vorwiegend Fluorid und Chloridmischungen in Frage. Die zum Weichlöten verwendeten Flußmittel sind in DIN 8511 genannt.

Beispiel 5.19

Genormte Flußmittel-Kurzbezeichnung: F-SW 12 DIN 8511

Flußmittel
Schwermetalle (L = Leichtmetalle)
Weichlot (H = Hartlot)
Typ
Norm

Beim Hartlöten haben wir meist eine Arbeitstemperatur zwischen 600 °C und 1020 °C. Die Hartlote sind in DIN 8513 erfaßt, wobei silberhaltige Hartlote in zwei Gruppen unterteilt werden (weniger als 20% Silber/mindestens 20% Silber). Außer Silberlote werden auch Kupferlote zum Auflöten von Hartmetall und Schnellarbeits-Stahlplatten auf unlegierte Werkzeugstahlschäfte verwendet.

Beispiel 5.20

Normgerechte Kurzbezeichnung von Kupferloten (Messingloten):
L-CuZn 40 = 60% Cu, 40% Zn, Arbeitstemperatur 900 °C
L-SCu = 99,90% Cu sauerstofffrei, Arbeitstemperatur 1100 °C

Bei der Gestaltung von Lötverbindungen ist die Ausbildung der Lötfuge bzw. des Lötspalts wichtig. Wie schon erwähnt, muß das Flußmittel vor dem Lot herschwimmen und die Oxide aus dem Spalt ausschwemmen. Daher sind Verengungen oder Erweiterungen konstruktiv zu vermeiden (**5.45**). Ein weiteres Kriterium ist die Sicherung der erforderlichen Festigkeit. Dafür sind genügend große Lötflächen und somit meist eine Überdeckung der Werkstücke vorzusehen (**5.46**). Bild **5.47** zeigt einige Konstruktionsbeispiele von Lötverbindungen.

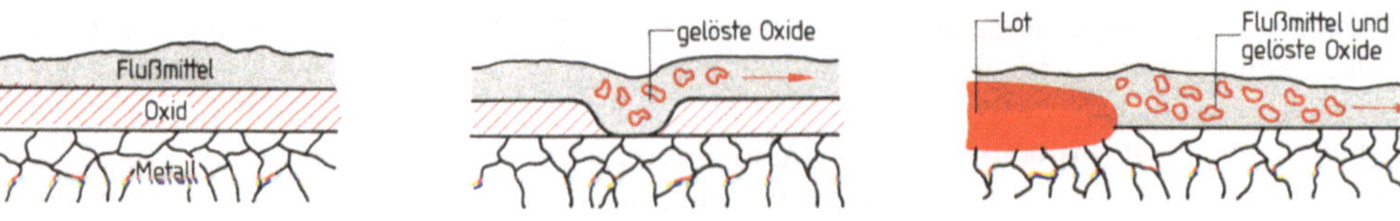

5.45 Entfernen der Oxidschicht durch Flußmittel

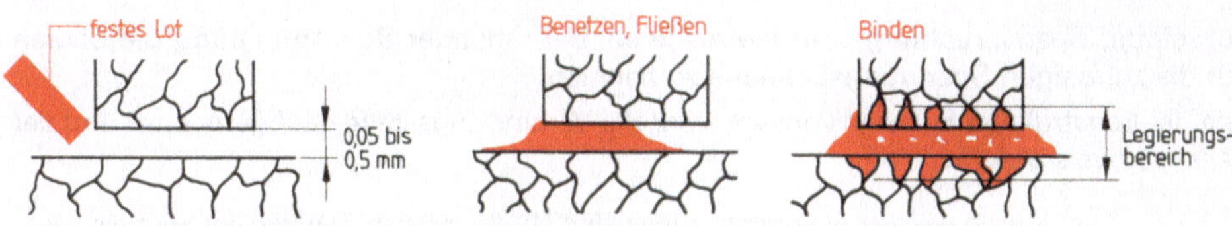

5.46 Benetzen, Fließen und Binden beim Löten

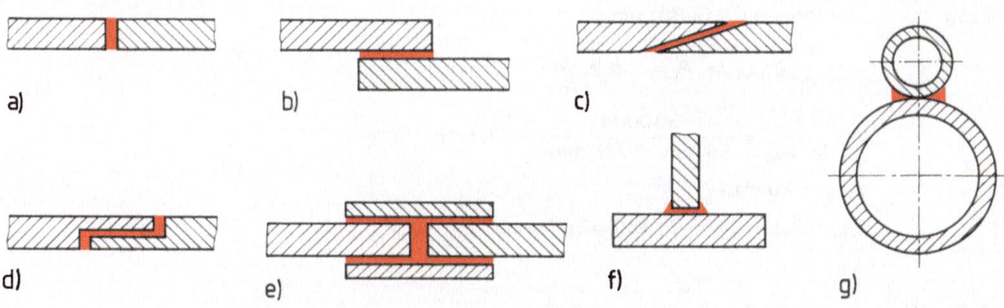

5.47 Lötverbindungen (Stoßarten)

    a) Stumpfstoß, b) Überlappung, c) Schäftung (Schrägstoß), d) abgesetzte Überlappung,
    e) Laschenverbindung, f) T-Stoß, g) Fugenlötung

Berechnung von Lötverbindungen. Die Verbindungsstellen werden konstruktiv so berechnet, daß das Lötgut auf Abscherung beansprucht wird.

$$\tau_\mathrm{l} = \frac{F}{A_\mathrm{l}} \leq \tau_\mathrm{lzul} \qquad\qquad\qquad \text{Gl. (5.38)}$$

τ_l = Scherspannung
F = Betriebskraft
τ_lzul = zulässige Scherspannung
A_l = Lötfläche

Die Abscherfestigkeit τ_lB des Lotes hängt von der Art des Lotes und der Verbindung ab (Stumpfstoß, Überlappung usw.). Als Orientierungswerte können genannt werden:

für Blei- und Zinnlote   20 bis   50 N/mm²
für Kupferlote   150 bis 220 N/mm²
für Messinglote   150 bis 250 N/mm²
für Silberlote   170 bis 270 N/mm²

Die Scherfestigkeit der Lötschicht wird als Zugscherfestigkeit τ_lB bezeichnet.

$$\tau_\mathrm{lzul} \simeq 0{,}15 \text{ bis } 0{,}25 \cdot \tau_\mathrm{lB} \qquad\qquad\qquad \text{Gl. (5.39)}$$

Bei wechselnder Beanspruchung sind die niederen, bei ruhender Beanspruchung die oberen Werte für die zulässigen Spannungsbereiche zu nehmen.

Nachdem der konstruktive Entwurf vorliegt, wird die Verbindungsstelle nachgerechnet und der Festigkeitsnachweis geführt.

Beispiel 5.21 Zwei Bleche werden überlappt verlötet (**5.47**b, $b = 56$ mm). Verwendet wird ein Messinglot. Die Beanspruchung ist mit $F = 30\,000$ N wechselnd. Wie lang ist die Lötfuge mindestens auszubilden?

Lösung Wir formen Gl. (5.38) um.

$$\tau_l = \frac{F}{A_l} \leq \tau_{l\,zul} \;\Rightarrow\; A_l = l \cdot b \geq \frac{F}{\tau_{l\,zul}}$$

$$l \geq \frac{F}{b \cdot \tau_{l\,zul}} = \frac{30\,000 \text{ N}}{56 \text{ mm} \cdot 30 \text{ N/mm}^2} = 17{,}9 \text{ mm}$$

$$l_{ausg.} = \mathbf{20 \text{ mm}}$$

$$\tau_{l\,zul} = 0{,}2 \cdot \tau_{lB} = 0{,}2 \cdot 150 = 30 \text{ N/mm}^2$$

5.3.3 Klebeverbindungen

Nach DIN 16920 versteht man unter Kleben des Verbinden von Körpern durch Oberflächenhaftung und Klebstoff. Früher hat man nur untergeordnete Bauteile und hier wiederum besonders nichtmetallische Werkstoffe durch Kleben verbunden. Heute hat das Kleben infolge der hochwertigen Klebstoffe im Leichtbau und vor allem im Flugzeugbau große Bedeutung. Hinzu kommt, daß die Klebestelle nur wenig Raum und Gewicht erfordert. Eine Auswahl über die Einteilung der Klebstoffe nach stofflichen Gesichtspunkten liefert DIN 16920.

Für die Verbindung von Metallen kann auszugsweise die Unterteilung in physikalisch und chemisch abbindende Klebstoffe vorgenommen werden.

Bei physikalisch abbindenden Klebstoffen (Kontakt-, Schmelzklebstoffe, Plastisole) entsteht die Klebeverbindung durch Ablüften von Lösungsmittel vor dem Zusammenfügen der Werkstücke und dem anschließenden Erstarren des Klebstoffs. Je nach Art ist die Verbindung unter starkem, kurzem Druck unter Einwirkung von Temperatur oder nur durch Zusammenfügen der Teile selbst (Naturaushärtung) vorzunehmen.

Bei chemisch abbindenden Klebstoffen (Polymerisations-, Polyadditions-, Polykondensationsklebstoffe) entsteht während des Abbindens eine hochmolekulare Verbindung. Die Klebstoffe härten durch diesen Vernetzungsprozeß aus. Dieser Vorgang läßt sich durch Beimengen von Katalysatoren oder durch erhöhte Temperatur beschleunigen. Wir unterscheiden Ein- und Zweikomponentenkleber. Bei letzteren wird dem Klebstoff kurz vor der Verarbeitung eine geringe Menge Härter beigegeben.

Vorbereitung. Vor Klebstoffauftrag sind die Klebeflächen sorgfältig von Verunreinigungen, besonders Rost, Schmutz und Lackresten zu reinigen (in Sonderfällen durch Beizen der Oberflächen). Bei einigen Klebstoffen ist auch ein Aufrauhen der Oberfläche erforderlich. Die aufzutragende Klebeschichtstärke liegt üblicherweise zwischen 0,1 und 0,3 mm. Die konstruktive Gestaltung der Verbindung ist so zu treffen, daß die Klebeschicht möglichst auf Abscherung beansprucht ist. Besonders die physikalisch abbindenden Klebstoffe neigen unter Belastung zum Kriechen, so daß eine Beanspruchung auf Druck zu vermeiden ist. Die ungünstigste Beanspruchung für die Klebeschicht ist die Zugbeanspruchung, die bei allen konstruktiven Lösungen zu vermeiden ist.

140

Berechnung der Klebeverbindung. Auch hier wird die konstruktive Lösung rechnerisch hinsichtlich der möglichen Beanspruchung geprüft. Bei Scherbeanspruchung gilt:

$$\tau_K = \frac{F}{A_K} \le \tau_{Kzul} \qquad\qquad \text{Gl. (5.40)}$$

τ_K = Scherspannung
F = Betriebskraft
τ_{Kzul} = zulässige Scherspannung
A_K = Klebefläche

Die zulässigen Bindefestigkeitswerte (Zugscherfestigkeit) τ_{Kzul} liegen je nach Klebstoff zwischen 5 und 40 N/mm². Die Zugscherfestigkeit hängt sehr stark von der Einsatztemperatur der Werkstücke ab. Bis zu etwa 50°C ist das Verhalten annähernd konstant, dann fällt die Festigkeit jedoch stark ab. Über 80°C beginnen die meisten Klebeverbindungen zu versagen (**5.48**).

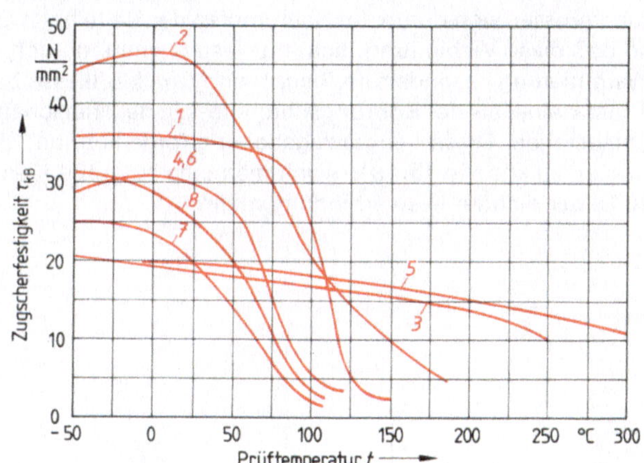

5.48
Kurzzeit-Bindefestigkeit von Überlapptklebungen (aus VDI-Richtlinie 2229)

Klebstoff:
1 Epoxid
2 Epoxid/Nylon
3 Epoxid/Phenol
4 Phenol/Polyvinylformal
5 Polyimid
6 Epoxid/Polyaminoamid
7 Epoxid/Polyaminioamid
8 Methacrylat

1 bis *6* Warmhärter
7, 8 Kalthärter

Eine Klebeverbindung läßt sich lösen, wenn man die Bauteile auf 100°C oder darüber bringt. Der Klebstoff wird dadurch so geschädigt, daß keine Zugscherfestigkeit mehr gegeben ist. Nach Säubern der Verbindungsstelle ist ein abermaliges Kleben der Teile möglich.

Beispiel 5.22 Auf eine Bremsscheibe werden beidseitig Bremsbeläge aufgeklebt. Es soll ein Drehmoment von $T = 2000$ Nm abgebremst werden. Die Bremszylinder werden mit $p = 4$ N/mm² hydraulisch angedrückt. Die Beläge sind von $d_i = 200$ mm bis $d_a = 300$ mm befestigt. Reibzahl $\mu = 0{,}4$. Die Temperatur steigt während des Bremsens auf $t = 80$°C, τ_{Kzul} ist daher nur 5 N/mm². Ist die auftretende Scherspannung $< \tau_{Kzul}$?

Lösung Die Reibfläche beträgt $A = (d_a^2 - d_i^2)\frac{\pi}{4} = (300^2 - 200^2)\frac{\pi}{4} = 39270$ mm².

A entspricht auch unserer Klebefläche A.

Normalkraft $F_N = p \cdot A = 4 \cdot 39270 = 157 \cdot 10^3$ N

Nach Gl. (2.2) gilt $F_R = F = \mu \cdot F_N = 0{,}4 \cdot 157 \cdot 10^3 = 62{,}8 \cdot 10^3$ N.

Die Scherspannung ist somit $\tau_K = \frac{F}{A_K} = \frac{62{,}8 \cdot 10^3}{39270} = 1{,}6$ N/mm².

τ_K ist also **kleiner** als τ_{Kzul}.

5.3.4 Nietverbindungen

Bevor das Schweißen infolge seiner Wirtschaftlichkeit die heutige Bedeutung erzielt hat, verwendete man zur Herstellung einer festen Verbindung mit hohen Festigkeitswerten Nietverbindungen. Wegen der aufwendigen Vorbereitungen (Bohren der Löcher, Schlagen der teilweise auf Rotglut zu bringenden Nieten) haben Nietverbindungen nun keine nennenswerte Bedeutung mehr. Nur an älteren Brücken, Kesseln und dgl. finden wir noch Nietverbindungen. Der Vorteil gegenüber dem Schweißen liegt auch heute noch darin, daß man durch Nieten Bauteile mit verschiedenen Werkstoffen verbinden kann. Außerdem gibt es nicht wie beim Schweißen Aushärtungen oder Gefügeumwandlungen, auch kein Verziehen der Bauteile. Durch Zerstören der Niete (Abmeißeln oder Ausbohren des Nietkopfs) ist auch eine Lösung der Verbindung möglich. Nachteilig ist jedoch, daß durch das Anbringen der teilweise sehr dicht zu setzenden Bohrlöcher das Grundbauteil geschwächt wird. Da eine Stumpfverbindung nicht herstellbar ist, kommt es zwangsläufig zu einer örtlichen Materialanhäufung und einem damit verbundenen ungünstigen Kraftschluß.

Kalt- und Warmnietung. Niete bis zu einem Durchmesser von etwa 10 mm werden kalt geschlagen; mit einem Durchmesser von 10 bis etwa 36 mm schlägt man warm. Bei der Warmnietung pressen sich durch das Schrumpfen der Niete beim Erkalten die gefügten Teile aufeinander, so daß diese Verbindung nicht nur fester, sondern auch dicht wird. Man verwendet daher die Warmnietung besonders im Dampf- und Druckluftkesselbau. Der Schaftdurchmesser ist etwa um 1 mm kleiner als der Bohrungsdurchmesser, der Nietschaft muß 1,8 bis 2 d über die Klemmlänge hinausragen. Diese Längenzugabe ist erforderlich, um einen ausreichend großen Schließkopf formen zu können (5.49). Wählt man eine zu große Klemmlänge s (max. 4 bis 5 d), kommt es zu keiner dichten Nietverbindung mehr.

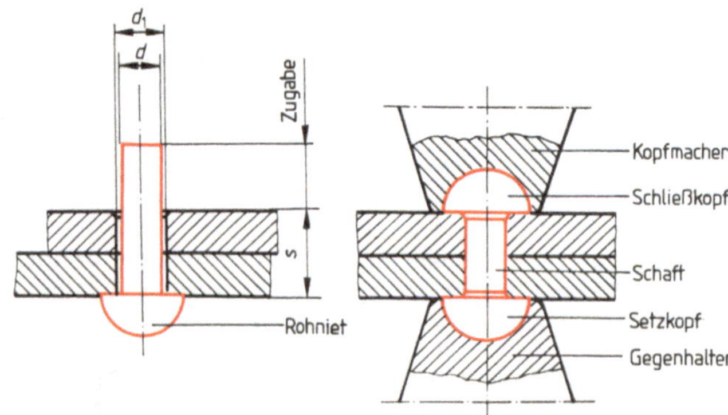

5.49
Nietbezeichnungen
(Handnieten)

Die Nieten (ÖNORM M 5310 sowie DIN 124, 302, 660) unterscheiden sich im wesentlichen durch das Material und die Form ihres Setzkopfs. Als Werkstoff kommen außer Stahl (UST 36-1, RST 44-2) Kupfer, Aluminium und deren Legierungen zum Einsatz. Die Werkstoffwahl ist wichtig, weil der Niet einerseits weich und zäh sein muß, um den Nietkopf herstellen zu können, andererseits ein hoher Festigkeitswert für die Verbindung notwendig ist. Wie bei der Berechnung ausgeführt, werden Niete vor allem auf Abscherung beansprucht.

Herstellen der Nietverbindung. Um Haarrißbildung, die zum Zerstören der zusammengefügten Bauteile führen würde, zu vermeiden, ist es im Stahlbau untersagt, die erforderlichen Löcher durch Stanzen herzustellen. Die Löcher müssen gebohrt und anschließend angesenkt werden.

142

Meist wird das Nietloch in einem Arbeitsgang in die zu verbindenden Teile gebohrt. Nachdem der Niet durchgesteckt und der Gegenhalter gesetzt worden ist, wird der Niet durch den Nietzieher angezogen. Mit dem Döpper wird der zu bildende Schließkopf vorgestaucht, schließlich der Schließkopf ausgeformt.

Je nachdem, ob die zu verbindenden Teile einfach übereinandergelegt werden oder stumpf aneinanderstoßen und durch zwei zusätzliche Bleche die Querverbindung hergestellt wird, spricht man von einer Überlappungsnietung bzw. einschnittigen Nietverbindung oder von einer Doppellaschennietung bzw. zweischnittigen Nietverbindung (5.50). Bei der

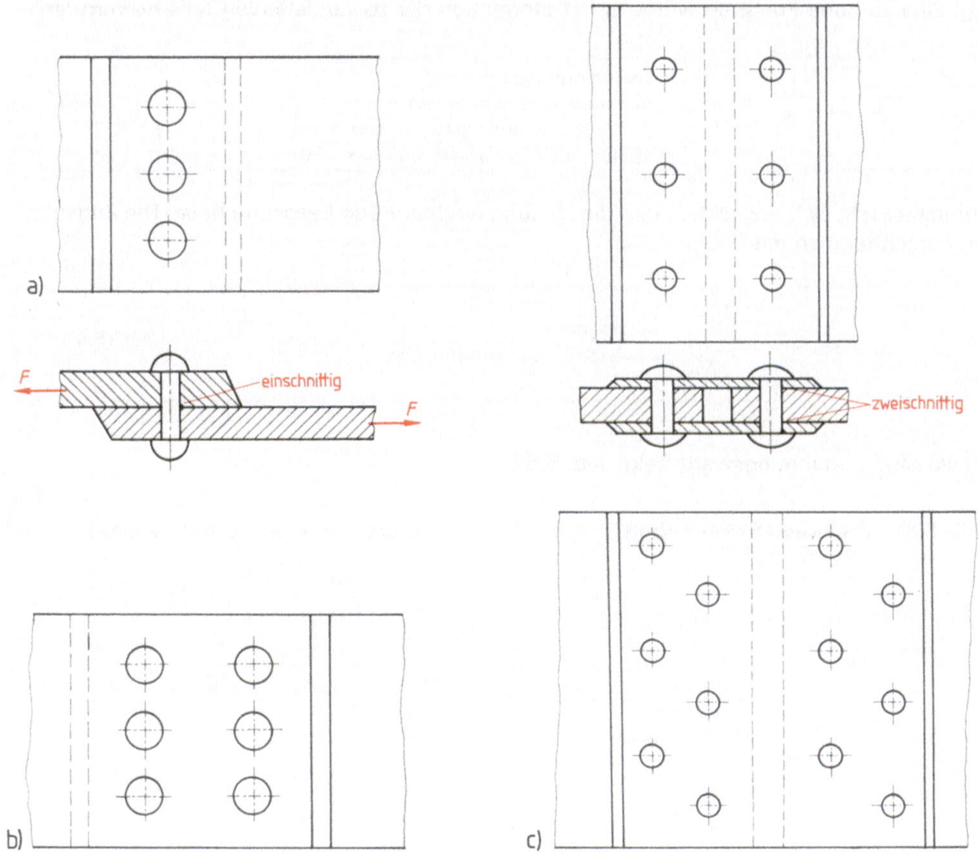

5.50 a) Einreihige, b) zweireihige, c) mehrreihige zweischnittige Nietverbindungen

einschnittigen Nietverbindung wird nur ein Querschnitt des Niets auf Abscherung beansprucht, bei der zweischnittigen zwei Querschnitte. Die zweischnittige Nietverbindung trägt also mehr, weil die wirkenden Kräfte auf zwei Querschnitte des Nietes (mal Anzahl der Nieten) aufgeteilt wird und damit die auftretenden Spannungen geringer gehalten werden können. Anders gesagt: Der Nietquerschnitt kann, wenn man eine zulässige Spannung ansteuert, kleiner gehalten werden.

Berechnung. Die Nietschäfte werden meist nur auf Abscherung beansprucht, wobei die Belastungskraft F von $n \cdot m$ Nietquerschnitten aufgenommen wird. Obwohl sich die Schubspannung τ_a nicht gleichmäßig auf alle Nietquerschnitte verteilt, rechnet man mit einer mittleren Scherspannung (s. Abschn. 3.1.2, Gl. (3.5)).

$$\tau_a = \frac{F}{n \cdot m \cdot A} \le \tau_{azul}$$

F = Belastungskraft
n = Anzahl der Niete
m = Anzahl der Schnittflächen (ein-, zweischnittig)
A = Querschnitt des geschlagenen Niets

Gl. (5.41)

Die Belastungskraft F preßt den Niet gegen die Bohrungswandung. Man spricht von Lochleibung. Eine zu hohe Pressung würde eine Deformation der zu vernietenden Teile hervorrufen.

$$\sigma_l = \frac{F}{n \cdot d \cdot t} \le \sigma_{lzul}$$

σ_l = Lochleibungsspannung
σ_{lzul} = zulässige Lochleibungsspannung
d = Durchmesser des geschlagenen Niets
t = Bauteildicke (geringste Bauteilstärke)

Gl. (5.42)

Nicht immer läßt sich vermeiden, daß die Nietung auch auf Zug beansprucht ist. Die Zugspannung berechnet man mit

$$\sigma_z = \frac{F}{n \cdot A} \le \sigma_{zzul}.$$

σ_z = Zugspannung
σ_{zzul} = zulässige Zugspannung

Gl. (5.43)

Die zulässigen Spannungswerte zeigt Tab. **5.51**.

Tabelle 5.51 Zulässige Spannungen in N/mm² von Nietverbindungen (Anhaltswerte)

Bauteile

Beanspruchung	Lastfall	St oder GS				
		34	37	42	50	60
Zug, Druck σ_z	ruhend	120	140	160	180	220
	schwellend	85	100	120	140	170
	wechselnd	70	85	95	110	130
Biegung σ_b	ruhend	170	195	225	250	310
	schwellend	95	110	130	155	185
	wechselnd	75	95	100	120	145
Leibung σ_l	ruhend	240	280	320	360	410
	schwellend	170	200	240	280	340
	wechselnd	140	170	190	220	260

Niete

Beanspruchung		Abscheren τ_a		Leibung σ_l		Zug σ_z	
Nietwerkstoff		St 36	St 44	St 36	St 44	St 36	St 44
Lastfall	ruhend	140	180	280	360	70	90
	schwellend	100	140	200	280	50	70
	wechselnd	85	110	170	220	40	55

  Der Übergang von einem Flachstahl 140×10 auf ein Ankerblech aus Stahl mit 12 mm Dicke erfolgt entsprechend Bild **5.52**. Es soll eine Zugkraft $F = 145$ kN ruhend übertragen werden. Wie groß ist der Nietdurchmesser zu wählen, wenn $\tau_{azul} = 140$ N/mm² und $\sigma_{lzul} = 280$ N/mm² sind?

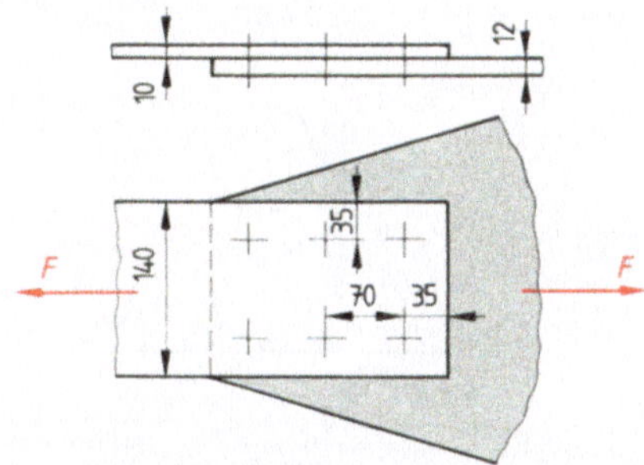

5.52
Ankerblechverbindung

Lösung Der Zeichnung entnehmen wir $n = 6$ Nieten, $m =$ einschnittig. Dann formen wir Gl. (5.41) um.

$$\frac{F}{n \cdot m \cdot A} \leq \tau_{azul} \;\Rightarrow\; A = \frac{F}{n \cdot m \cdot \tau_{azul}} = \frac{d^2 \cdot \pi}{4}$$

$$d = \sqrt{\frac{4F}{\pi \cdot n \cdot m \cdot \tau_{azul}}} = \sqrt{\frac{4 \cdot 145 \cdot 10^3}{\pi \cdot 6 \cdot 1 \cdot 140}} = \textbf{14,8 mm}$$

Wir wählen einen Nietdurchmesser von **15 mm**.
Prüfen der Lochleibung nach Gl. (5.42):

$$\sigma_l = \frac{F}{n \cdot d \cdot t} = \frac{145 \cdot 10^3}{6 \cdot 15 \cdot 10} = 161 \text{ N/mm}^2, \text{ damit } \sigma_l < \sigma_{lzul}$$

Aufgaben zu Abschnitt 5.3

1. Zwei Bleche sind überlappt verlötet (**5.47** b). Es wirkt die Beanspruchung mit $F = 26$ kN. Wirksame Lötfläche = 1200 mm². Verwendet wurde ein Messinglot mit $\tau_{lB} = 170$ N/mm². Wird die Lötung halten?

2. Zwei ineinandergesteckte Rohre $60 \times 2{,}5$ und $55 \times 2{,}5$ sind über eine Länge von 70 mm miteinander verlötet. Verwendet wurde Silberlot mit $\tau_{lB} = 200$ N/mm². Welches Torsionsmoment T kann maximal übertragen werden?

3. Zwei Leichtmetallteile werden mti einem Warmhärter verklebt. Die Einsatztemperatur beträgt $- 20\,°C$ bis $+ 50\,°C$. Als Kleber dient ein Epoxid-Klebstoff. Die zulässige Bindefestigkeit sei $^1/_3$ der Zugscherfestigkeit laut Tab. **5.51**. Die Klebefläche ist 520 cm². Wie groß kann F maximal sein?

4. An ein Knotenblech sind zwei Flachstähle angenietet (**5.53**). Welche maximale Zugkraft F kann bei einer Abscherfestigkeit des Nietwerkstoffs von $\tau_a = 150$ N/mm² und einer Sicherheit v von 1,5 zugelassen werden?

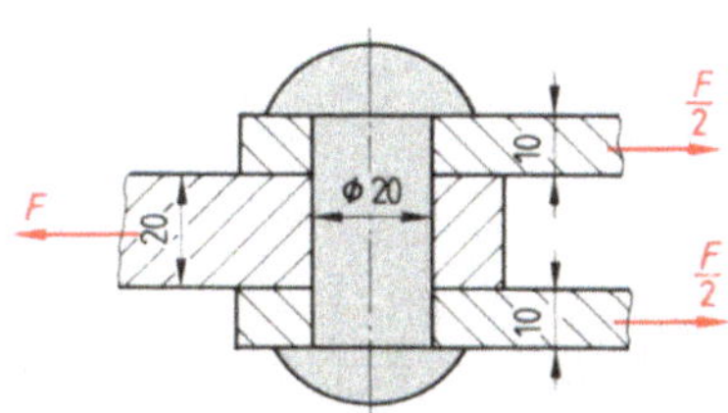

5.53 Nietverbindung, zweischnittig

5. Aus konstruktiven Gründen wird bei einem Kettenantrieb eine Verbindung Anbaunabe-Kettenrad ausgeführt (**5.54**). Das Drehmoment $T = 1200$ Nm soll von 6 Nieten am Umfang übertragen werden. $\tau_a = 150$ N/mm^2, Sicherheit $\nu = 3{,}5$. Welchen Durchmesser d_1 müssen die Nieten haben?

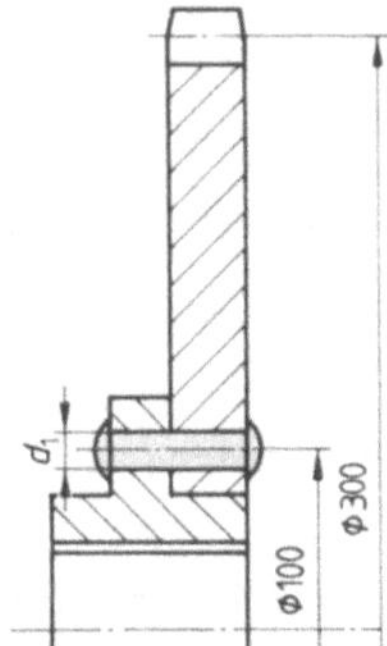

5.54 Nietverbindung Anbaunabe–Kettenrad

6. Die Nietverbindung **5.55** soll $F = 35$ kN übertragen. $s = 5$ mm, $a = 40$ mm, $d = 12$ mm. Berechnen Sie a) die Schubspannung τ_a im Niet, b) die Lochleibungsspannung σ_1.

7. Die mehrschnittige Nietverbindung **5.56** soll $F = 70$ kN übertragen. $s_1 = 9$ mm, $s_2 = 6$ mm, $d = 16$ mm. Ges.: a) Schubspannung τ_a, b) Lochleibungsspannung σ_l.

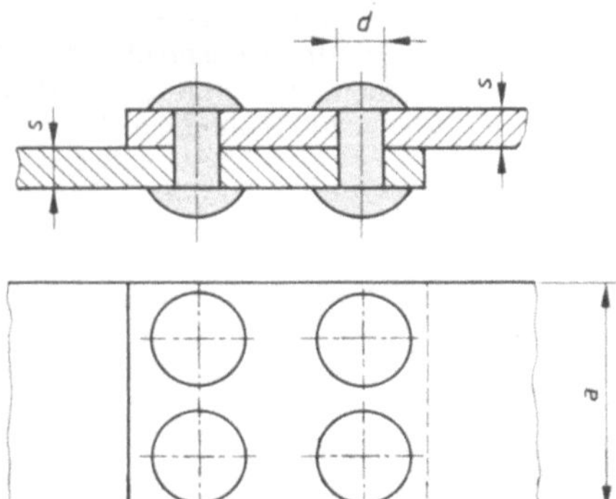

5.55

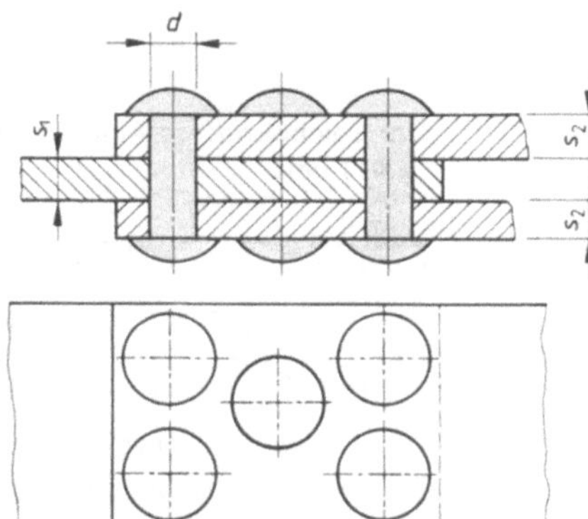

5.56

6 Elemente der drehenden Bewegung

6.1 Achsen und Wellen

In diesem Abschnitt wollen wir die Berechnung von Achsen und Wellen nur überschlägig erlernen. Im Teil 3 werden wir die Methode verfeinern.

Achsen und Wellen tragen und/oder lagern Zahnräder, Laufräder, Rollen, Riemenscheiben und dgl. Achsen werden nur auf Biegung beansprucht, sind meist im Stillstand und übertragen kein Drehmoment. Wellen dagegen laufen stets um und übertragen ein Drehmoment. Daher werden sie nicht nur auf Biegung, sondern auch auf Torsion beansprucht. Berechnet werden Achsen und Wellen nach den Formeln der Festigkeitslehre (Abschn. 3). Es sei hier zur Wiederholung die Biegegleichung (3.6) angeführt.

$$\sigma_b = \frac{M_b}{W} \leq \sigma_{bzul} \qquad W = \frac{d^3 \cdot \pi}{32} \quad \text{(s. Tab. 3.9)}$$

M_b = Biegemoment für den gefährdeten Querschnitt
W = axiales Widerstandsmoment des gefährdeten Querschnitts
σ_{bzul} = zulässige Biegespannung

Man kann diese Gleichung umformen und so überschlägig den erforderlichen Durchmesser bei Vollachsen ermitteln.

$$d \simeq \sqrt[3]{\frac{M_b}{0,1 \cdot \sigma_{bzul}}} \qquad\qquad \text{Gl. (6.1)}$$

Für Achsen kommen wir damit zu einer richtigen Dimensionierung. Bei Wellen ist zu prüfen, ob die Verdrehspannung nicht einen großen, nicht mehr vernachlässigbaren Wert erreicht. Zur Erinnerung hier die Gleichung der Verdrehspannung (Gl. 3.7):

$$\tau_t = \frac{M_t}{W_p} = \frac{T}{W_p} \leq \tau_{tzul} \qquad W_p = \frac{d^3 \cdot \pi}{16} \quad \text{(s. Tab. 3.9)}$$

M_t, T = zu übertragendes Drehmoment im gefährdeten Querschnitt
W_p = polares Widerstandsmoment im gefährdeten Querschnitt
τ_{tzul} = zulässige Verdrehspannung

Durch Umformen der Gleichung können wir die Welle dimensionieren, wenn sie im wesentlichen nur auf Torsion beansprucht ist.

$$d \simeq \sqrt[3]{\frac{T}{0,2 \cdot \tau_{tzul}}} \qquad\qquad \text{Gl. (6.2)}$$

Vergleichsspannung. Bei Biege- und Verdrehspannung in nicht vernachlässigbarem Umfang ist entweder die zulässige Spannung mit einer Vergleichsspannung σ_V (die beide Spannungen berücksichtigt) zu vergleichen oder ein Entwurf zu zeichnen und nachzurechnen. Da im Maschinenbau vor allem zähe Werkstoffe verwendet werden, bietet sich hierfür die Hypothese der größten Gestaltänderungsarbeit an. Die Vergleichsspannung σ_V berechnet sich dabei mit

$$\sigma_V = \sqrt{\sigma_b^2 + 3\,(\alpha_0 \cdot \tau_t)^2} \le \sigma_{b\,zul}. \qquad \text{Gl. (6.3)}$$

$\alpha_0 =$ Anstrengungsverhältnis nach Bach (meist zwischen 0,7 und 1,5)

Wellen, die nur in sehr großen Abständen gelagert sind, dürfen bei der Formänderung (d. h. Durchbiegung der Welle) einen Maximalwert nicht überschreiten. Bei der Verdrehung sollten 0,25 Grad je Laufmeter nicht überschritten werden. Deshalb sind bei Hallenkränen mit größeren Spannweiten die angetriebenen Räder der Kranbrücke nicht mit einer mechanischen Welle verbunden, sondern hat jede Seite ein Rad, das einen Antriebsmotor angeflanscht hat. Die beiden Motoren sind mit einer elektrischen Welle verbunden. Dadurch eilt bei einer Phasenverschiebung das zurückbleibende Rad dem anderen nach – beide Räder laufen somit synchron.

Biegekritische Drehzahl. Haben die auf der Welle angebrachten Bauteile Unwuchten, kann es zu einer Schwingungserregung kommen. Daher ist in vielen Fällen die biegekritische Drehzahl des gesamten Wellen- und Bauteileverbands zu berechnen. Die Betriebsdrehzahl muß dann mindestens 20% unter oder 30% über der biegekritischen Drehzahl liegen, um einen Bruch infolge Resonanzerscheinungen zu vermeiden. Läge sie im Nahbereich der Resonanz, käme es zu einem Dauerbruch infolge Materialermüdung.

Gestaltung von Achsen und Wellen. Sieht man von einzelnen genormten Wellenenden ab (z. B. ÖNORM E 4625, DIN 748, 1448, 41591; **6.**1), hängt die Gestaltung der Wellen vom Einsatzfall ab. Nach den Erkenntnissen der Statik und Festigkeitslehre ist eine Abstufung der Welle in Richtung Lagerstelle möglich, weil das Biegemoment bis zur Lagerstelle von einem Maximalwert zu Null wird. Im Lager selbst sind nur das Torsionsmoment und eine Schubspannung zu übertragen, die vom Torsionsmoment herrührt. An Stellen großer Biegemomente hat man das Torsionsmoment mit ihnen zur Vergleichsspannung zu verknüpfen. Wenn auf der Welle Drehmomente ein- und wieder ausgeleitet werden, kann die kritische Stelle durchaus von jener Seite abweichen, an der das maximale Biegemoment auftritt. Eine konstruierte Welle ist also an mehreren Stellen auf Festigkeit zu prüfen.

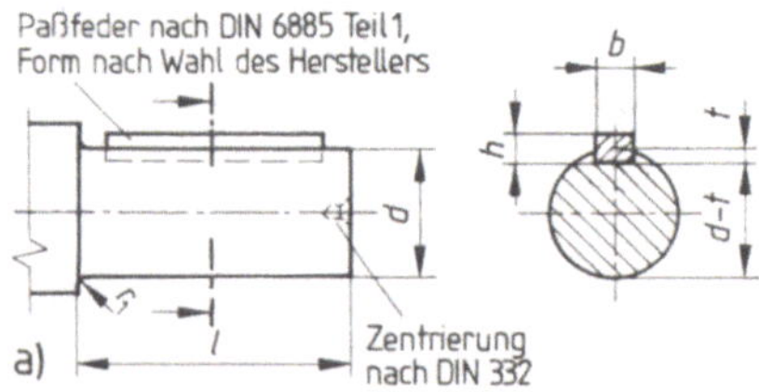

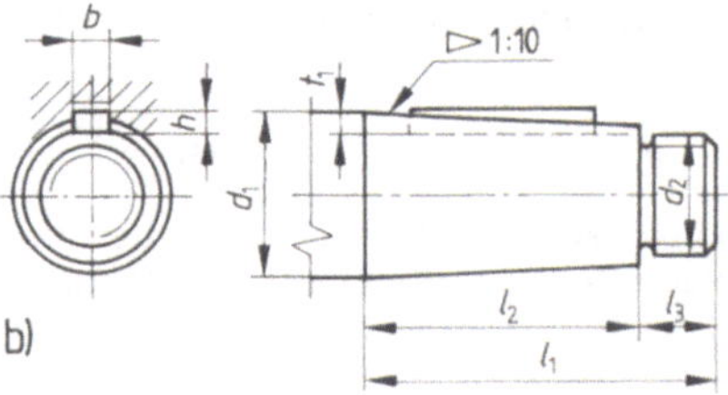

6.1   Wellenenden

a) zylindrisches Wellenende für elektrische Maschinen nach DIN 748 Teil 3, b) kegeliges Wellenende nach DIN 1448 Teil 1

Als allgemeine Richtlinie für die Gestaltung sei angeführt, daß Keil- und Paßfedernuten möglichst vermieden und wenn sie erforderlich sind, nicht bis an Wellenübergänge herangeführt werden sollen. Die von einer solchen Nut ausgehende Kerbwirkung ist sehr groß. Aus dem gleichen Grund ist auch die Welle nicht abrupt abzusetzen, sondern der Durchmesser möglichst in kleinen Schritten zu verringern. Dabei sind gut abgerundete Übergänge von einem Querschnitt zum anderen vorzunehmen. Auch Einstiche, die oft beim Gewindeauslauf verwendet werden, sind zu vermeiden. Um die Biegemomente geringzuhalten, sollte man eine gedrängte Bauweise wählen. Die auf der Welle befestigten Bauelemente sollten dicht aneinander aufgebracht, die Lager möglichst dicht an die Bauteile herangesetzt werden (**6.**2).

148

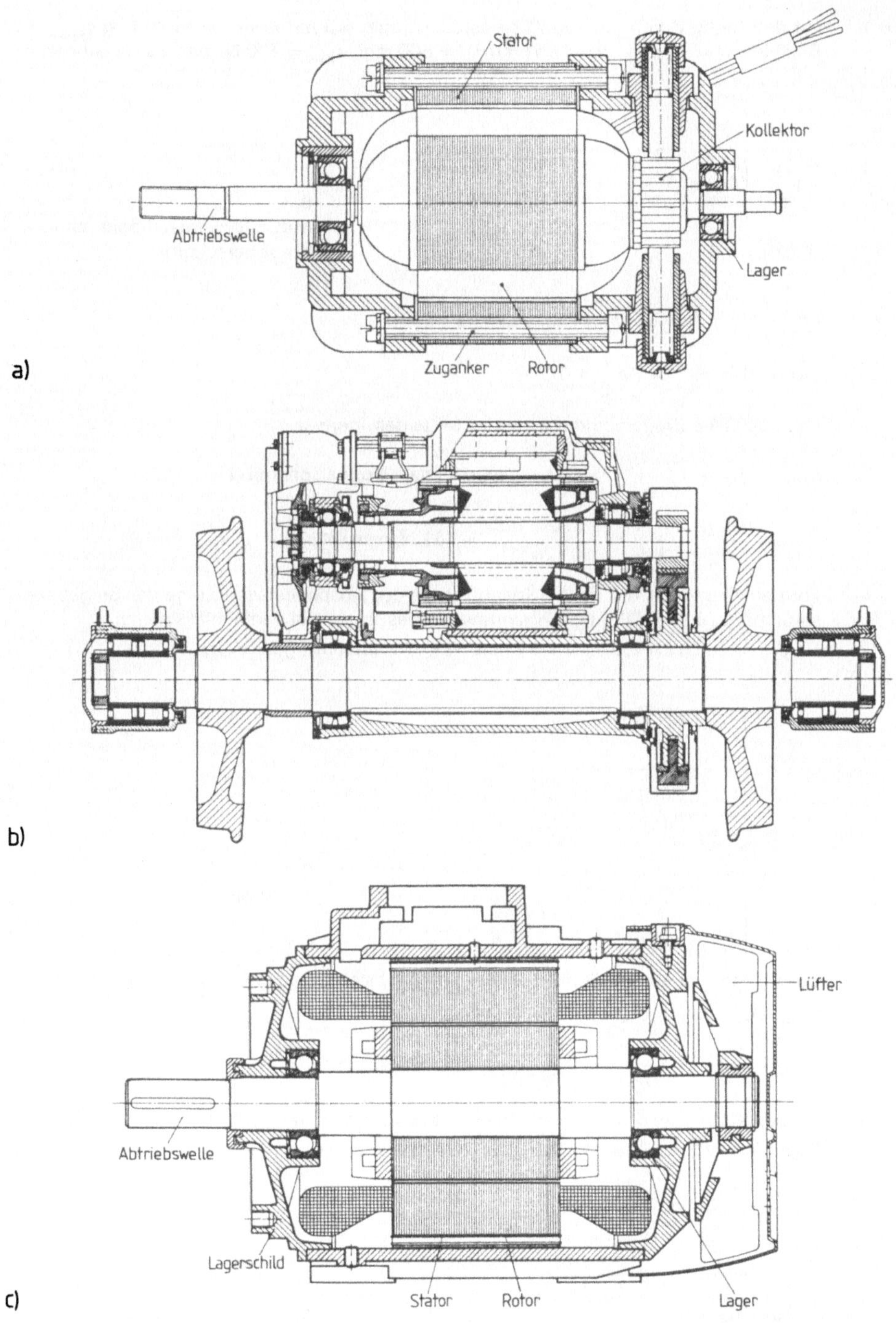

6.2 Elektromotoren

a) E-Motor eines Haushaltsgeräts, b) Fahrmotor eines elektrischen Triebzugs, c) Drehstrom-Norm-motor

Für den mittig durch Einzelkraft belasteten Träger **6.3** mit Kreisquerschnitt ist $\sigma_{b\,max}$ für $F = 2$ kN, $d = 30$ mm, $W = 2651$ mm^3, $l = 800$ mm, $\sigma_{b\,zul} = 200$ N/mm^2 zu berechnen.

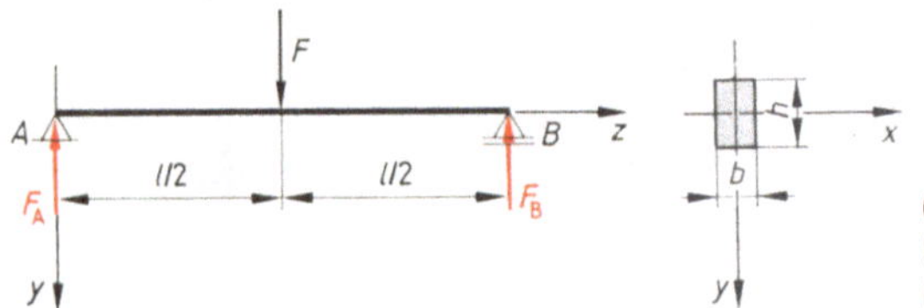

6.3
Mittig belasteter Träger mit
Kreisquerschnitt

Lösung

$$\Sigma F_y = 0 \downarrow: \quad F - F_A - F_B = 0 \rightarrow F_A = F_B = \frac{F}{2}$$

$$\Sigma M_A = 0 \circlearrowleft: \quad F_B \cdot l - F \cdot \frac{l}{2} = 0$$

Das maximale Biegemoment ist in der Mitte des Trägers:

$$M_{max} = F_A \cdot \frac{l}{2} = \frac{F \cdot l}{4}. \quad \text{Somit ist die maximale Normalspannung}$$

$$\sigma_{b\,max} = \frac{M_{max}}{W_x} = \frac{F \cdot l}{4\,W} = \frac{2 \cdot 10^3 \cdot 800}{4 \cdot 2651} = \textbf{151 N/mm}^2 < \sigma_{b\,zul}.$$

Für den Kragträger **6.4** ist die Spannung an der Einspannstelle infolge der Biegebeanspruchung zu ermitteln. Das Eigengewicht des Trägers ist vernachlässigt.
Geg.: $F = 3$ kN, $l = 2{,}5$ m, $d = 73$ mm, $W = 38\,192$ mm^3; ges.: $\sigma_{b\,max}$

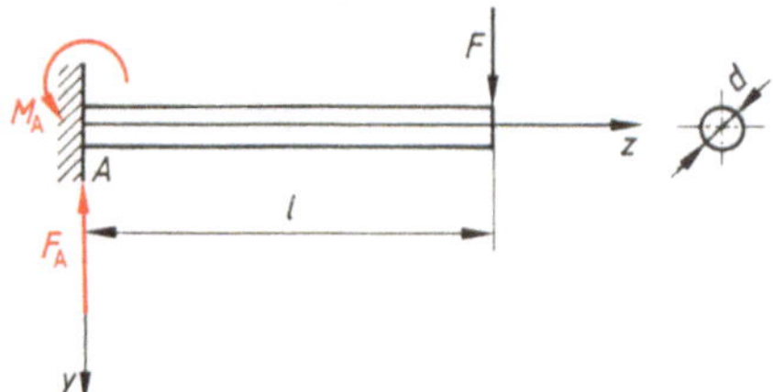

6.4
Kragträger

Lösung

Das größte Biegemoment wirkt an der Einspannstelle, also im Einspannquerschnitt A.

$$\Sigma M_A = 0 \circlearrowleft: \quad M_A - F \cdot l = 0 \rightarrow M_A = M_{b\,max} = F \cdot l$$

$$\sigma_{b\,max} = \frac{M_{b\,max}}{W} = \frac{F \cdot l}{W} = \frac{3 \cdot 10^3 \cdot 2500}{38\,192} = \textbf{196 N/mm}^2$$

Für den Kragträger **6.5** ist bei konstantem Kreisquerschnitt der Durchmesser zu ermitteln.
Geg.: $F_1 = 60$ kN, $F_2 = 20$ kN, $\sigma_{b\,zul} = 20\,000$ N/cm^2, $l = 4$ m; ges.: d

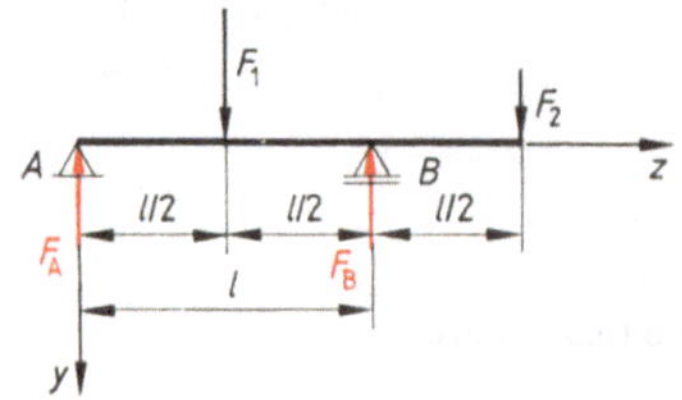

6.5
Kragträger mit konstantem
Kreisquerschnitt und Einzel-
lasten

150

Lösung

Da der Träger über die gesamte Länge gleiches Widerstandsmoment hat, müssen wir zuerst die Stelle des größten Biegemoments (gefährdeter Querschnitt) finden. Sie kann, wie aus der Statik bekannt, nur an der Stelle des Angriffspunkts von F oder beim Auflager B liegen.

$$\Sigma F_y = 0 \downarrow: \quad F_1 + F_2 - F_A - F_B = 0$$

$$\Sigma M_A = 0 \circlearrowright: \quad F_B \cdot l - F_1 \frac{l}{2} - F_2 \cdot \frac{3}{2}l = 0$$

$$F_B = \frac{F_1 + 3F_2}{2} = \frac{60\ \text{kN} + 3 \cdot 20\ \text{kN}}{2} = 60\ \text{kN}$$

$$F_A = F_1 + F_2 - F_B = 20\ \text{kN}$$

Moment an der Schnittstelle 1 (Angriffspunkt F_1):

$$M_{x1} = F_A \frac{l}{2} = 20\ \text{kN} \cdot \frac{4\ \text{m}}{2} = 40\ \text{kNm}$$

Moment beim Auflager B:

$$M_{xB} = -F_2 \frac{l}{2} = -20\ \text{kN}\, \frac{4\ \text{m}}{2} = -40\ \text{kNm}$$

Da beide Momente betragsmäßig gleich sind, folgt:

$$|M_{max}| = |M_{x1}| = |M_{xB}| = 40\ \text{kNm}$$

Die Momente unterscheiden sich nur im Vorzeichen. Während M_{x1} positiv ist (an der Stelle l werden die oberen Fasern des Querschnitts gedrückt, die unteren gezogen), ist M_{xB} negativ gerichtet (die oberen Fasern werden auf Zug, die unteren auf Druck beansprucht). Für die Querschnittsbemessung hat das keine Bedeutung.

Aus $\sigma_{max} = \dfrac{M_{b\,max}}{W} \leq \sigma_{zul}$ folgt $W \geq \dfrac{M_{b\,max}}{\sigma_{zul}}$ $\quad W = \dfrac{d^3 \cdot \pi}{32}$ und nach Gl. (6.1)

$$d \simeq \sqrt[3]{\frac{M_{b\,max}}{0{,}1 \cdot \sigma_{b\,zul}}} = \sqrt[3]{\frac{40 \cdot 10^3 \cdot 10^2\ \text{Ncm}}{0{,}1 \cdot 2 \cdot 10^4\ \text{N/cm}^2}} = \mathbf{12{,}6\ cm}$$

Wir wählen $d = \mathbf{130\ mm}$.

$$W = \frac{d^3 \cdot \pi}{32} = \frac{130^3 \cdot \pi}{32} = 215\,690\ \text{mm}^3$$

Damit ergibt sich eine tatsächliche Biegespannung von

$$\sigma_{b\,max} = \frac{M_{b\,max}}{W} = \frac{40 \cdot 10^3 \cdot 10^3\ \text{Nmm}}{215\,690\ \text{mm}^3} = 185{,}45\ \text{N/mm}^2 \,\hat{=}\, 18\,545\ \text{N/cm}^2 < \sigma_{b\,zul}$$

Beispiel 6.4

Eine Welle mit kreisrundem Querschnitt soll ein Torsionsmoment $T = 2 \cdot 10^6$ Nmm übertragen. $\tau_{t\,zul} = 55\ \text{N/mm}^2$. Wie groß muß der Wellendurchmesser sein?

Lösung

Aus Gl. (6.2) erhalten wir überschlägig den Wellendurchmesser

$$d \simeq \sqrt[3]{\frac{T}{0{,}2 \cdot \tau_{t\,zul}}} = \sqrt[3]{\frac{2 \cdot 10^6\ \text{Nmm}}{0{,}2 \cdot 55\ \text{N/mm}^2}} = \mathbf{56{,}7\ mm},\ \text{gewählt } d = \mathbf{60\ mm}.$$

Beispiel 6.5

Eine Welle mit kreisrundem Querschnitt $l = 500$ mm soll ein Torsionsmoment $T = 10^6$ Nmm übertragen. Maximal zulässige Torsionsspannung $\tau_{t\,zul} = 60\ \text{N/mm}^2$. Wie groß muß der Wellendurchmesser sein?

Lösung

Aus Gl. (6.2) erhalten wir

$$d \simeq \sqrt[3]{\frac{T}{0{,}2 \cdot \tau_{t\,zul}}} = \sqrt[3]{\frac{10^6 \cdot \text{Nmm}}{0{,}2 \cdot 60\ \text{N/mm}^2}} = \mathbf{43{,}7\ mm},\ \text{gewählt } d = \mathbf{45\ mm}.$$

Beispiel 6.6

Eine Welle mit kreisrundem Querschnitt $d = 68$ mm ist auf Torsion beansprucht. Wie groß darf das maximale Torsionsmoment sein, wenn $\tau_{tzul} = 65$ N/mm² ist?

Lösung

$$\tau_t = \frac{T}{W_p} \leq \tau_{tzul} \qquad W = \frac{d^3 \cdot \pi}{16} \quad \text{(s. Tab. 3.9)}$$

$$T \leq \tau_{tzul} \cdot W_p = \tau_{tzul} \cdot \frac{d^3 \cdot \pi}{16} = 65 \text{ N/mm}^2 \cdot \frac{68^3 \text{ mm}^3 \cdot \pi}{16} = 4{,}013 \cdot 10^6 \text{ Nmm} \cong \mathbf{4 \; kNm}$$

Beispiel 6.7

Eine Dehnschraube aus St 590 wird beim Anziehen gleichzeitig mit $\sigma = 100$ N/mm² auf Zug und mit $\tau = 60$ N/mm² auf Verdrehung beansprucht. $R_{p0,2} = 340$ N/mm². Wie groß ist die Sicherheit gegen plastische Verformung nach der Gestaltänderungshypothese?

Lösung

Die Schraube wird erst während der letzten Phase des Anziehens gleichzeitig mit σ und τ beansprucht. Der Belastungsfall für beide ist ruhend. Somit folgt $\alpha_0 = 1$.

$$\sigma_V = \sqrt{\sigma^2 + 3\,(\alpha_0 \cdot \tau)^2} = \sqrt{100^2 + 3 \cdot 60^2} = 144{,}22 \text{ N/mm}^2$$

$$v = \frac{R_{p0,2}}{\sigma_V} = \frac{340}{144{,}22} = \mathbf{2{,}4}$$

Beispiel 6.8

Welche Querschnittsabmessungen muß eine Hohlwelle erhalten, die gleichzeitig das Biegemoment $M_b = 6$ kNm und das Torsionsmoment $T = 8$ kNm zu übertragen hat?

Lösung

$D/d = 1{,}2$, $\sigma_{zul} = 180$ N/mm², $\alpha_0 = 1$ mit der Hypothese der größten Gestaltänderungsenergie

$$\sigma_V = \sqrt{\sigma^2 + 3 \cdot \tau^2} \leq \sigma_{zul}$$

$$\sigma_V = \sqrt{\frac{M_b^2}{W^2} + 3\,\frac{T^2}{W_p^2}} = \sqrt{\frac{M_b^2}{W^2} + 3\,\frac{T^2}{4\,W^2}} \qquad 2W = W_p$$

$$W = \frac{1}{\sigma_{zul}} \cdot \sqrt{M_b^2 + \frac{3}{4}\,T^2} = \frac{10^6}{180} \cdot \sqrt{6^2 + \frac{3}{4} \cdot 8^2} = 50\,917{,}5 \text{ mm}^2$$

$$d = \sqrt[3]{\frac{W \cdot 32 \cdot 1{,}2}{\pi\,(1{,}2^4 - 1)}} = \mathbf{83{,}4 \; mm} \qquad D = \mathbf{100 \; mm}$$

Beispiel 6.9

Ein einseitig eingespannter Stab aus GG-26 mit Kreisquerschnitt $d = 80$ mm wird durch eine Druckkraft $F = 200$ kN und durch ein Drehmoment $M = 3000$ Nm belastet. Die Belastung durch die Normalkraft ist ruhend, die durch Torsion wechselnd. $\alpha_0 = 1.5$. Gesucht wird die Vergleichsspannung σ_V.

Lösung

$$\sigma = \frac{F}{A} = \frac{4F}{d^2 \cdot \pi} = \frac{4 \cdot 200\,000}{80^2 \cdot \pi} = 39{,}79 \text{ N/mm}^2$$

$$\tau = \frac{T}{W_p} = \frac{16\,T}{d^3 \cdot \pi} = \frac{16 \cdot 3 \cdot 10^6}{80^3 \cdot \pi} = 29{,}84 \text{ N/mm}^2$$

$$\sigma_V = \sqrt{\sigma^2 + 3\,(\alpha_0 \cdot \tau)^2} = \sqrt{39{,}79^2 + 3\,(1{,}5 \cdot 29{,}84)^2} = \mathbf{87{,}14 \; N/mm^2}$$

Die Zugspannung dürfen wir, da sie eine Normalspannung ist, wie die Biegespannung in die Formel für die Vergleichsspannung einsetzen.

Beispiel 6.10

Eine Welle aus Vergütungsstahl 41 Cr 4 wird durch die Einzelkraft F schwellend und durch das Drehmoment $T = 20$ kNm wechselnd belastet (**6.6**). $a = 0{,}4$ m, $d = 120$ mm, $l = 1{,}2$ m, $\alpha_0 = 1{,}45$. Gesucht wird die Einzelkraft F, wenn $\sigma_{zul} = 100$ N/mm² nicht überschritten werden darf.

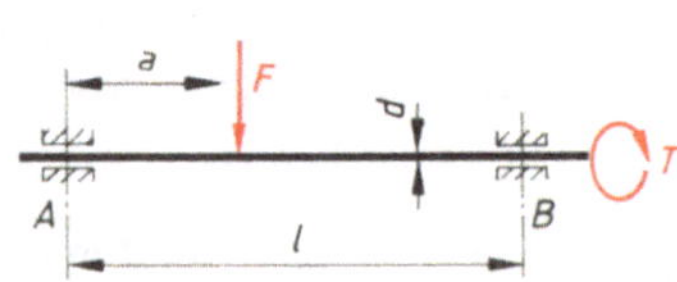

6.6 Welle mit Einzellast und Torsionsmoment

Lösung Da die Welle dynamisch beansprucht wird und als Werkstoff Vergütungsstahl vorliegt, wird die Vergleichsspannung nach der Gestaltänderungshypothese ermittelt.

$$\Sigma M_A = 0 \circlearrowleft: \quad F \cdot a - F_B \cdot l = 0 \rightarrow F_B = F \frac{a}{l}$$

$$M_{b\,max} = F_B\,(l - a) = F \frac{a}{l} \cdot (l - a) = F \cdot \frac{0{,}4}{1.2} \cdot (1200 - 400) = 266{,}67\, F \text{ Nmm}$$

$$\sigma_V = \sqrt{\left(\frac{M_b}{W}\right)^2 + 3 \left(\alpha_0 \cdot \frac{T}{W_p}\right)^2} \leq \sigma_{zul}$$

Mit $W_p = 2\,W$ folgt:

$$\sigma_{zul}\,W = \sqrt{M_b^2 + \frac{3}{4}\,(\alpha_0 \cdot T)^2}$$

$$M_b^2 + \frac{3}{4}\,(\alpha_0 \cdot T)^2 - \sigma_{zul}^2\,W^2 = 0$$

$$(266{,}67\,F)^2 + \frac{3}{4} \cdot (1{,}45 \cdot 20\,000\,000)^2 - 100^2 \left(\frac{120^3 \cdot \pi}{32}\right) = 0$$

$$(266{,}67\,F)^2 + 6{,}31 \cdot 10^{14} - 2{,}88 \cdot 10^{14} = 0$$

$$F = \sqrt{\frac{3{,}43 \cdot 10^{14}}{266{,}67^2}} = \mathbf{69\,450\ N}$$

Beispiel 6.11 Eine Stahlwelle mit $\tau_{tzul} = 150\ \text{N/mm}^2$ soll ein Torsionsmoment $T = 200\ \text{kNm}$ übertragen. Zu berechnen sind

a) der erforderliche Wellendurchmesser, wenn die Welle als Vollwelle ausgeführt wird;

b) der erforderliche Innendurchmesser der Welle, wenn der Außendurchmesser d_a mit 220 mm vorgegeben ist;

c) die Gewichtsersparnis bei der Hohlwellenausführung.

Lösung a) $\tau_t = \dfrac{T}{W_p}$ $\qquad W_{p0} = \dfrac{I_p}{d_a/2} = \dfrac{d^3 \cdot \pi}{16}$ $\qquad W_{p0} = \dfrac{(d_a^4 - d_i^4) \cdot \pi}{16\,d_a}$ $\qquad$ (s. Tab. **3.9**)

W_p und I_p in die Torsionshauptgleichung eingesetzt ergibt $\dfrac{d^3 \cdot \pi}{16} = \dfrac{T}{\tau_{tzul}}$.

Daraus $d_{erf} = \sqrt[3]{\dfrac{16\,T}{\pi \cdot \tau_{tzul}}} = \sqrt[3]{\dfrac{16 \cdot 200 \cdot 10^6}{\pi \cdot 150}} \simeq \mathbf{190\ mm}.$

Überschlägig hätten wir d auch aus Gl. (6.2) berechnen können:

$$d \simeq \sqrt[3]{\frac{T}{0{,}2 \cdot \tau_{tzul}}} = \sqrt[3]{\frac{200 \cdot 10^3 \cdot 10^3}{0{,}2 \cdot 150}} = 188\ \text{mm, gewählt } d = \mathbf{190\ mm}$$

b) Setzen wir I_p bzw. W_p für den Kreisringquerschnitt ein, bekommen wir

$$d_{i\,erf} = \sqrt[4]{d_a^4 - \frac{16\,T \cdot d_a}{\pi \cdot \tau_{tzul}}} = \sqrt[4]{220^2 - \frac{16 \cdot 200 \cdot 10^6 \cdot 220}{\pi \cdot 150}} = \mathbf{170\ mm}.$$

c) Um die Materialersparnis zu berechnen, vergleichen wir die Querschnittsflächen

$$\frac{d^2 \cdot \pi}{4} = 28\,352\ \text{mm}^2 \quad \text{und} \quad \frac{(d_a^2 - d_i^2)}{4} \cdot \pi = 15\,315\ \text{mm}^2$$

und erhalten bei Hohlwellenausführung eine Material-/Gewichtsersparnis von **46%**.

6.2 Lager

Die Bauteile auf Wellen und Achsen (besonders Scheiben und Räder) werden teilweise, die Welle selbst gegen den Grundkörper der Maschine oder Anlage durch Lager abgestützt. Die Lagerkräfte berechnen wir entsprechend Abschn. 1.4.4. Je nach Bauart können maximal 3 Kraftkomponenten (nämlich in x-, y- und z-Richtung) auftreten und bis maximal 3 Momente übertragen werden (M_1, M_2, M_3). Einteilen können wir Lager

- nach den Bewegungsverhältnissen in Wälz- und Gleitlager,
- nach der Richtung der Kraftkomponenten in Radial- und Axiallager,
- nach der Bauform in Steh-, Flansch-, Pendel-, Schrägkugellager usw.,
- nach dem Werkstoff (Bronze, Sinter, Metall usw.),
- nach der Schmierung (Öl, Fett usw.).

> Lager dienen zum Tragen und Führen beweglicher Bauteile.

Wälzlager

- haben infolge der geringen Reibung zwischen Wälzkörpern und Lagerringen nur ein unwesentlich größeres Anlaufmoment als das Betriebsmoment;
- sind empfindlich gegen stoßweise Belastung;
- brauchen keine Einlaufzeit und wenig Schmiermittel;
- sind in der Drehzahl begrenzt;
- sind empfindlich gegen Verschmutzung und aufwendig in der Lagerdichtung;
- haben eine beschränkte Lebensdauer.

Gleitlager

- haben infolge der Anlaufreibung ein erheblich höheres Anlaufmoment als das Betriebsmoment;
- sind wegen der großen Trag- und Schmierflächen unempfindlicher gegen Stöße und Erschütterungen;
- brauchen eine Einlaufzeit wegen des hohen Verschleißes beim Start, um das Schmieröl auf Betriebstemperatur zu erwärmen und in die Lagerstellen zu pumpen;
- haben keine Drehzahlbegrenzung;
- sind weniger schmutzempfindlich und können den Schmiermittelkreislauf filtern;
- haben eine höhere Lebensdauer.

6.2.1 Wälzlager

Wälzlager sind genormt (DIN 615, 616, 623 usw.) und daher bei Service- oder Reparaturarbeiten leicht auszutauschen.

Tabelle **6**.7 **Lagertypen**

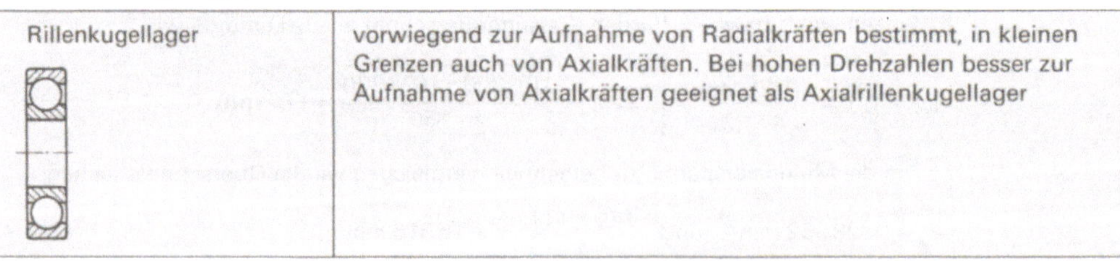

Rillenkugellager	vorwiegend zur Aufnahme von Radialkräften bestimmt, in kleinen Grenzen auch von Axialkräften. Bei hohen Drehzahlen besser zur Aufnahme von Axialkräften geeignet als Axialrillenkugellager

Fortsetzung s. nächste Seite

Schrägkugellager einreihig	können neben Radialkräften auch bedeutende Axialkräfte aufnehmen, müssen immer gegen ein zweites Lager angestellt werden, das Axialkräfte in der Gegenrichtung aufnehmen kann. Nicht zerlegbar
Schrägkugellager zweireihig	starre nichteinstellbare Lager, die neben Radialkräften bedeutende Axialkräfte in wechselnder Richtung aufnehmen können. Nur geringes Lagerspiel
Pendelkugellager	können Schrägstellungen zwischen Wellen und Gehäuse aufnehmen, sollen nur radial belastet werden. Sonderbauform für Landmaschinen: Pendelkugellager mit breitem Innenring
Pendelrollenlager	für schwerste Beanspruchungen in radialer und axialer Richtung, können Schrägstellungen zwischen Wellen und Gehäuse aufnehmen
Zylinderrollenlager	zerlegbare, nicht einstellbare Lager in verschiedenen Bauformen, die sich durch die Anordnung der Borde unterscheiden. Zur Aufnahme großer, stoßartig wirkender Radialbelastungen
Kegelrollenlager	starre, zerlegbare Lager. Sie nehmen gleichzeitig wirkende Radial- und Axialbelastungen auf, müssen gegeneinander angestellt werden, wobei die Lagerluft reguliert wird. Lagerteile gleicher Type sind tauschbar

Fortsetzung s. nächste Seite

Tabelle 6.7, Fortsetzung

Axialrillenkugellager, einseitig wirkend	können Axialkräfte in einer Richtung bei niedrigen und mittleren Drehzahlen aufnehmen, radial nicht belastbar
Axialrillenkugellager, zweiseitig wirkend	haben zwei Kugelreihen und können Axialkräfte in beiden Richtungen bei niedrigen und mittleren Drehzahlen aufnehmen; radial nicht belastbar
Nadellager	geringes Einbauvolumen, damit große Vorteile gegenüber Kugel- und Zylinderrollenlagern. Sie können eine hohe Belastung übernehmen und werden z. B. bei Pleuel hochtouriger Benzinmotoren und bei Wellen elektrischer Geräte eingesetzt. Die Nadeln können zwischen Innen- und Außenring laufen. In Einzelfällen läßt man den Außen- oder Innenring bzw. beide weg. Die Nadeln laufen dann in den entsprechend vorbereiteten Bauteilen selbst. Auch der Käfig, der die Nadeln führt, kann in Extremfällen weggelassen werden. Nadellager können keine Axialkräfte aufnehmen

Für die Lagergröße der Wälzlager sind die räumlichen Gegebenheiten (Wellendurchmesser und Gehäuseabmessungen), die Lagerbelastungen und die Forderungen nach Lebensdauer und Betriebssicherheit maßgebend. Nur einige Lagertypen können mehrere Kraftrichtungen aufnehmen. Bei statischen Betriebsverhältnissen wird die Lagergröße durch einen direkten Vergleich der statischen Tragzahl (nach Firmenkatalog) mit der Lagerbelastung bestimmt. Bei dynamischen Betriebsverhältnissen rechnet man mit einer äquivalenten Belastung.

Die statische Tragzahl C_0 drückt bei Radiallagern die rein radiale und bei Axiallagern die rein axiale, zentrisch wirkende statische Belastung aus, die eine gesamte bleibende Verformung von 0,0001 des Rollenkörper-Durchmessers an der höchstbeanspruchten Berührungsstelle zwischen Rollkörper und Rollbahn hervorruft. Laufbahnen und Rollkörper deformieren also bei Belastungen bis zur statischen Tragzahl bei Stillstand, Schwenkbewegung oder kleiner Drehzahl nur so geringfügig, daß auch bei höherer Drehzahl ein ruhiger Lagerlauf gegeben ist. Um den Anforderungen der Praxis Rechnung zu tragen, ist es üblich, die statische Tragzahl noch durch einen Sicherheitsfaktor s_0 zu dividieren. Der Quotient C_0/s_0 kann nun mit der statisch äquivalenten Belastung P_0 verglichen werden.

$$\frac{C_0}{s_0} \geq P_0 \qquad\qquad \text{Gl. (6.4)}$$

$s_0 = 2$ bei größeren Stößen und hohen Anforderungen an die Laufruhe
$s_0 = 1$ bei normalen Betriebsverhältnissen
$s_0 = 0,5$ bei geringen Anforderungen an die Laufruhe
Für Axialpendelrollenlager sollte $s_0 \geq 2$ gewählt werden.

Die statische äquivalente Belastung P_0 berechnet sich je nach Lagertyp wie folgt:

$$\text{Radiallager} \qquad P_0 = X_0 \cdot F_r + Y_0 \cdot F_a \qquad\qquad \text{Gl. (6.5)}$$

$$P_0 \geq F_r \qquad\qquad \text{Gl. (6.6)}$$

X_0 = Radialfaktor $\qquad F_r$ = (maximal auftretende) Radialbelastung
Y_0 = Axialfaktor $\qquad F_a$ = (maximal auftretende) Axialbelastung

Die Zahlenwerte von X_0 und Y_0 sind der Tabelle 6.8 zu entnehmen. Als Radial- bzw. Axialbelastung muß die größte Kraft in Rechnung gestellt werden, die während des statischen Betriebs auftritt. Außerdem muß der berechnete P_0-Wert immer größer oder gleich der Radialbelastung F_r sein. Ist er kleiner als die Radialbelastung, wird ohne Berücksichtigung der Axialbelastung die reine Radialbelastung als statisch äquivalente Belastung definiert. Da Axialrillenkugellager nur axiale Kräfte übertragen können, ergibt sich in diesem Fall folgende statische äquivalente Belastung:

Tabelle 6.8 Radialfaktor X_0 und Axialfaktor Y_0

Lagerart	X_0	Y_0
Rillenkugellager	0,60	0,50
Schrägkugellager, einreihig	0,50	0,26
Schrägkugellager, zweireihig	1,00	0,63
Pendelkugellager	1,00	$0{,}68 \cdot Y$ [1])
Pendelrollenlager	1,00	$0{,}66 \cdot Y$ [1])
Kegelrollenlager	0,50	$0{,}55 \cdot Y$ [1])

[1]) Der Wert Y wird aus einer Tabelle für $\dfrac{F_a}{V \cdot F_r} > e$ ermittelt.

$$\text{Axiallager} \qquad P_0 = F_a \qquad\qquad \text{Gl. (6.7)}$$

Die dynamische Tragzahl C ist bei Radiallagern die rein radiale und bei Axiallagern die rein axiale, zentrisch wirkende Belastung unveränderlicher Größe und Richtung, bei der eine genügend große Menge ($\sim 90\%$ der ausgelieferten Stückzahl) gleicher Lager eine Lebensdauer von 1 Mio Umdrehungen erreicht. Dabei wird bei Radiallagern vorausgesetzt, daß der Innenring umläuft und der Außenring stillsteht. Die Werte der dynamischen Tragzahl C sind den Katalogen zu entnehmen. Sie gelten jedoch nur für Betriebstemperaturen bis maximal 100 °C. Wirkt auf ein Lager eine höhere Temperatur, ist die dynamische Tragzahl mit dem in Tabelle 6.9 angegebenen Temperaturfaktor f_T zu multiplizieren.

Tabelle 6.9 Temperaturfaktor f_T

Lagertemperaturen bis °C	120	150	180	200	230	250
Temperaturfaktor f_T	0,95	0,90	0,85	0,75	0,65	0,60

Die dynamische äquivalente Belastung P für Radiallager drückt die rein radiale Belastung unveränderlicher Richtung und Größe aus, die bei umlaufendem Innenring und stillstehendem Außenring die gleiche Lebensdauer ergeben würde wie die, die das Lager unter den tatsächlich vorliegenden Belastungs- und Umlaufverhältnissen erreicht. Sie ergibt sich mit:

$$P = X \cdot V \cdot F_r + Y \cdot F_a \qquad\qquad \text{Gl. (6.8)}$$

X = Radialfaktor $\qquad Y$ = Axialfaktor $\qquad V$ = Umlauffaktor

Die Zahlenwerte der Faktoren V, X und Y für die einzelnen Lagerarten bzw. Lagertypen sind verschieden groß. Deshalb wählt man zunächst nach den konstruktiven Gegebenheiten ein Lager aus und rechnet nach, ob die angestrebte Lebensdauer erreicht wird. Die Faktoren entnimmt man Tabellen (**6.10** und **6.11**). Bei Rillenkugellagern wird zunächst aus der Axialbelastung F_a und der statischen Tragfallzahl C_0 des gewählten Lagers der Zahlenwert F_a/C_0 ermittelt. Dazu suchen wir aus Tab. **6.10** den zugehörigen Wert der Bereichsgrenze e. Bei allen übrigen Lagerarten ist e bereits für jede Lagertype bzw. Lagerreihe in der Tab. **6.10** angegeben. Mit Hilfe des aus der Axialbelastung F_a, dem Umlauffaktor V und der Radialbelastung F_r berechneten Zahlenwerts $F_a/(V \cdot F_r)$ und der Bereichsgrenze e können wir nun die X- und Y-Werte aus Tab. **6.10** bestimmen, die dem gewählten Lager und dem Belastungsfall entsprechen.

Tabelle 6.10   Radialfaktor X und Axialfaktor Y

Lagerart	$\frac{F_a}{C_0}$	$\frac{F_a}{V\cdot F_r}\le e$ X	Y	$\frac{F_a}{V\cdot F_r}> e$ X	Y	e
Rillen-kugellager	0,025	1	0	0,56	2,0	0,22
161, 160, 60,	0,04				1,8	0,24
62, 63, 64	0,07				1,6	0,27
RLS, RMS,	0,13				1,4	0,31
42[1])	0,25				1,2	0,37
	0,5				1,0	0,44
Schulterkugellager						
E, L, M, BO		1	0	0,5	2,5	0,2
Schrägkugellager						
72 B, 73 B,		1	0	0,35	0,57	1,14
32, 33		1	0,73	0,62	1,17	0,86
Pendelkugellager						
12 00 bis **12** 03		1	2,0	0,65	3,1	0,31
04 bis 05			2,3		3,6	0,27
06 bis 07			2,7		4,2	0,23
08 bis 09			2,9		4,5	0,21
10 bis 12			3,4		5,2	0,19
13 bis 22			3,6		5,6	0,17
22 00 bis **22** 04			1,3		2,0	0,50
05 bis 07			1,7		2,6	0,37
08 bis 09			2,0		3,1	0,31
10 bis 13			2,3		3,5	0,28
14 bis 20			2,4		3,8	0,26
22			2,3		3,5	0,28
13 00 bis **13** 03			1,8		2,8	0,34
04 bis 05			2,2		3,4	0,29
06 bis 09			2,5		3,9	0,25
10 bis 22			2,8		4,3	0,23
23 02 bis **23** 04			1,2		1,9	0,52
05 bis 10			1,5		2,3	0,43
11 bis 22			1,6		2,5	0,39

Lagerart	$\frac{F_a}{V\cdot F_r}\le e$ X	Y	$\frac{F_a}{V\cdot F_r}> e$ X	Y	e
Pendelrollenlager					
222 16 C bis **222** 20 C	1	2,9	0,67	4,4	0,23
22 C bis 30 C		2,6		3,9	0,26
223 08 C bis **223** 10 C		1,8		2,7	0,37
11 C bis 16 C		1,9		2,9	0,35
17 C bis 28 C		2		3	0,34
Kegelrollenlager					
302 03 bis **302** 04				1,75	0,34
05 bis 08				1,60	0,37
09 bis 22				1,45	0,41
24 bis 30				1,35	0,44
322 06 bis **322** 08				1,60	0,37
09 bis 22				1,45	0,41
24	1	0	0,4	1,35	0,44
303 02 bis **303** 03				2,10	0,28
04 bis 07				1,95	0,31
08 bis 24				1,75	0,34
323 05 bis **323** 07				1,95	0,31
08 bis 16				1,75	0,34
313 05 bis **313** 13				0,73	0,82

[1]) Bei Reihe 42 nur Axialbelastung $F_a \le 0{,}11\ C_0$ zulässig.

Tabelle 6.11   Umlauffaktor V

Bewegungsverhältnisse	Belastungsfall	V	Lagerart
Innenring rotiert, Außenring steht still, Lastrichtung unveränderlich oder Innenring steht still, Außenring rotiert, Lastrichtung rotiert mit dem Außenring	Umfangslast für den Innenring, Punktlast für den Außenring	1	alle Lagerarten
Innenring steht still, Außenring rotiert, Lastrichtung unveränderlich oder Innenring rotiert, Außenring steht still, Lastrichtung rotiert mit dem Innenring	Umfangslast für den Außenring, Punktlast für den Innenring	1,2[1])	Rillenkugellager Schrägkugellager Pendelrollenlager Zylinderrollenlager Kegelrollenlager
		1	Pendelkugellager Schulterkugellager

[1]) Der Umlauffaktor V liegt in diesem Fall zwischen 1 und 1,25, bietet also eine gewisse Sicherheit.

Für besondere Lastverhältnisse, vor allem veränderliche Belastung und Drehzahl, werden Beiwerte und Zusatzfaktoren in die Rechnung aufgenommen. Man ermittelt eine **mittlere dynamische äquivalente Belastung** P_m.

$$P_\mathrm{m} = \sqrt[a]{\frac{P_1^a \cdot n_1 \cdot t_1 + P_2^a \cdot n_2 \cdot t_2 + P_3^a \cdot n_3 \cdot t_3 + \cdots}{n_1 \cdot t_1 + n_2 \cdot t_2 + n_3 \cdot t_3 + \cdots}}$$

$$n_\mathrm{m} = \frac{n_1 \cdot t_1 + n_2 \cdot t_2 + n_3 \cdot t_3 + \cdots}{100}$$

Gl. (6.9)

P_m = mittlere dynamische äquivalente Belastung in N,
n_m = mittlere Drehzahl in U/min
P_1, P_2, P_3 = dynamische äquivalente Belastung bei den einzelnen Betriebszuständen 1, 2, 3 ... in N
n_1, n_2, n_3 = Drehzahl bei den Betriebszuständen in U/min
t_1, t_2, t_3 = Wirkdauer der Betriebszustände in % der gesamten betrachteten Betriebsdauer $T = t_1 + t_2 + t_3 + \cdots = 100\%$
a = Lebensdauerexponent = 3 für Kugellager, 10/3 für Rollenlager

Die nominelle Lebensdauer L in Millionen Umdrehungen ergibt sich aus der dynamischen äquivalenten Belastung und der dynamischen Tragzahl des gewählten Lagers.

$$L = \left(\frac{C}{P}\right)^a$$

Gl. (6.10)

L = nominelle Lebensdauer in Millionen Umdrehungen
C = dynamische Tragzahl
P = dynamische äquivalente Belastung
a = Lebensdauerexponent, 3 für Kugellager, 10/3 für Rollenlager

Wenn veränderliche Belastungs- und Drehzahlverhältnisse vorliegen, wird statt P die mittlere dynamische äquivalente Belastung P_m in die Formel eingesetzt.

159

Von der nominellen Lebensdauer in Millionenumdrehungen, wie sie sich entsprechend der Gl. (6.10) ermitteln läßt, kann man auf die nominelle Lebensdauer L_h in Betriebsstunden umrechnen.

$$L_h = \frac{L \cdot 10^6}{n \cdot 60} \qquad \text{Gl. (6.11)}$$

L_h = nominelle Lebensdauer in Betriebsstunden
L = nominelle Lebensdauer in Millionen Umdrehungen
n = Drehzahl in U/min

Bei Fahrzeuglagerungen wird die Lebensdauer meist als Fahrstrecke ausgedrückt.

$$L_S = L \cdot \pi \cdot D \qquad \text{Gl. (6.12)}$$

L_S = nominelle Lebensdauer in Fahrkilometer
D = Raddurchmesser in mm

Die üblichen Lebensdauerwerte sind in den Tabellen **6**.12 und **6**.13 angeführt.

Tabelle **6**.12 **Tragsicherheit – Lebensdauer** (Auszug)

Lebensdauer in Mio Umdr.	Tragsicherheit $\frac{C}{P}$ bzw. $\frac{C_a}{P_a}$		Lebensdauer in Mio Umdr.	Tragsicherheit $\frac{C}{P}$ bzw. $\frac{C_a}{P_a}$	
	Kugellager	Rollenlager		Kugellager	Rollenlager
0,5	0,793	0,812	60	3,81	3,42
0,75	0,909	0,917	70	4,12	3,58
1	1	1	80	4,31	3,72
1,5	1,14	1,13	90	4,48	3,86
2	1,26	1,14	100	4,64	3,98
3	1,44	1,39			
			120	4,93	4,20
4	1,59	1,52	140	5,19	4,40
5	1,71	162	160	5,43	4,58
6	1,82	1,71	180	5,65	4,75
8	2	1,87	200	5,85	4,90
10	2,15	2			
12	2,29	2,11	220	6,04	5,04
14	2,41	2,21	240	6,21	5,18
16	2,52	2,30	260	6,38	5,30
18	2,62	2,38	280	6,54	5,42
20	2,71	2,46			
25	2,92	2,63	300	6,69	5,54
30	3,11	2,77	320	6,84	5,64
35	3,27	2,91	340	6,96	5,75
40	3,42	3,02	360	7,11	5,85
45	3,56	3,13	380	7,24	5,94
50	3,68	3,23	400	7,37	6,03

Fortsetzung s. nächste Seite

Tabelle **6**.12, Fortsetzung

Lebensdauer in Mio Umdr.	Tragsicherheit $\dfrac{C}{P}$ bzw. $\dfrac{C_a}{P_a}$		Lebensdauer in Mio Umdr.	Tragsicherheit $\dfrac{C}{P}$ bzw. $\dfrac{C_a}{P_a}$	
	Kugellager	Rollenlager		Kugellager	Rollenlager
420	7,49	6,12	2400	13,4	10,3
440	7,61	6,21	2600	13,8	10,6
460	7,72	6,29	2800	14,1	10,8
480	7,83	6,37	3000	14,4	11
500	7,94	6,45	3200	14,7	11,3
1700	11,9	9,31	3400	15	11,5
1800	12,2	9,48	3600	15,3	11,7
1900	12,4	9,63	3800	15,6	11,9
2000	12,6	9,78	4000	15,9	12
2200	13	10,1	4500	16,5	12,5
			5000	17,1	12,9

Tabelle **6**.13 **Lebensdauer – Erfahrungswerte**

Betriebsverhältnisse	nominelle Lebensdauer L_h in Betriebsstunden
selten benutzte Vorrichtungen und Geräte (z. B. Haushaltsgeräte)	500 bis 2 000
Kurzzeitbetrieb (z. B. Pkw)	2 000 bis 4 000
mittlere tägliche Betriebszeit, Betriebsstörungen keine größere Bedeutung (z. B. Landwirtschaftsmaschinen)	4 000 bis 8 000
mittlere tägliche Betriebszeit, große Betriebssicherheit (z. B. Aufzüge)	8 000 bis 12 000
längere tägliche Betriebszeit, nur teilweise ausgelastet (z. B. Fördereinrichtungen)	12 000 bis 20 000
längere tägliche Betriebszeit, meist voll ausgelastet (z. B. Werkzeugmaschinen, Schienenfahrzeuge)	20 000 bis 40 000
Dauerbetrieb (z. B. Großmotoren, Kompressoren)	40 000 bis 80 000
Dauerbetrieb mit großer Betriebssicherheit (z. B. Papiermaschinen, öffentliche Kraftanlagen)	80 000 bis 200 000

Gestaltung der Lagerstellen. Wie wir aus Abschnitt 1.3 wissen, werden im Maschinenbau gewöhnlich ein Fest- und ein Loslager aufgebracht. Die Befestigung des Lagers auf der Welle kann unterschiedlich sein (durch Wellenmuttern, Spannhülsen, Sicherungsringe, Wellenbünde und Deckel, **6**.14). Beim Loslager kann sich der Außen- oder der Innenring relativ gegenüber

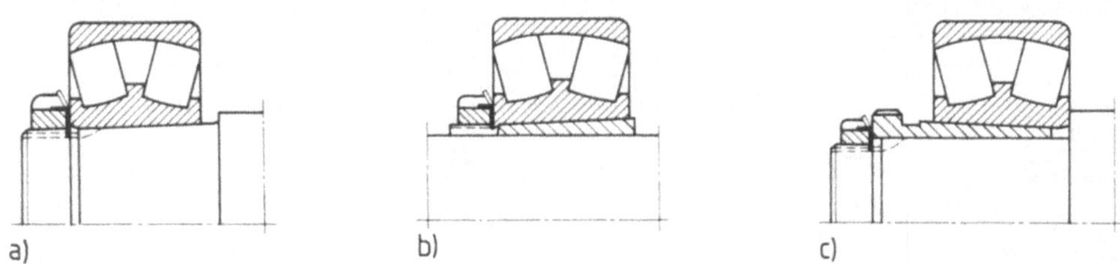

6.14 Befestigung eines Pendelrollenlagers
a) mit Hilfe der Wellenmutter, b) mit Spannhülse, c) mit Abziehhülse

der Welle oder dem stillstehenden Maschinenteil in axialer Richtung gering bewegen bzw. ist der Innenring mit der Welle so verbunden, daß die Welle eine Axialbewegung (z. B. bei Temperaturausdehnung) ausführen kann. Beim Festlager sind sowohl Innen- als auch Außenring jeweils so fixiert, daß eine Bewegung nicht möglich ist (**6**.15).

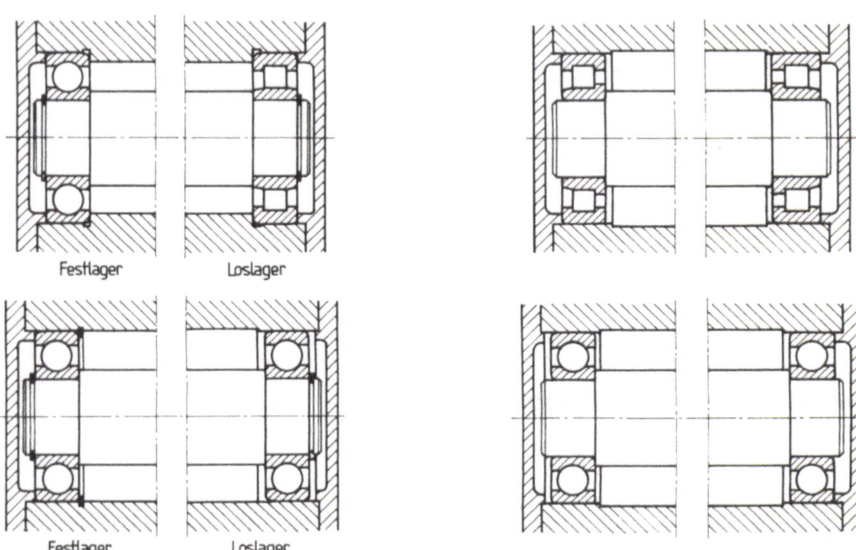

6.15 Festlager-Loslager-Anordnung

6.16 Schwimmende Lagerung

In seltenen Fällen kann man zwei Loslager vorsehen. Man bezeichnet diese Lösung als schwimmende Lagerung (**6**.16). Kegelrollen- und Schrägkugellager müssen gegeneinander „angestellt" werden (**6**.17). Oft müssen die Lagerstellen gegen das Eindringen von Verunreinigungen oder das Ausdringen von Schmiermitteln abgedichtet werden. Unter den verschiedenen Möglichkeiten erzielt man mit schleifenden Dichtungen eine gute Abdichtung bei geringem

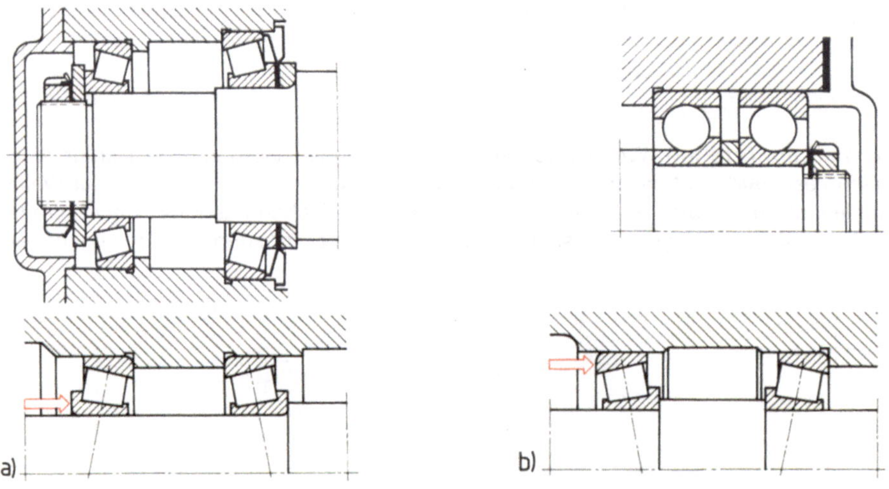

6.17 Angestellte Lagerung

a) Anstellung des Innenrings (O-Anordnung), b) Anstellung des Außenrings (X-Anordnung)

162

Aufwand (**6**.18). Für spezielle Einsatzfälle gibt es Einzelanfertigungen von Wälzlagern, die mit Kugeln aus verschiedenen Materialien (Kunststoffe, Glas, Stahl) bestückt werden. Besonders bei Spindeln oder Büchsen kann man Sonderausführungen konstruieren.

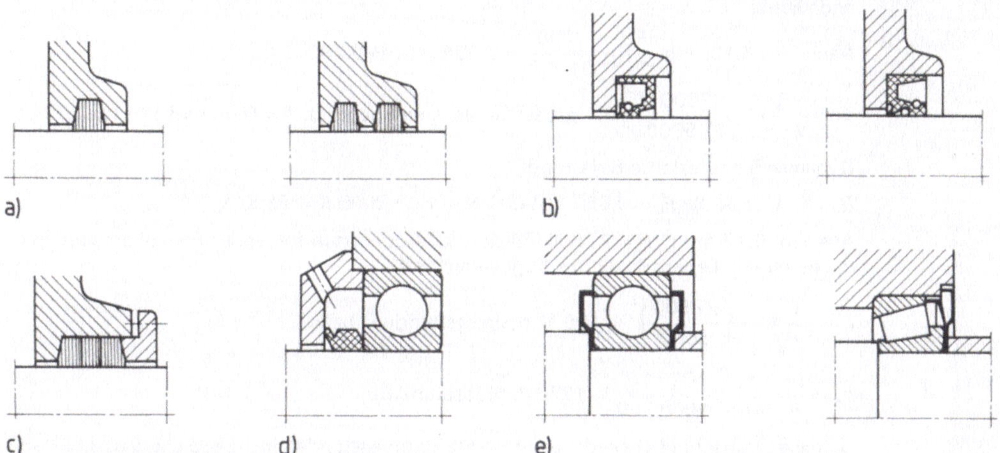

6.18   Schleifende Dichtungen

  a) Filzdichtungen, b) Manschettendichtungen, c) Stopfbuchsendichtung, d) axialdichtender Gummiring, f) federnde Abdeckscheiben

Der Lagerhersteller liefert als Zubehör in der Regel Abziehmuttern, Wellenmuttern ohne und mit Sicherung, Sicherungsbleche, aber auch Dichtelemente und Hydraulikmuttern (**6**.19).

Für die Wahl der richtigen Passungen sind Anhaltswerte in Tabellen enthalten. Bei Anwendung der angegebenen Toleranzfelder ist eine ausreichende Sicherheit gegen das Mitlaufen der Lagerringe auf den Anschlußteilen gegeben.

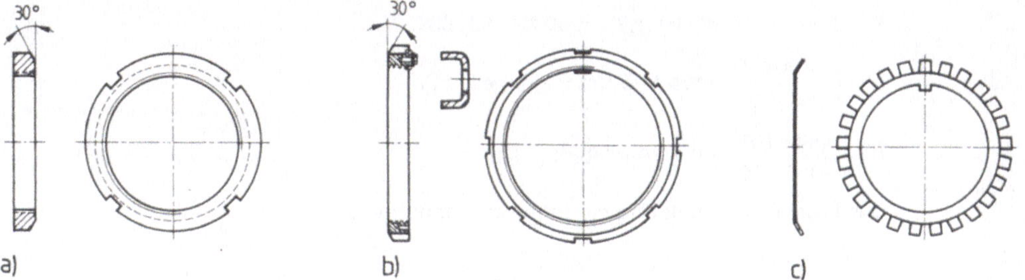

6.19   a) Abziehmutter, b) Wellenmutter mit Sicherung, c) Sicherungsblech

Beispiel 6.12   **Lagerung einer Welle (6**.20)**

Wellendurchmesser $d = 50$ mm, Wellendrehzahl $n = 1000$ U/min, Lagerbelastung radial $F_r = 5000$ N, axial $F_a = 2000$ N. Gewünschte Lebensdauer $L_h = 4000$ Betriebsstunden.

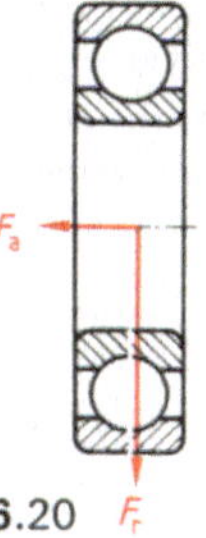

6.20 F_r

1. gewähltes Lager: Rillenkugellager 6210

Dem Lagerkatalog des Wälzlagerherstellers entnehmen wir $C = 27\,500$ N, $C_0 = 21\,200$ N. Nach Tab. **6**.11 ist $V = 1$ (Innenring rotiert, Außenring steht still, Lastrichtung unveränderlich).

Nach Tab. **6**.10: Für $\dfrac{F_a}{C_0} = \dfrac{2000}{21\,000} = 0{,}094$ ist $e = 0{,}29$.

Weil $\dfrac{F_a}{V \cdot F_r} = \dfrac{2000}{1 \cdot 5000} = 0{,}4$ größer ist als e, ergeben sich $X = 0{,}56$ und $Y = 1{,}5$.

Dynamisch äquivalente Belastung:

$P = X \cdot V \cdot F_r + Y \cdot F_a = 0{,}56 \cdot 1 \cdot 5000 \text{ N} + 1{,}5 \cdot 2000 \text{ N} = 5800 \text{ N}$

Aus Tab. **6**.12 mit $C/P = 27\,500/5800 = 4{,}74$ oder nach folgender Formel erhalten wir die nominelle Lebensdauer des Kugellagers mit

$$L = \left(\frac{C}{P}\right)^3 = \left(\frac{27\,500}{5800}\right)^3 = 106 \text{ Mio Umdrehungen} \quad \text{bzw.}$$

$$L_h = \frac{L \cdot 10^4}{n \cdot 60} = \frac{106 \cdot 10^4}{1000 \cdot 60} = 1770 \text{ Betriebsstunden.}$$

Da die gewünschte Lebensdauer von 4000 Betriebsstunden nicht erreicht wird, muß ein größeres Lager vorgesehen werden.

2. gewähltes Lager: Rillenkugellager 6310

Nach dem Katalog sind $C = 48\,000$ N und $C_0 = 35\,500$ N.

$$\frac{F_a}{C_0} = \frac{2000}{35\,500} = 0{,}056 \qquad e = 0{,}25$$

$$\frac{F_a}{V \cdot F_r} = \frac{2000}{1 \cdot 5000} = 0{,}4 > e = 0{,}25$$

$$X = 0{,}56, \ Y = 1{,}7$$

$$P = 0{,}56 \cdot 1 \cdot 5000 \text{ N} + 1{,}7 \cdot 2000 \text{ N} = 6200 \text{ N}$$

$$L = \left(\frac{48\,000}{6200}\right)^3 = 464 \text{ Mio Umdrehungen} \quad \text{bzw.}$$

$$L_h = \frac{464 \cdot 10^4}{1000 \cdot 60} = 7730 \text{ Betriebsstunden}$$

Das Lager 6310 erfüllt also die Lebensdaueranforderung.

Radlagerung (6.21**)**

Lager A: Kegelrollenlager 30210,
Lager B: Kegelrollenlager 30207.
$F_{rA} = 8000$ N, $F_{rB} = 5000$ N, $F_a = 1500$ N. Raddurchmesser $D = 0{,}6$ m. Berechnen Sie die Lebensdauer der Lagerung in Fahrkilometer.

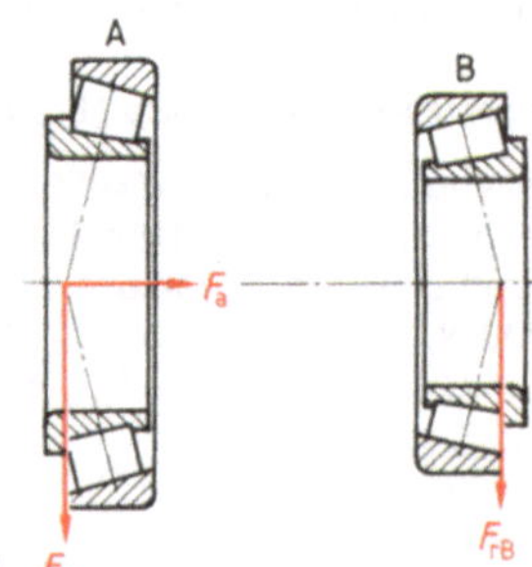

Lösung

Zunächst ist die auf jedes Lager wirkende tatsächliche Axiallast zu berechnen.

Nach Tab. **6.10**, Spalte $\dfrac{F_a}{V \cdot F_r} > e$ ist für Lager A $Y_A = 1{,}45$, für Lager B $Y_B = 1{,}6$.

Lastverhältnisse nach dem Katalog:

$$\frac{F_{rA}}{Y_A} = \frac{8000 \text{ N}}{1{,}45} = 5520 \text{ N} > \frac{F_{rB}}{Y_B} = \frac{5000 \text{ N}}{1{,}6} = 3120 \text{ N}$$

$$F_a = 1500 \text{ N} > 0{,}5\left(\frac{F_{rA}}{Y_A} - \frac{F_{rB}}{Y_B}\right) = 0{,}5\left(\frac{8000 \text{ N}}{1{,}45} - \frac{5000 \text{ N}}{1{,}6}\right) = 1200 \text{ N}$$

Axialbelastung des Lagers A:

$$F_{aA} = F_a + 0{,}5\,\frac{F_{rB}}{Y_B} = 1500 \text{ N} + 0{,}5\,\frac{5000 \text{ N}}{1{,}6} = 3060 \text{ N}$$

Lager A

Laut Katalog $C = 65\,500$ N, nach Tab. **6.11** $V = 1{,}2$ (Innenring steht still, Außenring rotiert, Lastrichtung unveränderlich). Nach Tab. **6.10** $e = 0{,}41$ und mit

$$\frac{F_{aA}}{V \cdot F_{rA}} = \frac{3060}{1{,}2 \cdot 8000} = 0{,}32 < e = 0{,}41.$$

Radialfaktor $X = 1$, Axialfaktor $Y = 0$.

Dynamisch äquivalente Lagerbelastung:

$$P = X \cdot V \cdot F_{rA} + Y \cdot F_{aA} = 1 \cdot 1{,}2 \cdot 8000 \text{ N} + 0 \cdot 3060 \text{ N} = 9600 \text{ N}$$

Nominelle Lebensdauer (mit Zusatzfaktor $f_z = 1{,}3$ für besondere Situation) aus Tab. **6.12** für

$$\frac{C}{f_z \cdot P} = \frac{65\,500}{1{,}3 \cdot 9600} = 5{,}25 \quad \text{oder mit der Formel}$$

$$L = \left(\frac{C}{f_z \cdot P}\right)^{\frac{10}{3}} = \left(\frac{65\,500}{1{,}3 \cdot 9600}\right)^{\frac{10}{3}} = 251 \text{ Mio Umdrehungen}$$

$$L_S = \frac{L \cdot \pi \cdot D}{1000} = \frac{251 \cdot 3{,}14 \cdot 0{,}6}{1000} = \textbf{0{,}47 Mio Fahrkilometer}$$

Lager B

$C = 45\,000$ N, $V = 1{,}2$ $\qquad\qquad P = V \cdot F_{rB} = 1{,}2 \cdot 5000 \text{ N} = 6000 \text{ N}$

$$L = \left(\frac{45\,000}{1{,}3 \cdot 6000}\right)^{\frac{10}{3}} = 344 \text{ Mio Umdrehungen}$$

$$L_S = \frac{344 \cdot 3{,}14 \cdot 0{,}6}{1000} = \textbf{0{,}65 Mio Fahrkilometer}$$

Beispiel 6.14   **Berechnen eines Waschtrommellagers (6.22)**

Geforderte Lebensdauer $L_h = 10\,000$ Betriebsstunden. Wellendurchmesser an der Lagerstelle $d = 30$ mm.

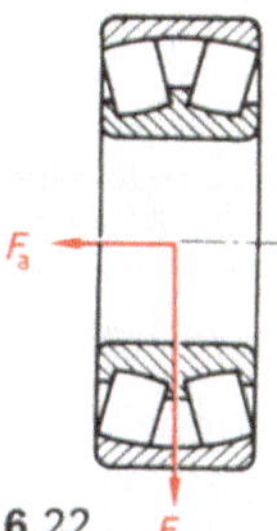

6.22

Lösung

Betriebszustand 1: Waschvorgang

Belastung $F_{r1} = 300$ N, Drehzahl $n_1 = 52$ U/min. Zeitanteil $t_1 = 92\%$ der Gesamtbetriebszeit

Betriebszustand 2: Schleudervorgang

$F_{r2} = 4500$ N, $n_2 = 520$ U/min, $t_2 = 8\%$ der Gesamtbetriebszeit

Welches Rillenkugellager entspricht diesen Anforderungen?

Dynamisch äquivalente Lagerbelastung $P_1 = F_{r1}$ bzw. $P_2 = F_{r2}$, da keine Axialkräfte gegeben sind.

Berechnung der mittleren dynamisch äquivalenten Belastung und der mittleren Drehzahl nach Gl. (6.9):

$$P_m = \sqrt[3]{\frac{P_1^3 \cdot n_1 \cdot t_1 + P_2^3 \cdot n_2 \cdot t_2}{n_1 \cdot t_1 + n_2 \cdot t_2}}$$

$$P_m = \sqrt[3]{\frac{300^3 \cdot 52 \cdot 92 + 4500^3 \cdot 520 \cdot 8}{52 \cdot 92 + 520 \cdot 8}} = 3500 \text{ N}$$

$$n_m = \frac{n_1 \cdot t_1 + n_2 \cdot t_2}{100} = \frac{52 \cdot 92 + 520 \cdot 8}{100} = 90 \text{ U/min}$$

Erforderliche Tragzahl des Rillenkugellagers:

$$C_{erf} = P_m \sqrt[3]{\frac{L_h \cdot n_m \cdot 60}{1\,000\,000}} = 350 \sqrt[3]{\frac{10\,000 \cdot 90 \cdot 60}{1\,000\,000}} = 13\,200 \text{ N}$$

Rillenkugellager 6206 entspricht den Anforderungen.

Beispiel 6.15

Lagerung mit statischer Belastung (6.23)

Pendelrollenlager 22 226 C, statische Tragzahl $C_0 = 130\,000$ N, Lagerbelastung radial $F_r = 150\,000$ N, axial $F_a = 20\,000$ N. Das Lager ist keinen ausgeprägten Stößen ausgesetzt und vollführt nur kleine Schwenkbewegungen: $s_0 = 0{,}5$.

6.23

Lösung

Die statisch äquivalente Belastung ergibt sich mit $X_0 = 1$ und $Y_0 = 0{,}66 \cdot Y$ aus Tab. **6**.8 sowie $Y = 3{,}9$ aus Tab. **6**.10 durch $P_0 = X_0 \cdot F_r + Y_0 \cdot F_a = 1 \cdot 150\,000$ N $+ 0{,}66 \cdot 3{,}9 \times 20\,000$ N $= 201\,500$ N. Sie wird mit der durch den Sicherheitsfaktor s_0 dividierten statischen Tragzahl verglichen.

$$\frac{C_0}{s_0} = \frac{130\,000 \text{ N}}{0{,}5} = 260\,000 \text{ N} > P_0 = 201\,500 \text{ N}$$

Das Lager genügt den Belastungsverhältnissen.

6.2.2 Gleitlager

Gleitlager sind wegen der großen dämpfenden Trag- und Schmierfläche wesentlich unempfindlicher gegen Stöße und Erschütterungen als Wälzlager. Sie laufen infolge des Schmiermittels leiser und sind gegen Verschmutzung weniger empfindlich. Verunreinigungen kann man durch Filtern des Schmiermittelkreislaufs leicht beseitigen. Bei der Drehzahl gibt es keine Begrenzungen (Turbolader in Pkw-Motoren haben Drehzahlen von mehr als 140 000 U/min), und die Lebensdauer ist nicht so wie bei Wälzlagern eingeschränkt. Nachteilig ist, daß die Anlaufreibung ein erheblich höheres Anlaufmoment verursacht, als das Betriebsmoment ist. Außerdem ist wegen des trockenen Anlaufs bei vielen Lagern in der Startphase ein hoher Verschleiß gegeben. Bei empfindlichen Lagern (z. B. Turbinenlagern) wird daher zuerst das Schmieröl annähernd auf Betriebstemperatur erwärmt und in die Lagerstellen gepumpt, so daß es zu einem Aufschwimmen der Welle kommt. Erst dann wird der Betrieb begonnen.

Die Berechnung der Gleitlager ist sehr umfangreich und hängt von der Wahl des Schmierspalts und des Schmiermittels ab. Auch hier haben wir Axial- und Radiallager (**6.24**, **6.25**), wobei Kräfte jeweils nur in der bezeichneten Richtung übernommen werden können. Bei Kraftwirkungen mit Komponenten in beiden Richtungen ist eine Kombination der beiden Lager vorzunehmen. Für untergeordnete Einsatzfälle sind genormte Gleitlager zu verwenden (DIN 1850, DIN 322 u. ä. (**6.25**)).

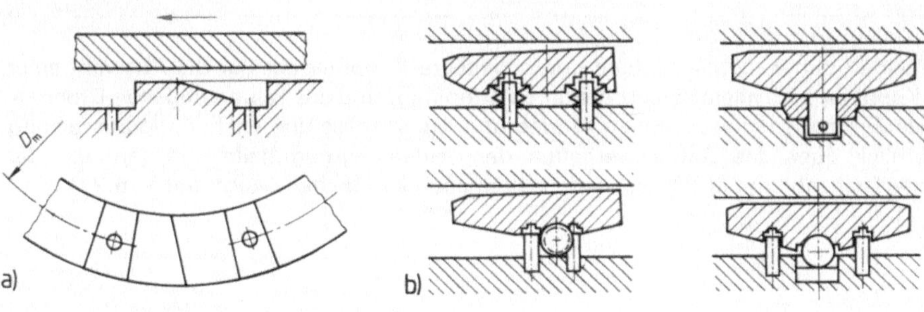

6.24 Axialgleitlager

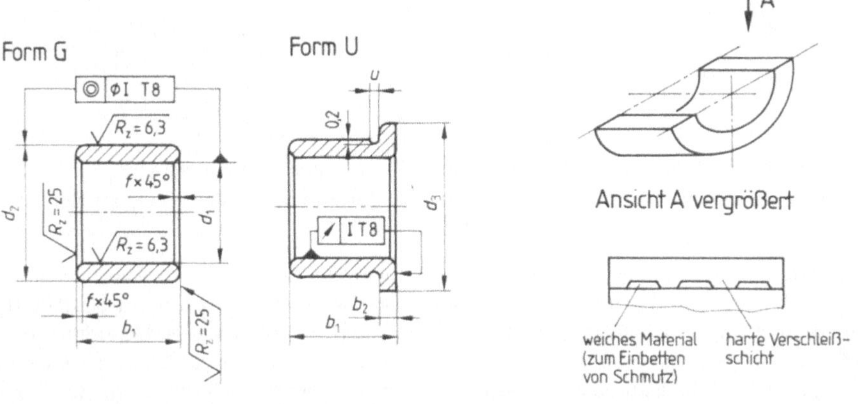

6.25 Radialgleitlager

6.26 Rillenlager

Als Betriebstemperatur sind 60 °C bis 70 °C anzustreben und 80 °C nicht zu übersteigen. Bei höheren Temperaturen ist eine Kühlung mit Luft, Wasser oder Kühlmittel vorzusehen.

Bei der Gestaltung der Radiallager ist auf die Flächenpressung zu achten und darauf, daß die Welle nicht schräg im Lager steht. Es würde dadurch zu hohen Kantenpressungen und zum frühzeitigen Ausfall der Lager kommen.

Als Werkstoffe für die Lager dienen Gußeisen, Sintermetalle, Bronzen, aber auch Kunststoffe, Gummi und dgl. Bei besonderen Belastungen sind auch mehrschichtige Lager im Einsatz. Bei hohen Motorenbelastungen verwendet man Rillenlager (**6.26 auf S. 167**). Vorteil: In den weichen Stellen betten sich die Verunreinigungen ein, während die harten Stellen als tragfähiger Kamm wirken. Besonders bei hochbeanspruchten Dieselmotoren kann man hier bei hohen Drehzahlen lange Lebensdauer erreichen.

6.3 Kupplungen

Kupplungen dienen zum Weiterleiten von Drehmomenten bei fluchtenden und nicht fluchtenden Wellen. Sie können eine ein- oder ausrückbare Verbindung von Wellen und anderen Maschinenbauteilen bilden.

Wir unterscheiden daher nichtschaltbare und schaltbare Kupplungen. Für die Auswahl einer geeigneten Kupplung, vor allem einer schaltbaren Kupplung, sind das zu übertragende Drehmoment und das Zusammenspiel zwischen Antrieb und Arbeitsmaschine wichtig. Voraussetzung ist ein Überblick über das Betriebsverhalten der beiden Aggregatteile und (anhand der Drehmoment-/Drehzahlkennlinie) über das Zusammenwirken beider Baugruppen (**6.27**).

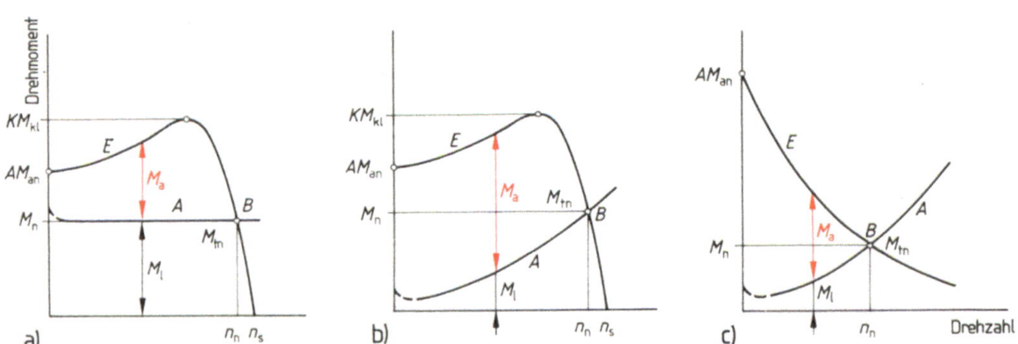

6.27 Drehmoment-Drehzahl-Kennlinie von Elektromotoren (E) und Arbeitsmaschinen (A)

  a) Drehstrom-Nebenschlußmotor mit Fördermaschine, b) mit Pumpe, c) Wechselstrom-Reihenschlußmotor mit Verdichter

Im Dauerbetrieb stellt sich der Betriebspunkt B ein. Hier besteht Gleichgewicht zwischen dem von der Arbeitsmaschine verlangten und dem von der Kraftmaschine zur Verfügung gestellten Moment. Während der Anlaufphase besteht aber zwischen beiden Kennlinien eine Momentdifferenz, die zum Beschleunigen der Arbeitsmaschine herangezogen wird. Je größer dieser Überschuß ist, desto rascher wird der Betriebspunkt erreicht, desto rascher beschleunigen die gesamten Trägheitsmassen.

168

Wenn wir z. B. die Drehmomenten-Drehzahlkennlinie eines Drehstrom-Nebenschlußmotors mit Käfigläufer mit der Momentenlinie einer Pumpe kombinieren, ist ein Anlauf der Maschine nur möglich, wenn der Verbraucher (die Pumpe) mit einem niederen Moment loslaufen kann, als es dem Anfahrmoment des Antriebsmotors entspricht (6.28). Der Schnittpunkt zwischen der Verbraucherkennlinie und der Momentenkennlinie des Motors muß drehzahlmäßig nach dem Kippmoment liegen.

Die Werte für die Nenndrehzahl, Anlauf- und Kippmomente sind den Motorenkatalogen zu entnehmen.

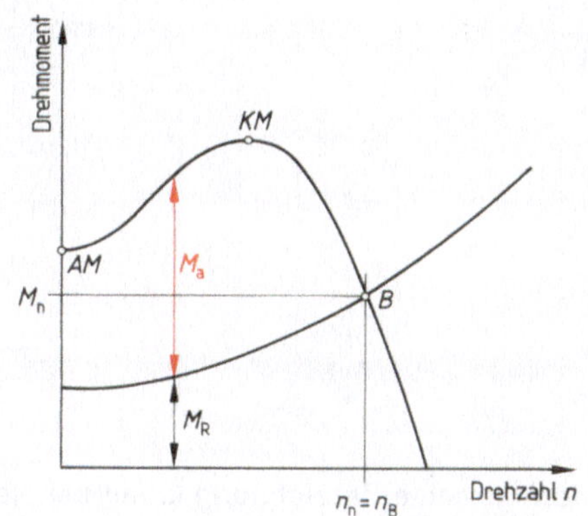

6.28
Drehmoment-Drehzahl-Kennlinie eines Drehstrom-Nebenschlußmotors mit Kreiselpumpe

AM Anfahrmoment
B   Betriebspunkt
KM Kippmoment
M Nennmoment
M_l Lastmoment
n_n Nenndrehzahl = n_b Betriebsdrehzahl
M_a „überschüssiges" Moment zum Beschleunigen

6.3.1 Nichtschaltbare Kupplungen

Nichtschaltbare Kupplungen können form- oder kraftschlüssig, starr oder formschlüssig nachgiebig sein. Sie dienen zum Ausgleich von Wellenverlagerungen und dämpfen Schwingungen. Bei automatischen Getrieben verwendet man kraftschlüssige, dehnnachgiebige Kupplungen (Drehmomentenwandler). Die Wirkung beruht auf dem Prinzip des Drehzahlschlupfs der beiden Kupplungshälften. Hierher gehören hydrodynamische (Strömungskupplungen) und elektrodynamische Kupplungen (Induktionskupplungen).

Im folgenden behandeln wir die konstruktiven Ausführungen einiger einfacher Kupplungen.

Scheibenkupplungen sind in DIN 116 genormt (**6.29**), wobei die Wellenanschlußdurchmesser in Verbindung mit dem übertragbaren Dehmoment zu sehen sind (**6.30**). Bei Bestellung der Kupplung ist anzugeben, ob die Verbindung Welle–Kupplungsscheibe mit Paßfeder oder als Preßpassung erfolgen soll.

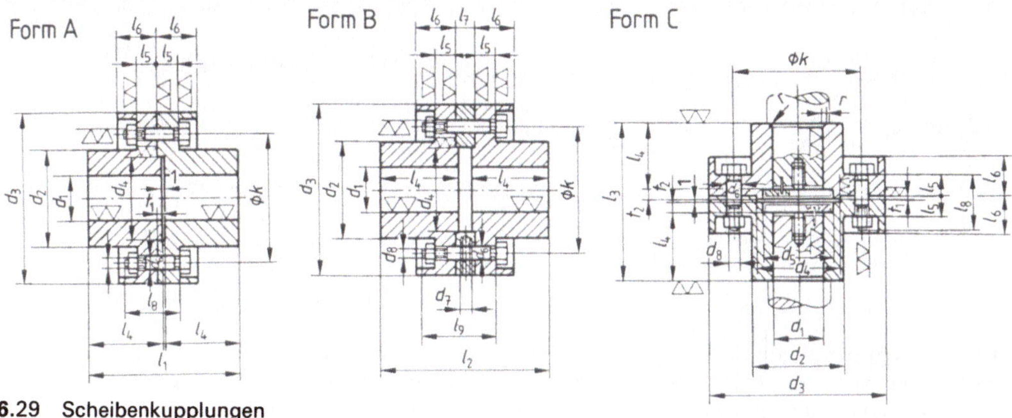

6.29 Scheibenkupplungen

Tabelle 6.30   Scheibenkupplungen, übertragbares Drehmoment nach DIN 116 (Auswahl)

d_1	d_2	d_3	d_4	d_5	d_6	k	l_1	l_2	l_3	l_4	l_5	l_6	r	t_2	Sechskant-Paßschrauben DIN 609 für Form				übertragbares Drehmoment Nm	Drehzahl U/min
N7			$\frac{H7}{h8}$		H7										d_8 M···	A u.C l_8	B l_9	An-zahl		max.
25	58	125	50	40		90	101	110	117	50	16	31	1,6	8	10	45	60	3	4,75	2120
30				45															9	
35	72	140	65	55	11	100	121	130	141	60			2	10					15	2000
40																			24,3	
45	95	160	75	65		125	141	150	169	70	18	34	3	14			65		36,5	1900
50																			53	
55	110	180	90	75	13	140	171	180	203	85		37		16	12	50	70	4	75	1800
60																			100	

Die normgerechte Bezeichnung lautet bei gleichen Wellenanschlußdurchmessern

Scheibenkupplung DIN 116–A140,

wobei 140 für das Maß $d_1 = 140$ mm steht. Sind Wellen mit verschiedenen Durchmessern zu kuppeln, ist aus Festigkeitsgründen eine Kupplung entsprechend der dickeren Welle zu wählen. Die normgerechte Bezeichnung lautet dann z. B.

Scheibenkupplung DIN 116–A140-125.

Mit dieser Kupplung werden zwei Wellen mit $d_1 = 140$ mm bzw. $d_1 = 125$ mm verbunden.

Mit Hilfe der Scheibenkupplungen lassen sich lange, durchgehende Wellenstränge herstellen (z. B. Antriebswellen von Kränen). Will man eine geringe Elastizität erreichen, wählt man die Ausführung Form B; will man Axialkräfte übertragen, verwendet man Form C.

Schalenkupplungen verbinden wie Scheibenkupplungen die Wellenenden starr und zentrisch (**6.31**). Sie erlauben ein leichteres Demontieren einzelner Bauteile, vor allem von Wellenabschnitten. Als Werkstoff für Schalen- und Scheibenkupplungen dient GG-20, bei hohen Ansprüchen auch GS-45.

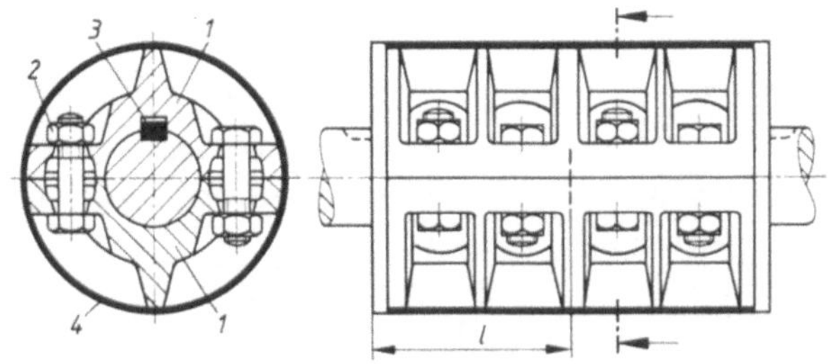

6.31
Schalenkupplung
1 Nabenteile
2 Schrauben
3 Paßfeder
4 Stahlblechmantel (Berührschutz)

Klauenkupplung. Bei den formschlüssig nachgiebigen Kupplungen müssen wir unterscheiden, ob wir eine d r e h s t e i f e oder d r e h e l a s t i s c h e Verbindung herstellen wollen. Drehsteife Kupplungen können vor allem Längsdehnungen der Wellen auffangen, die durch Wärmeeinwirkung entstehen. Wäre hier die Verbindung auch in Längsrichtung starr, käme es zu unerwünschten Durchbiegungen der Wellen und damit zu Verspannungen in den Lagern. Die einfachste längsnachgiebige Kupplung ist die Klauenkupplung (**6.**32).

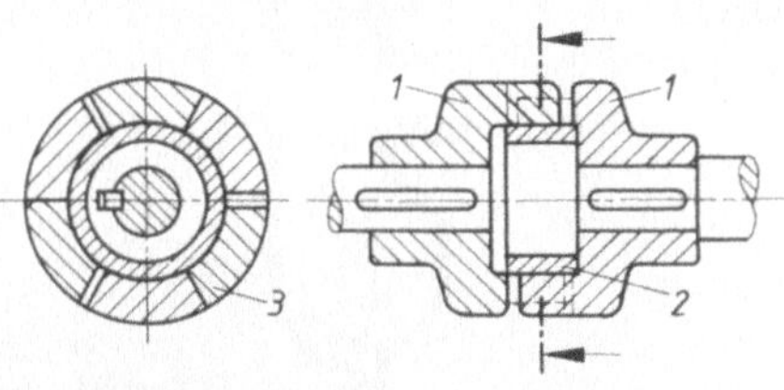

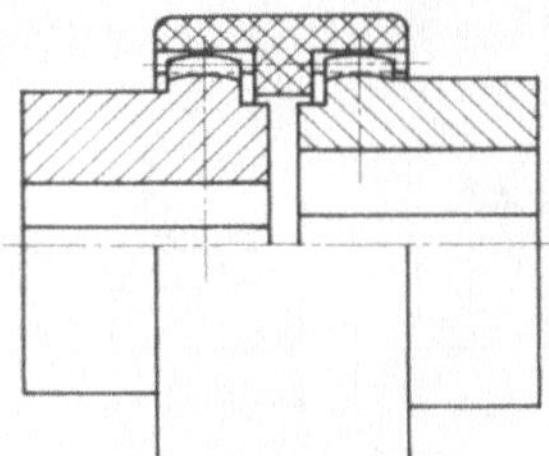

6.32 Klauenkupplung
  1 Kupplungshälften
  2 Ring zum Zentrieren
  3 Klauen

6.33 Bogenzahnkupplung

Die Bogenzahnkupplung setzt man bei besonderen Ansprüchen ein (z. B. bei der Notwendigkeit, daß die Kupplung längs-, quer- und winkelnachgiebig ist; **6.**33). Hier befinden sich in der Kupplungshülse zwei Innenverzahnungen, in die die ballig ausgebildeten Zähne der Kupplungsnabe eingreifen. Kupplungsteile aus Kunststoff sind wartungsfrei. Bei größeren Wellendurchmessern und hohen Drehmomenten dient Stahl oder Guß als Material, wobei eine Schmierung mit Öl oder Fett erforderlich ist. Dies bedingt eine konstruktive Lösung, um den Zahneingriffsbereich abzudichten.

Bolzenkupplung. Um die Verbindung stoß- und schwingungsdämpfend auszuführen, bedarf es wegen der Anregungen über die Rotation einer drehnachgiebigen elastischen Kupplung. Am gebräuchlichsten in dieser Gruppe ist die elastische Bolzenkupplung (Boflexkupplung, **6.**34). Die Gummibolzen dienen als Dämpfungsglieder. Durch Lösen der Stahlbolzen ist eine rasche Lösung der Gesamtverbindung möglich.

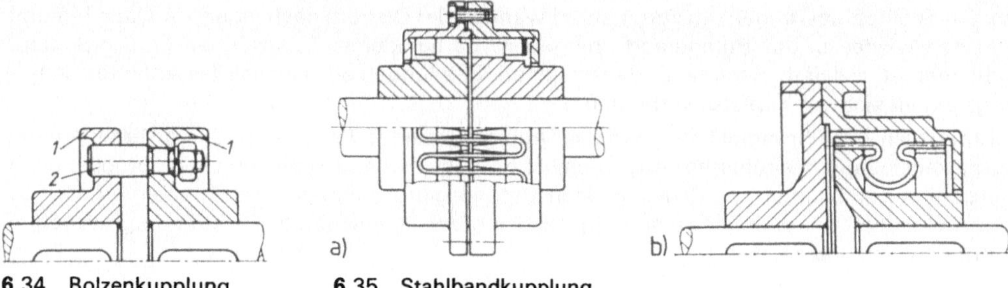

6.34 Bolzenkupplung
  1 Naben
  2 Paßbolzen

6.35 Stahlbandkupplung
  a) Bibby-Kupplung, b) Voith-Maurer-Kupplung

Die Stahlbandkupplung bildet eine elastische, aber nichtdämpfende Verbindung (**6.**35). Da das federnde Verbindungsglied ein Stahlband ist und auch die übrigen Kupplungsteile aus Metall bestehen, lassen sich die Stöße nur durch Verformen des Stahlbands abfangen, ohne daß gleichzeitig eine besondere dämpfende Wirkung eintritt.

Die Periflexkupplung ermöglicht große Elastizität und damit hohe Stoß- und Schwingungsdämpfung (**6.**36). Sie ist völlig wartungsfrei. Da diese optimale Kupplung durch Patente geschützt ist, gibt es sehr viele ähnliche Ausführungen. Die konstruktiven Unterschiede liegen vor allem in der Gestaltung der Gummireifen, die die beiden Kupplungsnaben verbinden.

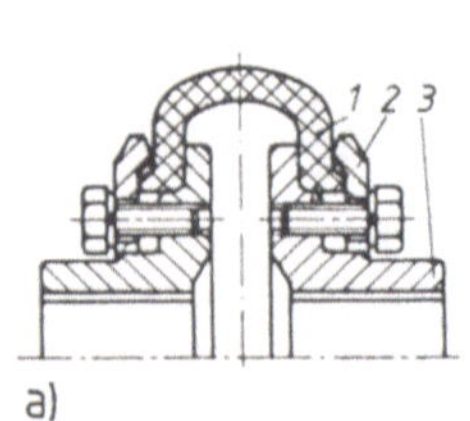
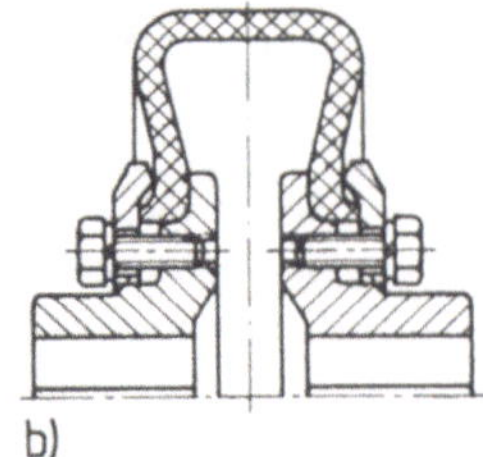

6.36 Periflexkupplung

    a) Normalausführung, b) winklige Verlagerungen

    1 Reifen/Ring aus elastischem Werkstoff
    2 Druckringe
    3 Kupplungsnabe

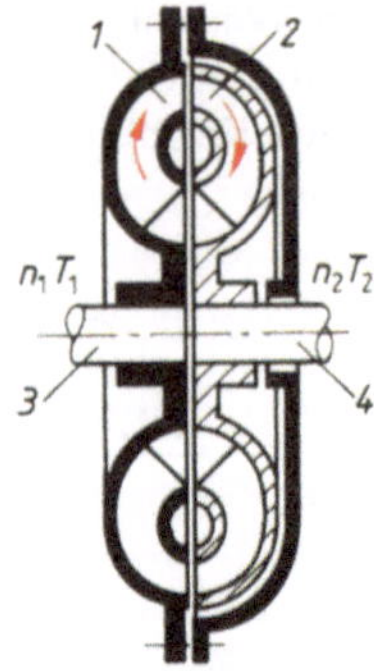

6.37 Hydrodynamische Kupplung

    1 Pumpenrad
    2 Turbinenrad
    3 Antriebswelle
    4 Abtriebswelle

Schlupfkupplungen setzt man ein, wenn man einen besonders sanften Anlauf der Arbeitsmaschine erreichen will. Bei der Verbindung eines Kolbenmotors mit dem Getriebe und dem folgenden Antriebsstrang eines Fahrzeugs bedient man sich einer hydrodynamischen Kupplung, dem Drehmomentenwandler (**6**.37). Er besteht aus einem Pumpen- und einem Turbinenrad, teilweise mit einem zwischengeschalteten Leitschaufelteil. Das Kupplungsgehäuse ist am Motor angeflanscht und bildet einen Teil der Schwungmasse, die Schaufeln des Pumpenrads sind fest mit dem Gehäuse verbunden. Beweglich gelagert und mit dem Pumpenrad nur hydraulisch verbunden ist das Turbinenrad. Mit steigender Drehzahl des Motors wandert das Hydrauliköl an den Pumpenschaufeln nach außen und wird dort gegen das gegenüberliegende Turbinenrad gedrückt. So wird dieses in Bewegung gesetzt und das Drehmoment des Motors, abgeschwächt um den Schlupf, übertragen. Im Turbinenrad wandert der Ölstrom nach innen zur Nabe hin und wird dort wieder an das Pumpenrad übergeben. Da bei kleiner Drehzahl ein großer Schlupf vorhanden ist, erzielt man mit hydrodynamischen Kupplungen ein sehr sanftes Anfahren. Allerdings erhöht sich der Kraftstoffverbrauch.

Bei speziellen Ausführungen kann man das Drehmoment und den Schlupf durch Verändern der Flüssigkeitsfüllung beeinflussen. Außerdem ist es möglich, beim Erreichen einer vorgegebenen Drehzahl in Kombination mit dem höchsten Getriebegang Pumpen- und Turbinenrad starr zu koppeln, so daß bei weiterer Anhebung der Drehzahl eine schlupffreie Kupplung zwischen Motor und Getriebe entsteht.

6.3.2 Schaltbare Kupplungen

Hier unterscheidet man fremdbetätigte (Schaltkupplungen), drehzahlbetätigte (Fliehkraftkupplungen), drehmomentbetätigte (Sicherheitskupplungen) und richtungsbetätigte (Freilaufkupplungen). Sie können jeweils form- oder kraftschlüssig ausgebildet sein.

Reibkupplungen. Um den Kraftschluß zwischen Motor und Wechselgetriebe unterbrechen zu können, verwendet man meist Reibkupplungen, die als Einscheiben- (**6**.38) oder Mehrscheibenkupplungen ausgeführt sind (**6**.39). Diese müssen so ausgelegt sein, daß sie das vom E-Motor abgegebene Drehmoment mit ausreichender Sicherheit übertragen. Die Einscheibenkupplung hat eine Kupplungsscheibe, die durch ihre beiden Reibflächen beim Einkuppeln

172

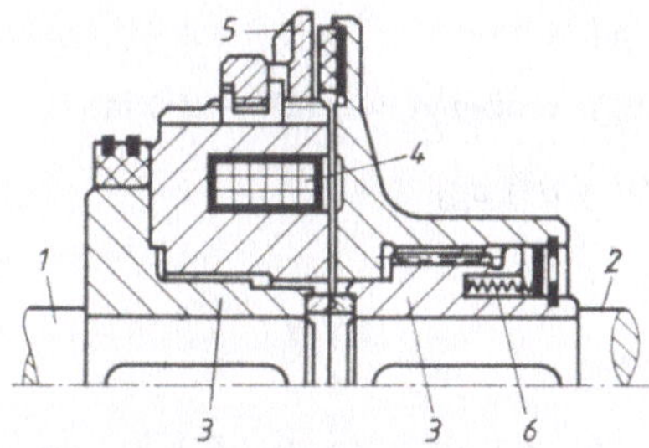

6.38 Einscheibenkupplung

1 Antriebswelle
2 Abtriebswelle
3 Kupplungsnabe
4 Erregerspule (wenn elektrisch betätigt)
5 Reibscheibenring
6 Druckfeder

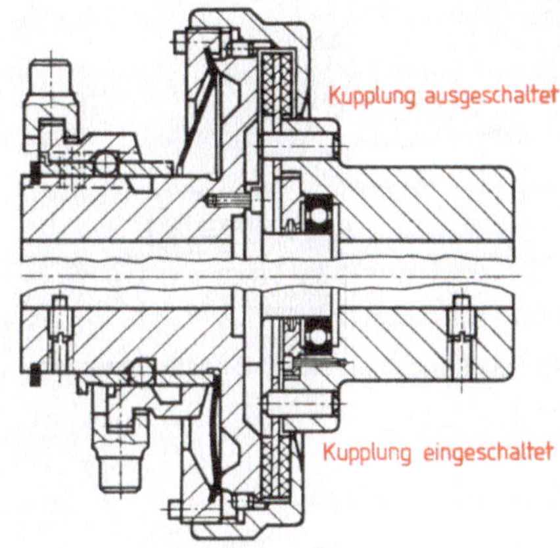

6.39 Zweischeibenkupplung

auf jeder Belagseite die Reibkraft F_R erzeugt. Bei der Zweischeibenkupplung kann das doppelte Drehmoment bei gleich großen Kupplungsscheiben übertragen werden. Je mehr Scheiben, um so höher ist das übertragbare Drehmoment. Die Gesamtanpreßkraft der Kupplungsfedern ist bei der Ein- und Mehrscheibenkupplung gleich groß. Der zum Auskuppeln notwendige Ausrückweg ist bei Mehrscheibenkupplungen mehrfach so groß wie bei Einscheibenkupplungen. Ob eine Einscheibenkupplung genügt oder mehrere Scheiben nötig sind, hängt von der erzielbaren Flächenpressung der Kupplungsbeläge und von dem konstruktiv vorgegebenen möglichen Außendurchmesser ab.

Sinuslamellenkupplungen setzt man ein, um das Lösen der einzelnen Scheiben bei ausgerückter Lage zu erleichtern oder wenn man hintereinander einen Wechsel von treibender und getriebener Scheibe anordnet (6.40). Dieser Kupplungstyp ermöglicht bei sehr kleinem Durchmesser eine große Drehmomentübertragung. Die Baulänge vergrößert sich gleichzeitig in Längsrichtung. Beim Anfahren verhalten sich diese Kupplungen sehr elastisch.

6.40

Elektromagnetisch betätigte Lamellenkupplung

1 Außenkörper   8 Innenlamelle
2 Polkörper   9 Druckscheibe
3 Buchse   10 Schleifring (Stahl)
4 Ankerscheibe   11 Isolierung
5 Stellmutter   12 Spule
6 Abschirmlamelle   13 Lüftbolzen
7 Außenlamelle   14 Lüftfeder

Die Dimensionierung der Reibscheiben bzw. die Berechnung des möglichen übertragbaren Drehmoments erfolgt nach den uns bekannten Zusammenhängen der Reibung (s. Abschn. 2). Bild **6**.41 zeigt die Kraft- und Momentensituation an einer Ein(und Mehr-)scheibenkupplung. Mit Hilfe des Coulombschen Reibgesetzes und unter Berücksichtigung einer zu wählenden Sicherheit ergibt sich das übertragbare Drehmoment wie folgt:

173

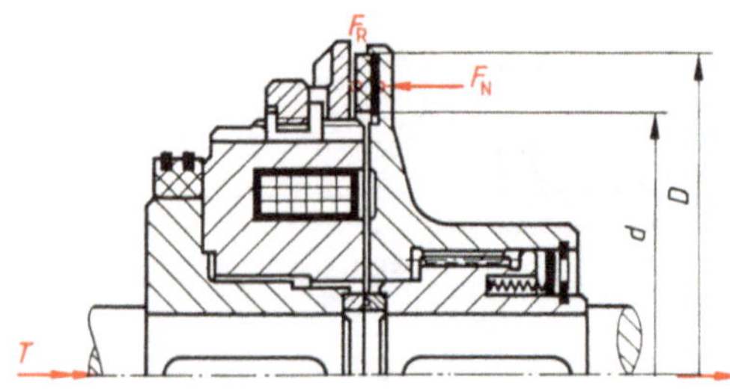

$$F_R = F_N \cdot \mu_0$$

$$F_N = A \cdot p_{zul}, \text{ wobei } A = \frac{\pi}{4}(D^2 - d^2) \text{ ist.}$$

$$F_N = \frac{\pi}{4}(D^2 - d^2)\, p_{zul}$$

$$F_U = 2 F_R \cdot z$$

$$M_K = F_U \cdot r_m \qquad r_m = \frac{D + d}{4}$$

$$M_K = 2 F_R \cdot r_m \cdot z = 2 F_N \cdot \mu_0 \cdot r_m \cdot z$$

$$= 2 F_N \cdot \mu_0 \cdot \frac{D + d}{4} \cdot z$$

6.41 Kraftwirkung bei einer Einscheibenkupplung

$$M_K = \frac{\pi}{2}(D^2 - d^2)\, p_{zul}\, \mu_0\, \frac{D + d}{4}\, z \qquad\qquad \text{Gl. (6.13)}$$

$$M_K = v \cdot M_M \quad \text{oder} \quad M_M = \frac{M_K}{v}$$

F_R = Reibkraft einer Scheibenseite in N
F_N = Anpreßkraft in N
F_U = Umfangskraft in N
μ_0 = Haftreibzahl
A = Fläche einer Belagseite in cm²
p_{zul} = zulässige Flächenpressung in N/cm²

D, d = Außen- bzw. Innendurchmesser in cm
z = Zahl der Kupplungsscheiben
M_K = übertragbares Drehmoment in Ncm
M_M = maximales Motormoment in Ncm
r_m = mittlerer Belagsradius
v = Sicherheit

Tabelle **6.42** **Haftreibzahlen von Kupplungen**

	μ_0
organisch-trocken	0,30 bis 0,35
organisch-naß	0,08 bis 0,15
anorganisch-trocken	0,35 bis 0,45

Kupplungsbeläge aus handelsüblichen Werkstoffen (z. B. Baumwollgewebe mit Kunstharzbindung) weisen eine zulässige Flächenpressung von 20 bis 25 N/cm² auf. Bei organischen Naßkupplungen können Werte bis 50 N/cm² erreicht werden. Die Haftreibzahlen liegen zwischen 0,3 und 0,45 (**6.**42).

Beispiel 6.16 Ein Notstromaggregat soll wechselweise mit einem E-Motor und einem Benzinmotor betreibbar sein. Es müssen darum beide Motoren durch Kupplungen vom Generator abtrennbar ausgebildet werden.

Geg.: $D = 175$ mm, $d = 120$ mm, $p_{zul} = 20$ N/cm², $\mu_0 = 0,3$, $z = 1$; ges.: A, F_N, F_R und M_K.

Lösung

$$A = \frac{\pi}{4}(D^2 - d^2) = \frac{\pi}{4}(17,5^2 - 12^2) = \mathbf{127{,}43\ cm^2}$$

$$F_N = A \cdot p_{zul} = 127{,}43 \cdot 20 = \mathbf{2549\ N}$$

$$F_R = F_N \cdot \mu_0 = 2549 \cdot 0{,}3 = \mathbf{765\ N}$$

$$M_K = \frac{\pi}{2}(D^2 - d^2)\, p_{zul} \cdot \mu_0 \cdot \frac{D + d}{2} \cdot z$$

$$M_K = \frac{\pi}{2}(17,5^2 - 12^2)\, 20 \cdot 0{,}3 \cdot \frac{17,5 + 12}{2} = 11\,278\ \text{Ncm} \triangleq \mathbf{112{,}78\ Nm}$$

174

 Die Winde einer Materialseilbahn wird mit dem Elektromotor durch eine Zweischeibenkupplung verbunden.

Geg.: $D = 165$ mm, $d = 115$ mm, $p_{zul} = 20$ N/cm^2, $\mu_0 = 0{,}32$; ges.: F_N, F_R und M_K.

Lösung

$$F_N = A \cdot p_{zul} = \frac{\pi}{4}(D^2 - d^2)\, p_{zul} = \frac{\pi}{4}(16{,}5^2 - 11{,}5^2)\, 20 = \mathbf{2199\ N}$$

$$F_R = F_N \cdot \mu_0 = 2199 \cdot 0{,}32 = \mathbf{704\ N}$$

$$M_K = 2F_R \cdot \frac{D+d}{4} \cdot z = 2 \cdot 704 \cdot \frac{16{,}5 + 11{,}5}{4} \cdot 2 = 19704\ \text{Ncm} \cong \mathbf{197\ Nm}$$

Der Kupplungsbelag muß eine gute Hitzebeständigkeit und Verschleißfestigkeit sowie eine hohe
Reibzahl haben. Man nimmt daher meist organische Werkstoffe, Baumwollgewebe, Aramid-
fasern, keramische Sinterbeläge, aber auch Mischungen mit Metalldrähte, Einlagen und Kunst-
harz als bindende Mittel. Keramische Sinterbeläge sind sehr teuer, haben aber hohe Verschleißfestigkeit und hohe Reibwerte. Metallische Beläge setzt man üblicherweise nur bei in Öl laufenden Kupplungen ein.

Fliehkraftkupplungen werden im Elektromotorenbau besonders als Anlaufkupplungen ver-
wendet. Sie kuppeln erst bei einer bestimmten Drehzahl ein und steigern mit zunehmender
Drehzahl das von ihnen übertragbare Drehmoment. Dadurch vermeidet man, daß die hohen
Anlaufmomente, die vor allem bei hochtourigen, unter Last anfahrenden E-Motoren erforderlich
sind, zu großen Motoren und damit zu hohen Investitionskosten führen. Der Motor läuft ohne
Last hoch, die lastseitigen Momente und Massen werden erst beim Erreichen einer vorgegebenen
Drehzahl beschleunigt. Realisierbar ist der Vorgang z. B. durch federbelastete Backen (**6.43**).
Diese Fliehkraftkupplung enthält mehrere Kupplungssegmente, die jeweils durch eine Druck-
feder an die Nabe gedrückt werden. Beim Erreichen einer höheren Drehzahl wird die Fliehkraft
größer als die Federkraft, und die Segmente wandern an die Reibfläche des Gehäuses. Je größer
der Anpreßdruck (als Folge der steigenden Drehzahl), um so größer wird das übertragbare
Drehmoment.

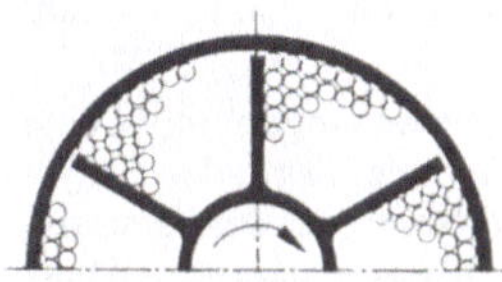

6.43 Fliehkraftkupplung
mit Stahlkugelfüllung

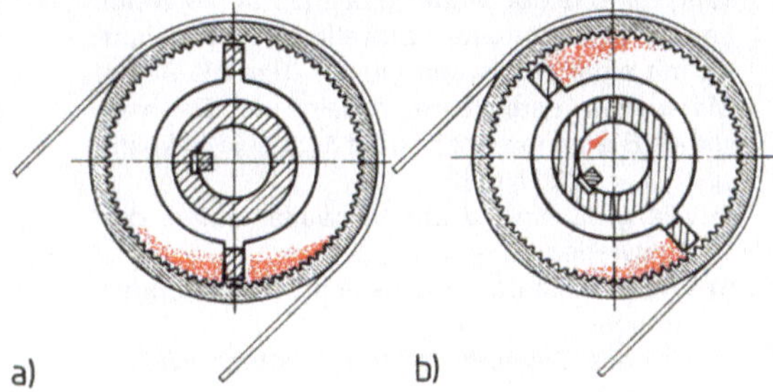

6.44 Pulviskupplung

Pulviskupplung. Den gleichen Effekt kann man mit Hilfe von kalibriertem Stahlsand erzielen.
Die Pulviskupplung hat an der Antriebsseite zwei oder mehr Flügel, die Abriebseite ist innen mit
kleinen Rippen oder Kanten ausgeführt (**6.44**). Die Fliehkräfte drücken den Stahlsand an die
Rippen, und die Flügel übertragen über den aufgestauten Sand das Drehmoment.

Freilaufkupplungen. Bei Maschinenantrieben ist es manchmal erforderlich, eine Verbindung
automatisch zu lösen, z. B. wenn der getriebene Teil schneller als der treibende läuft oder
wenn die Drehbewegung nur in einer Richtung zugelassen werden soll. Hierzu eignen sich
Freilaufkupplungen. Bild **6.45** zeigt eine Lösung mit Innenstern, bei dem einzelne angefederte
Rollen in die keilförmigen Taschen gedrückt werden. Bewegt sich der Außenring in gleicher
Richtung, wie die Federkraft wirksam ist, wird der Innenring mitgenommen. Läuft der Außenring
dagegen so, daß die Rollen gegen die Feder gedrückt werden, ist die Freilaufstellung vorhanden.

175

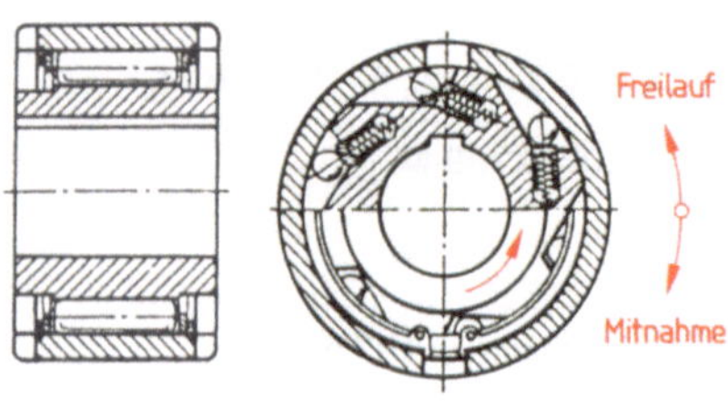

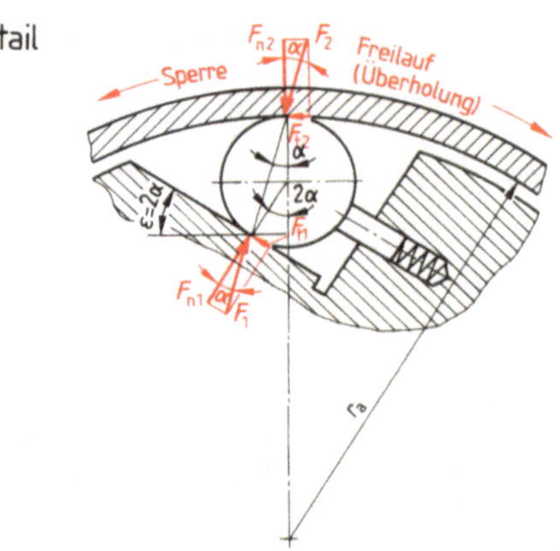

6.45   Freilaufkupplung

Aufgaben zu Abschnitt 6

1. Eine einseitig eingespannte Achse mit konstantem Durchmesser ist an ihrem freien Ende mit $F = 5$ kN belastet. $l = 3$ m
   a) Wie groß ist das maximale Biegemoment?
   b) Wie groß müssen das erforderliche Widerstandsmoment und der Durchmesser d sein?

2. Über die Räder wird die Achse eines Kranfahrwerks mit $M_{b\,max} = 30$ kNm belastet. Wie groß ist die auftretende Biegespannung σ_b, wenn $d = 100$ mm ist?

3. Ein Konstrukteur soll die wirtschaftlichste Lösung für eine auf Biegung beanspruchte Welle finden. Er wählt eine Vollwelle und vergleicht sie mit einer Hohlwelle ($d_a = 120$ mm). Beide Materialien kosten je lfd. m gleich viel. Das maximale Biegemoment beträgt $M_{b\,max} = 15$ kNm, $\sigma_{b\,zul}$ ist $= 120$ N/mm².
   a) Wie groß sind d der Vollwelle und d_i der Hohlwelle?
   b) Wie groß ist das erforderliche Widerstandsmoment?
   c) Welches Gewicht haben die beiden Wellen je Laufmeter?
   d) Welche Lösung ist wirtschaftlicher?

4. Eine Welle mit $d = 120$ mm und $l = 5$ m trägt in gleichen Abständen über die Länge verteilt 4 gleich große Kräfte $F = 2$ kN. Wie groß ist die maximale Biegespannung?

5. Eine Getriebewelle ($l = 300$ mm) trägt im Abstand $l_1 = 120$ mm vom linksseitigen Lager ein Zahnrad zur Drehzahlverringerung der folgenden Welle. Über das Zahnrad ist die Welle mit $F = 3$ kN belastet und auf Biegung beansprucht. Die Torsionsbeanspruchung soll vernachlässigt werden. Wie groß muß d mindestens sein, wenn $\sigma_{b\,zul} = 180$ N/mm² nicht überschritten werden darf?

6. Eine Welle soll das Drehmoment $T = 4$ kNm übertragen. Die zulässige Torsionsspannung beträgt $\tau_{t\,zul} = 40$ N/mm². Wie groß muß d mindestens sein, damit $\tau_t \leq \tau_{t\,zul}$ ist?

7. Ein Drehmomentenschlüssel soll Drehmomente bis maximal 50 Nm übertragen können. Wie groß muß d des Torsionsstabs bei $\tau_{t\,zul} = 320$ N/mm² sein?

8. Die Welle eines Elektromotors soll eine Leistung von $P = 22$ kW bei einer Drehzahl von $n = 1800$ U/min übertragen. Wie groß muß der Durchmesser mindestens sein, wenn $\tau_{t\,zul} = 80$ N/mm² nicht überschritten werden darf?

9. Wie groß kann die übertragende Leistung einer Hohlwelle mit $d_a = 160$ mm und $d_i = 120$ mm sein, wenn $\tau_{t\,zul} = 80$ N/mm² und $n = 300$ U/min sind?

10. Welche Querschnittsabmessungen muß eine Hohlwelle erhalten, die gleichzeitig das Biegemoment $M_b = 60 \cdot 10^4$ Nmm und das Torsionsmoment $T = 100 \cdot 10^4$ Nmm zu übertragen hat? Rechnen Sie nach der Gestaltänderungshypothese mit den Daten $D/d = 1,2$ mm, $\tau_{zul} = 80$ N/mm², $\alpha_0 = 1,4$.

11. Die Getriebewelle **6**.46 wird durch eine Einzelkraft $F = 100$ kN und durch ein Drehmoment beansprucht. F wirkt ruhend, das Drehmoment schwellend. Drehzahl der Welle $n = 1200$ U/min, $a = 600$ mm, $l = 1500$ mm, $d = 150$ mm,

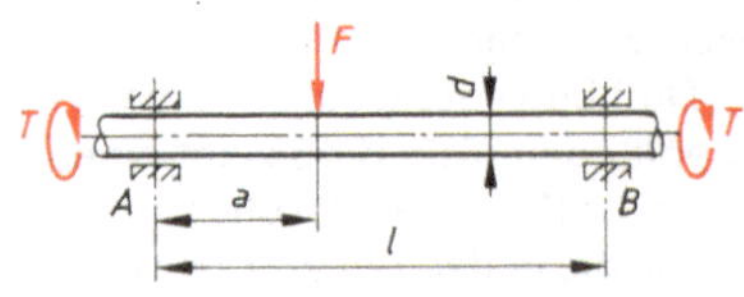

6.46   Getriebewelle

$\sigma_{zul} = 200$ N/mm², Werkstoff: Vergütungsstahl 41 Cr 4 V, $\alpha_0 = 1{,}5$. Ermitteln Sie die Maximalleistung nach der Hypothese der größten Gestaltänderungsenergie.

12. Der Grubenventilator **6**.47 wird durch eine Riemenscheibe angetrieben. Eigengewicht der Riemenscheibe $F_G = 20$ kN, Riemenspannkräfte $F_1 = 30$ kN, $F_2 = 12$ kN, Riemenscheiben-Durchmesser $D = 3$ m, $\sigma_{zul} = 120$ N/mm², $\alpha_0 = 0{,}8$, $l = 1000$ m. Berechnen Sie den Wellendurchmesser d nach der Hypothese der größten Gestaltänderungsenergie.

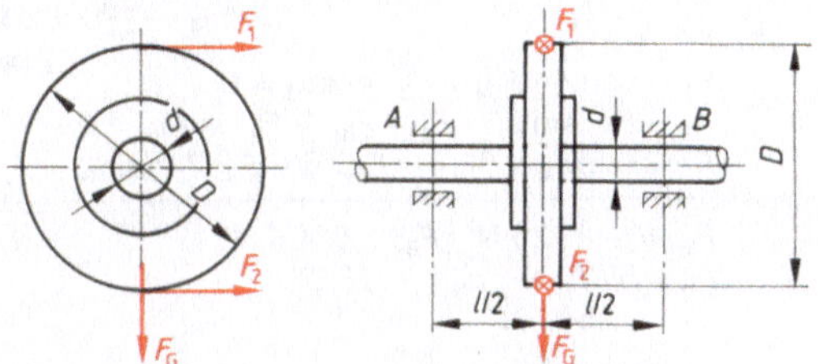

6.47 Grubenventilator

13. Gegeben ist die Kettenradwelle **6**.48 einer Winde mit $F_1 = 100$ kN, $\alpha_0 = 1{,}1$ und $\sigma_{zul} = 80$ N/mm². Gesucht wird der Wellendurchmesser mit Hilfe der Gestaltänderungshypothese.

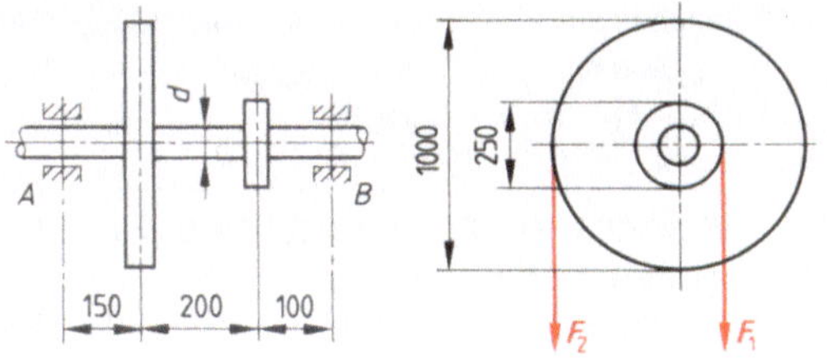

6.48 Kettenrad einer Winde

14. Gegeben ist das Haspelrad **6**.49 mit $F = 2$ kN, $D = 1000$ mm, $a = 500$ mm, $\alpha_0 = 0{,}8$, $\sigma_{zul} = 60$ N/mm². Ermitteln Sie den Wellendurchmesser d nach der Hypothese der größten Gestaltänderungsenergie.

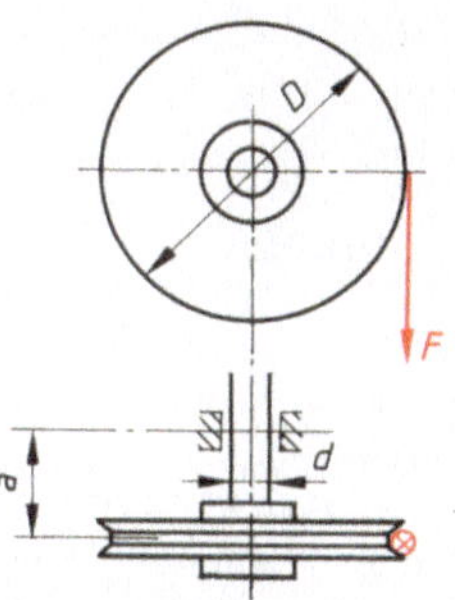

6.49 Haspelrad

15. Die Lebensdauer eines Kupplungsdrucklagers ähnlich einem Rillenkugellager 6010 ist zu ermitteln. $F_a = 2$ kN, $F_r = 0{,}03$ kN, $n = 1000$ U/min, C nach Lagerkatalog $= 17\,000$ N ($C_0 = 13\,400$ N).

16. Die Lagerung eines Elektromotors soll für $L_h = 20\,000$ Betriebsstunden gewährleistet sein. Gegeben sind die Motorleistung $P = 7{,}5$ kW, $n = 1500$ U/min, radiale Belastung in den Lagern A bzw. B: $F_{rA} = 2690$ N, $F_{rB} = 880$ N. Frage: Eignen sich Zylinderrollenlager NU 6007? C laut Lagerkatalog $= 12\,500$ N. Hinweis: Es tritt keine axiale Kraft auf.

17. Eine Transmissionswelle, dreifach gelagert, soll eine Antriebsleistung $P = 55$ kW übertragen. $F_{rA} = 8500$ N, $F_{rB} = 5000$ N, $F_{rC} = 5000$ N. Es tritt keine axiale Belastung auf.
Welche Lebensdauer ist in den einzelnen Lagern zu erwarten, wenn $n = 600$ U/min ist und jeweils ein Lager 2222 K ($C = 98\,000$ N, $C_0 = 64\,000$ N) gewählt wird?

18. Für ein Umkehrgetriebe wird eine Lebensdauer von 9000 Betriebsstunden gefordert. Antriebsdrehzahl $n_1 = 1000$ U/min, Abtriebsdrehzahl $n_2 = 1200$ U/min. Die Antriebsdrehleistung $P = 100$ kW wird so eingebracht, daß während 5% der Betriebszeit eine axiale Belastung von je $F_a = 10^4$ N auftritt. F_r ist stets 7500 N. Sind Rillenkugellager 6313 ($C = 72\,000$ N, $C_0 = 57\,000$ N) geeignet)?

19. Eine Zweischeibenkupplung soll ein $M_M = 373$ Nm unter Berücksichtigung einer Sicherheit $v = 2$ übertragen. Es handelt sich um Bremsscheibenbeläge organischer Art in Trokkenausführung. Die konstruktiven Gegebenheiten erlauben einen maximalen Durchmesser $D = 225$ mm. Ges.: M_K und d.

Lösungen zu den Aufgaben

Abschnitt 1.1 bis 1,4

1. analytisch

$$\Sigma F_{ix} = 0: \quad F_{Bx} = 0$$
$$\Sigma F_{iy} = 0: \quad F_A - F_1 - F_2 + F_{By} = 0$$
$$\Sigma M_{(A)} = 0: \quad F_1 \cdot 1\,m + F_3 \cdot 3\,m - F_{By} \cdot 5\,m = 0$$

$$F_{Bx} = 0\,N \quad F_{By} = 1800\,N \quad F_{Bx} = 0$$
$$F_A = 3200\,N$$

grafisch **1.55 L**

$$F_A = 3200\,N \quad F_B = 1800\,N \qquad m_F = \frac{1000\,N}{1\,cm_z}$$

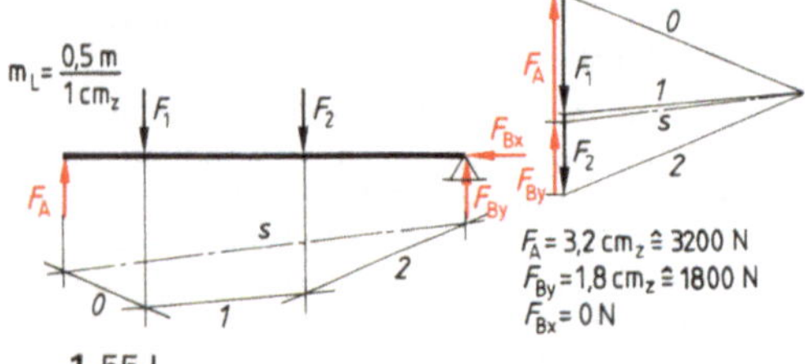

$$m_L = \frac{0,5\,m}{1\,cm_z}$$

$$F_A = 3,2\,cm_z \; \hat{=} \; 3200\,N$$
$$F_{By} = 1,8\,cm_z \; \hat{=} \; 1800\,N$$
$$F_{Bx} = 0\,N$$

1.55 L

2. analytisch

$$\Sigma F_{ix} = 0: \quad F_{Ax} = 0$$
$$\Sigma F_{iy} = 0: \quad F_{Ay} - F_1 + F_B - F_2 = 0$$
$$\Sigma M_{(A)} = 0: \quad F_1 \cdot 300 - F_B \cdot 500 + F_2 \cdot 600 = 0$$

$$F_A = F_{Ay} = 1,4\,kN \quad F_{Ax} = 0\,N$$
$$F_B = 3,6\,kN$$

grafisch **1.56 L**

$$F_A = F_{Ay} = 1,4\,kN \quad F_B = 3,6\,kN$$

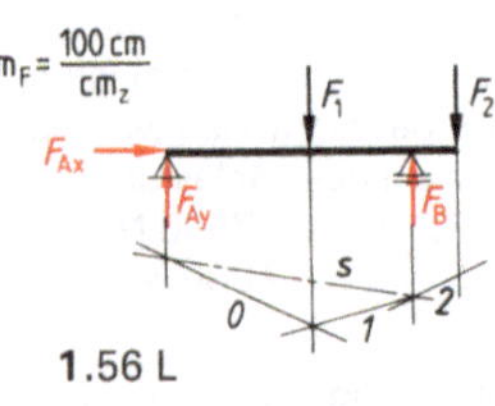
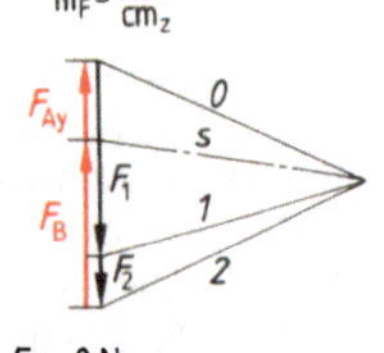

$$m_F = \frac{100\,cm}{cm_z} \qquad m_F = \frac{1\,kN}{cm_z}$$

$$F_{Ax} = 0\,N$$
$$F_{Ay} = 1,5\,cm_z \; \hat{=} \; 1,5\,kN$$
$$F_B = 3,5\,cm_z \; \hat{=} \; 3,5\,kN$$

1.56 L

3. analytisch

$$F_2 \cdot \cos\alpha - F_{Ax} = 0$$
$$F_{Ay} - F_1 - F_2 \cdot \sin\alpha + F_B = 0$$
$$F_1 \cdot 2000 + F_2 \cdot \sin\alpha \cdot 3000 - F_B \cdot 6000 = 0$$

$$F_{Ax} = 800\,N \qquad F_{Ay} = 2026\,N$$
$$F_A = 2087\,N \qquad \alpha_A = 68,5°$$
$$F_B = 1360\,N$$

grafisch **1.57 L**

$$F_A = 2100\,N \quad F_B = 1400\,N \quad \alpha_A = 68°$$

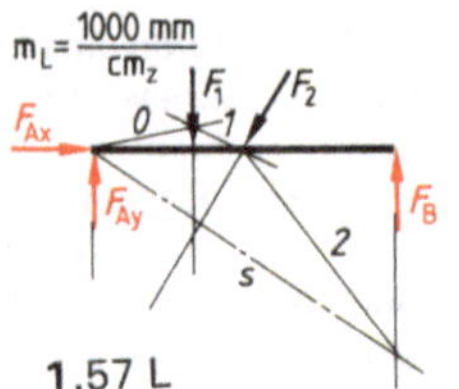
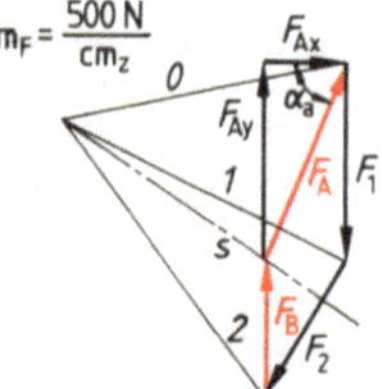

$$m_L = \frac{1000\,mm}{cm_z} \qquad m_F = \frac{500\,N}{cm_z}$$

1.57 L

$$F_A = 4,2\,cm_z \cdot \frac{500\,N}{cm_z} = 2100\,N$$
$$F_B = 2,8\,cm_z \cdot \frac{500\,N}{cm_z} = 1400\,N$$
$$\alpha_A = 68°$$

4. analytisch

$$F_1 \cdot \cos\alpha_1 - F_{Bx} - F_3 \cdot \cos\alpha_3 = 0$$
$$F_A - F_1 \cdot \sin\alpha_1 - F_2 + F_{By} - F_3 \cdot \sin\alpha_3 = 0$$
$$F_1 \cdot 2 \cdot \sin\alpha_1 + F_2 \cdot 4 - F_{By} \cdot 6 + F_3 \cdot 7 \cdot \sin\alpha_3 = 0$$

$$F_{Bx} = -1126\,N \quad F_{By} = 5608\,N$$
$$F_B = 5720\,N \quad \alpha_B = -78,6°$$
$$F_A = 2542\,N$$

grafisch **1.58 L**

$$F_x = 2550\,N \quad F_B = 5700\,N \quad \alpha_B = -79°$$

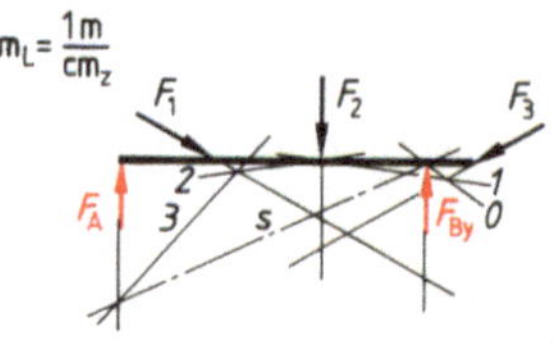
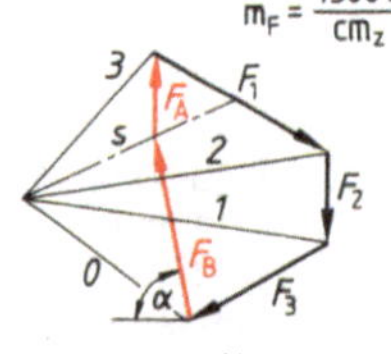

$$m_L = \frac{1\,m}{cm_z} \qquad m_F = \frac{1500\,N}{cm_z}$$

1.58 L

$$\bar{F}_A = 1,7\,cm_z \cdot 1500\,\frac{N}{cm_z} = 2550\,N$$
$$F_B = 3,8\,cm_z \cdot 1500\,\frac{N}{cm_z} = 5700\,N$$
$$\alpha_B = 79°$$

5. analytisch

$$F_{Bx} = 0\,N$$
$$F_A - F_1 - q \cdot 4 + F_{By} = 0$$
$$-F_A \cdot 12 + F_1 \cdot 10 + q \cdot 4 \cdot 2 = 0$$

$$F_A = 3,03\,kN \quad F_B = F_{By} = 3,17\,kN \quad F_{Bx} = 0$$

grafisch **1.59 L**

$$F_A = 3\,kN \quad F_B = 3,15\,kN \qquad m_F = \frac{1000\,N}{cm_z}$$

$$F_q = q \cdot l = 800\,N/m \cdot 4\,m = 3200\,N$$

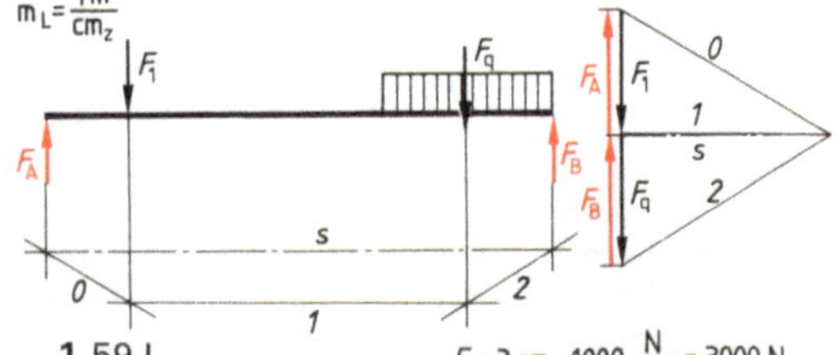

$$m_L = \frac{1\,m}{cm_z}$$

1.59 L

$$F_A = 3\,cm_z \cdot 1000\,\frac{N}{cm_z} = 3000\,N$$
$$F_B = 3,15\,cm_z \cdot 1000\,\frac{N}{cm_z} = 3150\,N$$

6. analytisch

$$F_{Ax} = 0\,N$$
$$F_{Ay} - q \cdot 900 + F_B = 0$$
$$q \cdot 900 \cdot 300 - F_B \cdot 1500 = 0$$

$F_A = F_{Ay} = 8640\ \text{N}$ $F_{Ax} = 0\ \text{N}$ $F_B = 2160\ \text{N}$
grafisch **1.60 L**
$F_A = 8600\ \text{N}$ $F_B = 2200\ \text{N}$

$$F_q = q \cdot l = 12\,\frac{\text{N}}{\text{cm}} \cdot 900\ \text{cm} = 10{,}8\ \text{kN}$$

$$m_L = \frac{200\ \text{cm}}{\text{cm}_z} \qquad m_F = \frac{2000\ \text{N}}{\text{cm}_z}$$

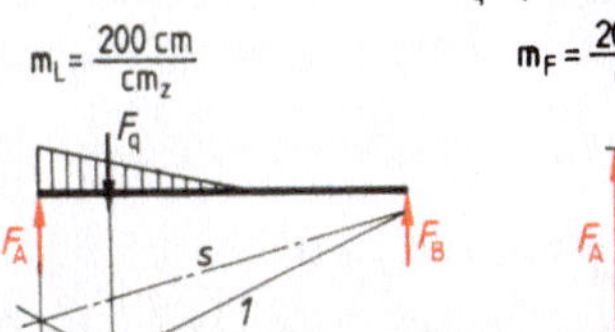

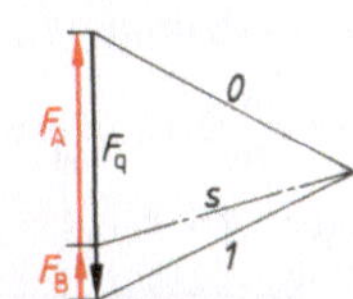

1.60 L

$$F_A = 4{,}3\ \text{cm}_z \cdot \frac{2000\ \text{N}}{\text{cm}_z} = 8600\ \text{N}$$

$$F_B = 1{,}1\ \text{cm}_z \cdot \frac{2000\ \text{N}}{\text{cm}_z} = 2200\ \text{N}$$

7. analytisch

$$F_q = q \cdot l = 3\ \text{N/mm} \cdot 1500\ \text{mm} = 4500\ \text{N}$$
$$F_{Ax} - F \cdot \cos 45° = 0$$
$$F_{Ay} - F_q - F \cdot \sin 45° + F_B = 0$$
$$F_q \cdot 750 + F \cdot 4000 \cdot \sin 45° - F_B \cdot 6000 = 0$$

$F_{Ax} = 1202\ \text{N}$ $F_{Ay} = 4338\ \text{N}$
$F_A = 4501\ \text{N}$ $\alpha_A = 74{,}5°$
$F_B = 1364\ \text{N}$

grafisch **1.61**

$F_A = 4500\ \text{N}$ $F_B = 1350\ \text{N}$ $\alpha_A = 75°$

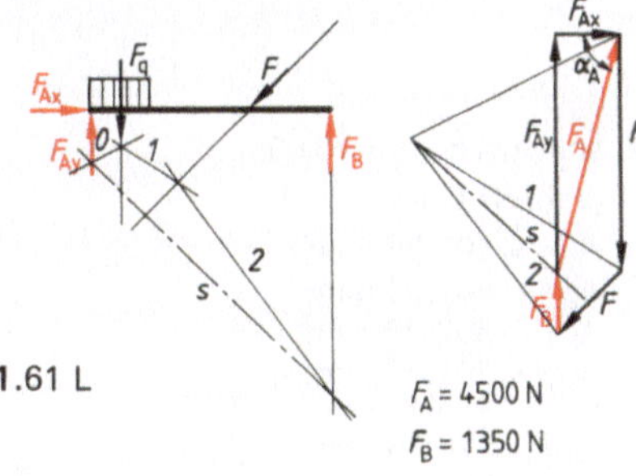

1.61 L

$F_A = 4500\ \text{N}$
$F_B = 1350\ \text{N}$

8. analytisch

$$F_{q1} = \frac{1}{2} \cdot l_1 = 40\ \text{N/mm} \cdot \frac{1000\ \text{mm}}{2} = 20\,000\ \text{N}$$

$$F_{q2} = q \cdot l_2 = 40\ \text{N/mm} \cdot 400\ \text{mm} = 16\,000\ \text{N}$$

$$F_{Bx} = 0\ \text{N}$$
$$F_A - F_{q1} - F_{q2} + F_{By} = 0$$
$$F_{q1}\left(\frac{2}{3} \cdot 1000 + 200\right) - F_B \cdot 1200$$
$$+ F_{q2} \cdot 1400 = 0$$

$F_{Bx} = 0\ \text{N}$ $F_{By} = F_B = 33\,111\ \text{N}$
$F_A = 2889\ \text{N}$

grafisch **1.62 L**

$F_A = 2900\ \text{N}$ $F_B = 33\,100\ \text{N}$

$F_A = 2900\ \text{N}$
$F_B = 33\,100\ \text{N}$

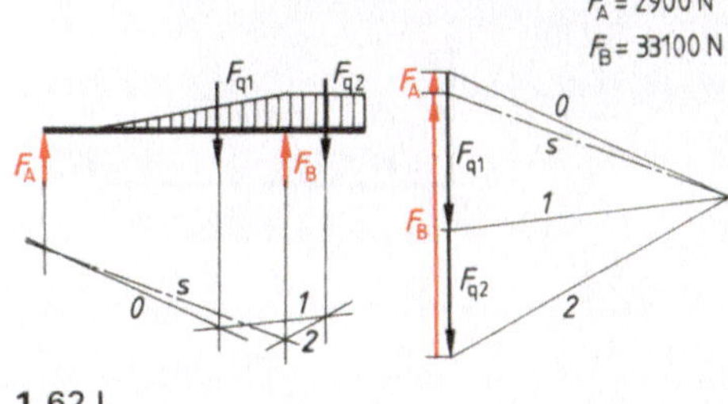

1.62 L

9. analytisch

$$F_{Ax} - F \cdot \cos 60° = 0$$
$$F_{Ay} - F_{q1} - F \cdot \sin 60° - F_{q2} + F_3 = 0$$
$$-F_{q1} \cdot 1 + F \cdot 3 \cdot \sin 60° + F_{q2} \cdot \left(\frac{1}{3} \cdot 3 + 6\right)$$
$$-F_B \cdot 9 = 0$$

$F_{Ax} = 2000\ \text{N}$ $F_{Ay} = 8421\ \text{N}$
$F_A = 8655\ \text{N}$ $F_B = 6544\ \text{N}$ $\alpha_A = 76{,}6°$

grafisch **1.63 L**

$F_A = 8660\ \text{N}$ $F_B = 6550\ \text{N}$
$\alpha_A = 77°$

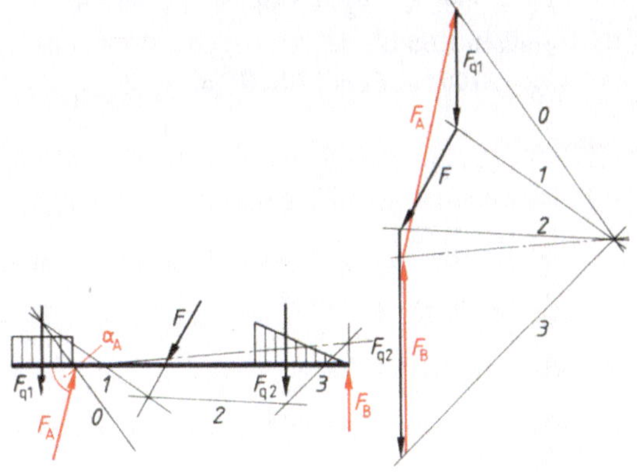

1.63 L

10. analytisch

$$F_3 \cdot \sin 60° - F_{Cx} = 0$$
$$F_3 \cdot \cos 60° - F_{Cy} + F_1 + F_2 = 0$$

$F_{Cx} = 11\,691\ \text{N}$ $F_{Cy} = 14\,250\ \text{N}$
$F_C = 18\,432\ \text{N}$ $\alpha_C = 50{,}6°$

grafisch **1.64 L**

$F_C = 18\,400\ \text{N}$ $\alpha_C = 50°$

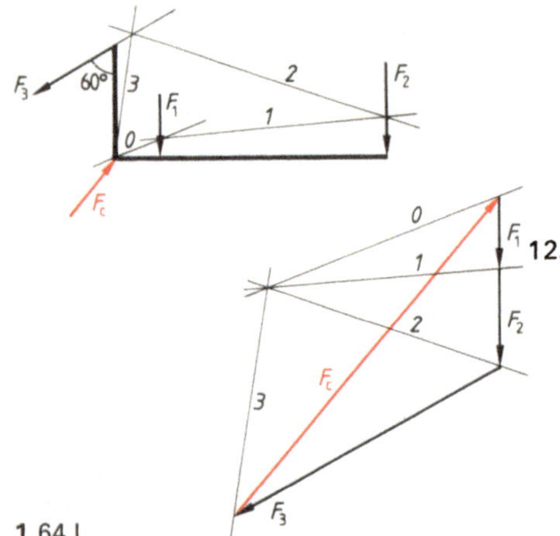

$$1.64 \text{ L}$$

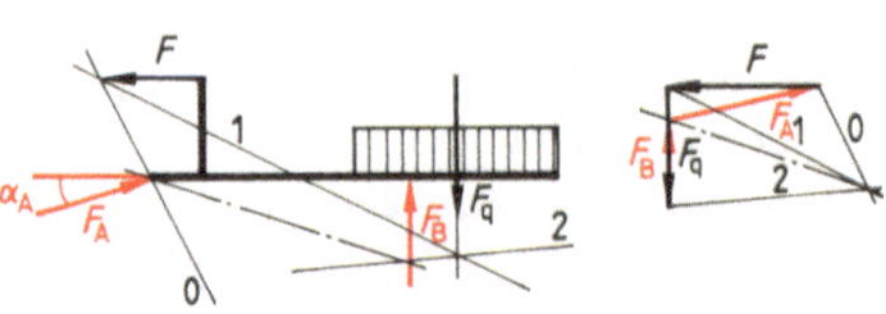

1.65 L

12. analytisch

$$F_{Ax} = 0$$
$$F_{Ay} - F - F_{q1} + F_B - F_{q2} = 0$$
$$F \cdot a + F_{q1}\left(l - \frac{b}{2}\right) - F_B \cdot l + F_{q2}\left(l + \frac{c}{2}\right) = 0$$

$$F_{Ay} = F_A = 50 \text{ N} \quad F_B = 3850 \text{ N}$$
grafisch **1.64 L**
$$F_A = 50 \text{ N} \quad F_B = 3850 \text{ N}$$

11. analytisch

$$F_{Ax} - F = 0$$
$$F_{Ay} + F_B - F_q = 0$$
$$-F \cdot c - F_B \cdot l + F_q\left(l + \frac{a+b}{2} - a\right) = 0$$

$$F_{Ax} = 3000 \text{ N} \quad F_{Ay} = 720 \text{ N}$$
$$F_A = 3085 \text{ N} \quad F_B = 1680 \text{ N} \quad \alpha_A = 13{,}5°$$
grafisch **1.65 L**
$$F_A = 3100 \text{ N} \quad F_B = 1700 \text{ N} \quad \alpha_A = 13°$$

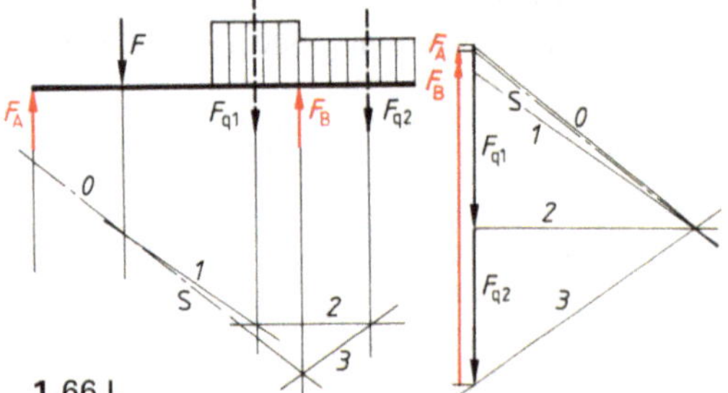

1.66 L

Abschnitt 1.5

1. analytisch $\quad y_s = 23{,}77 \text{ mm}$
grafisch **1.93 L**

$A_1 =$	1440 mm^2
$A_2 = 2 \cdot 50 =$	100 mm^2
$A_3 =$	100 mm^2
$A_4 =$	500 mm^2

$A_{ges} = 740 \text{ mm}^2$
$y_s = 24 \text{ mm}$

2. analytisch $\quad x_s = 25{,}03 \text{ mm}$
grafisch **1.94 L**

A_1	$= 307{,}88 \text{ mm}^2$
A_2	$= 560{,}00 \text{ mm}^2$
A_3	$= 307{,}88 \text{ mm}^2$
A_4	$= 201{,}06 \text{ mm}^2$

$A_{ges} = 974{,}70 \text{ mm}^2$
$x_s = 25 \text{ mm}$

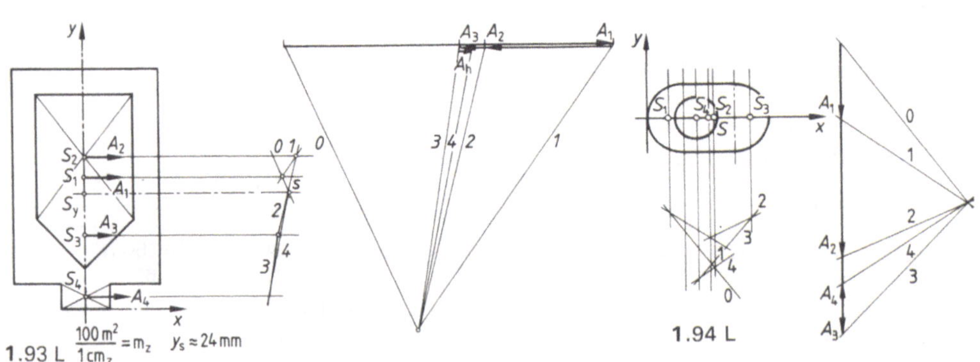

1.93 L $\quad \dfrac{100 \text{ m}^2}{1 \text{ cm}_z} = m_z \quad y_s \approx 24 \text{ mm}$

1.94 L

3. analytisch

$x_s = 10,94$ mm $y_s = 21,49$ mm

grafisch **1.95 L**

$A_1 = 160$ mm²
$A_2 = 55$ mm²
$A_3 = 100$ mm²
$A_4 = 80$ mm²

$A_{ges} = 395$ mm²
$x_s = 11$ mm $y_s = 21$ mm

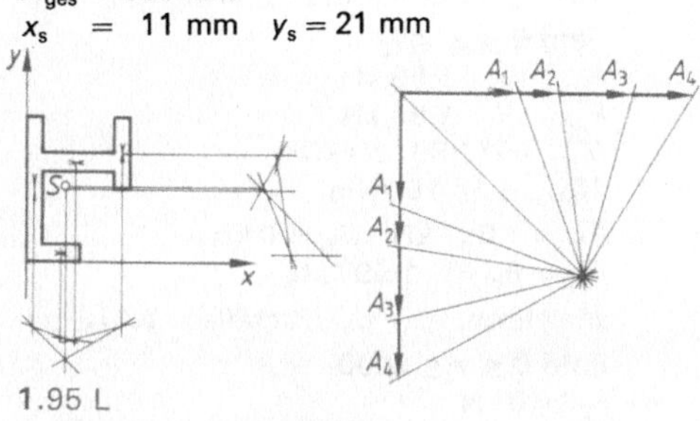

1.95 L

4. analytisch $x_s = 11,29$ mm $y_s = 20,44$ mm

grafisch **1.96 L**

$A_1 = 40 \cdot 4 = 160$ mm²
$A_2 = 19 \cdot 10 = 190$ mm²
$A_3 = 15 \cdot 5 = 75$ mm²

$A_{ges} = 425$ mm²
$x_s = 11,5$ mm $y_s = 20,5$ mm

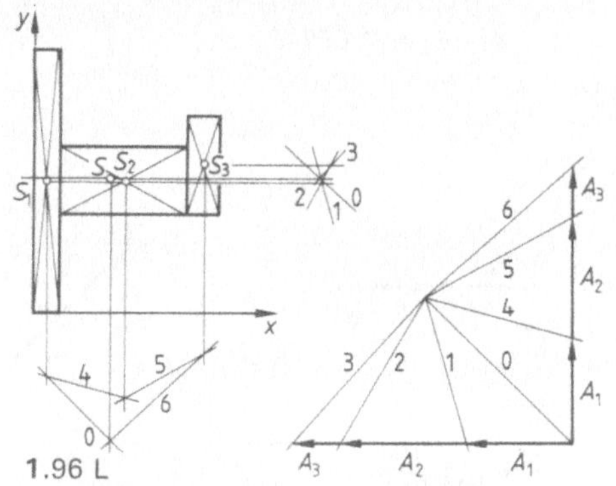

1.96 L

5. analytisch $x_s = 0$ mm $y_s = 31,33$ mm

grafisch **1.97 L**

$A_1 = 1925$ mm² $A_2 = 575$ mm²

$A_{ges} = 1350$ mm²
$x_s = 0$ mm $y_s = 31,5$ mm

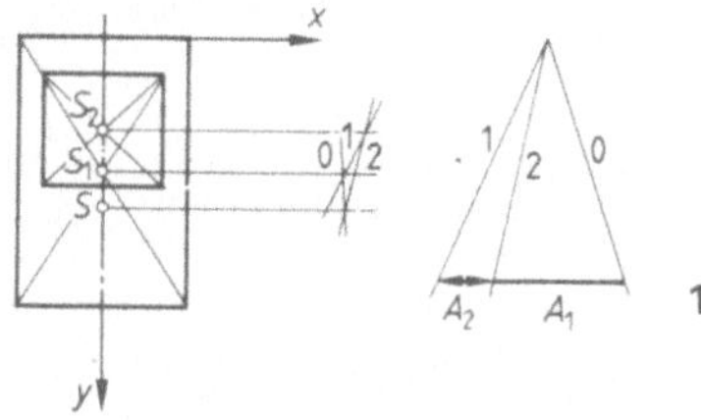

1.97 L

6. analytisch

$x_s = 8$ cm
$y_s = 2,73$ cm
grafisch **1.98 L**
$x_s = 8$ cm
$y_s = 2,7$ cm

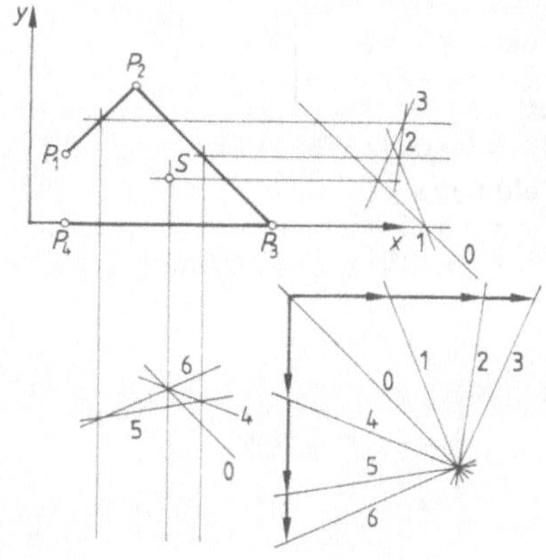

1.98 L

7. analytisch $x_s = 0$ mm $y_s = 192$ mm
grafisch **1.99 L**

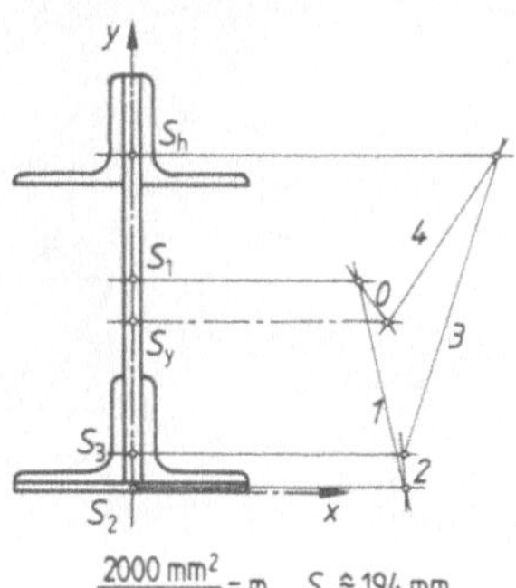

$$\frac{2000 \text{ mm}^2}{\text{cm}_z} = m \qquad S_y \cong 194 \text{ mm}$$

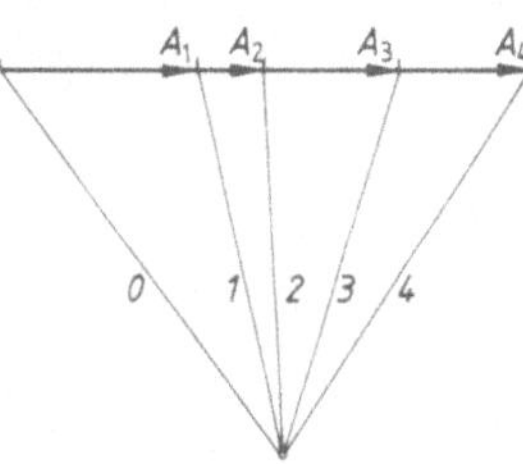

8. $v = 1,07$

9. $V_{ges} = V_1 + V_2 = 57,03 + 40,60 = 97,60$ cm³

1. $F_A = 1125\ \text{N}\quad F_B = -125\ \text{N}$

   analytisch   grafisch **1.116 L**

   Feld $0 \le z \le l_1$
   $$F_Q = F_A = 1125\ \text{N}$$
   $$M_b = F_A \cdot z = (1125 \cdot z)\ \text{Nm}$$
   $$M_{bmax} = 2250\ \text{Nm}$$

   Feld $l_1 \le z < l_2$
   $$F_Q = F_A - F_1 = -875\ \text{N}$$
   $$M_b = F_A \cdot z - F_1(z-2)$$
   $$\quad = (4000 - 875 \cdot z)\ \text{Nm}$$

   Feld $l_2 \le z \le l$
   $$F_Q = +125\ \text{N}$$
   $$M_b = (+125 \cdot z - 1000)\ \text{Nm}$$

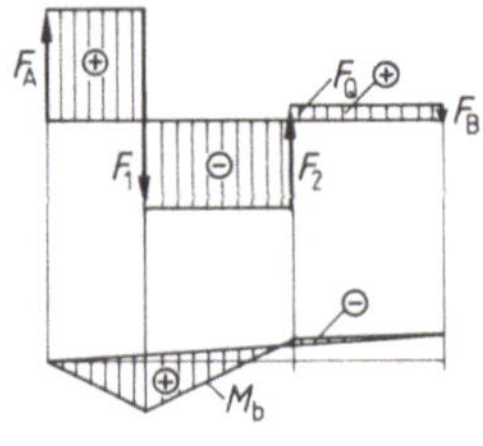

1.116 L

2. $F_A = 2{,}71\ \text{kN}\quad F_{Bx} = 1{,}50\ \text{kN}$
   $F_{By} = 1{,}89\ \text{kN}\quad F_B = 2{,}41\ \text{kN}$

   analytisch   grafisch **1.117 L**

Feld $0 \le z \le l_1$
$$F_L = 0\ \text{kN}$$
$$F_Q = F_A = 2{,}71\ \text{kN}$$
$$M_b = F_A \cdot z = (2{,}71 \cdot z)\ \text{kNm}$$

Feld $l_1 \le z \le (l_3 - l_2)$
$$F_L = -1{,}5\ \text{kN}$$
$$F_Q = 0{,}112\ \text{kN}$$
$$M_b = (12{,}99 + 0{,}112 \cdot z)\ \text{kNm}$$

Feld $0 \le z' \le l_2$
$$F_L = -1{,}89\ \text{kN}$$
$$F_Q = -1{,}89\ \text{kN}$$
$$M_b = (1{,}89 \cdot z')\ \text{kNm}$$
$$M_{bmax} = 14{,}16\ \text{kNm}$$

3. $F_A = 1{,}697\ \text{kN}\quad F_{Bx} = 0\ \text{kN}$
   $F_{By} = F_B = -1{,}697\ \text{kN}$

   analytisch   grafisch **1.118 L**

Feld $0 \le z \le 2000$
$$F_L = 0\ \text{kN}$$
$$F_Q = 1{,}697\ \text{kN}$$
$$M_b = F_A \cdot z = 1{,}697 \cdot z\ \text{kNmm}$$

Feld $2000 \le z \le 3000$
$$F_L = -F \cdot \cos 45° = -8{,}485\ \text{kN}$$
$$F_Q = F_A - F \cdot \sin 45° = -6{,}788\ \text{kN}$$
$$M_b = (16\,970 - 6{,}788 \cdot z)\ \text{kNmm}$$
$$M_{bmax} = \pm 3394\ \text{kNmm}$$

Feld $0 \le z' \le 2000$
$$F_L = 0\ \text{kN}$$
$$F_Q = -F_{By} = 1{,}697\ \text{kN}$$
$$M_b = F_{By} \cdot z' = (-1{,}697 \cdot z')\ \text{kNmm}$$

$m_L = \dfrac{2\,\text{m}}{\text{cm}_z}\qquad m_F = \dfrac{0{,}5\ \text{kN}}{\text{cm}_z}$

$F_A = 2{,}7\ \text{kN}$
$F_B = 2{,}4\ \text{kN}$
$F_{Bx} = 1{,}5\ \text{kN}$
$F_{By} = 1{,}85\ \text{kN}$

$$M_{bmax} = y_{max} \cdot H \cdot m_L \cdot m_F = 2\,\text{cm}_z \cdot 7\,\text{cm}_z \cdot 2\,\frac{\text{m}}{\text{cm}_z} \cdot 0{,}5\,\frac{\text{kN}}{\text{cm}_z} = 14\ \text{kNm}$$

1.117 L

1.118 L

$m_F = \dfrac{2\ \text{kN}}{\text{cm}_z}$

$$F_A = -F_B = 1{,}7\ \text{kN}$$

$m_L = \dfrac{1\ \text{m}}{\text{cm}_z}$

$$M_{bmax} = y_{max} \cdot H \cdot m_L \cdot m_F = \pm 3{,}5\ \text{Nm}$$

4. $F_{Ay} = 5332\ \text{N}$ $F_{Az} = 6295\ \text{N}$
   $F_B = 14841\ \text{N}$
   analytisch   grafisch **1.119 L**

Feld $0 \le z \le l_1$
$F_L\ \ \ = 6295\ \text{N}$
$F_Q\ \ \ = 5332\ \text{N}$
$M_b\ \ = (5332 \cdot z)\ \text{Nm}$
$M_{bmax} = 31\,998\ \text{Nm}$

Feld $l_1 \le z \le l_2$
$F_L\ \ \ = -\ 776\ \text{N}$
$F_Q\ \ \ = -1739\ \text{N}$
$M_b\ = (42\,426 - 1739 \cdot z)\ \text{Nm}$

Feld $l_3 \le z' \le (l - l_3)$
$F_L\ \ = 0$
$F_Q\ \ = 1159\ \text{N}$
$M_b\ = (13\,448 - 1159 \cdot z')\ \text{Nm}$

Feld $0 \le z' \le l_3$
$F_L\ \ = 0$
$F_Q\ \ = (4000 \cdot z' - 14841)\ \text{N}$
$M_b\ = (14841 \cdot z' - 2000 \cdot z'^2)\ \text{Nm}$

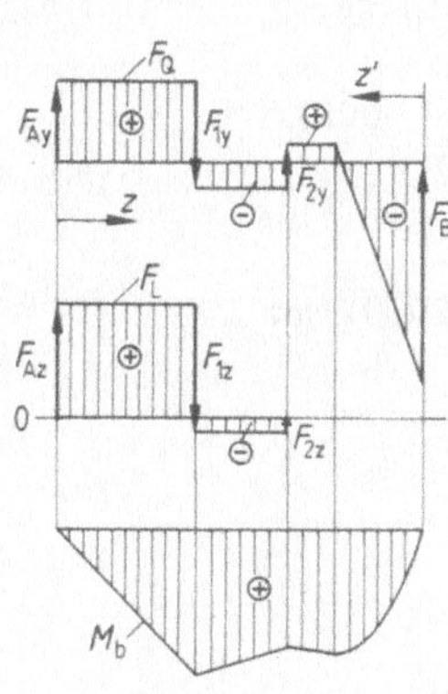

1.119 L

5. $F_A = 7{,}64\ \text{kN}$ $F_B = 9{,}36\ \text{kN}$
   analytisch   grafisch **1.120**

Feld $0 \le z \le l_1$
$F_Q\ \ \ = (7{,}64 - 2 \cdot z)\ \text{kN}$
$M_b\ \ = (7{,}64 \cdot z - z^2)\ \text{kNm}$
$M_{bmax} = 14{,}59\ \text{kNm bei } z = 3{,}82\ \text{m}$

Feld $l_1 \le z \le l$
$F_Q\ \ = (11{,}64 - 3 \cdot z)\ \text{kN}$
$M_b\ = (11{,}64 \cdot z - 1{,}5 z^2 - 8)\ \text{kNm}$

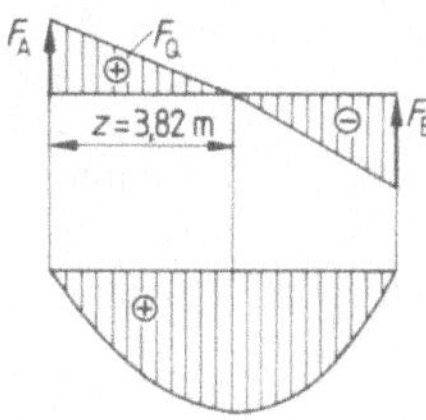

1.120 L

6. $F_A = 13{,}6\ \text{kN}$ $F_B = 14{,}4\ \text{kN}$
   analytisch   grafisch **1.121 L**

Feld $0 \le z' \le l_2$
$F_Q\ \ \ \ = (-14{,}4 + 4 \cdot z')\ \text{kN}$
$M_b\ \ \ = [(14{,}4 - 2 \cdot z') \cdot z']\ \text{kNm}$
$M_{bmax} = 25{,}92\ \text{kNm}$

Feld $l_2 \le z' \le (l - l_1)$
$F_Q\ = 1{,}6\ \text{kN}$
$M_b = (32 - 1{,}6 \cdot z')\ \text{kNm}$

Feld $(l - l_1) \le z' \le l$
$$F_Q\ = \left[1{,}6 + \frac{3}{4}(z' - 6)^2 \right]\ \text{kN}$$

$$M_b\ = \left[32 - 1{,}6 \cdot z' - \frac{1}{4}(z' - 6)^3 \right]\ \text{kNm}$$

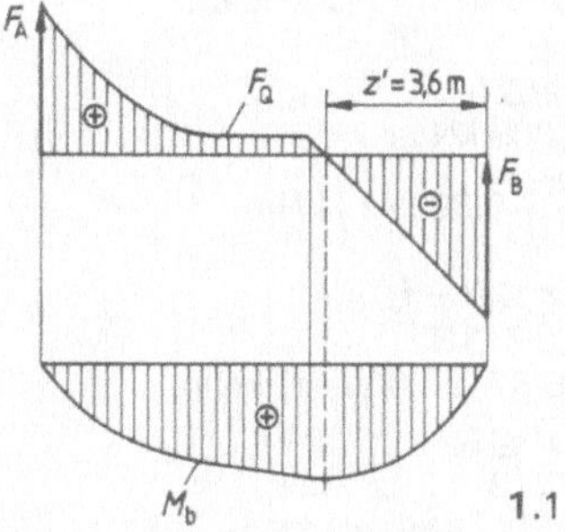

1.121 L

7. $F_{Ax} = 3600\ \text{N}$ $F_{Ay} = 3858\ \text{N}$ $F_B = 2123\ \text{N}$

Feld $0 \le z \le l_1$
$F_L\ \ \ \ = 3600\ \text{N}$
$F_Q\ \ \ \ = 3858\ \text{N}$
$M_b\ \ \ = (3858 \cdot z)\ \text{Nmm}$
$M_{bmax} = 7716{,}8\ \text{Nm}$

Feld $l_1 \le z \le (l_3 - l_2)$
$F_L\ \ = 0\ \text{N}$
$F_Q\ \ = -\ 2377\ \text{N}$
$M_b\ = (12\,470\,765 - 2377 \cdot z)\ \text{Nmm}$

Feld $0 \le z' \le l_2$
$F_L\ \ = 0\ \text{N}$
$F_Q\ \ = (-\ 0{,}002 \cdot z'^2)\ \text{N}$
$$M_b\ = \left(\frac{1}{1500} \cdot z'^3 \right)\ \text{Nmm}$$

8. $F_A = -\ 375\ \text{N}$ $F_B = 3375\ \text{N}$

Feld $0 \le z \le l_1$
$F_Q\ = -\ 375\ \text{N}$
$M_b = (-\ 375 \cdot z)\ \text{Nm}$

Feld $l_1 \le z \le l$
$F_Q\ \ \ = -\ 875\ \text{N}$
$M_b\ \ = (1250 - 875 \cdot z)\ \text{Nm}$
$M_{bmax} = -\ 3125\ \text{Nm}$

Feld $0 \le z' \le l_2$
$F_Q\ = (1000 \cdot z')\ \text{N}$
$M_b = (-\ 500 \cdot z'^2)\ \text{Nm}$

9. $F_A = 6150$ N $F_B = 19750$ N

Feld $0 \leq z \leq l_1$
$F_Q = F_A = 6150$ N
$M_b = (6150 \cdot z)$ Nmm

Feld $0 \leq z' \leq l_2$
$F_Q = (11 \cdot z' - 19750)$ N
$M_b = \left[\left(19750 - \dfrac{11}{2} \cdot z'\right) \cdot z'\right]$ Nmm
M_{bmax} bei $z' = l_2 - z'^* = 2100 - 304{,}55$
$\qquad = 1795{,}45$ mm
$M_{bmax} = 17730$ Nm

10. $F_A = 1{,}7$ kN $F_B = -7{,}2$ kN

Feld $0 \leq z \leq l_1$
$F_Q = (1{,}7 - 0{,}025 \cdot z^2)$ kN
$M_b = \left(1{,}7 \cdot z - \dfrac{0{,}05}{6} \cdot z^3\right)$ kNm

Feld $l_1 \leq z \leq l_2$
$F_Q = -0{,}803$ kN
$M_b = \left(\dfrac{50}{3} - 0{,}803 \cdot z\right)$ kNm

Feld $l_2 \leq z \leq (l - l_3)$
$F_Q = -6{,}803$ kN
$M_b = (100{,}67 - 6{,}803 \cdot z)$ kNm

Feld $0 \leq z' \leq l_3$
$F_Q = (7{,}19 - 2 \cdot z')$ kN
$M_b = [(z' - 7{,}19) z']$ kNm
$M_{bmax} = -12{,}95$ kNm

11. $F_A = 37489$ N $F_B = 30311$ N

Feld $0 \leq z \leq l_1$
$F_Q = (-3333 \cdot z^2)$ N
$M_b = (-1111 \cdot z^3)$ Nm

Feld $l_1 \leq z \leq (l_1 + l_2)$
$F_Q = (37489 - 3333 \cdot z^2)$ N
$M_b = (-74978 + 37489 \cdot z$
$\qquad - 1111 \cdot z^3)$ Nm

Feld $0 \leq z' \leq l_3$
$F_Q = (18000 z' - 30311)$ N
$M_b = [(30311 - 9000 z') z']$ Nm
M_{bmax} bei $z' = 1{,}68$ m
$M_{bmax} = 25521$ Nm

Feld $l_3 \leq z' \leq (l_4 - l_2)$
$F_Q = 7489$ N
$M_b = (39690 - 7489 \cdot z')$ Nm

12. $F_A = 250$ N $F_B = -250$ N

Feld $0 \leq z \leq l_1$
$F_Q = 250$ N
$M_b = (+250 \cdot z)$ Nm

Feld $l_1 \leq z \leq l_2$
$F_Q = 250$ N
$M_b = (250 \cdot z - 6000)$ Nm
$M_{bmax} = 5500$ Nm

Feld $(l - l_2) \leq z \leq l$
$F_Q = 250$ N
$M_b = (250 \cdot z - 2000)$ Nm

Abschnitt 2

1. $F \simeq 6$ N
2. $F_1 \geq 745$ N
3. $F \geq 2207$ kN
4. $\alpha_{max} = 25{,}6°$
5. $F_{1,2} = 9{,}96$ N $F_{2,3} = 0{,}95$ N
6. $F = 82$ N
7. $F = 665$ N $h = 0{,}96$ m
8. h ist unabhängig von der Reibung. $h = 21{,}1$ cm
9. $F = 877$ N
10. a) $F = 283$ N, $\mu_0 = 0{,}577$
    b) $F' = 217$ N, $\mu_0' = 0{,}866$

11. $\mu_0 = 0{,}2526$
12. $F_1 = 6013$ N $F_2 = 3125$ N
13. $F_1 = 152$ N
14. $M_t = T = 8{,}424$ Nm
15. $F = 3660$ N
16. 849 N $\leq F \leq 4535$ N
17. $F = 7030$ N
18. $\varrho_0 \geq 30° (\mu_0 \geq 0{,}577)$
19. a) $\mu_0 = 1$
    b) $F_1 = F_2 = 0$ N $F_3 = F_4 = 3468$ N

Abschnitt 3

1. $\sigma_Z = 92{,}4$ N/mm^2
2. $F = \sigma_{zul} \cdot A = 180 \cdot A$ N
3. $\Delta l = 0{,}4042$ mm
4. $W_p = W_t = 253427$ mm^3
   $W_x = 399600$ mm^3, $W_y = 164280$ mm^3
5. $W_x = W_y = 439397$ mm^3
   $W_p = 878794$ mm^3

6. $17{,}9\%$
7. $W_x = W_y = 6162$ mm^3
8. $\sigma_b = 177{,}6$ N/mm^2, $v = 2{,}03$
9. $M_b = 15 \cdot 10^6$ Nmm, $W_x = 144000$ mm^3
   $\sigma_b = 104{,}2$ N/mm^2
10. $W_p = 61738{,}6$ mm^3, $\tau_t = 56{,}7$ N/mm^2
11. $d \geq 50{,}3$ mm
12. $T \leq 2{,}515$ kNm

Abschnitt 4

1. $W = 5886$ kNm
2. $P = 339,3$ MW
3. $a = 3,65$ m/s^2 $W = 127,3$ kNm
4. $a = 2,2$ m/s^2 $W = 1203$ kNm
5. $v = 52,5$ m/s $\cong 189$ km/h
6. $s = 13,1$ m

7. $P = 94$ W
8. 24 g
9. $W = 20$ kNm $v = 15,3$ m/s
10. $P = 1,59$ kW
11. $P = 17,5$ kW
12. a) $P = 21,8$ kW, b) nein

Abschnitt 5.1

1. $K = 0,424$, $\sigma_M = 464,1$ N/mm^2,
   $F_M = 72866$ N, $M_A = 249,4$ Nm
2. $K = 0,541$, $\sigma_M = 591,3$ N/mm^2,
   $F_M = 49847$ N, $M_A = 142,3$ Nm
3. $K = 0,424$, $\sigma_M = 217,6$ N/mm^2,
   $F_M = 34166$ N, $M_A = 100,8$ Nm, $F = 458$ N

4. $M_A = 5649$ Nmm, $M_R = 1586$ Nmm,
   keine Selbsthemmung ($\alpha > \varrho_G$)
5. $M_A = 2831$ Nm

Abschnitt 5.2

1. $s = 85$ mm
2. $W = 315$ Nm
3. $W = E_{kin} = \dfrac{m \cdot v^2}{2}$

   $W = 2 \cdot \dfrac{1}{2} \cdot cf^2 = 1387$ kNm

4. $d = 9,34$ mm $d_{gew} = 9,5$ mm
   $i = 6,6$ $i_{gew} = 7$

5. $F_{max} = F = 3000$ N, $F_{vor} = 2560$ N,
   $f_{vor} = 233$ mm
6. $F_{vor} = 33$ N, $F_{max} = 143$ N, $W_{vor} = 247$ Nmm,
   $W_{max} = 4648$ Nmm
7. $f_{max} = 89,5$ mm, $F_{max} = 224$ N

Abschnitt 5.3

1. ja, $\tau = 21,7$ N/mm^2
2. $T = 66,5$ kNm
3. $F_{max} = 624$ N
4. $F_{max} = 62,8$ kN

5. $d_1 = 10,9$ mm
6. $\tau_a = 77,4$ N/mm^2, $\sigma_l = 145,8$ N/mm^2
7. $\tau_a = 34,8$ N/mm^2, $\sigma_{l1} = 97,2$ N/mm^2,
   $\sigma_{l2} = 72,9$ N/mm^2

Abschnitt 6

1. $M_{bmax} = 15$ kNm, $W_{erf} = 115,4$ cm^3,
   $d_{erf} = 106$ mm
2. $\sigma_b = 305,6$ N/mm^2
3. a) $d = 108$ mm, $d_i = 86$ mm
   b) $W_{erf} \simeq 125\,000$ mm^3
   c) 7,24 kg/m, 4,32 kg/m
   d) die Hohlwelle
4. $\sigma_b = 5,9$ N/mm^2
5. $d_{erf} = 23$ mm
6. $d_{erf} = 80$ mm
7. $d_{erf} = 9$ mm
8. $d_{erf} = 20$ mm
9. $P = 1426$ kW
10. $D = 70$ mm, $d = 58$ mm

11. $P = 5382$ kW
12. $d_{erf} = 123$ mm
13. $d_{erf} = 116$ mm
14. $d_{erf} = 59$ mm
15. $L_h = 3663$ Std.
16. $L_{hA} = 1\,860$ Std. $< 20\,000$ Std., ungeeignet
    $L_{hB} = 77\,122$ Std. $> 20\,000$ Std., geeignet
    (aber zu groß)
17. $L_{hA} = 42\,572$ Std.
    $L_{hB} = L_{hC} = 209\,154$ Std.
18. $L_h = 7952$ Std. < 9000 Std., nicht geeignet
19. $M_k = 746$ Nm, $d = 150$ mm

Formelzeichen

A	Fläche	M_G	Gewindeanziehmoment
A_i	i-te Teilfläche, maßgebl. Schraubenquerschnitt	M_i	i-tes Moment
$A_1, A_2 \ldots$	Teilflächen	M_K	Kippmoment, Mutteranziehmoment
A_l	Lötfläche	M_R	Reibmoment, resultierendes Moment
A_n	n-te (letzte) einer unbestimmten Anzahl von Flächen	$M_{Rü}$	Rückstellmoment
A_s	maßgebl. Auflagequerschnitt	M_S	Moment an einer Schnittstelle
$a, b, c \ldots$	Abstände	M_t	Torsions-, Drehmoment
b	Breite	m	Masse, Poissonsche Konstante
C	dynamische Tragzahl	m_F, m_L, m_m	Kraft-, Längen-, Momentenmaßstab
C_0	statische Tragzahl	N	Lastwechselzahl, Grenz-Schwingspielzahl
c	Federkonstante		
c_d	Drehfederkonstante	n	Drehzahl
c_w	Widerstandsbeiwert	P	Leistung, Steigung, dynamisch äquivalente Belastung
d	Durchmesser		
E	Elastizitätsmodul	P_h	Steigung einer mehrgängigen Schraube
F	Kraft, Betrag einer Kraft		
$\vec{F}$	Kraftvektor	P_m	mittlere dynamische äquivalente Belastung
$F_A, F_B \ldots$	Auflagerkräfte		
F_E	Ersatzkraft	P_0	statisch äquivalente Belastung
F_G	Gewichtskraft	P_R	Reibleistung
F_{GD}	Hangnormalkraft (Druckkraft)	p_K	Pressung der Gewindeflanken
F_{GH}	Hangabtriebskraft	p_{Fzul}	zul. Flankenpressung
F_i	i-te Kraft	q	Belastungsintensität
F_L	Längskraft	r, R	Radius
F_M	Montagevorspannkraft	r_a	Außenradius
F_N	Normalkraft	r_i	Innenradius
F_Q	Querkraft	R_e	Streckgrenze
F_q	Resultierende einer Streckenlast	R_m	Zug-, Bruchfestigkeit
F_R	Reib-, Rollkraft, Resultierende	R_p	Dehngrenze, Proportionalitätsgrenze
F_{R0}	Haftkraft		
F_S	Seil-, Stabkraft	$R_{p0,2}$	Ersatzstreckgrenze, 0,2%-Dehngrenze
F_t	Kraftkomponente in Wegrichtung		
F_U	Umfangskraft	s	Bogenlänge, Dicke
F_v	Vorspannkraft	s_0	Sicherheitsfaktor
F_W	Fahrwiderstand	T	Dreh-, Torsionsmoment
F_x, F_y, F_z	x-, y-, z-Komponente einer Kraft	t	Dicke
f	Hebelarm des Rollwiderstands, Federweg	V	Volumen
		v	Geschwindigkeit
g	Erdbeschleunigung	W	Widerstandsmoment, (Formänderungs-)Arbeit
h	Höhe		
K	Spannungsverhältnis	W_p	polares Widerstandsmoment
k	Dämpfungszahl, Tragfaktor	W_R	Reibarbeit
L	Länge, Normalabstand	W_t	Torsionswiderstandsmoment
L, L_h	nominelle Lebensdauer	W_x, W_y	axiales Widerstandsmoment
L_0	Anfangsmeßlänge	X_0	Radialfaktor
L_u	Meßlänge nach dem Bruch	x, y, z	Koordinaten im kartesischen Koordinatensystem
l	Länge, Hebelarm		
M	Moment	x_S, y_S, z_S	Schwerpunktskoordinaten
M_A	Anzugsmoment einer Schraube	Y_0	Axialfaktor
$M_A, M_B \ldots$	Moment am Auflager $A, B \ldots$	Z	Brucheinschnürung
M_b	Biegemoment	$\alpha, \beta, \gamma \ldots$	Winkel

Symbol	Bedeutung	Symbol	Bedeutung
α_0	Anstrengungsverhältnis nach Bach	ϱ	Dichte, Reibwinkel
Δ	...änderung	ϱ_0	Haftreibwinkel
ε	Dehnung, Stauchung	ϱ_R	Gewindereibwinkel
ε_q	Querdehnung, -kürzung	σ	Normalspannung
η	Wirkungsgrad	σ_b	Biegespannung
η_k	Kerbempfindlichkeitszahl	$\sigma_F,\ \tau_F$	Fließ-, Streckgrenze
μ	(Gleit-)Reibzahl, Querzahl	σ_l	Lochleibungsspannung
μ'	Keilreibzahl	σ_M	Montagevorspannung
μ_F	Fahrwiderstandszahl	σ_V	Vergleichsspannung
μ_G	Gewindereibzahl	$\sigma_z,\ \sigma_d$	Zug- bzw. Druckspannung
μ_K	Reibzahl der Mutterauflagefläche	σ_{zul}	zulässige Spannung
μ_0	Haftreibzahl	τ	Schub-, Torsionsspannung
μ_1	Zapfenreibzahl	τ_a	Abscherspannung
μ_2	Spurzapfen-Reibzahl	τ_t	Schubspannung bei Torsion
ν	Sicherheit	φ	Verdrehwinkel
ν_S	Standsicherheit	ω	Winkelgeschwindigkeit

Sachwortverzeichnis